数学の微笑み

《入試問題からの旅立ち》

山下純一

現代数学社

はじめに

あなたがもし受験生だとしても，毎日ただ過去の入試問題を解いているだけではウンザリだろう．「渡世の義理」で具体的な大学入試問題から出発するにしても，ときには効率とか競争とかから離れて，その入試問題の彼方にある数学的な風景を旅することができるのではないか？　といって，あれこれの数学書をゆっくり読むのもメンドウだ．

この『数学の微笑み』は，そういう軽いノリで，たまには数学に微笑んでほしい，あるいは数学に微笑みたいと思っている人たちのために企画されたものだ．「入試問題なんてクダらない」というのもある意味で事実だろうが，だからといってシラけてばかりいないで，大学入試問題から出発しても数学を楽しむことがそれなりに可能なんだということを感じてほしい……．

この『数学の微笑み』は，もともと雑誌『理系への数学』に44回にわたって連載された「読み切り記事」をもとに再構成したものだ．正直にいうと，連載のはじめの時期には適当な入試問題からの「旅立ち」というパターンを守ろうと試みていたが，結局，それでは見物できる世界に限界があると感じはじめて，最後のふたつのパート「曲面の顔」と「オイラーの風景」ともなると入試問題をほとんど気にしないことになってしまった．その意味では「無節操」なのだが，あなたも，いろいろな入試問題から出発してあれこれと旅を続けていると，入試問題の世界のもつどうしようもない「閉塞性」に気づいてしまうはずだ．入試問題にこだわりすぎて狭い世界を抜け出せないのもつまらない．入試問題を忘れて自由に「旅立つ」ほうが世界は広がるのだし，「これでいいのだ！」と自己弁護してしまおう．

この『数学の微笑み』は，4～8個の章からなる8個のパートから構成されている．パートどうしはほとんど独立しているので気に入ったパートから読んでもらえばよい．それぞれのパートの内容について簡単な「予告編」を書いておこう．

I　球とヘロンの公式
互いに接する5個の球の半径の間に成り立つ驚くべき関係式とアインシュタインの特殊相対性理論が4次元のヘロンの公式によって結びついている．

II　円周率と素数
円周率とは何か？　円周率を計算するための面白い公式とは？　素数の分布と円周率の間の不思議な関係とは？

III　$\sqrt{2}$ からカオスへ
平方根の近似計算をめぐる話題を発展させて行くとなぜかカオスの世界へと向かう扉が開いてしまった．

IV　正多形を折る
正7角形と正9角形は定規とコンパスでは作図不能なのに折り紙を使えば「厳密に」折ることができる．それはなぜか？

V 初等幾何の香り

簡単な初等幾何の定理の誕生について調べてみると，いくつもの意外な真実が明らかになってくる．

VI カタラン数と暗号

組み合わせ理論と暗号理論の中から典型的な例を抽出して紹介する．

VII 曲面の顔

3次曲面上にはちょうど27本の直線が乗っている．具体的な例についてそれをチェックし，3次曲面の位相的な構造についても調べる．ついでに，ドーナツ面上の円周についても触れる．

VIII オイラーの風景

オイラーからリーマンを経てラマヌジャンに至る典型的な「純粋数学」の流れを追う．キーワードはゼータ関数，リーマン予想，ラマヌジャン予想などだ．

連載中に毎回原稿をチェックして多くのミスプリや計算間違いを指摘してくださった古い友人の野村昌人さんとカタラン数の高次元化の問題をいろいろと解説してくださった清水達雄さんに感謝したい．また，連載原稿を書いているときに読者の「実験台」のような役割を担ってくれ，文献探しにも快く付き合ってくれた妻の山下京子にも感謝したいと思う．

2003年9月17日　オイラーの命日の前日かつリーマンの誕生日

山下　純一

目　次

はじめに ……………………………………………………………………………… i

I　球とヘロンの公式 ……………………………………………………………… 1
デカルトの手紙　2
虚の三角形　10
アインシュタインと出会う　19
4次元のヘロンの公式　27
ケプラー予想　37

II　円周率と素数 …………………………………………………………………… 47
円周率の計算　48
円周率と∞次多項式　53
ヴィエトの公式　59
素数の分布　66

III　$\sqrt{2}$ からカオスへ …………………………………………………………… 73
$\sqrt{2}$ の計算　74
$\sqrt{3}$ とアルキメデス　80
漸化式を使う　87
漸化式とカオス　94

IV　正多角形を折る ……………………………………………………………… 101
正5角形を折る　102
正5角形の作図　107
正17角形の作図　112
3次方程式と折り紙　117
正7角形と正9角形　122

V　初等幾何の香り ……………………………………………………………… 129
ウォーレスの定理　130
ミケルの定理　138
シュタイナーの定理　147
ミケルとメビウス(1)　155
ミケルとメビウス(2)　163
ランベルトの変身　171

VI　カタラン数と暗号 …………………………………………………… 179

カタラン数　180

カタラン数の拡張　185

カタラン数と遊ぶ(1)　191

カタラン数と遊ぶ(2)　197

暗号と数論　203

少女と暗号　211

VII　曲面の顔 …………………………………………………………… 217

連立高次方程式　218

2次曲面　225

曲面上の直線　231

3次曲面と27本の直線　237

3次曲面の構造　243

4次曲面と円　248

VIII　オイラーの風景 …………………………………………………… 255

サインの因数分解　256

ウォリスの公式　261

ゼータ誕生　267

ガンマ関数　273

数の分割　278

5角数定理　283

タウ関数　288

ラマヌジャン予想　292

I 球とヘロンの公式

デカルトの手紙

　高校で習う数学の内容は古色蒼然たるものだ．20世紀の数学なんてごくごく表面的な言葉（とコンピュータへの入門）以外はまったく含まれてはいない．物理学で量子論への入門が語られ，地学でビッグバン宇宙論が紹介され，生物学でDNAや遺伝子工学の話題が語られているのとは異なり，20世紀の数学はほとんど語られることはない．19世紀の数学にしても楕円関数論などの本質的な部分は何も含まれておらず，それどころか非ユークリッド幾何学や射影幾何学のような比較的接近しやすい話題さえ含まれていない．いくらなんでも18世紀の数学は含まれているだろうなどというのも甘い予想にすぎない．18世紀の数学といえばオイラーが中心人物なのだが，かれの名前が出てくるとしてもせいぜい多面体に関するオイラーの公式

　　　　（頂点の数）－（辺の数）＋（面の数）＝2

くらいなものだ．

　ただし，高校数学で出現する記号体系はオイラーあたりが整備したものに近い．記号体系の話を別にすると，高校数学の土台は17世紀以前の数学にすぎないということになる．実際，高校生がオイラーやガウスといった18世紀や19世紀の数学者の仕事を理解しようとしてもほぼ絶望的だが，デカルトやニュートンのような17世紀の数学者の仕事なら，高校数学の知識だけでも（用語や記号を高校数学のものに変えれば）かなり理解することができる．面白いのは，そうした古い数学が，ほかの科学分野と違って，かならずしも無価値だとはいいきれない点だろう．少なくとも，ほかの分野にくらべると，古い本や論文に書かれている内容にもウソはほとんどない．その後一般化されたり抽象化されたりはしても，ウソのせいで消滅したというようなことはまずない．それどころか，数学の場合には，「歴史と伝統」からの「援護射撃」が価値判断の基準になっていたりもする．ひょっとするとこれは，数学という分野の成長速度が遅くて何百年もかからないと新しいステージに到達できないということなのかもしれない．

　教育内容のせいもあって，数学はもうとっくに成熟してしまって，同じような話題をちょっと変えて繰り返しているだけではないかと思う人までいるほどだ．100年近くも同じような問題を繰り返し提供し続けている受験数学の存在も，こうした印象の形成に，かなり「貢献」しているのだろう．日本の場合，数学者たちの世界そのものがこうした受験体制によって支えられてきたような感じもあるからやっかいだ．

1. 接する円とフィボナッチ数列

　それはそれとして，ここでの話のきっかけとなる入試問題を紹介しよう．

xy 平面に2つの円

$$C_0 : x^2 + \left(y - \frac{1}{2}\right)^2 = \frac{1}{4}$$

$$C_1 : (x-1)^2 + \left(y - \frac{1}{2}\right)^2 = \frac{1}{4}$$

をとり，C_2 を x 軸と C_0，C_1 に接する円とする．さらに，$n = 2, 3, 4, \cdots$ に対して C_{n+1} を x 軸と C_{n-1}，C_n に接する円で C_{n-2} とは異なるものとする．C_n の半径を r_n，C_n と x 軸の接点を $(x_n, 0)$ として，

$$q_n = \frac{1}{\sqrt{2r_n}}, \quad p_n = q_n x_n$$

とおく．

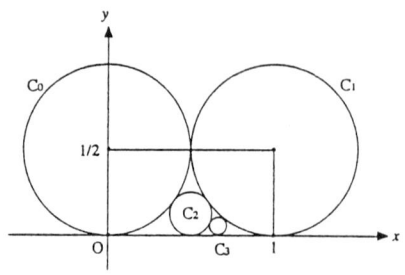

① q_n は整数であることを示せ.
② p_n も整数で, p_n と q_n は互いに素であることを示せ.
③ α を $\alpha=\dfrac{1}{1+\alpha}$ をみたす正の数として, 不等式
$$|x_{n+1}-\alpha|<\frac{2}{3}|x_n-\alpha|$$
を示し, 極限 $\lim\limits_{n\to\infty}x_n$ を求めよ. ［東京大］

C_{n-1}, C_n, C_{n+1} の関係を象徴的に描けば図のようになる.（厳密にいうと, この図は n が奇数の場合に対応している. n が偶数の場合には C_{n-1} が右, C_n が左にくる.）したがって, 三平方の定理によって,
$$(x_n-x_{n-1})^2=(r_n+r_{n-1})^2-(r_n-r_{n-1})^2$$
つまり,

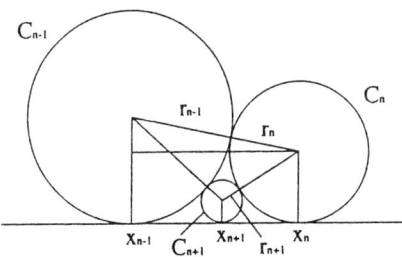

$$|x_n-x_{n-1}|=\sqrt{(r_n+r_{n-1})^2-(r_n-r_{n-1})^2}$$
$$=2\sqrt{r_n r_{n-1}}$$
となる. 同じようにして,
$$|x_n-x_{n+1}|=2\sqrt{r_n r_{n+1}}$$
$$|x_{n+1}-x_{n-1}|=2\sqrt{r_{n+1}r_{n-1}}$$
ところで,
$$|x_n-x_{n-1}|=|x_n-x_{n+1}|+|x_{n+1}-x_{n-1}|$$
に注意すると, 結局,
$$\sqrt{r_n r_{n-1}}=\sqrt{r_n r_{n+1}}+\sqrt{r_{n+1}r_{n-1}} \quad (1)$$
がえられる. 両辺を $\sqrt{2r_{n+1}r_n r_{n-1}}$ で割り q_{n+1}, q_n, q_{n-1} の関係式になおすと,
$$q_{n+1}=q_{n-1}+q_n \quad (2)$$
となる.
①(2)と $q_0=q_1=1$ から, 数学的帰納法によって, q_n $(n=2,3,4,\cdots)$ は整数.
②すでに触れたことから,
$$x_n-x_{n-1}=(-1)^n 2\sqrt{r_n r_{n-1}}$$
$$x_{n+1}-x_n=(-1)^n 2\sqrt{r_n r_{n+1}}$$

つまり
$$\frac{p_n}{q_n}-\frac{p_{n-1}}{q_{n-1}}=(-1)^{n-1}\frac{1}{q_n q_{n-1}}$$
$$\frac{p_{n+1}}{q_{n+1}}-\frac{p_n}{q_n}=(-1)^n\frac{1}{q_{n+1}q_n}$$
分母をはらうと,
$$p_n q_{n-1}-p_{n-1}q_n=(-1)^{n-1}$$
$$p_{n+1}q_n-p_n q_{n+1}=(-1)^n$$
加えると,
$$p_n(q_{n-1}-q_{n+1})+(p_{n+1}-p_{n-1})q_n=0$$
(2)によると, $q_{n-1}-q_{n+1}=-q_n$ だから
$$(-p_n+p_{n+1}-p_{n-1})q_n=0$$
つまり,
$$p_{n+1}=p_n+p_{n-1} \quad (3)$$
ここで, $p_0=0$, $p_1=1$ に注意すると(3)から数学的帰納法によって p_n $(n=2,3,4,\cdots)$ は整数だとわかる. p_n と q_n が互いに素でないとすると,
$$p_n q_{n-1}-p_{n-1}q_n=(-1)^{n-1}$$
の左辺が 2 以上の整数で割り切れることになるが右辺は 2 以上の約数はもちえないので矛盾. つまり, p_n と q_n は互いに素である.
③ $p_{n+1}=p_n+p_{n-1}$, $p_0=0$, $p_1=1$
$q_{n+1}=q_n+q_{n-1}$, $q_0=1$, $q_1=1$
だから, 数学的帰納法によって
$$p_{n+1}=q_n \quad (n=0,1,2,\cdots)$$
となり, 正整数 n について
$$x_{n+1}=\frac{p_{n+1}}{q_{n+1}}=\frac{q_n}{q_n+q_{n-1}}$$
$$=\frac{1}{1+\dfrac{q_{n-1}}{q_n}}=\frac{1}{1+\dfrac{p_n}{q_n}}$$
$$=\frac{1}{1+x_n}$$
また,
$$x_1=\frac{1}{1+x_0}$$
なので, 非負整数 n について
$$x_{n+1}=\frac{1}{1+x_n}$$
が成立. このとき,
$$x_{n+1}-\alpha=\frac{1}{1+x_n}-\alpha=\frac{1-\alpha-\alpha x_n}{1+x_n}$$
$$=\frac{\alpha^2-\alpha x_n}{1+x_n}=-\frac{\alpha}{1+x_n}(x_n-\alpha)$$
となるが,
$$\alpha=\frac{-1+\sqrt{5}}{2}$$

だから $0 < \alpha < \dfrac{2}{3}$ でもある．また，$x_n \geq 0$ なので，
$$|x_{n+1} - \alpha| = \left|\dfrac{\alpha}{1+x_n}\right| |x_n - \alpha| < \left(\dfrac{2}{3}\right)|x_n - \alpha|$$
がえられる．したがって，
$$0 \leq |x_n - \alpha| < \left(\dfrac{2}{3}\right)^n |x_0 - \alpha|$$
となり，
$$\lim_{n \to \infty} x_n = \alpha = \dfrac{-1 + \sqrt{5}}{2}$$
がでる． □

前半部分は簡単な幾何の問題，後半部分は
$$a_{n+2} = a_{n+1} + a_n, \quad a_0 = 0, \quad a_1 = 1$$
で定義されるフィボナッチ数列

0, 1, 1, 2, 3, 5, 8, 13, 21, 34, 55, 89, 144, 233, 377, 610, 987, 1597, 2584, 4181, 6765, …

の隣り合う 2 項の比 $\dfrac{a_n}{a_{n+1}}$ の極限値を求める問題にすぎない．ところで，
$$\dfrac{1}{\alpha} = \dfrac{1 + \sqrt{5}}{2} = 1.61803398\cdots$$
となるが，これは黄金比とよばれている．③の結果はつぎのことを意味している．

フィボナッチ数列 $\{a_n\}$ の隣り合う 2 項の比（の逆数）
$$\dfrac{a_{n+1}}{a_n}, \quad n = 1, 2, 3, \cdots$$
は黄金比 $\dfrac{1 + \sqrt{5}}{2}$ に近づく．

たとえば，
$$2584/1597 = 1.61803381\cdots$$
$$4181/2584 = 1.61803405\cdots$$
$$6765/4181 = 1.61803396\cdots$$
となっている．これは有名な事実だし，今回の話題はフィボナッチ数列ではない．これはまぁオマケのようなものだ．はじめの問題の考察中に出現した関係式(1)の拡張にあたるものがここでの「攻撃目標」である．

2．シンプルな関係

まず，関係式(1)を思い出しつつ….

―― 命題 1 ――――――――――――

半径 a と半径 b の円と 1 本の直線が互いに異なる点で接しているとき，そのいずれにも接する円の半径を d とすると
$$\dfrac{1}{\sqrt{d}} = \dfrac{1}{\sqrt{a}} + \dfrac{1}{\sqrt{b}} \tag{4}$$
となる．いいかえると
$$d = \dfrac{ab}{a + b + 2\sqrt{ab}}$$
ただし，d は a，b よりも小さい場合のみを考えるものとする．

―――――――――――――――――

[証明]

(1)において，r_{n-1}，r_n，r_{n+1} を a，b，d（あるいは b，a，d）と考えれば，
$$\sqrt{ab} = \sqrt{bd} + \sqrt{da}$$
となるが，両辺を $\sqrt{abd}$ で割れば，
$$\dfrac{1}{\sqrt{d}} = \dfrac{1}{\sqrt{a}} + \dfrac{1}{\sqrt{b}}$$
がでる． □

ところで，(4)には根号が含まれているが，これを消してみよう．まず，(4)の両辺を 2 乗して，
$$\dfrac{1}{a} + \dfrac{2}{\sqrt{ab}} + \dfrac{1}{b} = \dfrac{1}{d}$$
したがって，
$$\left(\dfrac{1}{a} + \dfrac{1}{b} - \dfrac{1}{d}\right)^2 = \dfrac{4}{ab}$$
左辺を展開して
$$\dfrac{1}{a^2} + \dfrac{1}{b^2} + \dfrac{1}{d^2} = 2\left(\dfrac{1}{ab} + \dfrac{1}{bd} + \dfrac{1}{da}\right)$$
ここで，
$$\left(\dfrac{1}{a} + \dfrac{1}{b} + \dfrac{1}{d}\right)^2$$
$$= \dfrac{1}{a^2} + \dfrac{1}{b^2} + \dfrac{1}{d^2} + 2\left(\dfrac{1}{ab} + \dfrac{1}{bd} + \dfrac{1}{da}\right)$$
に注意すると，
$$\left(\dfrac{1}{a} + \dfrac{1}{b} + \dfrac{1}{d}\right)^2 = 2\left(\dfrac{1}{a^2} + \dfrac{1}{b^2} + \dfrac{1}{d^2}\right)$$
つまり，

―― 命題 2 ――――――――――――

半径 a と半径 b の円と 1 本の直線が互いに異なる点で接しているとき，そのいずれにも接する円の半径を d とすると

$$\left(\frac{1}{a}+\frac{1}{b}+\frac{1}{d}\right)^2=2\left(\frac{1}{a^2}+\frac{1}{b^2}+\frac{1}{d^2}\right) \quad (5)$$

が成立する．

ついでながら，この場合には命題1のような d についての条件は不要である．まあ，命題1の場合でも，「半径 a と半径 b と半径 d の3つの円と1つの直線の合計4つが互いに他の3つと異なる点で接しているとき，a, b, d のうち最小のものを a とすると

$$\frac{1}{\sqrt{a}}=\frac{1}{\sqrt{b}}+\frac{1}{\sqrt{d}}$$

となり，最小のものを b とすると

$$\frac{1}{\sqrt{b}}=\frac{1}{\sqrt{d}}+\frac{1}{\sqrt{a}}$$

となり，最小のものを d とすると

$$\frac{1}{\sqrt{d}}=\frac{1}{\sqrt{a}}+\frac{1}{\sqrt{b}}$$

となる」とテイネイに書いておけば，命題2で条件が消えた理由も見通しがよくなるはずだ．(5)を $\frac{1}{d}$ の2次方程式だと考えて解いてみる（つまり(4)から(5)を導いた過程を逆にたどる）と，

$$\frac{1}{d}=\left(\frac{1}{\sqrt{a}}\pm\frac{1}{\sqrt{b}}\right)^2$$

となり，

$$\frac{1}{\sqrt{d}}=\pm\left(\frac{1}{\sqrt{a}}\pm\frac{1}{\sqrt{b}}\right)$$

たしかに

$$\frac{1}{\sqrt{a}}=\frac{1}{\sqrt{b}}+\frac{1}{\sqrt{d}}$$

$$\frac{1}{\sqrt{b}}=\frac{1}{\sqrt{d}}+\frac{1}{\sqrt{a}}$$

$$\frac{1}{\sqrt{d}}=\frac{1}{\sqrt{a}}+\frac{1}{\sqrt{b}}$$

のいずれかが成立することがわかる．

ところで，直線を半径が無限大の円（正確には円周）だとみなせば，この命題1や命題2は，互いに接する半径 a, b, ∞, d の4つの円の半径の間の関係だと考えることができる．（といっても，∞ というのは関係式の中には出現してはいないのだが…．）そこで，つぎのような問題を考えてみよう．

問題1 互いに外接する半径 a, b, c の3つの円のすべてに外接する円の半径 d を求めよ．

この問題に挑戦する前に結果を予想しておこう．まず，命題1の関係式は

$$\frac{1}{\sqrt{d}}=\frac{1}{\sqrt{a}}+\frac{1}{\sqrt{b}}$$

だから，単純に考えて

$$\frac{1}{\sqrt{d}}=\frac{1}{\sqrt{a}}+\frac{1}{\sqrt{b}}+\frac{1}{\sqrt{c}}$$

と予想したくなるかもしれない．これなら，a, b, c に関して「対称」だし，$c=\infty$ のときにも話がうまく行くのだが，すぐにダメだとわかる．たとえば，$a=b=c=1$ とすると，この予想からすれば $d=\frac{1}{9}$ となるはずだが，図を描けばわかるように，$d=\frac{2\sqrt{3}-3}{3}$ となってほしいので矛盾．それならばと，命題2の関係式

$$\left(\frac{1}{a}+\frac{1}{b}+\frac{1}{d}\right)^2=2\left(\frac{1}{a^2}+\frac{1}{b^2}+\frac{1}{d^2}\right)$$

を使えば，a, b, c に関する「対称性」を考慮して，

$$\left(\frac{1}{a}+\frac{1}{b}+\frac{1}{c}+\frac{1}{d}\right)^2=2\left(\frac{1}{a^2}+\frac{1}{b^2}+\frac{1}{c^2}+\frac{1}{d^2}\right)$$

あたりが怪しいと思えるかもしれない．じつは，これが正解なのである．つぎに，この予想が正しいことを証明しよう．

3．デカルトの手紙

図のように互いに外接する半径 a, b, c の3つの円 A, B, C があるとき，すべてに外接する第4の円の中心を D としその半径を d としよう．説明の都合上，B から辺 CA に下ろした垂線の足を E，D から辺 CA，垂線 BE に下ろした垂線の足をそれぞれ F, G とする．

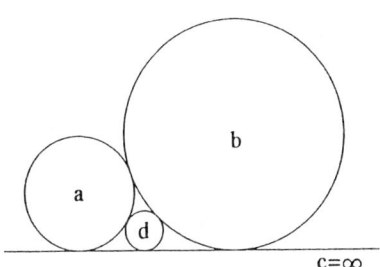

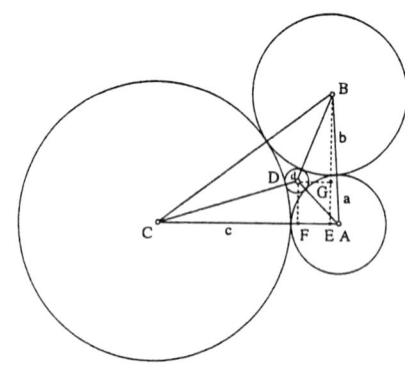

このとき，三平方の定理によって，
$$AB^2 = BE^2 + AE^2$$
$$BC^2 = BE^2 + CE^2$$
ここで，$AB = a+b$，$BC = b+c$，$CA = c+a$ に注意すると，
$$(a+b)^2 = BE^2 + AE^2$$
$$(b+c)^2 = BE^2 + (c+a-AE)^2$$
上の式から下の式を引くと，
$$a^2 - c^2 + 2(a-c)b = 2(c+a)AE - (c+a)^2$$
つまり，
$$AE = \frac{a(a+c) + (a-c)b}{a+c}$$
したがって，
$$BE^2 = (a+b)^2 - AE^2$$
$$= (a+b)^2 - \left(\frac{a(a+c)+(a-c)b}{a+c}\right)^2$$
同様にして，
$$AF = \frac{a(a+c)+(a-c)d}{a+c}$$
から，
$$DF^2 = GE^2 = (a+d)^2 - AF^2$$
$$= (a+d)^2 - \left(\frac{a(a+c)+(a-c)d}{a+c}\right)^2$$
またしても三平方の定理によって，
$$BD^2 = BG^2 + DG^2$$
$$= (BE-GE)^2 + EF^2$$
$$= (BE-GE)^2 + (AF-AE)^2$$
これに $BD = b+d$ と上での計算結果を代入すると，
$$(b+d)^2$$
$$= \left(\sqrt{(a+b)^2 - \left(\frac{a(a+c)+(a-c)b}{a+c}\right)^2}\right.$$
$$\left.- \sqrt{(a+d)^2 - \left(\frac{a(a+c)+(a-c)d}{a+c}\right)^2}\right)^2$$
$$+ \left(\frac{a(a+c)+(a-c)d}{a+c} - \frac{a(a+c)+(a-c)b}{a+c}\right)^2$$
両辺を $(a+c)^2$ 倍すると，
$$(a+c)^2(b+d)^2$$
$$= (\sqrt{((a+b)(a+c))^2 - (a(a+c)+(a-c)b)^2}$$
$$- \sqrt{((a+b)(a+c))^2 - (a(a+c)+(a-c)d)^2})^2$$
$$+ ((a-c)(d-b))^2$$
ちょっと長いが強引に展開して整理すると，
$$4(a^4bc^2d + a^3b^2c^2d + 2a^3bc^3d + a^2b^2c^3d$$
$$+ a^2bc^4d + a^3bc^2d^2 + a^2b^2c^2d^2 + a^2bc^3d^2)$$
$$= (a^2bc + abc^2 - a^2bd + a^2cd + ac^2d - bc^2d)^2$$
うんざりだろうが，あきらめずにこれを展開して移項し，因数分解を試みると，運よく
$$(a+c)^2(a^2b^2c^2 - 2a^2b^2cd - 2a^2bc^2d - 2ab^2c^2d$$
$$+ a^2b^2d^2 - 2a^2bcd^2 - 2ab^2cd^2 + a^2c^2d^2 - 2abc^2d^2$$
$$+ b^2c^2d^2) = 0$$
したがって，
$$b^2c^2d^2 + a^2c^2d^2 + a^2b^2d^2 + a^2b^2c^2 = 2(a^2b^2cd + a^2bc^2d + ab^2c^2d + a^2bcd^2 + ab^2cd^2 + abc^2d^2) \quad (6)$$
これはまだかなり長いし繁雑なままだが，われわれにはすでに「予想」したようなシンプルな結論が出るはずだという信念（？）がある．もう少しガンバッてみよう．そもそも最終的な形は a，b，c，d の逆数が出てきてほしいのだから，(6)の両辺を $(abcd)^2$ で割って，
$$\alpha = \frac{1}{a}, \quad \beta = \frac{1}{b}, \quad \gamma = \frac{1}{c}, \quad \delta = \frac{1}{c}$$
と書いてみる．そうすると，うれしいことに，
$$\alpha^2 + \beta^2 + \gamma^2 + \delta^2$$
$$= 2(\alpha\beta + \alpha\gamma + \beta\gamma + \alpha\delta + \beta\delta + \gamma\delta)$$
となっている．ここで，恒等式
$$2(\alpha\beta + \alpha\gamma + \beta\gamma + \alpha\delta + \beta\delta + \gamma\delta)$$
$$= (\alpha+\beta+\gamma+\delta)^2 - (\alpha^2+\beta^2+\gamma^2+\delta^2)$$
を利用すると，
$$(\alpha+\beta+\gamma+\delta)^2 = 2(\alpha^2+\beta^2+\gamma^2+\delta^2)$$
となるが，これこそ予想した関係式そのものである！

―― 定理 1 ――

互いに他の3つの円と接する4つの円の半径を a，b，c，d とするとき，
$$\left(\frac{1}{a}+\frac{1}{b}+\frac{1}{c}+\frac{1}{d}\right)^2 = 2\left(\frac{1}{a^2}+\frac{1}{b^2}+\frac{1}{c^2}+\frac{1}{d^2}\right)$$

が成立する．

これを $\frac{1}{d}$ に関する2次方程式の形に変形すると，
$$\left(\frac{1}{d}\right)^2 - 2\left(\frac{1}{a}+\frac{1}{b}+\frac{1}{c}\right)\left(\frac{1}{d}\right) + 2\left(\frac{1}{a^2}+\frac{1}{b^2}+\frac{1}{c^2}\right) - \left(\frac{1}{a}+\frac{1}{b}+\frac{1}{c}\right)^2 = 0$$
となり，$\frac{1}{d}$ について形式的に解くと，
$$\frac{1}{d} = \left(\frac{1}{a}+\frac{1}{b}+\frac{1}{c}\right) \pm 2\sqrt{\frac{1}{ca}+\frac{1}{bc}+\frac{1}{ab}}$$
したがって，
$$d = \frac{abc}{ab+bc+ca \pm 2\sqrt{abc(a+b+c)}}$$
がえられる．ここで，±の符号が気になるが，これを，d が負になるはずがないからこの±のうちマイナスは無視するなどと機械的に処理することはできない．この符号がマイナスだったとしても d が正になることがいくらでもあるからだ．この「困難」をとりあえず回避したければ，a, b, c のどれよりも小さい（正の）d だけを考えることにしておけばよい．そうすれば，
$$d = \frac{abc}{ab+bc+ca+2\sqrt{abc(a+b+c)}} \tag{7}$$
となる．

もっときっちり処理したければ，つぎのように考えればよい．まず，$a \leqq b \leqq c$ の場合さえ考えればあとは同様であることに注意してほしい．説明の都合で
$$d_1 = \frac{abc}{ab+bc+ca+2\sqrt{abc(a+b+c)}}$$
$$d_2 = \frac{abc}{ab+bc+ca-2\sqrt{abc(a+b+c)}}$$
と書くことにする．

1) 半径 a, b, c の円が共通接線をもつとき，つまり，
$$\frac{1}{\sqrt{a}} = \frac{1}{\sqrt{b}} + \frac{1}{\sqrt{c}}$$
いいかえると，
$$a = \frac{bc}{b+c+2\sqrt{bc}}$$
のとき，d は正の（a よりも小さな）d_1 しか存在しない．このときは $d_2 = \infty$（正確には $\pm\infty$

というべきだろうが）となっているのだ．

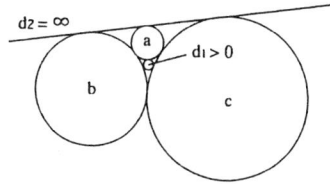

2) ところが，
$$\frac{1}{\sqrt{a}} > \frac{1}{\sqrt{b}} + \frac{1}{\sqrt{c}}$$
のとき，つまり，
$$a < \frac{bc}{b+c+2\sqrt{bc}}$$
のときは，d_1, d_2 ともに正となる．

3) そして，
$$\frac{1}{\sqrt{a}} < \frac{1}{\sqrt{b}} + \frac{1}{\sqrt{c}}$$
のとき，つまり，
$$a > \frac{bc}{b+c+2\sqrt{bc}}$$

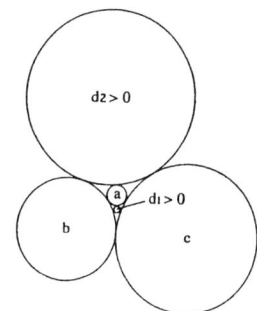

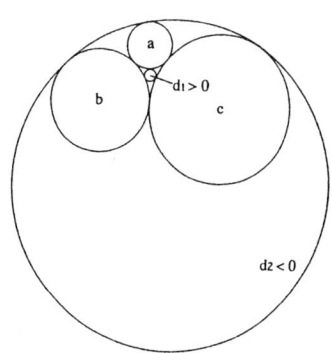

のときは，$d_1 > 0$ だが $d_2 < 0$ となる．

また，d が負になる場合にも意味をもたせる

ことができる．「負の半径」というのではちょっと理解しにくいだろうから，半径の逆数をその円の曲率ということにして，円 C_1 が円 C_2 に内接しているとき，円 C_1 が「負の曲率」の円 C_2 と外接していると解釈すればよい．また，直線は，半径が ∞ の円だとも半径が $(-\infty)$ の円だとも解釈できるが，曲率が0の円だとも考えられる．こうすれば，±の符号に悩む必要がなくなるのだ．しかも，この解釈を守るかぎり，d を求めるための a, b, c のうちに（ひとつだけ）負のものがあってもよいことになる．いいかえると，定理1の関係式は a, b, c, d のうちのひとつが負の場合（その絶対値は残りのものよりも大きくなる）も許せるわけだ．さらに，正の半径の円と負の半径の円が外接するというのを半径の絶対値の大きい方の円にもう一方の円が内接していることだと解釈し，負の半径の円どうしが外接するというのを符号を変えた半径の円どうしが外接することだと解釈すれば，符号の問題がかなり解決する．そして，こう考えるほうが普遍性が増し合理的でもある．とはいうものの，まだ少し問題点が残っている．直観的には4つの円の半径のうち2つが正で2つが負の場合はありえないことは明らかだが，この事実が定理1のタイプの関係式の存在と矛盾しないかという不安が残るのである．

この問題を解決するには，つぎの問題を解けばよい．

問題2 $(x+y-z-w)^2 = 2(x^2+y^2+z^2+w^2)$ となるような4つの正数 x, y, z, w は存在しないことを示せ．

あまりエレガントな解法ではないが，2次方程式の解の正負をコツコツと判定する作業を繰り返せば何とか解ける．詳しいことは読者にまかせたい．これによって定理1の逆が証明できたことにもなる． □

定理1はデカルトの公式とかデカルトの円公式と呼ばれることもある．デカルトの名前が使われているのだからデカルトがこれを考えたという証拠がどこかにあるに違いない．と思って，いろいろ探したところ，山下京子が見つけてくれたフランス語版の『デカルト全集』(Œuvres de Descartes) の中に，ついにその証拠の手紙を発見することができた．1643年11月に文通相手のエリザベト王女にあてた2通の手紙がそれだ．とすると，エリザベト王女への手紙の大半が翻訳されている日本語版の『デカルト著作集』（「書簡集」）に収録されていそうなものだが，遺憾なことに，この翻訳者たちは「紙数の関係」ということで，定理1に関係した2通の手紙を収録してくれていない．（しかし幸いにも『デカルト＝エリザベト往復書簡』講談社学術文庫に収録されていることがわかった．）デカルトの時代のフランス語は現代のものとはやや異なりぼくには読めない部分も多く，だいたいのことしかわからないのだが，デカルトは，この手紙の中で，自分の「座標幾何」的なアイデアによって「与えられた3つの円に接する円を求める問題」（アポロニオスの問題）を解く方法を紹介している．といっても，デカルトが明確に書いているのは(6)までだ．(6)は d に関する2次方程式なので，これを解けば d が求められると述べているにすぎない．定理1まではあとほんの少しという感じもあるので，定理1をデカルトの公式と呼んでも悪くはないのかもしれない．

4．ソディとコゼット

でも，厳密にいえば，定理1をそのままの形で述べたのは放射性同位元素の研究などで1921年にノーベル賞を受賞した化学者フレデリック・ソディ (1877-1956) が最初らしい．しかも，ソディはこの定理1を互いに接する4つの円の話から互いに接する5つの球の話に拡張してもいる．驚いたことに，ソディはこの発見を，わざわざ論文にするほどでもないと思ったためか，雑誌『ネーチャー』の1936年6月20日号に「The Kiss Precise」（正確なキス）と題する30行の詩の形にして発表しているのだ．接する円をキスする円と表現し，円の半径の逆数をその円の曲率 (bend) と呼んでおいて，

The sum of the squares of all four bends
Is half the square of their sum.

と述べている．「4つ全部の曲率の平方の和はそれらの和の平方の半分だ」というのだから定理1の主張と一致している．また，互いに接する

5つの球についても円の場合と同じように半径の逆数を曲率と呼び，

 The square of the sum of all five bends
 Is thrice the sum of their squares.

つまり，「5つ全部の曲率の和の平方はそれらの平方の和の3倍になる」と述べている．つまり，

定理2（ソディ）

互いに他の4つの球面と接する5つの球面の半径を a, b, c, d, e とするとき，
$$\left(\frac{1}{a}+\frac{1}{b}+\frac{1}{c}+\frac{1}{d}+\frac{1}{e}\right)^2$$
$$=3\left(\frac{1}{a^2}+\frac{1}{b^2}+\frac{1}{c^2}+\frac{1}{d^2}+\frac{1}{e^2}\right)$$
が成立する．

を主張している．ソディは証明を省略しているが，デカルトのマネをした強引な計算でも何とかなりそうな感じだ．やってみるとウンザリして挫折．別の作戦が必要になる．ソディの奇妙な詩が発表されるとすぐに，ケンブリッジのチェスタートン通り136番地に住むソロルド・ゴセットという人物から7月17日付で応答があり，ソディの詩の続き

 And let us not confine our cares
 To simple circles, planes and spheres,
 But rise to hyper flats and bends
 Where kissing multiple appears.
 In n-ic space the kissing pairs
 Are hyperspheres, and Truth declares-
 As n+2 such osculate
 Each with an n+1 fold mate
 The square of the sum of all the bends
 Is n times the sum of their squares.

が作られた．また，ゴセットは，ソディのすすめに応じてただちにその証明を完成させたという．ゴセットの主張をまとめておこう．

定理3（ゴセット）

n 次元空間内で，互いに他の $(n+1)$ 個の $(n-1)$ 次元球面と接する $(n+2)$ 個の $(n-1)$ 次元球面の曲率を $k_1, k_2, \cdots, k_{n+2}$ とするとき，
$$(k_1+k_2+\cdots+k_{n+2})^2 = n(k_1^2+k_2^2+\cdots+k_{n+2}^2)$$
が成立する．

ここで，$(n-1)$ 次元球面と呼んだものは n 次元ユークリッド空間内の定点から一定の距離にある点の軌跡のことだ．$n=2$ の場合，1次元球面というのは普通の円周のことで，$n=3$ の場合，2次元球面というのは普通の球面のことだとする．

定理1と定理2に対応する問題は自然なものだが，深川英俊とダン・ペドーの『日本の幾何』（森北出版）によれば，江戸時代後半の和算家たちも同じ計算問題を考えていたという．

虚の三角形

ときどき入試にもひどく「基礎的な問題」が出題されることがある。「基礎的な問題」とはいっても，「基礎がよく理解できていなければ手が出ない深い問題」などが出ることはまずない。丸暗記している公式に与えられた数値を代入して計算するだけなんていうせいぜい表面的な記憶力が問われるだけの「やさしい問題」が多い。

受験数学が記憶力でもなんとか切り抜けられてしまうのはそのためだろう。そのような問題は，受験対策という技術的な観点から見るとあまり本質的ではなく「レベル」の高い受験生にはどうでもよくて，いわば「解けて当然の問題」にすぎない。本当の受験数学はそうした「やさしい問題」を越えたところにあると考えられているようだ。

それはまぁそうなのだが，そうした「やさしい問題」の中にも，けっこう楽しめるものが潜んでいる。ここでは三角形を巡る「やさしい問題」で遊んでみよう。

1．やさしい問題から

問題 1 △ABC において BC＝17，CA＝10，AB＝9 とする。このとき，sin A の値，△ABC の面積，外接円の半径，内接円の半径を求めよ。

［青山学院大］

これはまた極端にやさしい問題だ。単なる計算練習という印象だが，一般化して解いておこう。△ABC において，BC＝a，CA＝b，AB＝c とするとき，△ABC の面積を S，外接円の半径を R，内接円の半径を r と書くと，

$$S = \frac{1}{2}bc\sin A$$

$$R = \frac{abc}{4S}$$

$$r = \frac{2S}{a+b+c}$$

となることがわかる。第 2 の関係式は正弦定理（の一部）

$$\frac{a}{\sin A} = 2R$$

と第 1 の関係式からすぐに出る。第 3 の関係式は，内心と 3 つの頂点を結ぶ線分で面積を 3 つの三角形に分けて表わした

$$S = \frac{ar}{2} + \frac{br}{2} + \frac{cr}{2}$$

を書きかえただけだ。

したがって，sin A の値さえ出ればあとは機械的に計算できる。ところで，余弦定理によると，

$$\cos A = \frac{b^2+c^2-a^2}{2bc}$$

だから，

$$\sin A = \sqrt{1-\cos^2 A}$$
$$= \frac{\sqrt{2(b^2c^2+c^2a^2+a^2b^2)-a^4-b^4-c^4}}{2bc}$$
$$= \frac{\sqrt{(a+b+c)(-a+b+c)(a-b+c)(a+b-c)}}{2bc}$$

となり，結局，

$$S = \frac{1}{4}\sqrt{(a+b+c)(-a+b+c)(a-b+c)(a+b-c)}$$

$$R = \frac{abc}{\sqrt{(a+b+c)(-a+b+c)(a-b+c)(a+b-c)}}$$

$$r = \frac{\sqrt{(a+b+c)(-a+b+c)(a-b+c)(a+b-c)}}{2(a+b+c)}$$

がえられる。

とくにこの問題の場合は $a=17$，$b=10$，$c=9$ として，

$$\sin A = \frac{4}{5}, \quad S = 36, \quad R = \frac{85}{8}, \quad r = 2$$

となる。 □

解答の過程でわかったことをまとめておこう。

―― **命題 1** ――――――――――――

△ABC において，BC＝a，CA＝b，AB＝c とし，△ABC の面積を S，外接円の半径を R，内接円の半径を r とすると，

$$\sin A = \frac{\sqrt{\phi}}{2bc}$$

$$S = \frac{1}{4}\sqrt{\phi}$$

$$R = \frac{abc}{\sqrt{\phi}}$$

$$r = \frac{\sqrt{\phi}}{2(a+b+c)}$$

となる．ここで，
$$\phi = (a+b+c)(-a+b+c)(a-b+c)(a+b-c)$$
とする．

ここに出てきた「S を a, b, c で表わす公式」は「ヘロンの公式」と呼ばれており，記憶している人も多いだろう．命題1は，いうまでもなく，a, b, c が三角形の3辺の長さになっている場合にのみ意味をもつわけだが，もし，勝手な正数 a, b, c を与えたら何がどう破綻するというのだろう？

2．ヘロンの公式の「逆」

命題1を見れば，三角形の面積のみならず，三角形の内角や外接円や内接円の半径までほぼ決めてしまう
$$\sqrt{(a+b+c)(-a+b+c)(a-b+c)(a+b-c)}$$
が何やら重要なものらしいという気分になるだろう．言葉をかえれば，「ヘロンの公式」が基本的なものらしいと思えてくる．すぐにわかるのは，正数 a, b, c について，
$(a+b+c)(-a+b+c)(a-b+c)(a+b-c)>0$
$\iff (-a+b+c)(a-b+c)(a+b-c)>0$
$\iff$ 「$-a+b+c>0$ かつ $a-b+c>0$ かつ $a+b-c>0$」
または「$-a+b+c>0$ かつ $a-b+c<0$ かつ $a+b-c<0$」
または「$-a+b+c<0$ かつ $a-b+c>0$ かつ $a+b-c<0$」
または「$-a+b+c<0$ かつ $a-b+c<0$ かつ $a+b-c>0$」
となるが，たとえば，
「$-a+b+c>0$ かつ $a-b+c<0$ かつ $a+b-c<0$」
$\iff$ 「$b+c>a$ かつ $a+c<b$ かつ $a+b<c$」
だが，「$a+c<b$ かつ $a+b<c$」とすると $2a+b+c<b+c$ となって矛盾．したがって，結局，
$(a+b+c)(-a+b+c)(a-b+c)(a+b-c)>0$
$\iff b+c>a$ かつ $a+c>b$ かつ $a+b>c$
となることがわかる．いいかえると，
$(a+b+c)(-a+b+c)(a-b+c)(a+b-c)>0$
$\iff a$, b, c はある三角形の3辺の長さ
というわけだ．つまり，「ヘロンの公式」というか
$$\sqrt{(a+b+c)(-a+b+c)(a-b+c)(a+b-c)}$$
が意味をもつのは a, b, c がある三角形の3辺の長さになっているような場合だけだ．

命題2

正数 a, b, c について，「ヘロンの公式」によってえられる値が0でない実数（正数）であれば，a, b, c はある三角形の3辺の長さになっている．

いいかげんにいえば，ある意味でこれは「ヘロンの公式」の「逆」という感じだ．言葉をかえると，三角形の3辺の長さにならないような正数 a, b, c を与えたのでは根号の中味（つまり ϕ）が0や負になってしまって困難に直面してしまう．$\phi=0$ となる場合は三角形が潰れて面積が0になってしまったのだと解釈すればそれでいいが，$\phi<0$ の場合には面積が虚数になってしまって「意味がなくなる」のだ．

3．虚の三角形

でも，「意味がなくなる」とはいっても，それは従来の枠組での話にすぎない．意味があるかないかは採用する観点次第なのだ．大学入試となると高校数学の枠組を守ることを強いられるから，「必要悪」のようなものかもしれないが，大学入試が世界のすべてではない！いずれにしても，ここで話が終わったのではつまらない．「ヘロンの公式」によってえられる値が虚数になる場合にもそれなりの議論ができるように従来の枠組を拡張することを考えてみよう．まず，簡単な例題から，

問題2 「ヘロンの公式」などを信じて，3辺の

長さが $a=b=1$, $c=3$ となるような架空の「二等辺三角形」について，その面積，外接円の半径，内接円の半径，3つの「角度」の余弦の値と思われるものを求めよ．

奇妙でアイマイな問題だが，あまり深く考えないで，とにかく機械的に計算してみよう．いまの場合，
$$\sqrt{(a+b+c)(-a+b+c)(a-b+c)(a+b-c)}$$
$$=\sqrt{5\cdot3\cdot3\cdot(-1)}=3\sqrt{5}\,i$$
となるので，命題1の公式から，とりあえず，
$$面積 = \frac{3\sqrt{5}\,i}{4}$$
$$外接円の半径 = -\frac{i}{\sqrt{5}}$$
$$内接円の半径 = \frac{3\sqrt{5}\,i}{10}$$
だと考えてしまおう．あとの都合で，外接円の半径は符号をかえて $\frac{i}{\sqrt{5}}$ としたいところだが，形式的なことなのでとりあえずこれでガマンしておく．また，3つの「内角」を α, α, β とすると，
$$\cos\alpha = \frac{1^2+3^2-1^2}{6} = \frac{3}{2}$$
$$\cos\beta = \frac{1^2+1^2-3^2}{2} = -\frac{7}{2}$$
となってほしい．

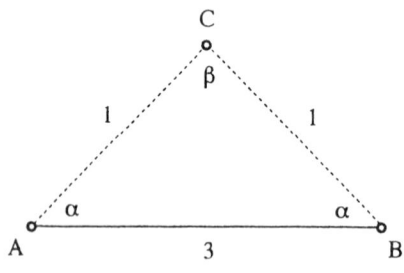

「面積や半径が虚数だなんて，しかも，余弦の値の絶対値が1より大きいなんて，そんなものは無意味だ」と思いたいかもしれないが，じつは，そうでもない．まず，面積が虚数だという「根拠」らしきものを考えてみよう．そのために，よくやるように，この架空の三角形をABC，BC=CA=1，AB=3 として A(0, 0)，B(3, 0)，C(u, v) とおくと，
$$CA=1 \iff u^2+v^2=1$$
$$BC=1 \iff (u-3)^2+v^2=1$$
となっていると考えていいと信じて，これが同時に成り立つ u, v を求める，つまり連立方程式
$$u^2+v^2=1$$
$$(u-3)^2+v^2=1$$
を解くと，
$$u=\frac{3}{2}, \quad v=\pm\frac{\sqrt{5}\,i}{2}$$
がえられる．つまり，点Cの座標は $\left(\frac{3}{2}, \frac{\sqrt{5}\,i}{2}\right)$ または $\left(\frac{3}{2}, -\frac{\sqrt{5}\,i}{2}\right)$ だと考えるのが望ましいというわけだ．幾何学的にいえば，長さ3の辺ABの両端A，Bから半径1の円を描くと実の交点は存在しないが「虚の交点」が2個存在していると解釈したことにあたる．

たとえば，C$\left(\frac{3}{2}, \frac{\sqrt{5}\,i}{2}\right)$ と考えると，いかにも「高さ」が $\frac{\sqrt{5}\,i}{2}$ という感じだから，面積が「底辺×高さ÷2」で $\frac{3\sqrt{5}\,i}{4}$ となると解釈できる．

同じように，C$\left(\frac{3}{2}, \frac{\sqrt{5}\,i}{2}\right)$ と考えて $\triangle$ABC の外接円を求めてみよう．求める円を
$$(x-x_0)^2+(y-y_0)^2=r^2$$
とおくと（これを円の方程式とするのはもっともだろう），これが3点
$$A(0, 0), \quad B(3, 0), \quad C\left(\frac{3}{2}, \frac{\sqrt{5}\,i}{2}\right)$$
を通ることから，
$$x_0^2+y_0^2=r^2$$
$$(3-x_0)^2+y_0^2=r^2$$
$$\left(\frac{3}{2}-x_0\right)^2+\left(\frac{\sqrt{5}\,i}{2}-y_0\right)^2=r^2$$
これを x_0, y_0, r^2 に関する連立2次方程式だと思って解くと，
$$x_0=\frac{3}{2}, \quad y_0=\frac{7\sqrt{5}\,i}{10}, \quad r^2=-\frac{1}{5}$$
つまり，外接円（といっても従来の円の方程式からはやや逸脱ぎみだが）は
$$\left(x-\frac{3}{2}\right)^2+\left(y-\frac{7\sqrt{5}\,i}{10}\right)^2=-\frac{1}{5}$$
だと解釈できそうだ．中心が $\left(\frac{3}{2}, \frac{7\sqrt{5}\,i}{10}\right)$,

半径が $\dfrac{\sqrt{5}\,i}{5}$ の虚の円だと思えばよい。半径を $-\dfrac{\sqrt{5}\,i}{5}$ と考えてもよい。そもそも
$$(x-x_0)^2+(y-y_0)^2=-r^2,\ r>0$$
という形の方程式できまる「虚の図形」を「虚の円」と呼ぶことにするとき，この虚の円の半径は ir と考えてもいいし $-ir$ と考えてもよい。どちらも同じ虚の円を意味しているのである。実の円
$$(x-x_0)^2+(y-y_0)^2=r^2,\ r>0$$
の場合でも，普通は半径 r の円と呼ぶことにしているだけで，半径 $-r$ の円と呼んでもいいはずだ。

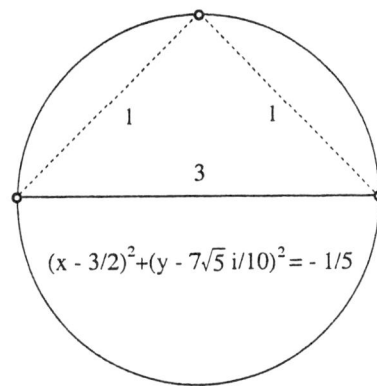

内接円についてはどうだろう。まず，$C\left(\dfrac{3}{2},\ -\dfrac{\sqrt{5}\,i}{2}\right)$ と考えて，△ABC の 3 辺を延長してえられる直線の方程式を $ax+by+c=0$ とおいて，通る 2 点から，係数を定めると，
  AB：$y=0$
  BC：$\sqrt{5}\,x-3iy-3\sqrt{5}=0$
  CA：$\sqrt{5}\,x+3iy=0$
となる。これらすべてに接し，かつその接点のすべてが辺の内分点になるような円を（とりあえず）内接円と考えることにし，そのような円を形式的に
$$(x-x_0)^2+(y-y_0)^2=r^2$$
とおくと，直線 AB に接することから，$r^2=y_0^2$ となる。つまり求める円の方程式は
$$(x-x_0)^2+(y-y_0)^2=y_0^2$$
と書ける。これが直線 CA に接するというのは
$$\sqrt{5}\,x+3iy=0$$
と
$$(x-x_0)^2+(y-y_0)^2=y_0^2$$
が重解をもつこと。つまり，この 2 式から y を消去してえられる x の 2 次方程式が重解をもつことである。この条件（判別式＝0）を書くと，
$$5x_0^2+6\sqrt{5}\,ix_0y_0-5y_0^2=0$$
また，直線 BC についても同じことをすると，
$$5x_0^2-6\sqrt{5}\,ix_0y_0-5y_0^2-30x_0+18\sqrt{5}\,iy_0+45=0$$
という条件がえられる。この 2 つの条件式を連立させて解くと，
$$(x_0,\ y_0)=\left(\dfrac{3}{2},\ \dfrac{3\sqrt{5}\,i}{10}\right),\ \left(\dfrac{3}{2},\ \dfrac{3\sqrt{5}\,i}{2}\right),$$
$$\left(\dfrac{1}{2},\ \dfrac{\sqrt{5}\,i}{2}\right),\ \left(\dfrac{5}{2},\ \dfrac{\sqrt{5}\,i}{2}\right)$$
がえられる。こうして，3 直線 AB, BC, CA に接する虚の円は

(1) $\left(x-\dfrac{3}{2}\right)^2+\left(y-\dfrac{3\sqrt{5}\,i}{10}\right)^2=-\dfrac{9}{20}$

(2) $\left(x-\dfrac{3}{2}\right)^2+\left(y-\dfrac{3\sqrt{5}\,i}{2}\right)^2=-\dfrac{45}{4}$

(3) $\left(x-\dfrac{1}{2}\right)^2+\left(y-\dfrac{\sqrt{5}\,i}{2}\right)^2=-\dfrac{5}{4}$

(4) $\left(x-\dfrac{5}{2}\right)^2+\left(y-\dfrac{\sqrt{5}\,i}{2}\right)^2=-\dfrac{5}{4}$

の 4 つであることがわかる。いま，たとえば，最初の円(1)について 3 直線 AB, BC, CA との接点 C_1, A_1, B_1 を計算してみると，
  $C_1\left(\dfrac{3}{2},\ 0\right)$
  $A_1\left(\dfrac{3}{4},\ \dfrac{3\sqrt{5}\,i}{4}\right)$
  $B_1\left(\dfrac{9}{4},\ \dfrac{3\sqrt{5}\,i}{4}\right)$
となる。C_1 は予想通りの位置だが，A_1 と B_1 は予想に反して線分 BC なり線分 CA なりの内分点にはなってくれない。また 2 番目の円(2)について 3 直線 AB, BC, CA との接点 C_2, A_2, B_2 を計算してみると，
  $C_2\left(\dfrac{3}{2},\ 0\right)$
  $A_2\left(\dfrac{21}{4},\ -\dfrac{3\sqrt{5}\,i}{4}\right)$
  $B_2\left(-\dfrac{9}{4},\ -\dfrac{3\sqrt{5}\,i}{4}\right)$
となって，やはり A_2, B_2 は線分 BC なり線分 CA なりの内分点にはなってはいない。あとの 2 つの円(3)と(4)についても，それぞれ 3 つの接点が

$C_3\left(\dfrac{1}{2},\ 0\right)$, $A_3\left(-\dfrac{3}{4},\ \dfrac{5\sqrt{5}\,i}{4}\right)$,
$B_3\left(-\dfrac{3}{4},\ -\dfrac{\sqrt{5}\,i}{4}\right)$

$C_4\left(\dfrac{5}{2},\ 0\right)$, $A_4\left(\dfrac{15}{4},\ -\dfrac{\sqrt{5}\,i}{4}\right)$,
$B_4\left(\dfrac{15}{4},\ \dfrac{5\sqrt{5}\,i}{4}\right)$

となって，同じことだ．これでは，上の4つの円のうちで接点のすべてが辺の内分点になっているものを内接円と呼ぼうというアイデアはうまくいかない．というのは，そのような円は存在しないからだ．しかたがないので，上の4つの円のなかで，中心が3直線 AB, BC, CA に関してそれぞれ C, A, B と「同じ側」にあるようなものを内接円と呼ぶことにすればなんとか切り抜けられる．もちろん，2点がある直線に関して「同じ側」にあるというのはどういうことなのかをうまく定義する必要があるが実の場合のまねをすればよい．とはいえ，実の場合と違って虚の場合には直観が有効に機能せず，直観には頼れないところが辛い．

詳しくはまたの機会ということにして，とにかく，「同じ側」という性質がうまく定義できて，内接円の方程式は(1)，つまり，

$$\left(x-\dfrac{3}{2}\right)^2+\left(y-\dfrac{3\sqrt{5}\,i}{10}\right)^2=-\dfrac{9}{20}$$

となる．残りの3つの円(2)，(3)，(4)は実の場合の傍接円に対応するものだと解釈できる．こうして求めた内接円の半径は $\dfrac{3\sqrt{5}\,i}{10}$ となり，実の場合の公式の類似品をそのまま使って形式的に求めた半径（問題2の解答）と一致することに注意しよう．

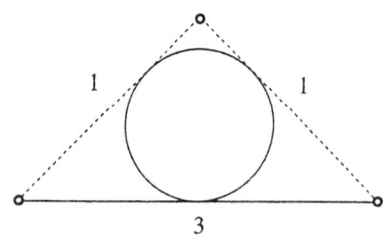

つぎに，この「虚の二等辺三角形」の「内角」の和について考えてみよう．そのためにまず，$\cos\alpha=\dfrac{3}{2}$, $\cos\beta=-\dfrac{7}{2}$ となるような $\alpha,\ \beta$ が存在したと仮定してみる．もちろん，それらは実数ではありえないが気にしないでおく．

問題3 $\cos\alpha=\dfrac{3}{2}$, $\cos\beta=-\dfrac{7}{2}$ のとき，$\cos(\alpha+\alpha+\beta)$ を求めよ．

存在するかどうかもわからない α と β についての話でズウズウしい感じもするが，まぁ，三角関数なのだから通常の加法定理と同じ形の公式などは成立しているものと大胆に仮定しよう．そうすると，

$$\begin{aligned}
\cos(\alpha+\alpha+\beta)&=\cos(2\alpha+\beta)\\
&=\cos(2\alpha)\cos\beta-\sin(2\alpha)\sin\beta\\
&=(2(\cos\alpha)^2-1)\cos\beta-2\sin\alpha\cos\alpha\sin\beta\\
&=\left(\dfrac{7}{2}\right)\left(-\dfrac{7}{2}\right)-2\left(\dfrac{\sqrt{5}\,i}{2}\right)\left(\dfrac{3}{2}\right)\left(\dfrac{3\sqrt{5}\,i}{2}\right)\\
&=-\dfrac{49}{4}+\dfrac{45}{4}=-1
\end{aligned}$$

この議論には欠陥というか弱点がある．暗黙のうちに
$$(\cos\alpha)^2+(\sin\alpha)^2=1$$
と仮定して，
$$\sin\alpha=\dfrac{\sqrt{5}\,i}{2}\ \text{かつ}\ \sin\beta=\dfrac{3\sqrt{5}\,i}{2}$$
と計算したが，$\sin\alpha$ は $-\dfrac{\sqrt{5}\,i}{2}$ かもしれないし，$\sin\beta$ は $-\dfrac{3\sqrt{5}\,i}{2}$ かもしれないという「不安」が残る点が問題だ．通常の三角形の場合でも形式的に考えれば，この符号の問題が発生するはずだが，あとで紹介するように，技術的に解決できる．今回の「不安」もやがて解消できるものと楽観的に考えれば，
$$\cos(\alpha+\alpha+\beta)=-1$$
となるというのだから，つまり，
$$\alpha+\alpha+\beta=\pi$$
と考えられる．いいかえると，この場合，虚の三角形の「内角の和」が π になることを意味しているらしい．α も β も複素数だが $\alpha+\alpha+\beta$ は実数でちょうど π になるのではないかと予想される．いずれにせよ，そうだとすると，これはありがたい性質に違いない．

4. オイラーの関係式

とる値の絶対値が1より大きくなりうるよう

にサイン関数やコサイン関数の定義域を拡張するという仕事は，すでに1740年代にオイラーが着手しはじめており，その後も整備が続き，19世紀には完成しているので，われわれはその成果を利用すればよい．じつは，複素数の範囲で考えれば，たとえば，$\cos\alpha = \frac{3}{2}$ となる α がちゃんと存在するのである．（もちろん，α がひとつだけきまるわけではないし，拡張されたコサイン関数も周期が 2π の関数なので，2π の整数倍だけの不定性も残るがこのあたりは高校で習う三角関数の場合でも同じことだ．）

といっても，いまここでその話をきっちり述べている余裕はない．詳しいことは大学の複素関数論の教科書（大きな書店や図書館の数学のコーナーに何種類もあるはずの『複素関数論』とか『複素解析』とか『関数論』などのタイトルの本がそれにあたる）を参照してもらうことにして，ここでは簡単にそのダイナミックな骨格だけを紹介しておこう．

そもそもオイラーが気づいたのは，x が実数のとき，$2\cos x$ と $e^{ix}+e^{-ix}$ が同じ微分方程式

$$f''(x)+f(x)=0, \ f(0)=2, \ f'(0)=0$$

の解となっているという事実だった．もちろん，形式的に

$$(e^{ix})'=i(e^{ix})$$
$$(e^{-ix})'=-ie^{-ix}$$

となるものと仮定しての話であるが，これはやがて正当化されることになるのでとりあえず「なるほど」と思っておいてほしい．ところで，上の微分方程式には本質的に解がひとつしかありえないことがわかる．そこで，オイラーは

$$2\cos x = e^{ix}+e^{-ix}$$

つまり，

$$\cos x = \frac{e^{ix}+e^{-ix}}{2}$$

にちがいないと考えた．ということは，（これを x で形式的に微分して）

$$\sin x = \frac{e^{ix}-e^{-ix}}{2i}$$

でもあるはずだ．このとき，

$$\cos x + i\sin x = e^{ix}$$

となることもすぐにわかる．もちろん，これが e^{ix} の定義なんだと考えてもいいわけだが，それではあまりおもしろくない．

オイラーは，ニュートンの時代あたりからぼちぼち使われはじめた三角関数や指数関数の「無限次多項式」への展開（テーラー展開）

$$e^x = 1+x+\frac{x^2}{2!}+\frac{x^3}{3!}+\cdots+\frac{x^n}{n!}+\cdots$$

$$\sin x = x-\frac{x^3}{3!}+\frac{x^5}{5!}-\frac{x^7}{7!}+\cdots$$

$$\cos x = 1-\frac{x^2}{2!}+\frac{x^4}{4!}-\frac{x^6}{6!}+\cdots$$

が，深くかかわっていることにも気づいている．はじめての人のために，サイン関数を例にとってこの無限次多項式への展開を適当な次数のところでストップしたものが x の絶対値が適当な範囲にあるときに有効な近似多項式となっていることを実験的にたしかめておこう．

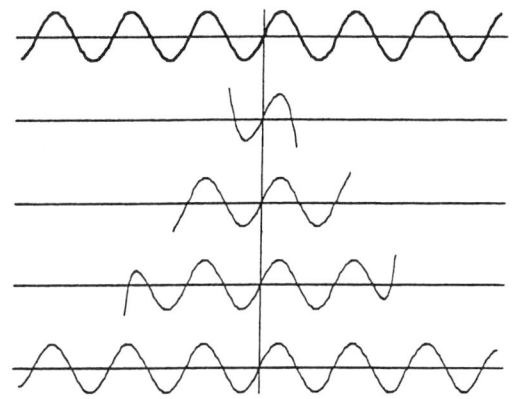

上の図は $-20 \leq x \leq 20$ の範囲で

$$\sin x$$

$$x-\frac{x^3}{3!}$$

$$x-\frac{x^3}{3!}+\frac{x^5}{5!}-\frac{x^7}{7!}+\cdots+\frac{x^{17}}{17!}$$

$$x-\frac{x^3}{3!}+\frac{x^5}{5!}-\frac{x^7}{7!}+\cdots+\frac{x^{25}}{25!}$$

$$x-\frac{x^3}{3!}+\frac{x^5}{5!}-\frac{x^7}{7!}-\cdots-\frac{x^{51}}{51!}$$

のグラフ（値域が -1.2 と 1.2 の間に入る部分のみ）を描いたものだ．

さらに，指数関数，サイン関数，コサイン関数の展開式は x が実数でなくても意味をもつことがたしかめられる．たとえば，

$$e^i = 1+i+\frac{i^2}{2!}+\frac{i^3}{3!}+\frac{i^4}{4!}+\frac{i^5}{5!}+\cdots$$

$$= 1+i-\frac{1}{2!}-\frac{i}{3!}+\frac{1}{4!}+\frac{i}{5!}+\cdots$$

$$= \left(1 - \frac{1}{2!} + \frac{1}{4!} - \cdots\right) + i\left(1 - \frac{1}{3!} + \frac{1}{5!} - \cdots\right)$$
$$\fallingdotseq 0.5403023059 + 0.8414709848i$$
$$\cos 1 = 1 - \frac{1}{2!} + \frac{1}{4!} - \cdots$$
$$\fallingdotseq 0.5403023059$$
$$\sin 1 = 1 - \frac{1}{3!} + \frac{1}{5!} + \cdots$$
$$\fallingdotseq 0.8414709848$$

などと計算すればよい．いうまでもなく，
$$e^i = \cos 1 + i \sin 1$$
となっている．これを一般化して，e^x の展開式で x を ix におきかえると
$$e^{ix} = 1 + ix + \frac{(ix)^2}{2!} + \frac{(ix)^3}{3!} + \frac{(ix)^4}{4!} + \frac{(ix)^5}{5!} + \cdots$$
$$= \left(1 - \frac{x^2}{2!} + \frac{x^4}{4!} - \frac{x^6}{6!} + \cdots\right)$$
$$\quad + i\left(x - \frac{x^3}{3!} + \frac{x^5}{5!} - \frac{x^7}{7!} + \cdots\right)$$
$$= \cos x + i \sin x$$
となることが予想される（そして必要なら厳密に証明できる）．これはオイラーの関係式と呼ばれている．

オイラーの関係式

$$e^{ix} = \cos x + i \sin x$$

とくに，$x = \pi$ の場合には
$$e^{i\pi} = -1$$
となるが，これは e と π と i を結びつける「不思議な関係式」としてよく知られている．

まぁ，それはそれとして，オイラー以後の数学者たちは，実数とは何か，複素数とは何かという問題を数学的に考察することによって，こうした議論をしっかりと基礎づけることに成功したのだ．微分方程式の解の一意性を論じるとか，「無限次多項式」への展開なるものを合理化するとかすればいいわけである．数学における重要な発見というのは，このオイラーの発見のようなものが多い．まず，不思議な謎の発見があって，それをもっともらしく基礎づける仕事が登場するという構図になっているようだ．そして，基礎づけが終わると教科書にまとめられて「博物館」に仰々しく陳列されているという感じだ．「博物館」としての教科書も必要だし，

「博物館」の見物もときにはいいが，怪しい公式や謎の予想が飛び交う「発見の現場」はもっと元気で楽しい気がする．「虚の三角形」の理論はそれほどシリアスな印象はなくまぁ遊びという感じだが，怪しさや謎っぽさという点では「博物館」＝教科書の世界よりも「発見の現場」に近いかもしれない．

話をもとにもどそう．われわれのとりあえずの目標は複素数の範囲にまでサイン関数やコサイン関数を拡張することだった．そのためには，指数関数を複素数の範囲で議論してから，オイラーの関係式を使えばよい．ちょっと「天下り的」だけど，（もちろん指数関数についての議論が無事に完成したとしての話だが，それはうまくいくことが知られている！）複素数 $z = x + iy$ に対して
$$\cos z = \frac{e^{iz} + e^{-iz}}{2}$$
$$\sin z = \frac{e^{iz} - e^{-iz}}{2i}$$
によって新しいサイン関数，コサイン関数を定義してしまえばいいのだ．こうしておくと，
$$(\cos z)^2 + (\sin z)^2$$
$$= \left(\frac{e^{iz} + e^{-iz}}{2}\right)^2 + \left(\frac{e^{iz} - e^{-iz}}{(2i)}\right)^2$$
$$= 1$$
となってくれるし，加法定理なども保証される．
（つまり，複素三角関数の理論を構築するには複素指数関数の理論さえしっかりと作っておけばいいということになる．）

このサイン関数とコサイン関数の定義を
$$e^{i(x+iy)} = e^{ix-y} = e^{ix} e^{-y}$$
$$= e^{-y}(\cos x + i \sin x)$$
$$e^{-i(x+iy)} = e^{-ix+y} = e^{-ix} e^{y}$$
$$= e^{y}(\cos x - i \sin x)$$
を使って書き換えれば，つぎのような定義がえられる．

定義 1

$$\cos(x + iy) =$$
$$\left(\frac{e^y + e^{-y}}{2}\right)\cos x - i\left(\frac{e^y - e^{-y}}{2}\right)\sin x$$
$$\sin(x + iy) =$$
$$\left(\frac{e^y + e^{-y}}{2}\right)\sin x + i\left(\frac{e^y - e^{-y}}{2}\right)\cos x$$

この定義1を使って，$\cos\alpha = \dfrac{3}{2}$ となる α を求めてみよう．求める α を複素数 $x+iy$ だと考えると，定義から，
$$\left(\dfrac{e^y+e^{-y}}{2}\right)\cos x - i\left(\dfrac{e^y-e^{-y}}{2}\right)\sin x = \dfrac{3}{2}$$
となるわけだが，虚部は消えてほしいので，$\sin x = 0$ または $\dfrac{e^y-e^{-y}}{2}=0$．つまり $x=m\pi$（m は整数）または $y=0$．ところが，$y=0$ とすると，$\cos x = \dfrac{3}{2}$ となる実数 x が存在することになって矛盾．したがって，$x=m\pi$．このとき，
$$\left(\dfrac{e^y+e^{-y}}{2}\right)\cos(m\pi) = \dfrac{3}{2}$$
ここで，
$$e^y + e^{-y} > 0$$
に注意すると，
$$e^y + e^{-y} = 3 \text{ かつ } \cos(m\pi) = 1$$
となるほかない．これを解いて，
$$e^y = \dfrac{3\pm\sqrt{5}}{2} \text{ かつ } x = 2n\pi$$
（ここで n は任意の整数）．したがって，
$$y = \pm\log\left(\dfrac{3+\sqrt{5}}{2}\right) \text{ かつ } x = 2n\pi$$
いいかえると，n を任意の整数として，
$$\alpha = 2n\pi \pm i\log\left(\dfrac{3+\sqrt{5}}{2}\right)$$
と書けることがわかった．

ついでに，$\cos\beta = -\dfrac{7}{2}$ となる β を求めてみよう．α の場合と同じように $\beta = x+iy$ とおくと，定義1から，
$$\left(\dfrac{e^y+e^{-y}}{2}\right)\cos x - i\left(\dfrac{e^y-e^{-y}}{2}\right)\sin x = -\dfrac{7}{2}$$
となるので，α の場合と同じようにして，n を任意の整数として，
$$\beta = (2n+1)\pi \pm i\log\left(\dfrac{7+3\sqrt{5}}{2}\right)$$
と書けることがわかる．

というわけで，普通の幾何学の場合にうまく代表となる値を選ぶように，ここでも，もし，
$$\alpha = i\log\left(\dfrac{3+\sqrt{5}}{2}\right)$$
$$\beta = \pi - i\log\left(\dfrac{7+3\sqrt{5}}{2}\right)$$
と定めてしまうことさえできれば，

$$\left(\dfrac{3+\sqrt{5}}{2}\right)^2 = \dfrac{7+3\sqrt{5}}{2}$$
に注意して，
$$2\alpha + \beta = \pi$$
となることがたしかめられる．

こうした事情を考慮して，一般の場合に同じように議論を行なえば，つぎのような定義に到達できる．

-------- **定義2** --------
絶対値が1より大きな実数 p について，つぎのように定める．
1) $p > 1$ のとき
　　$\cos\theta = p \Longleftrightarrow \theta = i\log(p+\sqrt{p^2-1})$
2) $p < -1$ のとき
　　$\cos\theta = p \Longleftrightarrow \theta = \pi + i\log(-p-\sqrt{p^2-1})$

なぜこの定義2が許されるのか考えてみよう．
1) $\cos\theta = p$ かつ $p > 1$ として，定義1から，
$$\left(\dfrac{e^y+e^{-y}}{2}\right)\cos x - i\left(\dfrac{e^y-e^{-y}}{2}\right)\sin x = p$$
となる実数 x, y を探せばいいわけだが，虚部は0なので，$\sin x = 0$ または $\dfrac{e^y-e^{-y}}{2}=0$．つまり $x=m\pi$（m は整数）または $y=0$．ところが，$y=0$ とすると，$\cos x = p$ となる実数 x が存在することになって矛盾．したがって，$x=m\pi$．このとき，
$$\left(\dfrac{e^y+e^{-y}}{2}\right)\cos(m\pi) = p$$
ここで，$e^y+e^{-y}>0$ に注意すると，
$$e^y+e^{-y}=2p \text{ かつ } \cos(m\pi)=1$$
となるほかない．これを解いて，
$$e^y = p \pm \sqrt{p^2-1} \text{ かつ } x = 2n\pi$$
（ここで n は任意の整数）．したがって，
$$y = \log(p \pm \sqrt{p^2-1}) \text{ かつ } x = 2n\pi$$
いいかえると，n を任意の整数として，
$$\theta = 2n\pi + i\log(p \pm \sqrt{p^2-1})$$
と書けることがわかった．
2) $\cos\theta = p$ かつ $p < -1$ として，定義1から，
$$\left(\dfrac{e^y+e^{-y}}{2}\right)\cos x - i\left(\dfrac{e^y-e^{-y}}{2}\right)\sin x = p$$
となる実数 x, y を探せばよい．1) の場合とまったく同じようにして，$x=m\pi$（m は整数）と書けることがわかる．このとき，

$$\left(\frac{e^y+e^{-y}}{2}\right)\cos(m\pi)=p<-1$$

ここで,
$$e^y+e^{-y}>0$$
に注意すると,
$$e^y+e^{-y}=-2p \text{ かつ } \cos(m\pi)=-1$$
となるほかない．これを解いて,
$$e^y=-p\pm\sqrt{p^2-1} \text{ かつ } x=(2n+1)\pi$$
(ここで n は任意の整数)．したがって,
$$y=\log(-p\pm\sqrt{p^2-1}) \text{ かつ } x=(2n+1)\pi$$
いいかえると, n を任意の整数として,
$$\theta=(2n+1)\pi+i\log(-p\pm\sqrt{p^2-1})$$
と書けることがわかった．

ついでながら, 1), 2) それぞれの場合について
$$\log(p+\sqrt{p^2-1})=\log\left(\frac{1}{p-\sqrt{p^2-1}}\right)$$
$$=-\log(p-\sqrt{p^2-1})$$
$$\log(-p-\sqrt{p^2-1})=\log\left(\frac{1}{-p+\sqrt{p^2-1}}\right)$$
$$=-\log(-p+\sqrt{p^2-1})$$
となることに注意してほしい．上の計算例で表現が一部違って見えるのはこのためにすぎない．

いずれにしても, こうしてえられた無数の解のうちから, いわば代表として, 定義2に書いたような特別な解を選んでおこうというわけだ．普通のコサイン関数の場合でも同じような議論が必要で, 普通は $\cos\theta=p(|p|\leq 1)$ となる θ を $0\leq\theta\leq\pi$ の範囲から選ぶことになっている．つまり, $|p|>1$ のときだけの奇妙なトリックだというわけではないので注意してほしい．これはサイン関数やコサイン関数の逆関数が多価関数になるという事実を反映したものだ．逆関数がスンナリ決まらないのだからしかたがない．

γ アインシュタインと出会う

　たとえば，3辺の長さが1，1，3のような三角形は存在しないが，縦軸に虚の座標を入れれば，このような「不可能な三角形」が議論できるようになる．つまり，「実の世界」では無視され廃棄されていた「虚の三角形」を論じることができるようになるのだ．しかも，「実の世界」とそっくりな現象まで観察できる．面積や内角の和，外接円や内接円についてもそれなりに論じられるのである．ここではまず，コサインを利用して虚の三角形の内角の和が（実の場合と同じように）π になることを観察し，サインを使っても同じ結論が出ることをたしかめてみる．そのあとで，縦の座標軸を純虚数軸から実軸にとりかえ，距離の定義を変えることによって，いままでいかにも「虚の幾何学」のようであったものが「実の幾何学」のようなものに変身し，それなりに図も描けるようになることにも触れる．しかも，こうして生まれる新しい幾何学（ミンコフスキー幾何学）は，何とあのアインシュタインの特殊相対性理論のための幾何学にもなっているのだ．

1．虚の三角形の内角の和

　コサイン関数の拡張ができたところ（前章）で，話を虚の三角形にもどし，前章の定義2のもとで，つぎの問題を解いてみよう．

問題1　3辺の長さがBC＝a＝1，CA＝b＝2，AB＝c＝4となるような虚の三角形について，$\alpha=\angle \mathrm{A}$，$\beta=\angle \mathrm{B}$，$\gamma=\angle \mathrm{C}$ を求めよ．また $\alpha+\beta+\gamma=\pi$ となることを直接たしかめよ．ただし，とりあえず余弦定理は成立するものと仮定する．

　そもそも∠A，∠B，∠Cなどといっても，虚の三角形の場合には，それが何を意味しているのか不明である．そこで，余弦定理は成立するものと仮定して，逆に余弦定理から「内角」を

定義すればいいはずだ．というわけで，余弦定理を使うと，

$$\cos\alpha=\frac{b^2+c^2-a^2}{2bc}=\frac{19}{16}$$
$$\cos\beta=\frac{c^2+a^2-b^2}{2ca}=\frac{13}{8}$$
$$\cos\gamma=\frac{a^2+b^2-c^2}{2ab}=-\frac{11}{4}$$

となる．右辺の絶対値はいずれも1より大きい

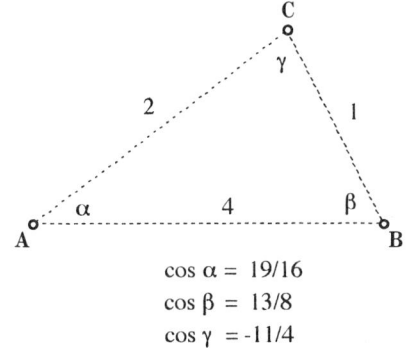

$\cos\alpha = 19/16$
$\cos\beta = 13/8$
$\cos\gamma = -11/4$

ので，定義2から，

$$\alpha=i\log\frac{19+\sqrt{105}}{16}$$
$$\beta=i\log\frac{13+\sqrt{105}}{8}$$
$$\gamma=\pi+i\log\frac{11-\sqrt{105}}{4}$$

となる．これで3つの「内角」が計算できた．ところで

$$\frac{19+\sqrt{105}}{16}\cdot\frac{13+\sqrt{105}}{8}\cdot\frac{11-\sqrt{105}}{4}$$
$$=\frac{11+\sqrt{105}}{4}\cdot\frac{11-\sqrt{105}}{4}$$
$$=1$$

したがって，
$$\alpha+\beta+\gamma=\pi+i\log 1=\pi \qquad \square$$

この結果は簡単に一般化できる．

定理1

　3辺の長さがBC＝a，CA＝b，AB＝c（a，

b, c は正数) の虚の三角形について, $\alpha+\beta+\gamma=\pi$ となる. ここで, α, β, γ は

$$\cos\alpha = \frac{b^2+c^2-a^2}{2bc}$$

$$\cos\beta = \frac{c^2+a^2-b^2}{2ca}$$

$$\cos\gamma = \frac{a^2+b^2-c^2}{2ab}$$

となる複素数で, 通常の定義あるいは前章の定義 2 によって定めるものとする. こうして決まる α, β, γ を虚の三角形の 3 つの「内角」$\angle A$, $\angle B$, $\angle C$ と解釈する.

以下では議論をシンプルにするために $0<a\leq b\leq c$ と仮定する.（ついでにいえば, 虚の三角形では最大の辺が 2 つ以上あることはない. というのは, そうだとすると実の三角形になってしまうからである. だから.「$0<a\leq b\leq c$ と仮定する」とはいっても, $a\leq b=c$ とか $a=b=c$ にはなりえないのである.）大小関係がこれ以外の場合もまったく同様に議論できるので何の問題もない.

[証明]

まず, 三角形が虚であることから,

$$\left|\frac{b^2+c^2-a^2}{2bc}\right|>1$$

$$\left|\frac{c^2+a^2-b^2}{2ca}\right|>1$$

$$\left|\frac{a^2+b^2-c^2}{2ab}\right|>1$$

がいえる. というのは, もし, たとえば,

$$\left|\frac{b^2+c^2-a^2}{2bc}\right|\leq 1$$

とすると,

$$-2bc \leq b^2+c^2-a^2 \leq 2bc$$

つまり,

$$|b-c| \leq a \leq b+c$$

となるので, a, b, c を 3 辺の長さとするような（実の）三角形が存在してしまって三角形が虚であることに矛盾するからである.（面積 0 のつぶれた三角形も実の三角形の一種だと考えておく.）

さらに,

$$\frac{b^2+c^2-a^2}{2bc}$$

$$\frac{c^2+a^2-b^2}{2ca}$$

$$\frac{a^2+b^2-c^2}{2ab}$$

のうちにはかならずひとつだけ負になるもの（したがって, -1 より小さなもの）が存在する. というのは, a, b, c の中で最大のものが c だと仮定し,

$$\frac{a^2+b^2-c^2}{2ab} > 1$$

とすると $c<|a-b|$ となって, c が最大であることに矛盾. したがって, すくなくともひとつは負のものが存在するが, a, b, c の中で最大のものが c だと仮定すると, 明らかに,

$$\frac{b^2+c^2-a^2}{2bc} > 0$$

$$\frac{c^2+a^2-b^2}{2ca} > 0$$

となっている.

こうして, かならずひとつだけ負になるものが存在することがわかった. c が a, b, c の中で最大だと仮定すると,

$$\frac{b^2+c^2-a^2}{2bc} > 1$$

$$\frac{c^2+a^2-b^2}{2ca} > 1$$

$$\frac{a^2+b^2-c^2}{2ab} < -1$$

となるわけだが, このとき, 前章の定義 2 によって,

$$\alpha = i\log(p_1+\sqrt{p_1^2-1})$$
$$\beta = i\log(p_2+\sqrt{p_2^2-1})$$
$$\gamma = \pi + i\log(-p_3-\sqrt{p_3^2-1})$$

ときまる. ここで

$$p_1 = \frac{b^2+c^2-a^2}{2bc}$$

$$p_2 = \frac{c^2+a^2-b^2}{2ca}$$

$$p_3 = \frac{a^2+b^2-c^2}{2ab}$$

とする.

あとは, コツコツ計算すればよい. まず

$$\phi = (a+b+c)(-a+b+c)(a-b+c)(a+b-c)$$
$$= -(a^4+b^4+c^4-2(a^2b^2+b^2c^2+c^2a^2))$$

とおくと, 三角形が虚であることから, $\phi<0$ となるが, 計算によって,

$$p_1+\sqrt{p_1^2-1} = \frac{-a^2+b^2+c^2+\sqrt{-\phi}}{2bc}$$

$$p_2 + \sqrt{p_2^2-1} = \frac{c^2+a^2-b^2+\sqrt{-\phi}}{2ca}$$

これらをかけて，
$$(p_1+\sqrt{p_1^2-1})(p_2+\sqrt{p_2^2-1})$$
$$=\frac{-a^2-b^2+c^2+\sqrt{-\phi}}{2ab}$$

となる一方，
$$-p_3-\sqrt{p_3^2-1} = \frac{-a^2-b^2+c^2-\sqrt{-\phi}}{2ab}$$

したがって，
$$(p_1+\sqrt{p_1^2-1})(p_2+\sqrt{p_2^2-1})(-p_3-\sqrt{p_3^2-1})$$
$$=\frac{(-a^2-b^2+c^2+\sqrt{-\phi})(-a^2-b^2+c^2-\sqrt{-\phi})}{(2ab^2)}$$
$$=\frac{(-a^2-b^2+c^2)^2+\phi}{(2ab^2)}$$
$$=1$$

となり，$\alpha+\beta+\gamma=\pi$ となることがわかった． □

2．コサインからサインへ

　虚の三角形についても，余弦定理を仮定して，コサイン関数の値から内角を定義すれば，3つの内角の和がちょうど π になることがたしかめられたわけだが，コサインのかわりにサインを使ったらどうなるのか調べてみよう．虚の三角形に関する正弦定理や面積公式についても実の三角形の場合と類似の議論ができるにちがいない．これを見るためにも，内角のサインがどうなるか調べておこう．

　3辺の長さが BC=a，CA=b，AB=c（a，b，c は正数）の虚の三角形の内角 α，β，γ は，
$$\cos\alpha = \frac{b^2+c^2-a^2}{2bc}$$
$$\cos\beta = \frac{c^2+a^2-b^2}{2ca}$$
$$\cos\gamma = \frac{a^2+b^2-c^2}{2ab}$$

によって定められている．（虚の三角形なので，いずれも絶対値が1より大きいことに注意してほしい．）サインとコサインの平方の和が1になることは保証されているので，
$$\sin\alpha = \sqrt{1-(\cos\alpha)^2}$$
$$= \frac{\sqrt{2b^2c^2+2c^2a^2+2a^2b^2-a^4-b^4-c^4}}{2bc}$$
$$= \frac{\sqrt{(a+b+c)(-a+b+c)(a-b+c)(a+b-c)}}{2bc}$$

と考えていいだろう．（つまりここでは，±のうち＋のほうだけを採用する．）ここで
$$\phi = (a+b+c)(-a+b+c)(a-b+c)(a+b-c)$$

とおくと，虚の三角形なので $\phi<0$ となり，
$$\sin\alpha = i\frac{\sqrt{-\phi}}{2bc}$$

と書ける．同じようにして，
$$\sin\beta = i\frac{\sqrt{-\phi}}{2ca}$$
$$\sin\gamma = i\frac{\sqrt{-\phi}}{2ab}$$

も示せる．

　念のために，チェックしてみよう．たとえば，c が a，b よりも大きい場合，コサイン関数を使って定義された内角は
$$p_1 = \frac{b^2+c^2-a^2}{2bc}$$
$$p_2 = \frac{c^2+a^2-b^2}{2ca}$$
$$p_3 = \frac{a^2+b^2-c^2}{2ab}$$

と書くとき
$$\alpha = i\log(p_1+\sqrt{p_1^2-1})$$
$$\beta = i\log(p_2+\sqrt{p_2^2-1})$$
$$\gamma = \pi + i\log(-p_3-\sqrt{p_3^2-1})$$

となった．これらのサインを求めてみる．対数関数は指数関数の逆関数だということに注意すると，前章の定義1によって，
$$\sin\alpha = \frac{i}{2}\left(p_1+\sqrt{p_1^2-1}-\frac{1}{p_1+\sqrt{p_1^2-1}}\right)\cos 0$$
$$= i\frac{p_1+\sqrt{p_1^2-1}-p_1+\sqrt{p_1^2-1}}{2}\cos 0$$
$$= i\sqrt{p_1^2-1}$$
$$\sin\beta = i\sqrt{p_2^2-1}$$
$$\sin\gamma = \frac{i}{2}\left(-p_3-\sqrt{p_3^2-1}\right.$$
$$\left.-\frac{1}{-p_3-\sqrt{p_3^2-1}}\right)\cos\pi$$
$$= i\frac{-p_3-\sqrt{p_3^2-1}+p_3-\sqrt{p_3^2-1}}{2}\cos\pi$$
$$= i\sqrt{p_3^2-1}$$

ということは，たしかに，
$$\sin\alpha = \frac{i\sqrt{-\phi}}{2bc}$$
$$\sin\beta = \frac{i\sqrt{-\phi}}{2ca}$$
$$\sin\gamma = \frac{i\sqrt{-\phi}}{2ab}$$

となっている．安心，安心！（当然といえば当

然だが．)

　ちょっとくどいが，サイン関数の値が純虚数 qi（q は実数）となる場合について考えておこう．前章の定義1によると
$$\sin(x+iy) = \frac{e^y + e^{-y}}{2}\sin x + i\frac{e^y - e^{-y}}{2}\cos x$$
だから，いま，$\theta = x + iy$ とおいて，
$$\sin\theta = qi$$
とすると，
$$\frac{e^y + e^{-y}}{2} > 0$$
なので $\sin x = 0$，つまり，$x = n\pi$（n は任意の整数）となるはず．ということは，
$$q = \frac{e^y - e^{-y}}{2}\cos(n\pi)$$
となる y を探せばよい．
$$\cos(n\pi) = (-1)^n$$
に注意すると，n を任意の整数として，
$$\theta = n\pi + i\log((-1)^n q + \sqrt{q^2+1})$$
となることがわかる．とりあえず，代表として，$n = 0$ の場合にあたる
$$\theta = i\log(q + \sqrt{q^2+1})$$
を選んでおけばいいが，虚の三角形の内角の和を π になるようにするためにはこれではまずい．与えられた虚の三角形の最大辺に対応する部分だけは，$n = 1$ の場合，つまり
$$\theta = \pi + i\log(-q + \sqrt{q^2+1})$$
$$= \pi - i\log(q + \sqrt{q^2+1})$$
を採用することにすればよい．

　これはいかにも人工的な操作のように見えるかもしれないが，実の三角形の場合でも，サイン関数の値から内角を求めようとすると（鈍角三角形については）最大の内角についてこれと同じような操作が必要になる．実のときはコサイン関数を使えばこうした操作は不要になるが，虚の三角形については最大辺に対応する内角については，サイン，コサインのどちらを使ってもつねにこのような操作が必要になる．そうしなければ，内角の和が π になってくれないのだ．

3．ミンコフスキー平面

　いままで虚の三角形は奇妙な座標平面上に存在するものとみなしてきた．横軸に実数，縦軸に純虚数（つまり実数の i 倍）を配置して，(実数，純虚数)のような順序をもった対をその平面上の点と考えてきたのである．ちょっと見ると複素平面の話と似ているが，これは複素平面とはまったく別の平面なのだということに注意してほしい．たとえば，この平面では原点 $(0,0)$ と点 (x, iy) の距離の平方は座標成分の差の平方の和
$$x^2 + (iy)^2 = x^2 - y^2$$
になっているが，複素平面の上では複素数 0 と $x + iy$ の距離の平方は
$$x^2 + y^2$$
である．したがって，この平面では，たとえば，単位円の方程式は
$$x^2 + (iy)^2 = 1$$
つまり
$$x^2 - y^2 = 1$$
となっており，複素平面での単位円の方程式
$$x^2 + y^2 = 1$$
とはまったく違っている．
　普通の円の方程式は
$$(x - x_0)^2 + (y - y_0)^2 = r^2, \quad r > 0$$
と書けるが，虚の円の方程式は，x，x_0，y，y_0 を実数として，
$$(x - x_0)^2 + (iy - iy_0)^2 = r^2, \quad r > 0$$
$$(x - x_0)^2 + (iy - iy_0)^2 = -r^2, \quad r > 0$$
のどちらかの形をしているものと考えるのがよい．いいかえると，
$$(x - x_0)^2 - (y - y_0)^2 = r^2, \quad r > 0$$
$$-(x - x_0)^2 + (y - y_0)^2 = r^2, \quad r > 0$$
を虚の円の方程式と考えるわけだ．虚の円などと呼んではいるものの，こう書いてみれば，何のことはない，普通の意味の直角双曲線にほかならないことがわかる．

　虚軸などを考えてしかもそこに純虚数が乗っているように想定したので，このような新しい平面上の点は複素数と間違いやすいかもしれない．したがって，縦軸として虚軸のかわりにもうひとつの実軸を考え，そのかわり距離の平方を「座標成分の差の平方の和」ではなく「座標成分の差の平方の差」によって定義してしまうことにすれば，複素数との混同が少しは回避できるかもしれない．こうしてきまる平面は相対性理論と深い関係のあるミンコフスキー平面にほかならない！つまり，実の三角形がユークリッドの世界＝ニュートンの世界に生きていると

すれば，虚の三角形はミンコフスキーの世界＝アインシュタインの世界に生きていることになる．

ここではあまり詳しく書けないが，さらに大胆に，ユークリッド平面上の点 (x, y) に複素数 $x+iy$ を対応させるのをまねて，ミンコフスキー平面上の点 (x, y) に $x+jy$ という形の新しい数を対応させることも可能である．うまい名前がないので，とりあえずこの数を双素数とでも呼んでおこう．（この名前は「双子の素数」と似ていてイヤ〜な感じだがとりあえずガマン．）

単に (x, y) などと書いたのでは通常の (x, y) や複素数 $x+iy$ とまぎらわしいので，$x+jy$ と書くというだけではない．この双素数 $x+jy$ は，線形性など複素数の性質とソックリの性質をもっていると考えていいが，x, y は実数で j は実数ではないが $j^2=1$ だと仮定する，つまり，積は複素数だと

$$(a+ib)(c+id) = (ac-bd) + i(ad+bc)$$

となるが，双素数の場合には

$$(a+jb)(c+jd) = (ac+bd) + j(ad+bc)$$

となると考える．

ついでながら，この奇妙な数を最初に考えたのはイギリスの数学者クリフォード（1878年）であった．その後，アインシュタインの特殊相対性理論が出現し，それを幾何学的に理解するための枠組がミンコフスキーによって発見されると，それと関係がありそうな双素数を見直す動きが起こり，双素数についての関数論なども建設され，1930年代になると軍事研究も視野に入れた「高速度流体力学」への応用なども真剣に考えられたようだ．当時，日本でも東北帝国大学の高須鶴三郎がこの方面の紹介と研究に貢献しているが，単に複素数との「類似現象」の追及に追われて表面的な成果しかえられなかったせいか，その後すっかり停滞してしまって，いまでは教科書という「博物館」にも展示されず，奥の倉庫に放置されてしまい，忘れ去られた感じだ．

それはともかく，双素数を導入すると，複素数によってユークリッド平面の幾何学が記述できるのと同じように，双素数によってミンコフスキー平面の幾何学が記述できるのである．

その場合，ユークリッド平面における θ 回転を表わす複素数

$$e^{i\theta} = \cos\theta + i\sin\theta$$

は，ミンコフスキー平面における「θ 回転」を意味する双素数

$$e^{j\theta} = \cosh\theta + j\sinh\theta$$

に変化する．ここで，とりあえず θ が実数のとき

$$\cosh\theta = \cos(i\theta) = \frac{e^\theta + e^{-\theta}}{2}$$

$$\sinh\theta = -i\sin(i\theta) = \frac{e^\theta - e^{-\theta}}{2}$$

と定義する．これらはそれぞれ双曲線コサイン関数，双曲線サイン関数と呼ばれているもので，普通のコサイン関数やサイン関数とそっくりの性質をもっていることが定義から簡単に示せる．たとえば，

$$(\cos\theta)^2 + (\sin\theta)^2 = 1$$
$$\cos(\theta+\phi) = \cos\theta\cos\phi - \sin\theta\sin\phi$$
$$\sin(\theta+\phi) = \sin\theta\cos\phi + \cos\theta\sin\phi$$

のかわりに

$$(\cosh\theta)^2 - (\sinh\theta)^2 = 1$$
$$\cosh(\theta+\phi) = \cosh\theta\cosh\phi + \sinh\theta\sinh\phi$$
$$\sinh(\theta+\phi) = \sinh\theta\cosh\phi + \cosh\theta\sinh\phi$$

となる．つまり，コサインとサインが円のパラメータ表示を与えたのに対して双曲線コサイン，双曲線サインは直角双曲線のパラメータ表示に使えることがわかる．また，加法定理もほとんど同じものが成り立つ．さらに，ユークリッド平面ではコサインとサインの加法定理の存在こそが「回転」の存在を保証しているわけだが，それと同じように，双曲線コサイン，双曲線サインの加法定理がミンコフスキー平面での「回転」の存在を保証してくれる．

普通，ユークリッド平面の場合の回転角は単位円周の長さによって定義されるが，半径（つまり円 $x^2+y^2=1$ 上の点と原点を結ぶ線分）が描いた扇形の面積の2倍によって定義してもいいはずだ．これをまねて，ミンコフスキー平面における「回転角」は半径（つまり直角双曲線 $x^2-y^2=1$ 上の点と原点を結ぶ線分）の描いた面積の2倍と解釈できる．

同じことなので，ちょっと一般化してつぎのような命題を証明しておこう．

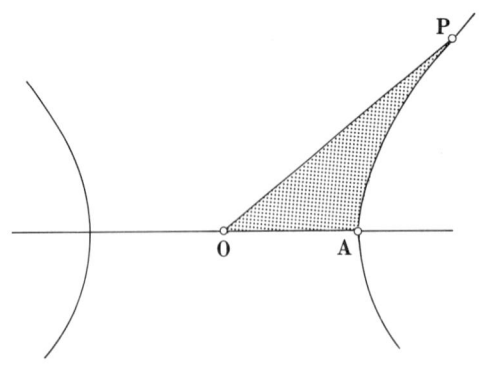

命題 1

直角双曲線 $x^2 - y^2 = a^2$, $a > 0$ の右の枝は
$$x = a\cosh\theta$$
$$y = a\sinh\theta$$
というパラメータ表示をもつ．また，図の領域 OAP のユークリッド的な意味での面積 S の $\dfrac{2}{a^2}$ 倍が点 P のパラメータ θ に一致する．

[証明]

まず，点 $(a\cosh\theta, a\sinh\theta)$ がこの直角双曲線上にあることは
$$(a\cosh\theta)^2 - (a\sinh\theta)^2 = a^2$$
からわかる．また，θ が 0 から増加するとき $a\cosh\theta$ と $a\sinh\theta$ は連続的に増加し，θ が 0 から減少するときは $a\cosh\theta$ は連続的に増加し $a\sinh\theta$ は連続的に減少するので，前半の主張は明らか．ついでにいえば，左の枝は
$$x = -a\cosh\theta$$
$$y = -a\sinh\theta$$
と書ける．

ところで，図のような領域 OAP の面積 S は点 P の x 座標を p とすると，
$$S = S(p) = \frac{1}{2}p\sqrt{p^2 - a^2} - \int_a^p \sqrt{x^2 - a^2}\,dx$$
となる．これは p に関する単調増加関数だから，$\theta = \dfrac{2}{a^2}S(p)$ と $p = a\cosh\theta$ が逆関数の関係にあることがわかれば後半が解決する．つまり，
$$\theta = \frac{2}{a^2}S(a\cosh\theta)$$
さえわかればよい．右辺を $f(\theta)$ とおくと，
$$f(\theta) = \frac{2}{a^2}\left(\frac{a^2}{2}\cosh\theta\sinh\theta - \int_0^\theta \sqrt{p^2 - a^2}\frac{dp}{d\theta}d\theta\right)$$
$$= \cosh\theta\sinh\theta - 2\int_0^\theta (\sinh\theta)^2 d\theta$$

したがって，
$$f'(\theta) = (\cosh\theta)^2 + (\sinh\theta)^2 - 2(\sinh\theta)^2$$
$$= (\cosh\theta)^2 - (\sinh\theta)^2 = 1$$
つまり，$f(\theta) = \theta + c$ と書ける．ここで，$c = f(0) = 0$ に注意すると，$f(\theta) = \theta$ が示された．□

こうして，ミンコフスキー平面における「回転」の「回転角」というもののユークリッド的な解釈が可能になった．角度のはずが「面積」になったと不満もあるかもしれないが，とにかく，こうすれば「虚の角度」などというわけのわからない概念からはとりあえず脱出できるのがいい．といっても，まだまだ「ハイ，終わり」とまではいかず，回転角の符号の問題などかなり疑問も残りそうだが，こうしておくと，ユークリッド平面上の幾何の世界がほぼそのままミンコフスキー平面上の幾何の世界に転換できてしまうらしいという予感だけはするだろう．

これによって，どこにあるのかもわからない虚の内角をもった虚の三角形などという怪しげなものではなく，ちゃんと実の「内角」と「姿」をもったまともな三角形が問題にできるようになるのだからうれしい．もちろん，そのために 2 点間の距離が純虚数になってしまって意味を失う場合や「円」が双曲線に変貌してしまうという代償を払ってもいるので痛みがないわけでもないのだが．

4．もういちど外接円と内接円

この新しい枠組の中ですでに観察ずみの三角形の外接円と内接円（そして傍接円）がどのようなものに変貌するのかを見てみよう．とりあえず，底辺 AB の長さが 3 で他の 2 辺の長さが 1 となる簡単な三角形 ABC の場合を観察するために，
$$A(0,\ 0),\ B(3,\ 0),\ C\left(\frac{3}{2},\ \frac{\sqrt{5}}{2}\right)$$
とすると，すでに計算したことから，もとめる外接円（ユークリッド幾何の立場では直角双曲線）は，y を iy に置き換えればいいので
$$\left(x - \frac{3}{2}\right)^2 - \left(y - \frac{7\sqrt{5}}{10}\right)^2 = -\frac{1}{5}$$
つまり，
$$\left(y - \frac{7\sqrt{5}}{10}\right)^2 - \left(x - \frac{3}{2}\right)^2 = \frac{1}{5}$$

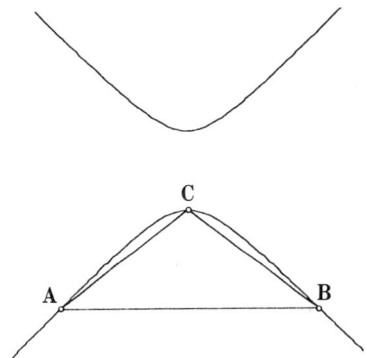

となる．中心（＝点対称の中心）が $\left(\dfrac{3}{2},\ \dfrac{7\sqrt{5}}{10}\right)$，半径（＝中心から枝までの最短距離）が $\dfrac{\sqrt{5}}{5}$ の直角双曲線というわけだ．半径は向きを逆にとって $-\dfrac{\sqrt{5}}{5}$ と考えてもいいがその話はいまは忘れておこう．ついでに，図も描いておく．

この図を見れば，たしかに問題の双曲線が三角形ABCに「外接」していることが納得できるだろう．（ここでは軸が縦軸と横軸になる直角双曲線だけを考えていることに注意しよう．）

つぎに同じ三角形の内接円と傍接円を描いてみよう．ミンコフスキー平面上で考えると

AB：$y=0$
BC：$\sqrt{5}\,x+3y-3\sqrt{5}=0$
CA：$\sqrt{5}\,x-3y=0$

となり，3直線 AB, BC, CA に接する円（＝直角双曲線）は

(1) $\left(x-\dfrac{3}{2}\right)^2-\left(y-\dfrac{3\sqrt{5}}{10}\right)^2=-\dfrac{9}{20}$

(2) $\left(x-\dfrac{3}{2}\right)^2-\left(y-\dfrac{3\sqrt{5}}{2}\right)^2=-\dfrac{45}{4}$

(3) $\left(x-\dfrac{1}{2}\right)^2-\left(y-\dfrac{\sqrt{5}}{2}\right)^2=-\dfrac{5}{4}$

(4) $\left(x-\dfrac{5}{2}\right)^2-\left(y-\dfrac{\sqrt{5}}{2}\right)^2=-\dfrac{5}{4}$

となる．ここで，円 (n) と3直線 AB, BC, CA との接点を C_n, A_n, B_n と書くと

$C_1\left(\dfrac{3}{2},\ 0\right)$, $A_1\left(\dfrac{3}{4},\ \dfrac{3\sqrt{5}}{4}\right)$,
$B_1\left(\dfrac{9}{4},\ \dfrac{3\sqrt{5}}{4}\right)$

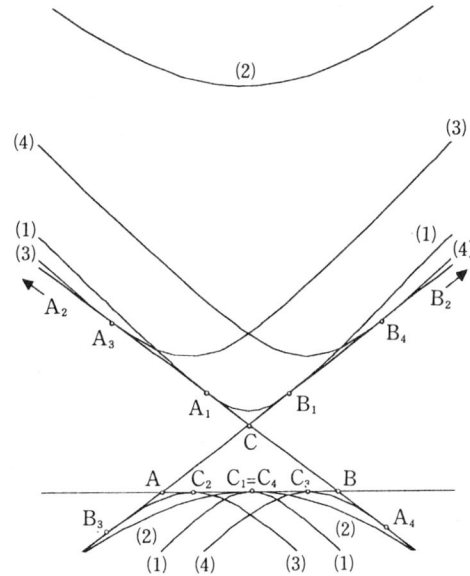

$C_2\left(\dfrac{3}{2},\ 0\right)$, $A_2\left(\dfrac{21}{4},\ -\dfrac{3\sqrt{5}}{4}\right)$,
$B_2\left(-\dfrac{9}{4},\ -\dfrac{3\sqrt{5}}{4}\right)$

$C_3\left(\dfrac{1}{2},\ 0\right)$, $A_3\left(\dfrac{3}{4},\ -\dfrac{5\sqrt{5}}{4}\right)$,
$B_3\left(-\dfrac{3}{4},\ -\dfrac{\sqrt{5}}{4}\right)$

$C_4\left(\dfrac{5}{2},\ 0\right)$, $A_4\left(\dfrac{15}{4},\ -\dfrac{\sqrt{5}}{4}\right)$,
$B_4\left(\dfrac{15}{4},\ \dfrac{5\sqrt{5}}{4}\right)$

となる．

5．三角形を回転させる

ユークリッド平面上の原点を中心とする回転（正確には直交変換）というのは距離を変化させない線形変換のことだったが，ミンコフスキー平面上の回転というのも距離を変化させない線形変換のことだと解釈できる．詳しいことは読者にまかせるが，座標を縦ベクトルだとみなせばユークリッド平面上の θ 回転は行列

$$\begin{pmatrix} \cos\theta & -\sin\theta \\ \sin\theta & \cos\theta \end{pmatrix}$$

で表現できる．これと同じように，ミンコフスキー平面上の θ 回転は行列

$$\begin{pmatrix} \cosh\theta & \sinh\theta \\ \sinh\theta & \cosh\theta \end{pmatrix}$$

で表現できる．たとえば，点 (a, b) を原点のまわりに θ だけ回転させれば
$$(a\cosh\theta + b\sinh\theta, \ a\sinh\theta + b\cosh\theta)$$
にうつるというわけだ．実験してみよう．

問題2 ミンコフスキー平面の上で三角形ABCを原点のまわりに0.2, 0.4, 0.6だけ順に回転しその結果をもとの三角形とともに図示せよ．ただし，$A(0, 0)$，$B(3, 0)$，$C\left(\dfrac{3}{2}, \dfrac{\sqrt{5}}{2}\right)$ とする．

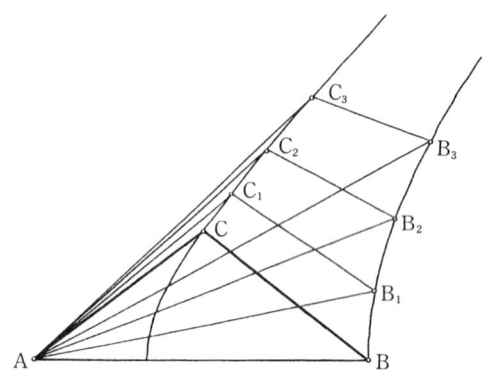

計算は省略して結果だけを描いておく．この図では，B，Cを0.2, 0.4, 0.6 だけ回転させた点をそれぞれ $B_1, B_2, B_3, C_1, C_2, C_3$ と書いておいた．つまり，三角形ABCをAのまわりに0.2, 0.4, 0.6 だけ回転させてえられる三角形はそれぞれ AB_1C_1, AB_2C_2, AB_3C_3 となっている．回転のときに沿う直角双曲線もついでに描いておいた．すでに述べたことから，

領域 ABB_k の面積の $\dfrac{2}{3^2}$ 倍 $= \dfrac{2k}{10} = B_k$ の回転角

領域 ABC_k の面積の $\dfrac{2}{1^2}$ 倍 $= \dfrac{2k}{10} = C_k$ の回転角

となっているらしいことが観察できるだろう．これはいかにも蛇足だが，回転後の三角形はユークリッド幾何の観点では明らかに変形するものの，ミンコフスキー幾何の観点では3辺の長さが1, 1, 3の二等辺三角形のままで，したがって，すべて合同なのである．

6．虚の四面体への展望

詳しく書く余裕はないが，虚の三角形の話は3次元の場合，つまり虚の四面体の場合にもそれなりに拡張できる．三角形の場合をまねるとすると，まず，6つの辺の長さをもちいて四面体の体積を表わす公式（オイラーの公式）を作る必要がある．これはオイラーが一連の多面体研究の中で発見したもので，「3次元のヘロンの公式」だと思えばよい．この公式を使って計算するとき，体積が虚数になるような「四面体」が虚の四面体というわけだ．実の四面体（体積0のものも含んでおく）とはならないような6つの辺で構成される「四面体」のことだといってもよい．すべての面が虚の三角形になる場合もあれば実の三角形が混在する場合もある．たとえば，「$PA = BC = 3$，$PB = PC = AB = AC = 1$」は前者，「$PA = PB = PC = 1$，$AB = AC = BC = 3$」は後者の場合にあたる．

虚の四面体の議論を進めていくと，自然にミンコフスキー平面の3次元バージョンに到達することになるだろう．また，虚の円は直角双曲線のことだったが，虚の球面は直角双曲線を対称軸のまわりに1回転してできる回転双曲面になるので，虚の四面体に接する虚の球面などはイメージしにくくなる．

4次元のヘロンの公式

　前々章「虚の三角形」では，三角形の面積をその辺の長さをもちいて表わすヘロンの公式に出現する多項式が活躍した．同じような話を3次元の世界で展開しようとすれば，つまり，「虚の四面体」について論じようとすれば，ヘロンの公式を3次元化したものとのかかわりで出現する多項式が大切になるかもしれない．と思ってヘロンの公式の3次元バージョンをあれこれいじっていたところ，まったくの偶然から，「高さ」が0の「退化した四面体」についての「ヘロンの公式」を和算家たちが考案していることがわかった．それは「六斜術」などと呼ばれている．そこで，その話に首をつっこみ，あれこれ考えているうちに和算家のまねをして3次元の「十斜術」とでもいうべきもの（つまり「退化した4次元五面体」に関する「ヘロンの公式」）を作ってしまった！もちろん，和算家のまねをするのだから，三平方の定理と多項式の計算程度の技術しか使わないでやりたいし，膨大な計算をガンバって実行する和算家的なふんいきを感じるにはやはり「原始的な方法」のほうが面白いのだが，計算もここまでくると人間向きではなくなる．行列式についての知識を仮定すればはるかに議論がシンプルになるので，4次元の場合についてはそうせざるをえないが，3次元以下については「原始的な方法」で事を進める．

1．アッしまった！

　「デカルトの手紙」の中で，互いに他の3つと接する4つの円の半径の間に成り立つ関係式（「デカルトの公式」）を，デカルトの古い手紙にある原始的な方法をまねて証明し，そのあとでオマケとして，互いに他の4つと接する5つの球の半径の間に成り立つ関係式（ソディの公式）などについても簡単に紹介した．

　ところで，ぼくはソディの公式について，「江戸時代後半の和算家たちも同じ計算問題を考えていたようだが，あくまで具体的な数値を与えての議論なのだろう」と考えていた．原典をチェックすることもなく．だが，これは明らかな事実誤認を含んでいた．

　実際，小寺裕さんと田村三郎さんによる「アポロニウスの接円問題」（『理系への数学』1998年10月号）に，和算の立場から見た「デカルトの公式」について紹介されており，そこには何と，「デカルトの公式」まであと一歩の関係式（デカルトが手紙の中で書いているものとほぼ同じ関係式）が和算家たちによっても得られていたことを示す「証拠写真」まで掲載されていた！

　和算というのは江戸時代の日本の数学のことだが，ヨーロッパの数学に較べると趣味的な傾向が強く，そのために，ぼくは，和算家の大半は具体的な数値を与えての図形問題ばかりを考えていたのだろうと思っていた．もちろん，関孝和，建部賢弘，安島直円などといった「本格的」な和算家は例外で，かれらは具体的な数値を超えた議論に興味を示しており，文字式に近いものにも到達し微分積分学の萌芽にあたる円理の世界にも進出していたこともそれが書物の形で発表されていたことも知っていた．しかし，神社仏閣に掲げる絵馬の数学版ともいうべき算額の形で発表される「研究成果」は具体的な数値に満ち満ちており，「デカルトの公式」にかかわるような問題は，美しい図も使え，いかにも算額用のテーマという印象だから，そういう問題を楽しんでいるような人たちはどうせ一般的な公式などには関心を示してはいなかったのだろう，というような「危ない判断」を下していた．

　ところが，これはまったくの誤りだった．あの偉大な「三大和算家」とでもいうべき関孝和，建部賢弘，安島直円のすべてが，「デカルトの公式」に密着した六斜術と呼ばれるものとその周辺の話題に熱心に取り組んだ形跡があるのだ．六斜術については，小寺さんと田村さんの「アポロニウスの接円問題」にも紹介されていたが，

その起源が関孝和その人にまでもどれるというのは，まったくもって意外だった．しかも小寺さんによると「六斜術は和算では常識公式でした．古くは『算法闕疑抄』『算俎』に見えます」とのこと．受験数学で余弦定理やヘロンの公式が常識であるように和算では六斜術が常識のひとつだったようだ．古くからあった六斜術に若い関孝和もまた興味をもっていたというのが正解らしい．

2．3次元のヘロンの公式

ここで，六斜術というのは三角形 ABC とその中の点 P があるとき，AB, BC, CA, PA, PB, PC の長さのうちの 5 個を与えて残りのひとつを求める方法（術）のことだ．四角形の辺と対角線の長さのうちの 5 個を与えて残りのひとつを求める方法といっても形式的にはほぼ同じことになる．こうした問題を解くには，6 個の線分の長さの間に成立する関係式をみつければいいわけだが，よく見てみると，どちらの問題も四面体の体積が 0 となる場合にその四面体の 6 個の辺が作る図形の中の線分の長さについての問題だと解釈できるので，四面体の体積を辺の長さで表わす公式（ヘロンの公式の 3 次元バージョン）さえわかれば，特に体積が 0 となる場合として六斜術の基本となる関係式が得られることにもなる．このアイデアは有名なものらしく，小寺さんと田村さんの「アポロニウスの接円問題」でも紹介されていたが，和算家がこのような方法を使っていたということではないようだ．

念のために，ヘロンの公式の話から．

---- **命題 1（ヘロンの公式）** ----

三角形 ABC の面積を S とすると
$$16S^2 = 2(b^2c^2 + c^2a^2 + a^2b^2) - a^4 - b^4 - c^4$$
となる．ここで，$a = BC$, $b = CA$, $c = AB$ とする．

[証明]
$$2(b^2c^2 + c^2a^2 + a^2b^2) - a^4 - b^4 - c^4$$
$$= (-a+b+c)(a-b+c)(a+b-c)(a+b+c)$$
に注意すれば普通のヘロンの公式からすぐに示せる． □

あとの都合で
$$\sigma_1 = a^2b^2 + a^2c^2 + b^2c^2$$
$$\sigma_2 = a^4 + b^4 + c^4$$
と置いて
$$16S^2 = 2\sigma_1 - \sigma_2$$
と書いておこう．これはまぁ，当然なのだが，この場合シンボリックに書くと，
$$\sigma_1 = \sum [\text{2 個の辺がつくる折線}]$$
$$\sigma_2 = \sum [\text{1 個の 2 重の辺}]$$
という感じだ．ここで，[2 個の辺がつくる折線] というのは，ab, ac, bc の各文字を 2 乗して積を取ったものを示し，[1 個の 2 重の辺] というのは，aa, bb, cc の各文字を 2 乗して積を取ったもの，つまり，a^4, b^4, c^4 を示しているとする．また，$\sum$ はすべての場合の和をとることを意味する．

つぎにヘロンの公式の 3 次元バージョンについて書いておこう．証明は和算家風にやってみる．

---- **定理 1（3 次元のヘロンの公式）** ----

四面体 $PABC$ の体積を V とすると，
$$144V^2 = a^2f^2(b^2+c^2+e^2+d^2) - a^4f^2 - a^2f^4$$
$$+ b^2e^2(a^2+c^2+f^2+d^2) - b^4e^2 - b^2e^4$$
$$+ c^2d^2(a^2+b^2+f^2+e^2) - c^4d^2 - c^2d^4$$
$$- a^2b^2d^2 - a^2c^2e^2 - b^2c^2f^2 - d^2e^2f^2$$
となる．ここで，$a = PA$, $b = PB$, $c = PC$, $d = AB$, $e = AC$, $f = BC$ とする．

[証明]
まず，四面体 $PABC$ の頂点 P から平面 ABC に下ろした垂線の足を H とし，$PH = h$, $AH = \alpha$, $BH = \beta$, $CH = \gamma$ と書こう．さらに，点 A から辺 BC に下ろした垂線の足を K, 点 H から辺 BC に下ろした垂線の足を L とする．このとき，三平方の定理のみによって簡単にわかる関係式を並べてみると，
$$h^2 + \alpha^2 = a^2$$
$$h^2 + \beta^2 = b^2$$
$$h^2 + \gamma^2 = c^2$$
$$BK = \frac{d^2 + f^2 - e^2}{2f}$$
$$BL = \frac{\beta^2 + f^2 - \gamma^2}{2f}$$
$$\alpha^2 - (BK - BL)^2 = (\sqrt{d^2 - BK^2} - \sqrt{\beta^2 - BL^2})^2$$
となる．（ここで BK と BL を表わす式を出すのに余弦定理を使ってもいいが，そんなことまでしなくても，三平方の定理だけですぐに出せることに注意してほしい．）

4次元のヘロンの公式

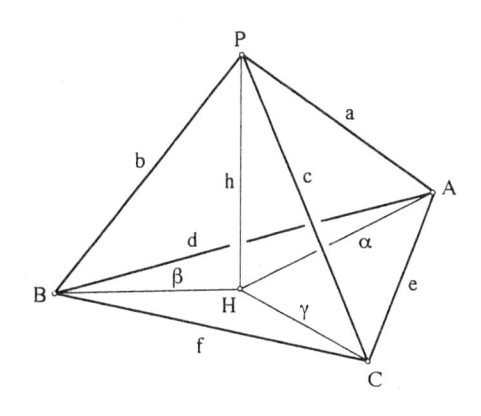

つぎに，最後の式を展開して整理すると，
$$\beta^2 - 2BK \cdot BL - \alpha^2 + d^2 = 2\sqrt{(d^2 - BK^2)(\beta^2 - BL^2)}$$
平方して根号をはずすと，
$$\alpha^4 + \beta^4 + d^4$$
$$-2(\alpha^2\beta^2 + \alpha^2 d^2 + \beta^2 d^2)$$
$$+4(BK^2\beta^2 + BL^2 d^2$$
$$-BK \cdot BL(\beta^2 - \alpha^2 + d^2)) = 0$$
これに BK, BL の式を代入し，α, β, γ を消去してから，分母をはらうと，
$$a^2b^2f^2 + a^2c^2f^2 + a^2d^2f^2 + a^2e^2f^2$$
$$+ b^2a^2e^2 + b^2c^2e^2 + b^2d^2e^2 + b^2f^2e^2$$
$$+ c^2a^2d^2 + c^2b^2d^2 + c^2e^2d^2 + c^2f^2d^2$$
$$- a^2b^2d^2 - a^2c^2e^2 - b^2c^2f^2 - d^2e^2f^2$$
$$- a^4f^2 - a^2f^4 - b^4e^2 - b^2e^4 - c^4d^2 - c^2d^4$$
$$- 2d^2e^2h^2 - 2e^2f^2h^2 - 2f^2d^2h^2$$
$$+ d^4h^2 + e^4h^2 + f^4h^2 = 0$$

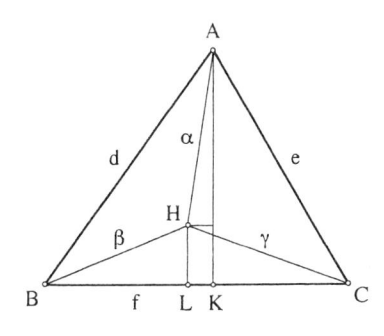

となる．（ここで，項の順序がやや奇妙なのはあとの都合である．）つまり，
$$h^2(-d^4 - e^4 - f^4 + 2d^2e^2 + 2e^2f^2 + 2f^2d^2)$$
$$= a^2b^2f^2 + a^2c^2f^2 + a^2d^2f^2 + a^2e^2f^2$$
$$+ b^2a^2e^2 + b^2c^2e^2 + b^2d^2e^2 + b^2f^2e^2$$
$$+ c^2a^2d^2 + c^2b^2d^2 + c^2e^2d^2 + c^2f^2d^2$$
$$- a^2b^2d^2 - a^2c^2e^2 - b^2c^2f^2 - d^2e^2f^2$$
$$- a^2b^2d^2 - a^2c^2e^2 - b^2c^2f^2 - d^2e^2f^2$$
$$- a^4f^2 - a^2f^4 - b^4e^2 - b^2e^4 - c^4d^2 - c^2d^4$$
$$= a^2f^2(b^2 + c^2 + e^2 + d^2) - a^4f^2 - a^2f^4$$
$$+ b^2e^2(a^2 + c^2 + f^2 + d^2) - b^4e^2 - b^2e^4$$
$$+ c^2d^2(a^2 + b^2 + f^2 + e^2) - c^4d^2 - c^2d^4$$
$$- a^2b^2d^2 - a^2c^2e^2 - b^2c^2f^2 - d^2e^2f^2$$

ところで，命題1（ヘロンの公式）から，三角形 ABC の面積を S とすると，
$$16S^2 = -d^4 - e^4 - f^4 + 2d^2e^2 + 2e^2f^2 + 2f^2d^2$$
したがって，求める体積 V は $V = Sh/3$ なので，
$$144V^2 = (16S^2)(h^2)$$
$$= (-d^4 - e^4 - f^4 + 2d^2e^2 + 2e^2f^2 + 2f^2d^2)h^2$$
$$= a^2f^2(b^2 + c^2 + e^2 + d^2) - a^4f^2 - a^2f^4$$
$$+ b^2e^2(a^2 + c^2 + f^2 + d^2) - b^4e^2 - b^2e^4$$
$$+ c^2d^2(a^2 + b^2 + f^2 + e^2) - c^4d^2 - c^2d^4$$
$$- a^2b^2d^2 - a^2c^2e^2 - b^2c^2f^2 - d^2e^2f^2$$
がえられる． □

これには行列式を使ったエレガントな証明が知られており，たとえば，高木貞治の『代数学講義』(p.268) に紹介されているので，これを参考にしてほしい．ちなみに，行列式を使えば2次元と3次元のヘロンの公式は

$$16S^2 = -\begin{vmatrix} 0 & a^2 & b^2 & 1 \\ a^2 & 0 & c^2 & 1 \\ b^2 & c^2 & 0 & 1 \\ 1 & 1 & 1 & 0 \end{vmatrix}$$

$$288V^2 = \begin{vmatrix} 0 & a^2 & b^2 & c^2 & 1 \\ a^2 & 0 & d^2 & e^2 & 1 \\ b^2 & d^2 & 0 & f^2 & 1 \\ c^2 & e^2 & f^2 & 0 & 1 \\ 1 & 1 & 1 & 1 & 0 \end{vmatrix}$$

と書ける．（高木貞治の『代数学講義』とは辺の長さの名付け方が異なっていることに注意してほしい．高い次元の場合を考えようとすると，われわれの命名順のほうが合理的である．）和算にも行列式の概念は存在していたようだが，和算家が同じような議論をしていたとはとても考えられない．それに，3次元のヘロンの公式は三平方の定理だけでも証明できるし，そのほうが和算家好みのような気がする．ということで，行列式には頼らない証明を試みたわけだ．

定理1の結果は
$$\sigma_1 = a^2b^2f^2 + a^2c^2f^2 + a^2d^2f^2 + a^2e^2f^2$$
$$+ b^2a^2e^2 + b^2c^2e^2 + b^2d^2e^2 + b^2f^2e^2$$
$$+ c^2a^2d^2 + c^2b^2d^2 + c^2e^2d^2 + c^2f^2d^2$$
$$- a^2b^2d^2 - a^2c^2e^2 - b^2c^2f^2 - d^2e^2f^2$$
$$\sigma_2 = a^2b^2d^2 + a^2c^2e^2 + b^2c^2f^2 + d^2e^2f^2$$
$$\sigma_3 = a^4f^2 + a^2f^4 + b^4e^2 + b^2e^4 + c^4d^2 + c^2d^4$$

とおけば,
$$144V^2 = \sigma_1 - \sigma_2 - \sigma_3$$

と書ける.これはまぁ,当然なのだが,この場合もシンボリックに書いてみると,

$\sigma_1 = \sum [\,3$個の辺がつくる折線$\,]$
$\sigma_2 = \sum [\,3$個の辺がつくるループ$\,]$
$\sigma_3 = \sum [\,1$個の辺と離れた2重の辺$\,]$

という感じになる.ここで,[3個の辺がつくる折線]というのは,abf や bde のような折線の各文字を2乗して積を取ったものを示し,[3個の辺がつくるループ]というのは,ace のような三角形の各文字を2乗して積を取ったものを示す.また,[1個の辺と離れた2重の辺]というのは a と f のように共通部分のない辺の組で一方を2重にかぞえたもの(aaf や aff)の各文字を2乗して積を取ったものを示す.また,$\sum$ はすべての場合の和をとることを意味する.

3次元のヘロンの公式を利用すれば六斜術の基本関係式が得られる.やってみよう.

——— **定理2(六斜術)** ———————

三角形 ABC と同一平面上の点 P について,$a = PA$, $b = PB$, $c = PC$, $d = AB$, $e = AC$, $f = CD$ とすると,

$$a^2f^2(b^2+c^2+e^2+d^2) - a^4f^2 - a^2f^4$$
$$+ b^2e^2(a^2+c^2+f^2+d^2) - b^4e^2 - b^2e^4$$
$$+ c^2d^2(a^2+b^2+f^2+e^2) - c^4d^2 - c^2d^4$$
$$- a^2b^2d^2 - a^2c^2e^2 - b^2c^2f^2 - d^2e^2f^2 = 0$$

となる.

[証明]
3次元のヘロンの公式で四面体 $PABC$ の体積が0となる場合を考えればよい. □

いいかえれば,六斜術の基本公式は「$\sigma_1 = \sigma_2 + \sigma_3$」にほかならない!

『関孝和全集』(p.一二〇)にこれと同じ公式が見える.関孝和がその著書『発微算法』で使

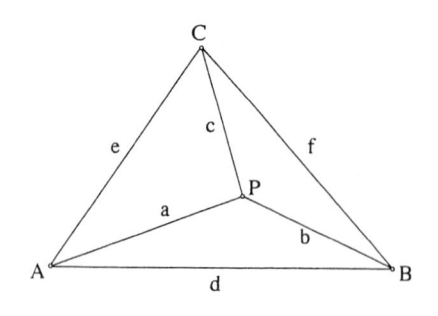

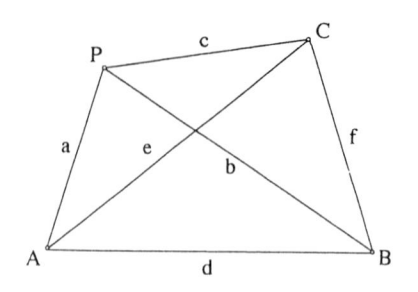

ったと思われる公式に近いようだ.関孝和はここでの a, b, c, d, e, f にあたるものを,点 P が三角形 ABC の内部にある場合には甲,乙,丙,大,中,小としているが,点 P が三角形 ABC の外部にある場合には(甲,乙,丙,丁,戊,己の順序ではなく)甲,乙,丙,己,戊,丁としている.

ところで,3個の円 A, B, C が互いに外接しているとき,それらすべてに外接(あるいは内接)する円 P の半径をはじめの3個の円の半径で表わす問題をかりにデカルトの問題とでも呼んでおけば,このデカルトの問題が(ちょっと強引な印象はあるが)六斜術の特殊な場合として解けることは明らかだ.円 P が外接している場合だけを書いておこう.

——— **命題2(いわゆる「デカルトの公式」)** ———

半径が a, b, c, d の円 A, B, C, D が互いに外接しているとき,

$$\left(\frac{1}{a} + \frac{1}{b} + \frac{1}{c} + \frac{1}{d}\right)^2 = 2\left(\frac{1}{a^2} + \frac{1}{b^2} + \frac{1}{c^2} + \frac{1}{d^2}\right)$$

[証明]
定理2(六斜術)における a, b, c, d, e, f のところに $a+d$, $b+d$, $c+d$, $a+b$, $a+c$, $b+c$ を代入して強引に計算すると
$$(a+d)^2(b+c)^2((b+d)^2 + (c+d)^2$$

$+(a+c)^2+(a+b)^2)$
$-(a+d)^4(b+c)^2-(a+d)^2(b+c)^4$
$+(b+d)^2(a+c)^2((a+d)^2+(c+d)^2$
$+(b+c)^2+(a+b)^2)$
$-(b+d)^4(a+c)^2-(b+d)^2(a+c)^4$
$+(c+d)^2(a+b)^2((a+d)^2+(b+d)^2$
$+(b+c)^2+(a+c)^2)$
$-(c+d)^4(a+b)^2-(c+d)^2(a+b)^4$
$-(a+d)^2(b+d)^2(a+b)^2$
$-(a+d)^2(c+d)^2(a+c)^2$
$-(b+d)^2(c+d)^2(b+c)^2$
$-(a+b)^2(a+c)^2(b+c)^2$
$=16(-a^2b^2c^2+2a^2b^2cd+2a^2bc^2d+2ab^2c^2d$
$-a^2b^2d^2+2a^2bcd^2+2ab^2cd^2-a^2c^2d^2$
$+2abc^2d^2-b^2c^2d^2)$

となるので,求める関係式は (項の順序をすこしかえて)

$b^2c^2d^2+a^2c^2d^2+a^2b^2d^2+a^2b^2c^2$
$=2(abc^2d^2+ab^2cd^2+ab^2c^2d+a^2bcd^2$
$+a^2bc^2d+a^2b^2cd)$

両辺を $(abcd)^2$ で割れば,

$$\left(\frac{1}{a}+\frac{1}{b}+\frac{1}{c}+\frac{1}{d}\right)^2=2\left(\frac{1}{a^2}+\frac{1}{b^2}+\frac{1}{c^2}+\frac{1}{d^2}\right)$$

がえられる. □

 六斜術から「デカルトの公式」を経由してソディの公式までの歩みについては,ぼくには,よくわからなかったのだが,和算に詳しい深川英俊さんと小寺さんからの情報提供のおかげもあって,いくつかの構図が見えてきた.

3. 和算の流れとソディの公式

 関孝和から数えて3代後にあたる山路主住が18世紀の中頃にはじめて「デカルトの公式」に肉薄したという.そして,山路主住の弟子にあたる世代の安島直円のこの方面での精力的な研究活動が,円の内接外接問題をブームにまで成長させるきっかけを作ったようだ.とにかく,安島直円の著作ときたら,やたらと円にまつわる問題が多く,「これが和算だ!」といいたくなるような問題にあふれているのだ.また,円の問題から球の問題への拡張についても安島直円が考察をはじめているが,19世紀前半ごろになって剣持章行がかなり本格的にアタックし,

1841年になって大村一秀(当時16,7歳)が『算法点竄手引草(二編)』という編著の中でついにソディの公式にあたる公式の「証明」を発表したという感じだ.大村と同じ関流長谷川門下で『算法点竄手引草(初編)』(1833年)の編者でもある山本賀前の公式集『算方助術』(なぜかこれも1841年)にも同じ公式が並んでいることからすると,1833年から1841年までの間に「証明」が出現したということかもしれない.

 ソディの公式を巡る経過については,深川さんと小寺さんから教えてもらった

 深川英俊『数学セミナー』1982年3月号40-45
 道脇義正/木村規子『科学史研究』II 22 (1983) 160-164

が参考になる.(後者には『デカルト全集』にある手紙から数学的な部分がほぼそのまま抽出されており,数式の符号にミスプリがあるかのような記載があるがそれは誤解.デカルトの数式を,左辺と右辺がともに正係数となるように整理したものと見れば問題ない.)

 ソディの公式と関連して和算家が六斜術を3次元化した「十斜術」とでもうべきものを考察していたかどうかはよくわからない.ヘロンの公式の3次元バージョンについては研究されていた形跡もあるようなので,「十斜術」だってあってもいいのだが,すごく長い式になるし,まぁないだろうな.

 それはともかく,ソディの公式にあと一歩の公式が1840年ごろの日本で計算されていたことは明らかだ.しかも,うれしいことにその原典『算法点竄手引草(二編)』の必要部分が

 Fukagawa, H.-Pedoe, D., *Japanese Temple Geometry Problems*, Charles Babbage Research Foundation, 1989

に復刻されている.この本は深川さん自身によって翻訳され『日本の幾何』(森北出版1991年)として出版されているが,それにはこの原典は収録されていない!残念.

 もちろん,原典が見物できるとはいっても,ちゃんと読むのは大変だ.深川さんに送ってもらった原典のコピーを見ると,まず5個の球のそれぞれが互いに他の4個の球に接している図があって,「今,図の如く甲乙丙丁四球相親む隙へ小球を容るなり.甲球径若干,乙球径若干,

丙球径若干，丁球径若干，小球径を得る術如何と問」と問題が書かれ，「答曰左の如し」とあって，長い計算法の解説が続いている．草書体の判読と甲乙丙丁などの文字と和算家による多項式の表現方法に慣れれば，何とか読めそうな気もするが，ぼくには易しくない．そこで，これも深川さんにコピーをもらった

深川英俊編『続々算額の研究』鳴海土風会1983に書かれている数学的な解読結果などをヒントにしてザッと読んでみたが，かなり自然な解法のようだ．

ここでは，これをそのまま紹介するのではなく，明らかにかなり遠回りではあるが，ヘロンの公式の4次元バージョンを紹介してから，それを利用して，3次元の「十斜術」にあたるものを作り，それを応用してソディの公式を証明してみよう．和算家風の素朴な方法でも4次元のヘロンの公式の証明はできるが，膨大な数式の処理が必要となり，数式処理ソフトなしでは絶望的だ．

4．4次元のヘロンの公式

4次元空間などというとちょっと難しそうだが，まぁ，こけ脅しのようなもので，普通の3次元空間内のすべての直線と直交する仮想の方向にもう1次元追加したと思えばよい．点の座標として，(x, y) や (x, y, z) のかわりに点 (x, y, z, w) を使うだけだ．三平方の定理はこの4次元空間でも成立しているものと仮定する．一般的にいえば4次元の世界で三平方の定理が成り立つ保証はないが，まぁ，とりあえず三平方の定理が成り立つような空間だけを考えようというわけだ．たとえば，特殊相対性理論の舞台となる4次元ミンコフスキー空間では必ずしも三平方の定理は成り立たない．成り立つようにしたければ，時間座標を純虚数にすればよい．これは「アインシュタインに出会う」でチラッと触れたことでもある．物理学者ホーキングが「虚の時間」というのもこれにあたる．

話をもとにもどそう．1次元空間（直線）内に線分（＝二面体）があるとき，その1次元空間外の1点を考え，この点ともとの1次元空間を含む2次元空間（平面）内で，その点と「二面体」の2個の「面」（頂点＝線分の端点）とを結ぶと三角形（＝三面体）がえられる．さらに，この2次元空間外の1点を考え，この点ともとの2次元空間を含む3次元空間内で，その点と「三面体」の3個の頂点とを結ぶと四面体がえられる．これと同じように，この3次元空間外の1点を考え，この点ともとの3次元空間を含む4次元空間内で，その点と四面体の4個の頂点と結ぶと「五面体」がえられる．これが4次元の「五面体」である．その「面」は3次元の四面体（全部で5個）にあたるものだと思えばいい．4次元の体積は，1次元での長さ，2次元での面積，3次元での体積と同じように定義すればよい．

見るというのは，網膜上の画像を脳で処理して認知することだが，人間の網膜は2次元にすぎず3次元の物体でさえ投影して見るほかない運命にあり，5点 P, A, B, C, D を頂点とする4次元の「五面体」$PABCD$ となると，とても見ることなどできない．でも，その1次元骨格だけなら，平面上に投影することによって，見た気分になれる．「五面体」$PABCD$ の1次元骨格のイメージを描いておこう．2次元の「肉付け」を行なうと三角形 PAC や PBD が出現するが，4次元空間内ではこの2個の三角形は交差してはいない．共有点は P のみである．3次元の「肉付け」もやってみると，（3次元の）四面体が5個出現することを確かめてほしい．しかもどの2個についても，四面体の面となっている三角形のひとつを共有するだけでそれ以外の交差はない．5個の四面体に包囲されている「空洞」に「肉付け」すると5次元の五面体がえられる．視覚だけでは見えないが，数学的

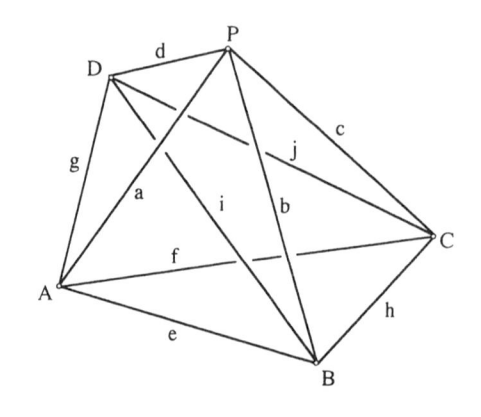

な感覚も動員すれば，ある程度「見える」ようになるだろう．

まず，準備のために記号を用意するが，類似の記号はすでに2次元と3次元のヘロンの公式の書き換え作業でも顔を出していることに注意してほしい．

$\sigma_1 = \sum [\text{4辺の折線}]$
$\sigma_2 = \sum [\text{離れた2重の2辺}]$
$\sigma_3 = \sum [\text{4辺のループ}]$
$\sigma_4 = \sum [\text{2重の1辺と離れた2辺の折線}]$
$\sigma_5 = \sum [\text{1辺と離れた3辺のループ}]$

とおく．ここで，[4辺の折線]というのは $abhj$ や $dgfh$ のような自分自身とは交差しない折線の各文字を2乗して積を取ったもの，[離れた2重の2辺]というのは $aahh$ や $ccgg$ のようなものの各文字を2乗して積を取ったもの（$aahh$ の場合は $a^2 a^2 h^2 h^2 = a^4 h^4$），[4辺のループ]というのは，$ache$ や $cdih$ のような四辺形の各文字を2乗して積を取ったもの，[2重の1辺と離れた2辺の折線]というのは，$aahi$ や $eecd$ のようなもの各文字を2乗して積を取ったもの（$aahi$ の場合は $a^2 a^2 h^2 i^2 = a^4 h^2 i^2$），[1辺と離れた3辺のループ]というのは $ahij$ のようなものの各文字を2乗して積を取ったもの，また，$\sum$ はすべての場合の和をとることを意味する．

これでようやく4次元のヘロンの公式を述べることができるようになった．

定理3（4次元のヘロンの公式）

4次元の「五面体」$PABCD$ の体積を W とし，$a = PA$, $b = PB$, $c = PC$, $d = PD$, $e = AB$, $f = AC$, $g = AD$, $h = BC$, $i = BD$, $j = CD$
とすると，
$$9216 W^2 = 2\sigma_1 + \sigma_2 - 2\sigma_3 - 2\sigma_4 - 4\sigma_5$$

[証明]

高木貞治の『代数学講義』にある3次元のヘロンの公式の証明をまねて4次元化すればよい．簡単に書いておこう．まず，点 P, A, B, C, D の座標を
$(x_1, y_1, z_1, w_1), (x_2, y_2, z_2, w_2), \cdots, (x_5, y_5, z_5, w_5)$
とすると，「体積の定義」から

$$\pm 4!\, W = \begin{vmatrix} x_1 & y_1 & z_1 & w_1 & 1 & 0 \\ x_2 & y_2 & z_2 & w_2 & 1 & 0 \\ x_3 & y_3 & z_3 & w_3 & 1 & 0 \\ x_4 & y_4 & z_4 & w_4 & 1 & 0 \\ x_5 & y_5 & z_5 & w_5 & 1 & 0 \\ 0 & 0 & 0 & 0 & 0 & 1 \end{vmatrix}$$

$$\pm 4!\, W = -\begin{vmatrix} x_1 & x_2 & x_3 & x_4 & x_5 & 0 \\ y_1 & y_2 & y_3 & y_4 & y_5 & 0 \\ z_1 & z_2 & z_3 & z_4 & z_5 & 0 \\ w_1 & w_2 & w_3 & w_4 & w_5 & 0 \\ 0 & 0 & 0 & 0 & 0 & 1 \\ 1 & 1 & 1 & 1 & 1 & 0 \end{vmatrix}$$

と書けることがわかるが，これらをかけて，
$(4!\, W)^2 =$
$$-\begin{vmatrix} (11) & (12) & (13) & (14) & (15) & 1 \\ (21) & (22) & (23) & (24) & (25) & 1 \\ (31) & (32) & (33) & (34) & (35) & 1 \\ (41) & (42) & (43) & (44) & (45) & 1 \\ (51) & (52) & (53) & (54) & (55) & 1 \\ 1 & 1 & 1 & 1 & 1 & 0 \end{vmatrix}$$

ここで，
$(pq) = x_p x_q + y_p y_q + z_p z_q + w_p w_q$
$\quad = (1/2)((x_p^2 + y_p^2 + z_p^2 + w_p^2)$
$\quad\quad + (x_q^2 + y_q^2 + z_q^2 + w_q^2) - [pq])$
$[pq] = (x_p - x_q)^2 + (y_p - y_q)^2$
$\quad\quad + (z_p - z_q)^2 + (w_p - w_q)^2$

とする．すぐ上の行列式の最後の列を $(1/2)(x_p^2 + y_p^2 + z_p^2 + w_p^2)$ 倍して第 p 列から引き，最後の行を $(1/2)(x_q^2 + y_q^2 + z_q^2 + w_q^2)$ 倍して第 q 行から引くと，

$2^4 (4!\, W)^2 =$
$$-\begin{vmatrix} 0 & [12] & [13] & [14] & [15] & 1 \\ [21] & 0 & [23] & [24] & [25] & 1 \\ [31] & [32] & 0 & [34] & [35] & 1 \\ [41] & [42] & [43] & 0 & [45] & 1 \\ [51] & [52] & [53] & [54] & 0 & 1 \\ 1 & 1 & 1 & 1 & 1 & 0 \end{vmatrix}$$

となる（ここで，$[pp] = 0$ となることに注意）．
定義から，
$[12] = a^2, \quad [13] = b^2, \quad [14] = c^2, \quad [15] = d^2$
$[23] = e^2, \quad [24] = f^2, \quad [25] = g^2$
$[34] = h^2, \quad [35] = i^2$
$[45] = j^2$

なので，$9216 W^2 = 2\sigma_1 + \sigma_2 - 2\sigma_3 - 2\sigma_4 - 4\sigma_5$ と

なる．ただし，σ_1，σ_2，σ_3，σ_4，σ_5 はつぎのような大きな多項式である．

$\sigma_1 = a^2b^2h^2j^2 + a^2b^2i^2j^2 + a^2c^2h^2i^2 + a^2c^2j^2i^2 +$
$\quad a^2d^2i^2h^2 + a^2d^2j^2h^2 + a^2e^2h^2j^2 + a^2e^2i^2j^2 +$
$\quad a^2f^2j^2i^2 + a^2f^2h^2i^2 + a^2g^2j^2h^2 + a^2g^2i^2h^2 +$
$\quad b^2a^2j^2i^2 + b^2a^2g^2j^2 + b^2c^2f^2g^2 + b^2c^2j^2g^2 +$
$\quad b^2d^2g^2f^2 + b^2d^2j^2f^2 + b^2e^2f^2j^2 + b^2e^2g^2j^2 +$
$\quad b^2i^2g^2f^2 + b^2i^2j^2f^2 + b^2h^2f^2g^2 + b^2h^2j^2g^2 +$
$\quad c^2a^2e^2i^2 + c^2a^2g^2i^2 + c^2b^2e^2g^2 + c^2b^2i^2g^2 +$
$\quad c^2d^2g^2e^2 + c^2d^2i^2e^2 + c^2f^2e^2i^2 + c^2f^2g^2i^2 +$
$\quad c^2j^2g^2e^2 + c^2j^2i^2e^2 + c^2h^2e^2g^2 + c^2h^2i^2g^2 +$
$\quad d^2a^2e^2h^2 + d^2a^2f^2h^2 + d^2b^2e^2f^2 +$
$\quad d^2b^2h^2f^2 + d^2c^2f^2e^2 + d^2c^2h^2e^2 +$
$\quad d^2g^2e^2h^2 + d^2g^2f^2h^2 +$
$\quad d^2j^2f^2e^2 + d^2j^2h^2e^2 + d^2i^2e^2f^2 + d^2i^2h^2f^2 +$
$\quad e^2a^2c^2j^2 + e^2a^2d^2j^2 + e^2b^2c^2j^2 + e^2b^2d^2j^2 +$
$\quad f^2a^2b^2i^2 + f^2a^2d^2i^2 + f^2c^2b^2i^2 + f^2c^2d^2i^2 +$
$\quad g^2a^2b^2h^2 + g^2a^2c^2h^2 + g^2d^2b^2h^2 + g^2d^2c^2h^2$

$\sigma_2 = a^4h^4 + a^4i^4 + a^4j^4 + b^4f^4 + b^4g^4 +$
$\quad b^4j^4 + c^4e^4 + c^4g^4 + c^4i^4 + d^4e^4 +$
$\quad d^4f^4 + d^4h^4 + e^4j^4 + f^4i^4 + g^4h^4$

$\sigma_3 = a^2b^2h^2f^2 + a^2b^2i^2g^2 + a^2c^2h^2e^2 + a^2c^2j^2g^2 +$
$\quad a^2d^2i^2e^2 + a^2d^2j^2f^2 + b^2c^2f^2e^2 + b^2c^2j^2i^2 +$
$\quad b^2d^2g^2e^2 + b^2d^2j^2h^2 + c^2d^2g^2f^2 +$
$\quad c^2d^2i^2h^2 + e^2f^2j^2i^2 + e^2g^2j^2h^2 + f^2g^2i^2h^2$

$\sigma_4 = a^4(h^2i^2 + i^2j^2 + j^2h^2) +$
$\quad b^4(f^2g^2 + g^2j^2 + j^2f^2) +$
$\quad c^4(e^2g^2 + g^2i^2 + i^2e^2) +$
$\quad d^4(e^2f^2 + f^2h^2 + h^2e^2) +$
$\quad e^4(c^2d^2 + d^2j^2 + j^2c^2) +$
$\quad f^4(b^2d^2 + d^2i^2 + i^2b^2) +$
$\quad g^4(b^2c^2 + c^2h^2 + h^2b^2) +$
$\quad j^4(a^2b^2 + b^2e^2 + e^2a^2) +$
$\quad i^4(a^2c^2 + c^2f^2 + f^2a^2) +$
$\quad h^4(a^2d^2 + d^2g^2 + g^2a^2)$

$\sigma_5 = a^2h^2i^2j^2 + b^2f^2g^2j^2 + c^2e^2g^2i^2 + d^2e^2f^2h^2 +$
$\quad e^2c^2d^2j^2 + f^2b^2d^2i^2 + g^2b^2c^2h^2 + j^2a^2b^2e^2 +$
$\quad i^2a^2c^2f^2 + h^2a^2d^2g^2$

これらの多項式がもともとの σ_1，σ_2，σ_3，σ_4，σ_5 の定義と一致していることは（時間はかかるが）簡単に確かめられる． □

これでついに目的の「十斜術」に到達できた！書いておこう．

---定理4（3次元の「十斜術」）---

3次元空間内の四面体 $ABCD$ と点 P について，
$$2\sigma_1 + \sigma_2 = 2\sigma_3 + 2\sigma_4 + 4\sigma_5$$

ここで，$a = PA$，$b = PB$，$c = PC$，$d = PD$，$e = AB$，$f = AC$，$g = AD$，$h = BC$，$i = BD$，$j = CD$ とする．

[証明]
定理3において4次元の「五面体」$PABCD$ の体積 W が0となる場合を考えればよい． □

もちろん，この関係式は行列式の形で

$$\begin{vmatrix} 0 & a^2 & b^2 & c^2 & d^2 & 1 \\ a^2 & 0 & e^2 & f^2 & g^2 & 1 \\ b^2 & e^2 & 0 & h^2 & i^2 & 1 \\ c^2 & f^2 & h^2 & 0 & j^2 & 1 \\ d^2 & g^2 & i^2 & j^2 & 0 & 1 \\ 1 & 1 & 1 & 1 & 1 & 0 \end{vmatrix} = 0$$

と書くこともできるし，そのほうがエレガントなのだが，予備知識がいるのが問題かもしれない．いずれにしても，この「十斜術」を応用すれば，ソディの公式も証明できる．

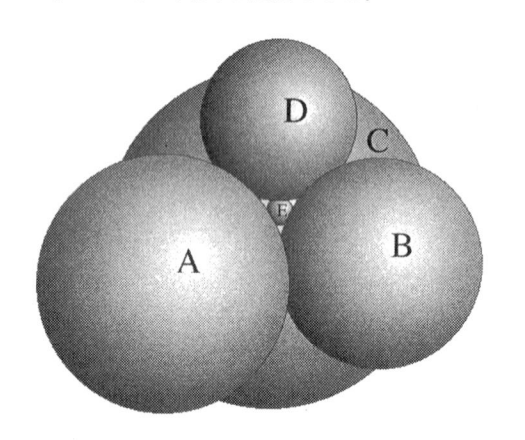

---定理5（ソディの公式）---

半径が a，b，c，d，e の5個の球が互いに他の4個と外接しているとき，
$$\left(\frac{1}{a} + \frac{1}{b} + \frac{1}{c} + \frac{1}{d} + \frac{1}{e}\right)^2 = 3\left(\frac{1}{a^2} + \frac{1}{b^2} + \frac{1}{c^2} + \frac{1}{d^2} + \frac{1}{e^2}\right)$$

[証明]　記号が混乱しないように注意しつつ，定理4の a，b，c，d，e，f，g，h，i，j のところに，

$e+a$，　$e+b$，　$e+c$，　$e+d$，　$a+b$，　$a+c$，

$a+d$, $b+c$, $b+d$, $c+d$
を代入すればいいわけだが，途中経過を書く気にはならないので，結果だけをかくと，

$2\sigma_1 + \sigma_2 - 2\sigma_3 - 2\sigma_4 - 4\sigma_5$
$= 256(b^2c^2d^2e^2 + a^2c^2d^2e^2 + a^2b^2d^2e^2$
$+ a^2b^2c^2e^2 + a^2b^2c^2d^2$
$- (abc^2d^2e^2 + ab^2cd^2e^2 + ab^2c^2de^2$
$+ ab^2c^2d^2e + a^2bcd^2e^2 + a^2bc^2de^2$
$+ a^2bc^2d^2e + a^2b^2cde^2 + a^2b^2cd^2e + a^2b^2c^2de)) = 0$

つまり，
$b^2c^2d^2e^2 + a^2c^2d^2e^2 + a^2b^2d^2e^2$
$+ a^2b^2c^2e^2 + a^2b^2c^2d^2$
$= abc^2d^2e^2 + ab^2cd^2e^2 + ab^2c^2de^2$
$+ ab^2c^2d^2e + a^2bcd^2e^2 + a^2bc^2de^2$
$+ a^2bc^2d^2e + a^2b^2cde^2 + a^2b^2cd^2e + a^2b^2c^2de$

両辺を $(abcde)^2$ で割って整理すると，
$(1/a + 1/b + 1/c + 1/d + 1/e)^2$
$= 3(1/a^2 + 1/b^2 + 1/c^2 + 1/d^2 + 1/e^2)$

がえられる． □

これも行列式表示を利用すればキレイに解決する．

$$\begin{vmatrix} 0 & (e+a)^2 & (e+b)^2 & (e+c)^2 & (e+d)^2 & 1 \\ (e+a)^2 & 0 & (a+b)^2 & (a+c)^2 & (a+d)^2 & 1 \\ (e+b)^2 & (a+b)^2 & 0 & (b+c)^2 & (b+d)^2 & 1 \\ (e+c)^2 & (a+c)^2 & (b+c)^2 & 0 & (c+d)^2 & 1 \\ (e+d)^2 & (a+d)^2 & (b+d)^2 & (c+d)^2 & 0 & 1 \\ 1 & 1 & 1 & 1 & 1 & 0 \end{vmatrix} = 0$$

において，第1行と第1列を e^2 で，第2行と第2列を a^2 で，第3行と第3列を b^2 で，第4行と第4列を c^2 で，第5行と第5列を d^2 でそれぞれ割り，つぎに，それぞれの行と列から第6行と第6列をそれぞれ引き，さらに，上の5行を2で割ってから最後の列を2倍する．そのあと $1/e$, $1/a$, $1/b$, $1/c$, $1/d$ をそれぞれ，ε, α, β, γ, δ と書くと，

$$\begin{vmatrix} -\varepsilon^2 & \varepsilon\alpha & \varepsilon\beta & \varepsilon\gamma & \varepsilon\delta & \varepsilon^2 \\ \varepsilon\alpha & -\alpha^2 & \alpha\beta & \alpha\gamma & \alpha\delta & \alpha^2 \\ \varepsilon\beta & \alpha\beta & -\beta^2 & \beta\gamma & \beta\delta & \beta^2 \\ \varepsilon\gamma & \alpha\gamma & \beta\gamma & -\gamma^2 & \gamma\delta & \gamma^2 \\ \varepsilon\delta & \alpha\delta & \beta\delta & \gamma\delta & -\delta^2 & \delta^2 \\ \varepsilon^2 & \alpha^2 & \beta^2 & \gamma^2 & \delta^2 & 0 \end{vmatrix} = 0$$

つぎに，第1行と第1列を e 倍，第2行と第2列を a 倍，第3行と第3列を b 倍，第4行と第4列を c 倍，第5行と第5列を d 倍すると，

$$\begin{vmatrix} -1 & 1 & 1 & 1 & 1 & \varepsilon \\ 1 & -1 & 1 & 1 & 1 & \alpha \\ 1 & 1 & -1 & 1 & 1 & \beta \\ 1 & 1 & 1 & -1 & 1 & \gamma \\ 1 & 1 & 1 & 1 & -1 & \delta \\ \varepsilon & \alpha & \beta & \gamma & \delta & 0 \end{vmatrix} = 0$$

となるが，これはかなり計算しやすい形でホッとする．しかも，展開してみれば，これこそがソディの公式そのものとなっていることがわかる．

ひとつの球の内部に他の4個の球が（互いに外接しつつ）内接している場合，たとえば，半径 e の球が残りの球全部を内接させている場合には，定理4の a, b, c, d, e, f, g, h, i, j のところに，

$e-a$, $e-b$, $e-c$, $e-d$, $a+b$, $a+c$,
$a+d$, $b+c$, $b+d$, $c+d$

を代入すればよい．この場合ソディの公式は，

$$\left(\frac{1}{a} + \frac{1}{b} + \frac{1}{c} + \frac{1}{d} - \frac{1}{e}\right)^2$$
$$= 3\left(\frac{1}{a^2} + \frac{1}{b^2} + \frac{1}{c^2} + \frac{1}{d^2} + \frac{1}{e^2}\right)$$

となる．最後に，「デカルトの手紙」の章でも紹介ずみのソディの公式の高次元バージョンにも触れておこう．

── **定理6（ゴセットの公式）** ──

n 次元空間内で，半径が a_1, a_2, a_3, $\cdots$, a_{n+2} の $(n+2)$ 個の球が互いに他の $(n+1)$ 個と外接しているとき，

$$\left(\frac{1}{a_1} + \frac{1}{a_2} + \cdots + \frac{1}{a_{n+2}}\right)^2$$
$$= n\left(\frac{1}{a_1^2} + \frac{1}{a_2^2} + \cdots + \frac{1}{a_{n+2}^2}\right)$$

［証明］
行列式を利用して4次元の場合とほとんど同じように議論すればよい． □

定理6には別の証明方法も知られている．たとえば，

Daniel Pedoe, "On a Theorem in Geometry", American Mathematical Monthly (1967) 627-

640 に紹介されているような，グラスマンの『外延論』の系譜に属する（球面全体の作る空間にうまい「内積」を入れてフル活用する）アイデアや M. D. Kovalev, "On the Curvatures of Tangent Spheres", Proceedings of the Steklov Institute of Mathematics (1992) 99-102 で発表された反転とそれによる曲率の変化を利用するアイデアなどが面白い．

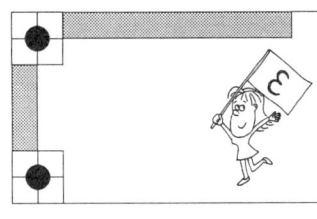

ケプラー予想

数学では，かなり古い問題が思い出したように解けるという事件が起きることがある．かつて話題をよんだフェルマー予想は，プリンストン大学のアンドルー・ワイルズによって「350年ぶりに解かれた」ということだった．もっとも，350年もの間，数学がちっとも進歩しなかったわけではないし，数学者がみんなでフェルマー予想を解こうとしていたわけでもないので「ああそうですか」という感じもなくはないが，解かれた方法を見ると純粋数学のメインストリームとでもいうべき流れに密着したもので，単に古いカビの生えた問題が古いままの技術で「350年ぶりに解けた」ということとは違っており，意外といえば意外な展開だけに「騒ぐのもムリないなぁ」と思えてくる．

「350年前」という記録はなかなか抜かれないだろうと思っていたが，なんと，1998年8月に，387年前に表明されたケプラー予想がミシガン大学のトーマス・ヘイルズによって解決されるという事件が発生した．ケプラー予想というのは「等しい大きさの球の空間への詰め込み（パッキング）の密度は $\frac{\pi}{\sqrt{18}}$ 以下である」という予想のことだ．ヘイルズの証明は従来の純粋数学とは異質なもので，コンピュータをフルに活用するかなり複雑なものだった．だから，ぼくにはとても紹介できないが，ケプラー予想に向かう序曲ともいうべき基本的な事実だけならなんとか解説できる．やってみよう．

1．正四面体とピラミッド

入試問題にも出た典型的なパッキング方法からはじめて類似のパッキング方法について解説しよう．

問題1 図のように球を並べて正三角形状の図形を作る．

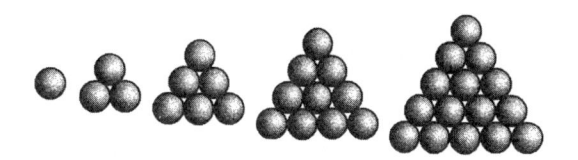

その1辺に並んだ球の個数が n 個のときの図形を A_n とし，A_n を構成する球の個数を a_n とする（$n=1, 2, 3, \cdots$）．つぎに，A_n から A_1 までを重ねて正四面体状の図形 B_n を作り，B_n を構成する球の個数を b_n とする．B_5 を上から見た図と斜め上から見た図を示すと，

のようになる．このとき，a_n，b_n を n の式で表わせ．

[秋田大・改]

図から明らかなように
$$a_n = 1+2+3+\cdots+n = \frac{1}{2}n(n+1)$$
また積み上げ方から
$$\begin{aligned}b_n &= a_1+a_2+a_3+\cdots+a_n \\ &= \frac{1}{2}\left(\sum_{k=1}^{n}k^2+\sum_{k=1}^{n}k\right) \\ &= \frac{1}{2}\left(\frac{1}{6}n(n+1)(2n+1)+\frac{1}{2}n(n+1)\right) \\ &= \frac{1}{6}n(n+1)(n+2) \quad \square\end{aligned}$$

できあがった正四面体状の図形で，交わらない2つの辺をとり，この2辺に「平行」な平面状の層に注目すると，どの層にも長方形状の球の配列が観察される．b_n だけなら，この見方によって，

$$b_n = n\cdot 1+(n-1)\cdot 2+(n-2)\cdot 3+\cdots +$$
$$2\cdot(n-1)+1\cdot n$$
$$=\sum_{k=1}^{n}(n+1-k)k$$
$$=(n+1)\sum_{k=1}^{n}k-\sum_{k=1}^{n}k^2$$
$$=\frac{1}{2}n(n+1)^2-\frac{1}{6}n(n+1)(2n+1)$$
$$=\frac{1}{6}n(n+1)(n+2)$$

としてもいいだろう.

もうひとつの球の配置方法は正方形状の層をもっとも安定な位置に重ねていく方法だろう. 説明をかねた問題を作っておこう.

問題 2 図のように球を並べて正方形状の図形を作る.

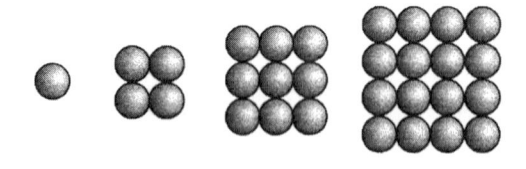

その 1 辺に並んだ球の個数が n 個のときの図形を C_n とし, C_n を構成する球の個数を c_n とする ($n=1, 2, 3,\cdots$). つぎに, C_n から C_1 までを下の層の球の窪みに球を置くようにして重ねてピラミッド状の図形 D_n を作り, D_n を構成する球の個数を d_n とする. D_4 を上から見た図と斜め上から見た図を示すと,

のようになる. このとき, c_n, d_n を n の式で表わせ.

底面が正方形状態なので話は簡単.
$$c_n=n^2$$
から

$$d_n=c_1+c_2+c_3+\cdots+c_n$$
$$=\sum_{k=1}^{n}k^2$$
$$=\frac{1}{6}n(n+1)(2n+1) \qquad \square$$

問題 1 のような球の配置方法 (詰め込み方法) を「正四面体配置」と呼び, 問題 2 のような球の配置方法を「ピラミッド配置」と呼ぶことにしよう. 後者はスーパーや果物屋さんの店先でミカンやリンゴを積むときに使われる方法でもある. (とはいうものの, 実際に見物してみるとこのパターンできれいに積み上げられた例はあまりないようだが.) かつては, 大砲の弾丸を積み上げるのにもこのパターンが使われていたという. ケプラーよりも数年前にイギリスのトーマス・ハリオットが積まれた弾丸の個数を求める公式を作ったときに, 原子論的な発想とのかかわりで球の詰め込み問題に興味をもったことが知られている. そのとき, ハリオットは1606 年12月 2 日にケプラーへの手紙の中で, その問題の光学への応用のアイデアについて書いたようだが, その時点ではケプラーはあまり関心を示さなかった. ケプラーが原子論とのかかわりで球の詰め込み問題に取り組みはじめるのは 1609年以降のことだ.

ところで, b_n と d_n の間には面白い関係が成立している.
$$4b_{n-1}+d_n+d_{n-1}$$
$$=\frac{4}{6}(n-1)n(n+1)+\frac{1}{6}n(n+1)(2n+1)$$
$$+\frac{1}{6}(n-1)n(2n-1)$$
$$=\frac{1}{6}(2n-1)2n(2n+1)$$
$$=b_{2n-1}$$

がそれだ. こういうことがいえるのは, B_{n-1} を 4 個と D_n と D_{n-1} から B_{2n-1} が組み立てられるためである. この現象は, 図のように, 辺の長さが 1 の正四面体 4 個を辺の長さが 1 の正八面体 (ピラミッド 2 個を底面を同一視して合体させたもの) の隣り合わない 4 個の面に接着すれば, 辺の長さが 2 の正四面体になるという事実に対応したものである.

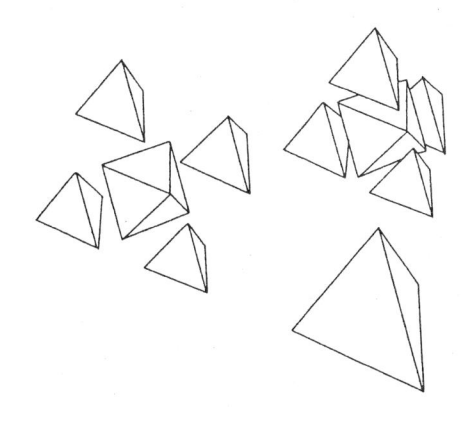

2. 面心立方配置

つぎに，ちょっと見ると奇妙な配置方法だが重要な配置を紹介しよう．これも類題風にアレンジしておく．

問題3 図のように球を並べて規則正しい図形を作る．

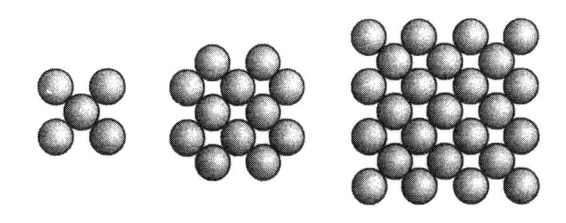

n 番目の図形を E_n とし，E_n を構成する球の個数を e_n とする（$n=1, 2, 3, \cdots$），つぎに，E_n から E_1 までを下の層の球の窪みに球を置くようにして重ねて四角錐台状の図形 F_n を作り，F_n を構成する球の個数を f_n とする．F_3 を上から見ると，

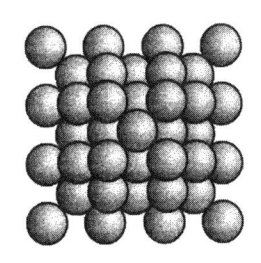

のようになる．このとき，e_n，f_n を n の式で表わせ．

これだけでは配置方法がわかりにくいかもしれないが，ようするに，同じパターンの層を下の層の窪みに入るように積み重ねていくと思えばよい．

$$e_1 = 2+1+2$$
$$= 1\cdot1+2\cdot2$$
$$e_2 = 2+3+2+3+2$$
$$= 2\cdot3+3\cdot2$$
$$e_3 = 4+3+4+3+4+3+4$$
$$= 3\cdot3+4\cdot4$$
$$e_4 = 4+5+4+5+4+5+4+5+4$$
$$= 4\cdot5+5\cdot4$$

から帰納的に類推して，

$$e_{2k-1} = (2k-1)^2 + (2k)^2$$
$$e_{2k} = 2(2k)(2k+1)$$

とわかり，

$$f_{2n-1} = \sum_{k=1}^{n} e_{2k-1} + \sum_{k=1}^{n-1} e_{2k}$$
$$= \sum_{k=1}^{2n} k^2 + 8\sum_{k=1}^{n-1} k^2 + 4\sum_{k=1}^{n-1} k$$
$$= \frac{1}{6}(2n)(2n+1)(4n+1) +$$
$$\quad \frac{8}{6}(n-1)n(2n-1) + \frac{4}{2}(n-1)n$$
$$= \frac{1}{3}n(16n^2-1)$$
$$f_{2n} = f_{2n-1} + 2(2n)(2n+1)$$
$$= \frac{1}{3}n(16n^2+24n+11)$$

がえられる． □

問題3のような球の配置を「面心立方配置」と呼ぶことにする．この名前は，球の中心が，立方体状の格子点（立方格子）と格子の単位となる立方体のすべての面の中心に位置しているせいだ．面心立方配置のいいところは，このパターンで空間全体を覆うとき，球の密度の計算がしやすいというところだろう．

──**命題1**──
面心立方配置によって等しい大きさの球を空間全体に詰め込むと，その密度は $\dfrac{\pi}{\sqrt{18}}$ となる．

［証明］
立方格子の単位となる立方体をひとつ抽出して，その中で球の占める割合を計算すれば，そ

れが求める密度になっているはず．ところで，単位となる立方体の頂点を中心とする球は 8 個あり，それぞれ $\frac{1}{8}$ だけが立方体に含まれ，面の中心を中心とする球は 6 個あり，それぞれ $\frac{1}{2}$ だけが立方体に含まれる．球の半径を r とすると，立方体の辺の長さは $2\sqrt{2}\,r$ だから，体積は
$$(2\sqrt{2}\,r)^3 = 16\sqrt{2}\,r^3$$
となる．また，立方体に含まれる球（の部分）の体積の合計は
$$\frac{4}{3}\pi r^3 \left(8 \cdot \frac{1}{8} + 6 \cdot \frac{1}{2}\right) = \frac{16}{3}\pi r^3$$
なので，求める密度は
$$\frac{\frac{16}{3}\pi r^3}{16\sqrt{2}\,r^3} = \frac{\pi}{3\sqrt{2}} = \frac{\pi}{\sqrt{18}} \qquad \Box$$

これはまさしくケプラー予想でいうところの「最大値」にほかならない．つまり，面心立方配置による空間のパッキングは最大密度を与える例になっているわけだ．というより，話は逆で，どうがんばってもこの配置の密度を超えることができないだろうというのがケプラーの予想したことだった．

3. 正六角柱配置

もうひとつの興味深い配置について考えよう．

問題 4 図のように球を並べて規則正しい図形を作る．

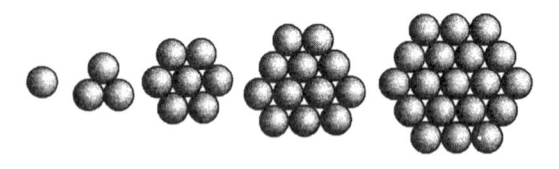

n 番目の図形を G_n とし，G_n を構成する球の個数を g_n とする（$n=1, 2, 3, \cdots$）．つぎに，G_n から G_1 までを下の層の球の窪みに球を置くようにして重ねて正六角錐状の図形 H_n を作り，H_n を構成する球の個数を h_n とする．H_5 を上から見ると，右上の図のようになる．このとき，g_n, h_n を n の式で表わせ．

これはどことなく正四面体配置に似ている．実際，各層の配置パターンは（どちらもギッシリつまった正六角形状だという意味で）まったく同じなのだが，この場合には，どの層の球についても（上から見て）2 段下の位置にまた球が存在しているのに対して，正四面体配置の場合には 3 段下の位置まで下げないと球は存在しない．これに注意すると，

$$g_1 = 1$$
$$g_2 = 1+2$$
$$g_3 = 2+3+2$$
$$g_4 = 2+3+4+3$$
$$g_5 = 3+4+5+4+3$$
$$g_6 = 3+4+5+6+5+4$$

から帰納的に類推して，
$$g_{2k-1} = 2(k+(k+1)+\cdots+(2k-2))+(2k-1)$$
$$= (3k-2)(k-1)+(2k-1)$$
$$= 3k^2-3k+1$$
$$g_{2k} = (k+(k+1)+\cdots+2k)+$$
$$\quad ((2k-1)+(2k-2)+\cdots+(k+1))$$
$$= \frac{3}{2}k(k+1)+\frac{3}{2}(k-1)k$$
$$= 3k^2$$
とわかり，
$$h_{2n-1} = \sum_{k=1}^{n} g_{2k-1} + \sum_{k=1}^{n-1} g_{2k}$$
$$= \sum_{k=1}^{n}(3k^2-3k+1)+3\sum_{k=1}^{n-1}k^2$$
$$= \frac{1}{2}n(n+1)(2n+1)-\frac{3}{2}n(n+1)+$$
$$\quad n+\frac{1}{2}(n-1)n(2n-1)$$
$$= \frac{1}{2}n(4n^2-3n+1)$$
$$h_{2n} = h_{2n-1}+3n^2$$
$$= \frac{1}{2}n(4n^2+3n+1)$$

がえられる． $\Box$

G_{2k} や G_{2k+1} を下の図のように分解すれば，計算なしで，
$$g_{2k}=3k^2$$
$$g_{2k+1}=3k^2+3k+1$$
となることがすぐにわかる．H_{2n} の底面に H_{2n-1} を接着してできる図形を考えると，球の個数は $4n^3+n$ となるはずなので，うまい分解方法がみつかれば，$g_{2n}=3n^2$ を使って，h_{2n-1} と h_{2n} が簡単に計算できるが，こうした議論は読者にまかせたい．

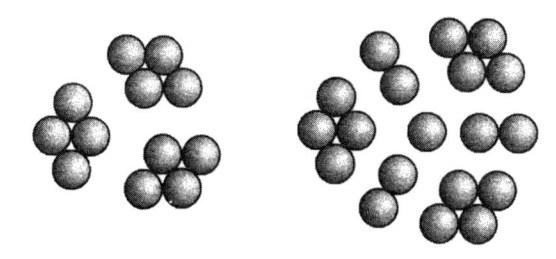

この配置の面白いところは（いままでの他の3種類の配置とは異なり）真上から見ると球の見えない小さな「穴」が存在することだ．この「穴」は，どんなに大きな H_n を考えても消えることはない．この配置パターンで空間全体を覆ってみると，G_3 の正六角形を上底面と下底面（中間に層がひとつある）にもつ最小の正六角柱が基本構成単位になっていることが見えるだろう．このことから，この配置を正六角柱配置と呼ぶことにする．

とりあえず，G_3 の上に G_2 が乗り，さらにその上にまた G_3 が乗って作る正六角柱をイメージすればいいが，基本単位としての正六角柱ということになると，上底面と下底面の間の層にある6個の球が関与してくることに注意してほしい．この基本構成単位に注目すれば，この配置パターンによる空間全体での球の密度が計算できる．

―― 命題2 ――

正六角柱配置によって等しい大きさの球を空間全体に詰め込むと，その密度は $\frac{\pi}{\sqrt{18}}$ となる．

[証明]
パッキングの基本構成単位となる（球の中心が作る）正六角柱の中で球の占める割合を計算

すればよい．ところで，この正六角柱の頂点を中心とする球は12個あり，それぞれ $\frac{1}{6}$ が正六角柱に含まれ，正六角柱の上底面と下底面の中心を中心とする球が2個あり，それぞれ $\frac{1}{2}$ が正六角柱に含まれている．また，ほかにも正六角柱によって切り取られる球は6個あり，正六角柱に含まれる部分の体積の合計は（配置の対称性から）ちょうど球3個分になる．球の半径を r とすると，正六角柱の底面の辺の長さは $2r$ なので底面積は $6\sqrt{3}\,r^2$，高さは（辺の長さが $2r$ の正四面体の高さの2倍だから）$\frac{4\sqrt{6}}{3}r$ となり，体積は
$$(6\sqrt{3}\,r^2)\left(\frac{4\sqrt{6}}{3}r\right)=24\sqrt{2}\,r^3$$
となる．また，正六角柱に含まれる球（の部分）の体積の合計は
$$\left(\frac{4}{3}\pi r^3\right)\left(12\cdot\frac{1}{6}+2\cdot\frac{1}{2}+3\right)=8\pi r^3$$
なので，求める密度は
$$\frac{8\pi r^3}{24\sqrt{2}\,r^3}=\frac{\pi}{\sqrt{18}}$$
だとわかる． □

つまり，正六角柱配置によるパッキングでもケプラーが予想した最高密度がえられる．そういう理由から，結晶学では，この正六角柱配置のことを「最密六方配置」などと呼ぶようだ．面心立方配置と正六角柱配置によるパッキングの密度がいずれも $\frac{\pi}{\sqrt{18}}$ になったとはいえ，この2種類の配置方法は基本的に異質なものである．このことは，ひとつの球に接触している他の球の状態を見ればわかる．

問題5 面心立方配置と正六角柱配置のそれぞれについて，ひとつの球に接触する他の球の状態を調べ，2つの配置が同じでないことを確かめよ．

簡単のために球の半径を1とする．その球の中心を原点とする直交座標系を考えよう．

面心立方配置の場合，直交座標系をうまく選べば，接する球の中心は

$(\alpha, \alpha, 0)$, $(-\alpha, \alpha, 0)$,
$(-\alpha, -\alpha, 0)$, $(\alpha, -\alpha, 0)$
$(\alpha, 0, \alpha)$, $(0, \alpha, \alpha)$,
$(-\alpha, 0, \alpha)$, $(0, -\alpha, \alpha)$
$(\alpha, 0, -\alpha)$, $(0, \alpha, -\alpha)$,
$(-\alpha, 0, -\alpha)$, $(0, -\alpha, -\alpha)$

となる（ここで，$\alpha = \sqrt{2}$ とする）．つまり，ひとつの球に合計12個の球が接しているわけだ．また，これら12個の点について2点間の距離が2となる場合にその2点を結んでみると，正三角形8個と正方形6個が合体した準正多面体がえられる．

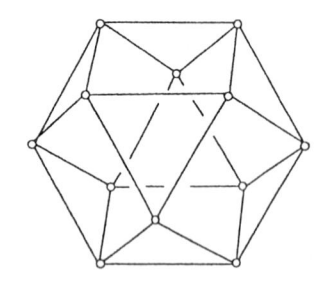

準正多面体というのは，どの面も正多角形でどの頂点周辺の状態も同一であるような凸多面体のことである．これはアルキメデスによって研究されたということからアルキメデス多面体とも呼ばれ，全部で13種類あることが知られている．

ところで，正六角柱配置の場合，接する球の中心は

$(2, 0, 0)$, $(1, \beta, 0)$, $(-1, \beta, 0)$
$(-2, 0, 0)$, $(-1, -\beta, 0)$, $(1, -\beta, 0)$
$\left(1, -\dfrac{1}{\beta}, \dfrac{2\alpha}{\beta}\right)$, $\left(-1, -\dfrac{1}{\beta}, \dfrac{2\alpha}{\beta}\right)$,
$\left(0, \dfrac{2}{\beta}, \dfrac{2\alpha}{\beta}\right)$
$\left(1, -\dfrac{1}{\beta}, -\dfrac{2\alpha}{\beta}\right)$, $\left(-1, -\dfrac{1}{\beta}, -\dfrac{2\alpha}{\beta}\right)$,
$\left(0, \dfrac{2}{\beta}, -\dfrac{2\alpha}{\beta}\right)$

だと考えてよい（ここで，$\alpha = \sqrt{2}$, $\beta = \sqrt{3}$ とする）．この12個の点についても距離が2の2点を結んでみると，正三角形8個と正方形6個が合体した準正多面体のようなものがえられるがよく見ると異なる2種類の頂点が存在しており，準正多面体の定義に合わない．

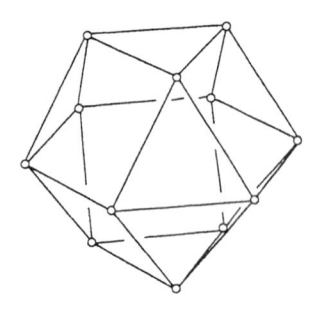

したがって，面心立方配置と正六角柱配置は本質的に異質なパッキングを与えることがわかった． □

4．ピラミッド配置と正四面体配置

面心立方配置と正六角柱配置なんて，見れば「異質」なことは明らかだと思うかもしれないが，それは空間全体を占める球に注目せず一部分だけを見ているか，ある一定の方向だけから観察しているためかも知れないので，どのように回転させても同じにならないことをチェックすることが必要だったのだ．実際，ピラミッド配置と正四面体配置についてはちょっと見ると「異質」だが，まったく同じ配列の2つの顔にすぎないことがわかる．つぎにそれを確認しよう．

問題6 ピラミッド配置と正四面体配置のそれぞれについて，ひとつの球に接触する他の球の状態を調べ，2つの配置が同じであることを確かめよ．

ピラミッド配置の場合，接する球の中心は
$(2, 0, 0)$, $(0, 2, 0)$,
$(-2, 0, 0)$, $(0, -2, 0)$,
$(1, 1, \alpha)$, $(-1, 1, \alpha)$,
$(-1, -1, \alpha)$, $(1, -1, \alpha)$,
$(1, 1, -\alpha)$, $(-1, 1, -\alpha)$,
$(-1, -1, -\alpha)$, $(1, -1, -\alpha)$,

となる（ここで，$\alpha = \sqrt{2}$ とする）．これら12個の点の中で距離が2の2点を結んでできる多面体（下図）は面心立方配置の場合にできる準多面体をz軸のまわりに$\dfrac{\pi}{4}$ラジアン回転したものにほかならない．実際，たとえば，点

$(\alpha, \alpha, 0), (\alpha, 0, \alpha), (\alpha, 0, -\alpha)$
は，それぞれ，点
  $(0, 2, 0), (1, 1, \alpha), (1, 1, -\alpha)$
にうつることが計算によって確かめられる（チェックしてほしい）．

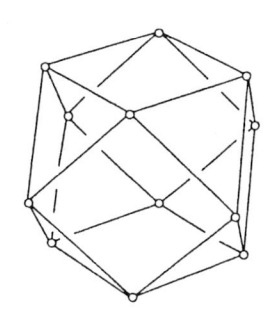

また，正四面体配置の場合，ひとつの球（半径1とする）を原点におくと，それに接する球の中心は
$(2, 0, 0), (1, \beta, 0), (-1, \beta, 0),$
$(-2, 0, 0), (-1, -\beta, 0), (1, -\beta, 0)$
$\left(1, -\frac{1}{\beta}, \frac{2\alpha}{\beta}\right), \left(-1, -\frac{1}{\beta}, \frac{2\alpha}{\beta}\right),$
$\left(0, \frac{2}{\beta}, \frac{2\alpha}{\beta}\right)$
$\left(1, \frac{1}{\beta}, -\frac{2\alpha}{\beta}\right), \left(-1, \frac{1}{\beta}, -\frac{2\alpha}{\beta}\right),$
$\left(0, -\frac{2}{\beta}, -\frac{2\alpha}{\beta}\right)$
となる（ここで，$\alpha = \sqrt{2}, \beta = \sqrt{3}$ とする）．これら12個の点の中で距離が2の2点を結ぶと，下のような準正多面体がえられる．

これはピラミッド配置の場合にできる準多面体を x 軸のまわりに ω ラジアンだけ回転したものにすぎない．ここで，
$$\cos\omega = \frac{1}{\beta}, \sin\omega = \frac{\alpha}{\beta}$$
とする．実際，計算によって，たとえば，点
  $(2, 0, 0), (0, 2, 0), (1, 1, \alpha)$
は，それぞれ，点
  $(2, 0, 0), \left(0, \frac{2}{\beta}, \frac{2\alpha}{\beta}\right), \left(1, -\frac{1}{\beta}, \frac{2\alpha}{\beta}\right)$
にうつることがわかる（チェックしてほしい）．

したがって，ピラミッド配置と正四面体配置は（そのパターンで空間全体を覆ったとすると）本質的に同じ配置であることがわかった． □

以上の結果を定理としてまとめておこう．

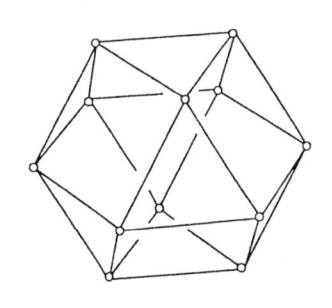

---- 定理1 ----
空間全体を覆うパターンとして見ると，
(1) 面心立方配置，正四面体配置，ピラミッド配置は同じものにすぎないが，正六角柱配置はこれらとは異なっている．
(2) 面心立方配置，正四面体配置，ピラミッド配置，正六角柱配置の密度は $\frac{\pi}{\sqrt{18}}$ となる．

[証明]
問題6の結果から面心立方配置，正四面体配置，ピラミッド配置が同じパターンにすぎないことがわかり，問題5から面心立方配置と正六角柱配置が同じものではありえないことがわかったので，(1)がいえる．
また，命題1と命題2と(1)から(2)がいえる． □

ところで，球が正六角形状に水平に並んだ2枚の層を「高さ」が最小になるように接触させる方法は2種類ある．接触に利用する「窪み」の使い方が2種類あるためだ．したがって，層をどの方法でつぎつぎと重ねていくかによって無数の種類のパッキング方法がえられる．しかも，どの場合も密度が $\frac{\pi}{\sqrt{18}}$ になることは球の局所的な接触パターンから明らかだ．正四面体配置と正六角柱配置というのは，それぞれ，その中の周期3と周期2のパッキングにほかならない．

5．ケプラーを読む

と，ここまで書いたところで，山下京子の協力のおかげで，ケプラーの原論文（1611年出版）の日本語訳が手に入った．

ケプラー（榎本恵美子訳）「新年の贈り物あるいは六角形の雪について」,『知の考古学』1977年第11号

がそれだ．さっそく，問題の「ケプラー予想」に対応する部分を探してみたところ，つぎのような文章がみつかった（都合により「たま」を「球」と直すなど一部改変）．

「平面上に並べられた（球の）層の上にさらに層を積み重ねるとしますと，それらは四角形状かあるいは三角形状になるでしょう．そしてもし四角形状ならば，上層の球のひとつひとつが下層の球のひとつひとつのすぐ上に位置するか，あるいはそうではなくて上層のひとつひとつが下層の四個の球のくぼみに入るかのどちらかであります．最初の場合にはどの球も同一平面上ではまわりを取り囲む四個の球に接し，さらに自分の上段の一個と自分の下段の一個に接し，こうして全部で六個の他の球に接するのです．するとこれは立方体の秩序ですから圧縮が加えられると（球は）立方体になるでしょうが，もっとも緻密な接合にはなりません．あとの場合では，どの球も同一平面上の四個の取り囲んでいる球に接するだけでなく，自分の上の四個と自分の下の四個に接するので，こうして全部で十二個に接触されています．そしてそれらは圧縮によって球形から菱形（十二面）体になるでしょう．この秩序は正八面体および正四面体から導かれます．そしてどんな配置をもってしてももうそれ以上の球は同じ容器には入れないほど，接合はもっとも緻密になります．ところで，もしも平面上に配置された列が三角形状になったような場合ですが，そのときにはゆるい結合で上層の球のひとつひとつが下層のひとつひとつの上に位置するか，あるいは反対に固い結合で上層のひとつひとつが下層の三個の球のくぼみに入るかであります．最初の場合にはどの球も，同一平面上で六個の取り囲む球，そしてさらに自分の上の一個，自分の下の一個，都合八個の他の球に接しています．この秩序では角柱に似るでしょう．そして圧力が加えられると，球のかわりに六個の四角形の側面と二個の六角形の底面をもつ柱ができあがるでしょう．あとの場合は，四角形状の配置における第二の仕方と同じようになります．すなわち，まず，三個の球の結合（問題1のA_2）を考えます．それへ頂点として一個の球を置きます．また，六個の球からなる別の結合を考えます（A_3）．そして別の十個の球の結合（A_4），別の十五個の結合（A_5）を考えます．つねにより狭いものをより広いものの上に重ね，角錐形（B_n）になるようにします．するとこれらの配列では，上層のひとつひとつは下層の三個の球のくぼみに位置していることになります．ところがいま，角錐の頂点ではなく側面が上にくるようにまわすと，あなたは一番上の層から一個の球を取り除くたびにその下の方にさきに述べた四角形状の配列をなして四個の球が位置していることを知るでしょう．さらに一個の球にはさきほどのように他の十二個の球が接しています．同一平面上で六個，上段で三個，下段で三個に取り巻かれて．このようにもっとも固い結合である三角形状の配列と四角形状の配列は互いに同じ形となっているのです」

さすがはケプラー！ ピラミッド配置を圧縮すると球が菱形十二面体に変形するという主張はとくに興味深い．これについて考える前に，誤訳（ケプラーの誤解？）についても触れておこう．

「角錐の頂点ではなく側面が上にくるようにまわすと，あなたは一番上の層から一個の球を取り除くたびにその下の方にさきに述べた四角形状の配列をなして四個の球が位置していることを知る」

という文章があるが，これはいうまでもなく正しくない．ピラミッド配列で側面が水平になるように回転すると「一番上の層から一個の球を取り除くたびにその下の方に三角形状の配列をなして三個の球が位置している」ということなら正しいが，正四面体配列で側面を水平にしたからといって「一番上の層から一個の球を取り除くたびにその下の方に四角形状の配列をなして四個の球が位置している」などということにはなりえない．この場合には，側面が水平になるように回転するのではなく，「側辺」（隣り合う側面の共通部分）とでもいうべき部分とその「対辺」にあたる（底面の）辺がともに水平になるように回転することが必要だ．手元にケプラーの原論文がないのですぐにはチェックで

きないが,「側面」と訳された単語の意味を考えなおせば「側辺」と訳すべきだったということになる可能性もある．機会があればまた調べてみたい．

6．菱形十二面体

球を立方格子状に配列しておいて「圧縮」すると球が立方体に変形するという主張や A_n を上と下に平行移動してできる配列を「圧縮」すると正六角柱に変形するという主張はまずまず納得できるだろうが，ピラミッド配列や正四面体配列を「圧縮」すると菱形十二面体に変形するだろうといわれても，ピンとこないに違いない．そもそも菱形十二面体というものがどういうものかがわからない．ケプラーは菱形十二面体は「三枚の菱形の鈍角で構成された多面角が四つ，かつ四枚の菱形の鋭角で構成された多面角が六つ集まりながら空間を満たします」と書いているが，これではまだスッキリしない．

菱形十二面体とは何か？ それを説明するために，まず，立方体の6個の面のそれぞれに正方形錐状の「屋根」を接着してできる多面体を考えよう．ただし，ここで使う正方形錐の「屋根」の高さは底面の正方形の1辺の長さの $\frac{1}{2}$ 倍，いいかえると「屋根」の側面の二等辺三角形の等しい2辺の長さが底辺の $\frac{\sqrt{3}}{2}$ 倍だとする．この「屋根」付け作業の結果できあがる多面体の面の個数はどうなるだろう？ 立方体の6個の正方形の面それぞれを4個の二等辺三角形の面で置き換えるのだから，面の総数は24となりそうだが，それは正しくない．というのは，「屋根」の側面になっている二等辺三角形は別の「屋根」を構成している合同な二等辺三角形と合体して菱形に変身してしまうためだ．つまり全体として12個の（対角線の長さの比が $1:\sqrt{2}$ であるような）菱形の面をもった多面体がえられることになる．これが菱形十二面体である．

問題7 菱形十二面体の概形を描け．

たとえば，1辺の長さが2の立方体のすべての面に高さ1の屋根を付け，もとの立方体の辺を消し去ればよい．このとき，できあがる菱形の対角線の長さは2と $2\sqrt{2}$, 菱形の1辺の長さは $\sqrt{3}$ となる． □

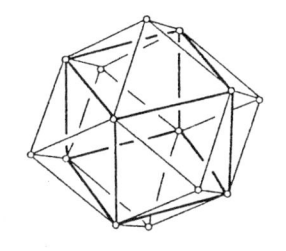

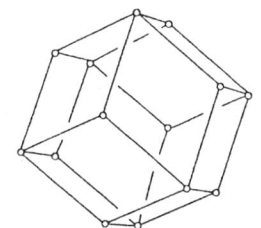

この菱形十二面体を使えば空間全体が隙間なく埋め尽くせることがわかる．まず，組み立てのために準備した立方体を格子状に並べ，「ひとつおき」の立方体だけを採用してそれに「屋根」をつけ菱形十二面体に変身させれば，不採用となった立方体の場所は6個の「屋根」で埋ってしまうので，結局，空間全体が菱形十二面体だけで埋め尽くせることになる．

これでようやくケプラーが「ピラミッド配列や正四面体配列を圧縮すると菱形十二面体がえられる」という言葉の意味を合理的に解釈するための準備ができた．一般に空間内にいくつかの点からなる集合 S があるとき，この S によって自然な方法で空間を分割することができる．空間内の任意の点 P について，P との距離がもっとも近い S 内の点（たとえば s とする）をとり，この点 P は s に従属するものと考えよう．もっとも近い点が2個以上あるときは，P はそのすべてに従属するものと考える．こうすると，空間全体が，S のどの点に従属するかによって，分割される．この分割を S に関するボロノイ分割（あるいはディリクレ分割）といい，S の点 s に従属する点の全体を点 s を含むボロノイ・セル（あるいはディリクレ・セル）ということにする．大きさの等しい球による空間のパッキングがあるとき，球の中心全体の集合を S とすれば，この S に関する空間のボロノイ分割を考えることができる．ケプラーの「圧縮による球の変形」というアイデアはかなり不鮮明なので，それを球の中心が作る集合に関するボロノイ分割を実行することだと解釈してみよう．そして，どの球も，「圧縮」によってその中心を含むボロノイ・セルに変形するのだと解釈するわけだ．立方格子状に球を配置するパッキングの場合,

それに対応するボロノイ・セルが立方体となることや，水平に置いた層 A_n を鉛直方向に平行移動してできるパッキングの場合，ボロノイ・セルが正六角柱になることはすぐにわかる．ケプラーは，面心立方配置によるパッキングの場合にボロノイ・セルが菱形十二面体になると主張しているものと解釈し，これを証明しておこう．

―― 定理 2 ――

面心立方配置に関するボロノイ・セルは菱形十二面体となる．

[証明]

球の半径を1とすると，問題5の結果から，原点を中心とする球に接する12個の球の中心は，

$(\alpha, \alpha, 0), (-\alpha, \alpha, 0),$
$(-\alpha, -\alpha, 0), (\alpha, -\alpha, 0),$
$(\alpha, 0, \alpha), (0, \alpha, \alpha),$
$(-\alpha, 0, \alpha), (0, -\alpha, \alpha),$
$(\alpha, 0, -\alpha), (0, \alpha, -\alpha),$
$(-\alpha, 0, -\alpha), (0, -\alpha, -\alpha)$

と書ける．ここで，$\alpha = \sqrt{2}$ とする．

ところで，2点 $(0, 0, 0), (a, b, c)$ を結ぶ線分の垂直2等分面の方程式は

$$ax + by + cz = \frac{a^2 + b^2 + c^2}{2}$$

となる．たとえば，2点 $(0, 0, 0), (\alpha, \alpha, 0)$ を結ぶ線分の垂直2等分面の方程式は

$$x + y = \alpha$$

となるので，2点 $(0, 0, 0), (\alpha, \alpha, 0)$ のうちで，$(0, 0, 0)$ までの距離のほうが短い（か等しい）空間上の点の全体が作る閉半空間は

$$x + y \leq \alpha$$

と書ける．ほかの点についても同様だ．こうして，求めるボロノイ・セルが12個の閉半空間
$x+y \leq \alpha,\ -x+y \leq \alpha,\ -x-y \leq \alpha,\ x-y \leq \alpha,$
$x+z \leq \alpha,\ y+z \leq \alpha,\ -x+z \leq \alpha,\ -y+z \leq \alpha,$
$x-z \leq \alpha,\ y-z \leq \alpha,\ -x-z \leq \alpha,\ -y-z \leq \alpha$
の共通部分だとわかる．この共通部分を T と書くと，T が8点

$\left(\frac{1}{\alpha}, \frac{1}{\alpha}, \frac{1}{\alpha}\right), \left(-\frac{1}{\alpha}, \frac{1}{\alpha}, \frac{1}{\alpha}\right),$
$\left(\frac{1}{\alpha}, -\frac{1}{\alpha}, \frac{1}{\alpha}\right), \left(\frac{1}{\alpha}, \frac{1}{\alpha}, -\frac{1}{\alpha}\right),$
$\left(-\frac{1}{\alpha}, -\frac{1}{\alpha}, \frac{1}{\alpha}\right), \left(-\frac{1}{\alpha}, \frac{1}{\alpha}, -\frac{1}{\alpha}\right),$
$\left(\frac{1}{\alpha}, -\frac{1}{\alpha}, -\frac{1}{\alpha}\right), \left(-\frac{1}{\alpha}, -\frac{1}{\alpha}, -\frac{1}{\alpha}\right)$

を頂点とする立方体 U を含むことはすぐにわかる．さらに，U のひとつの面に注目して，この面に関して原点と反対側にある T の部分を調べると，菱形十二面体を作るのに必要な正方形錐となっていることがわかる．たとえば，

$\left(\frac{1}{\alpha}, \frac{1}{\alpha}, \frac{1}{\alpha}\right), \left(-\frac{1}{\alpha}, \frac{1}{\alpha}, \frac{1}{\alpha}\right),$
$\left(\frac{1}{\alpha}, -\frac{1}{\alpha}, \frac{1}{\alpha}\right), \left(-\frac{1}{\alpha}, -\frac{1}{\alpha}, \frac{1}{\alpha}\right)$

でできまる U の面（上を向いた面）に関して原点と反対側にある T の部分は，
$x+z \leq \alpha,\ y+z \leq \alpha,\ -x+z \leq \alpha,$
$-y+z \leq \alpha,\ z > \frac{1}{\alpha}$

と書けるが，これは，点 $(0, 0, \alpha)$ を頂点とし U の上を向いた正方形を底面とする（高さが $\frac{\sqrt{2}}{2}$，底面の1辺の長さが $\sqrt{2}$ の）正方形錐である．U の他の面についても同様の議論ができることは，式の対称性から明らかだろう．

以上によって，面心立方配置に関するボロノイ・セルが菱形十二面体となることがわかった．
□

菱形十二面体（ボロノイ・セル）を使うと面心立方配置によるパッキングの密度が簡単に計算できる．というのは，空間全体が合同な菱形十二面体に分割され，それぞれの菱形十二面体の中にはたったひとつの球がピッタリと入っているので，パッキングの密度は，球と菱形十二面体の体積比に一致するからだ．つまり，

$$求める密度 = \frac{\frac{4}{3}\pi}{2(\sqrt{2})^3} = \frac{\pi}{\sqrt{18}}$$

となる．

II 円周率と素数

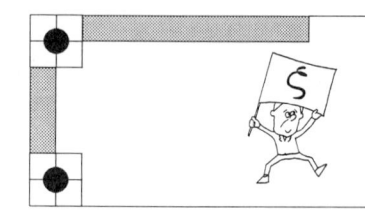

円周率の計算

　円周率は「およそ3」だと聞くと、「円周率は断じて3.14…でなければイカン」という人が多いが、なぜそうなのかとなると「昔、そう習ったから」ということになりがちだ。そこで、問題。円周率が3.14…だというのはどのようにすればわかるのだろう？

1．π の近似値

　円周率 π の近似計算というのは歴史的に有名なテーマでいろいろな計算方法が開発されている。ここでは、つぎの入試問題をヒントにして π の近似値を求める方法を考えよう。

問題1

(1)　$\alpha = \sin\theta$、$0 < \theta < \dfrac{\pi}{2}$ のとき、
$$\int_0^\alpha \frac{dx}{\sqrt{1-x^2}} = \theta$$
を示せ。

(2)　$|x|<1$ のとき
$$\frac{1}{\sqrt{1-x^2}} \geq 1 + \frac{x^2}{2}$$
を示せ。

(3)　とくに、$\theta = \dfrac{\pi}{12}$ の場合に(1)と(2)を利用して
$$\pi > 3.14$$
となることを示せ。

[類題：京都教育大学]

(1)　$x = \sin t$ と置換すると、
$$\int_0^\alpha \frac{dx}{\sqrt{1-x^2}}$$
$$= \int_0^\theta \frac{\cos t}{\cos t} dt$$
$$= \int_0^\theta dt = \theta$$

(2)　任意の実数 x について、
　　$4 \geq 4 - 3x^4 - x^6$（等号は $x=0$ のときのみ）
であるが、この右辺を因数分解すると、
$$(1-x)(1+x)(2+x^2)^2$$

だから、
$$4 \geq (1-x)(1+x)(2+x^2)^2$$
$$= (1-x^2)(2+x^2)^2$$
両辺を4で割ると
$$1 \geq (1-x^2)\left(1 + \frac{x^2}{2}\right)^2$$
また、$|x|<1$ のとき、$1-x^2 > 0$ なので、両辺を $1-x^2$ で割り、
$$\frac{1}{1-x^2} \geq \left(1 + \frac{x^2}{2}\right)^2$$
となることがわかる。また、
$$1 + \frac{x^2}{2} > 0$$
でもあるので、$|x|<1$ の範囲では、
$$\frac{1}{\sqrt{1-x^2}} \geq 1 + \frac{x^2}{2}$$
となることがわかった。（等号は $x=0$ のときのみ成立）

(3)　$\theta = \dfrac{\pi}{12}$ のとき、(1)と(2)の結果を利用し、$\left|\sin\dfrac{\pi}{12}\right| < 1$ となることと(2)の等号は $x=0$ のときのみ成立することに注意すると、
$$\frac{\pi}{12} = \int_0^{\sin\frac{\pi}{12}} \frac{dx}{\sqrt{1-x^2}}$$
$$> \int_0^{\sin\frac{\pi}{12}} \left(1 + \frac{x^2}{2}\right) dx$$
$$= \sin\frac{\pi}{12} + \frac{1}{6}\left(\sin\frac{\pi}{12}\right)^3$$
ここで、
$$\sin\frac{\pi}{12} = \sin\left(\frac{\pi}{3} - \frac{\pi}{4}\right)$$
$$= \sin\frac{\pi}{3}\cos\frac{\pi}{4} - \cos\frac{\pi}{3}\sin\frac{\pi}{4}$$
$$= \left(\frac{\sqrt{3}}{2}\right)\left(\frac{1}{\sqrt{2}}\right) - \left(\frac{1}{2}\right)\left(\frac{1}{\sqrt{2}}\right)$$
$$= \frac{\sqrt{6} - \sqrt{2}}{4}$$
に注意すると、

$$\frac{\pi}{12} > \frac{\sqrt{6}-\sqrt{2}}{4} + \frac{\left(\frac{\sqrt{6}-\sqrt{2}}{4}\right)^3}{6}$$
$$= \frac{27\sqrt{6}-29\sqrt{2}}{8}$$

つまり,
$$\pi > \frac{27\sqrt{6}-29\sqrt{2}}{8}$$

となることがわかる.さらに(この部分は古典的な「開平」を利用するのも面白いが,まぁ,コンピュータを利用してしまっていいだろう).
$$1.41421 < \sqrt{2} < 1.41422$$
$$2.44948 < \sqrt{6} < 2.44949$$
から,
$$3.14045 < \frac{27\sqrt{6}-29\sqrt{2}}{8}$$
がいえるので,とくに,
$$\pi > 3.14$$
となることがわかった. □

これだけでは気持ちが悪い!上からの評価も欲しいところだ.そのために,つぎの問題を解いておこう.

問題2

(1) $|x| < \frac{1}{2}$ のとき
$$\frac{1}{\sqrt{1-x^2}} \leqq 1 + \frac{x^2}{2} + \frac{x^4}{2}$$
を示せ.
(2) 問題1と同様にして
$$\pi < 3.142$$
となることを示せ.

(1) 示したいのは,$|x| < \frac{1}{2}$ のとき
$$\frac{1}{\sqrt{1-x^2}} \leqq 1 + \frac{x^2}{2} + \frac{x^4}{2}$$
となることだが,$1-x^2 > 0$ なので,両辺を2乗した
$$1 \leqq (1-x^2)\left(1 + \frac{x^2}{2} + \frac{x^4}{2}\right)^2$$
を示せば十分.展開して整理すると,$|x| < \frac{1}{2}$ のとき
$$x^4(1 - 3x^2 - x^4 - x^6) \geqq 0$$
つまり,
$$1 - 3x^2 - x^4 - x^6 > 0$$
となることがわかれば十分.ところで,$|x| < \frac{1}{2}$ のとき
$$3x^2 + x^4 + x^6$$
$$= x^2(3 + x^2 + x^4) < \frac{53}{64} < 1$$
だから,
$$1 - 3x^2 - x^4 - x^6 > 0$$
となっている.

(2) $\theta = \frac{\pi}{12}$ のとき,問題1の(1)の結果を利用し,$\left|\sin\frac{\pi}{12}\right| < 1$ となることと上の(1)の等号は $x=0$ のときのみ成立することに注意すると,
$$\frac{\pi}{12} = \int_0^{\sin\frac{\pi}{12}} \frac{dx}{\sqrt{1-x^2}}$$
$$< \int_0^{\sin\frac{\pi}{12}} \left(1 + \frac{x^2}{2} + \frac{x^4}{2}\right) dx$$
$$= \sin\frac{\pi}{12} + \frac{\left(\sin\frac{\pi}{12}\right)^3}{6} + \frac{\left(\sin\frac{\pi}{12}\right)^5}{10}$$
$$= \frac{\sqrt{6}-\sqrt{2}}{4} + \frac{\left(\frac{\sqrt{6}-\sqrt{2}}{4}\right)^3}{6}$$
$$+ \frac{\left(\frac{\sqrt{6}-\sqrt{2}}{4}\right)^5}{10}$$
$$= \frac{573\sqrt{6}-637\sqrt{2}}{1920}$$

に注意すると,
$$\pi < \frac{573\sqrt{6}-673\sqrt{2}}{160}$$
となることがわかる.さらに,
$$1.41421 < \sqrt{2} < 1.14122$$
$$2.44948 < \sqrt{6} < 2.44949$$
から,
$$3.14191 > \frac{573\sqrt{6}-673\sqrt{2}}{160}$$
となることがわかるので,とくに,
$$\pi < 3.142$$
となることがわかった. □

問題1と問題2によって,
$$3.140 < \pi < 3.142$$
となることがわかる.つまり,
$$\frac{\pi}{12} = \int_0^{\sin\frac{\pi}{12}} \frac{dx}{\sqrt{1-x^2}}$$

と $|x|<\frac{1}{2}$ のとき

$$1+\frac{x^2}{2} \leqq \frac{1}{\sqrt{1-x^2}} \leqq 1+\frac{x^2}{2}+\frac{x^2}{2}$$

となることから，π の範囲

$$3.140<\pi<3.142$$

がわかったわけだ．こうして，「円周率は3.14…である」ということがわかった．同じようなことをたとえば，$\frac{\pi}{24}$ についてやってみれば π をさらに精密に計算できる．

課題1 問題1と問題2をまねて

$$3.141591<\pi<3.141593$$

を示せ．

まず，$|x|<\frac{1}{3}$ のとき

$$1+\frac{x^2}{2}+\frac{3x^4}{8} \leqq \frac{1}{\sqrt{1-x^2}}$$
$$\leqq 1+\frac{x^2}{2}+\frac{3x^4}{8}+\frac{3x^6}{8}$$

となること（等号は $x=0$ の場合のみ）に注意しよう．これは根気よく計算すれば証明できる．
また，

$$\cos\frac{\pi}{12}=\frac{\sqrt{6}+\sqrt{2}}{4}$$

から，

$$\sin\frac{\pi}{24}=\sin\left(\frac{\left(\frac{\pi}{12}\right)}{2}\right)$$
$$=\sqrt{\frac{1-\cos\frac{\pi}{12}}{2}}$$
$$=\frac{\sqrt{8-2\sqrt{2}-2\sqrt{6}}}{4}$$

となるので，この右辺を近似計算（開平）すれば

$$0.13052619<\sin\frac{\pi}{24}<0.1305262$$

となることがわかる．これらと

$$\frac{\pi}{24}=\int_0^{\sin\frac{\pi}{24}}\frac{dx}{\sqrt{1-x^2}}$$

から，π の範囲

$$3.141591<\pi<3.141593$$

を求めることができる．詳しくは読者にまかせたい． □

2．tan を使う

問題1，問題2，課題1では，定積分の知識や三角関数の性質を利用して π の近似値を求めたが，これは，$0<\theta<\frac{\pi}{2}$ のとき，

$$\theta=\int_0^{\sin\theta}\frac{dx}{\sqrt{1-x^2}}$$

となることが本質的だった．$0<\theta<\frac{\pi}{2}$ のとき，これと同じような tan についての関係式を利用しても類似の議論ができる．

問題3 $0<\theta<\frac{\pi}{2}$ のとき

$$\theta=\int_0^{\tan\theta}\frac{dx}{1+x^2}$$

となることを示せ．

$x=\tan\theta$ として置換すると，

$$\frac{dx}{d\theta}=\frac{1}{(\cos\theta)^2}$$
$$\frac{1}{1+x^2}=\frac{1}{1+(\tan\theta)^2}=(\cos\theta)^2$$

から，

$$\int_0^{\tan\theta}\frac{dx}{1+x^2}=\int_0^\theta d\theta=\theta$$

となる． □

とくに $\theta=\frac{\pi}{4}$ とすると，

$$\frac{\pi}{4}=\int_0^1\frac{dx}{1+x^2}$$

となる．これを利用すると，$|x|<1$ のとき，

$$\frac{1}{1+x^2}=1-x^2+x^4-x^6+x^8-\cdots$$

なので，たとえば，

$$1-x^2<\frac{1}{1+x^2}\leqq 1-x^2+x^4$$

となり（等号は $x=0$ のときのみ），これから，

$$1-\frac{1}{3}<\frac{\pi}{4}<1-\frac{1}{3}+\frac{1}{5}$$

が出る．ただし，これでは単に，

$$\frac{8}{3}<\pi<\frac{52}{15}$$

つまり

$$2.66<\pi<3.47$$

程度にすぎないので不満だ．もっと精度を上げ

ようとして，
$$1-x^2+x^4-x^6 \leq \frac{1}{(1+x^2)}$$
$$\leq 1-x^2+x^4-x^6+x^8$$
を使っても，
$$1-\frac{1}{3}+\frac{1}{5}-\frac{1}{7} < \frac{\pi}{4}$$
$$< 1-\frac{1}{3}+\frac{1}{5}-\frac{1}{7}+\frac{1}{9}$$
だから，
$$\frac{304}{105} < \pi < \frac{1052}{315}$$
つまり
$$2.89 < \pi < 3.34$$
程度にすぎない．

課題2 さらに，たとえば，
$$1-x^2+x^4-\cdots-x^{98} \leq \frac{1}{1+x^2}$$
$$\leq 1-x^2+x^4-\cdots+x^{100}$$
を使うとどうか？

これだけ計算しても
$$3.12 < \pi < 3.17$$
程度しか出せない．さらにガンバって
$$1-x^2+x^4-\cdots+x^{9998} \leq \frac{1}{1+x^2}$$
$$\leq 1-x^2+x^4-\cdots+x^{10000}$$
を使えば，ようやく，
$$3.1413 < \pi < 3.1418$$
がいえる． □

課題3 $\dfrac{\pi}{6} = \displaystyle\int_0^{\frac{1}{\sqrt{3}}} \dfrac{dx}{1+x^2}$
を使うとどうか？

この場合は，
$$1-x^2+x^4-\cdots-x^{98} \leq \frac{1}{1+x^2}$$
$$\leq 1-x^2+x^4-\cdots+x^{100}$$
を使っただけで，
$$3.14159265358979323846264334 < \pi$$
$$< 3.1415926535897932384626434 0$$
がいえるが計算が大変だ． □

加法定理を利用することによって計算の効率を飛躍的に改善できることが知られている．
$$\tan(\alpha+\beta) = \frac{\tan\alpha + \tan\beta}{1-\tan\alpha\tan\beta}$$
を利用すると，問題3の結果から，
$$0 < \alpha < \frac{\pi}{2}$$
$$0 < \beta < \frac{\pi}{2}$$
$$0 < \alpha+\beta < \frac{\pi}{2}$$
のとき，
$$\alpha+\beta = \int_0^{\tan(\alpha+\beta)} \frac{dx}{1+x^2}$$
$$= \int_0^{\tan\alpha} \frac{dx}{1+x^2} + \int_0^{\tan\beta} \frac{dx}{1+x^2}$$
いま，$\tan\theta = \dfrac{1}{5}$ となる θ $(0 < \theta < \dfrac{\pi}{10})$ をとると，
$$\tan 4\theta$$
$$= \frac{2\tan 2\theta}{1-(\tan 2\theta)^2}$$
$$= \frac{4(\tan\theta - (\tan\theta)^3)}{1-6(\tan\theta)^2 + (\tan\theta)^4}$$
$$= \frac{120}{119}$$
さらに，
$$\tan\left(4\theta - \frac{\pi}{4}\right)$$
$$= \frac{\tan 4\theta - 1}{1+\tan 4\theta}$$
$$= \frac{1}{239}$$
したがって，$\tan\phi = \dfrac{1}{239}$ となる ϕ $(0 < \phi < \dfrac{\pi}{100})$ をとると，
$$4\int_0^{\tan\theta} \frac{dx}{1+x^2}$$
$$= \int_0^{\tan\frac{\pi}{4}} \frac{dx}{1+x^2} + \int_0^{\tan\phi} \frac{dx}{1+x^2}$$
いいかえると，
$$\frac{\pi}{4} = 4\int_0^{\frac{1}{5}} \frac{dx}{1+x^2} - \int_0^{\frac{1}{239}} \frac{dx}{1+x^2}$$
となることがわかった．これをあらためて命題1と呼んでおこう．

―― **命題1** ――
$$\pi = 16\int_0^{\frac{1}{5}} \frac{dx}{1+x^2} - 4\int_0^{\frac{1}{239}} \frac{dx}{1+x^2}$$

[証明] すでに終わっている．　□

命題1を使うと比較的楽に（手計算でも）πの値を効率よく計算できる．たとえば，

$$\frac{1}{5}-\frac{1}{3}\left(\frac{1}{5}\right)^3+\frac{1}{5}\left(\frac{1}{5}\right)^5-\frac{1}{7}\left(\frac{1}{5}\right)^7$$
$$<\int_0^{\frac{1}{5}}\frac{dx}{1+x^2}$$
$$<\frac{1}{5}-\frac{1}{3}\left(\frac{1}{5}\right)^3+\frac{1}{5}\left(\frac{1}{5}\right)^5$$
$$-\frac{1}{7}\left(\frac{1}{5}\right)^7+\frac{1}{9}\left(\frac{1}{5}\right)^9$$

$$\frac{1}{239}-\frac{1}{3}\left(\frac{1}{239}\right)^3<\int_0^{\frac{1}{239}}\frac{dx}{1+x^2}$$
$$<\frac{1}{239}-\frac{1}{3}\left(\frac{1}{239}\right)^3+\frac{1}{5}\left(\frac{1}{239}\right)^5$$

を利用するだけで，
$$3.141591<\pi<3.141593$$
が計算できる．さらに，たとえば，コンピュータを使って，展開を101項目まで利用すると，

$\pi=3.1415926535897932384626433$
$8327950288419716939937510$
$5820974944592307816406286$
$2089986280348253421170679$
$8214808651328230664709384$
$4609550582231725\cdots$

となって，πの近似値を小数点以下141桁目まで正確に求めることができる．

3．πの定義は？

円周の$\frac{1}{24}$にあたる曲線
$$y=\sqrt{1-x^2},\ 0\leq x\leq\sin\frac{\pi}{12}$$
の長さを求めてみよう．
$$\frac{dy}{dx}=-\frac{x}{\sqrt{1-x^2}}$$
となり，求める長さは（定積分を使った）定義によって
$$\int_0^{\sin\frac{\pi}{12}}\sqrt{1+\left(\frac{dy}{dx}\right)^2}dx=\int_0^{\sin\frac{\pi}{12}}\frac{dx}{\sqrt{1-x^2}}$$
となる．つまり，問題1などで使った積分は一般の曲線（なめらかな曲線）の長さの定義から出現したものだと考えられる．また，問題3の積分は，曲線

$$x=\tan t,\ 0\leq t<\frac{\pi}{2}$$
について，
$$\frac{dx}{dt}=\frac{1}{(\cos t)^2}=1+x^2$$
となることから
$$t=\int_0^x\frac{dx}{1+x^2}$$
のようにして出現したもので，直接円周の長さの（積分による）定義とのかかわりで出現したものではない．これを使ってπの近似計算が可能になるのはあくまで$\tan$という三角関数が絡んでいるせいである．

いずれにせよ，三角関数の定義にはπが現れるわけで，そのときのπは一体どのようにして定義されていたのかが気になってくる．もし，角度（ラジアン）の定義に「円弧の長さ」などというものが顔を出しているとかなりヤバイ！こうなると，三角関数などというものは経由せずにもっと直接的にπを定義する必要がありそうだ．「円周の長さ」が直観的に与えられていると仮定してπを

円周率＝「円周の長さ」／直径

として定義してしまうと，そこから先の議論がかなりあやふやなものになりそうで怖い．そもそもこのような定義では，「円周の長さ」なるものがはっきりしないので，πの近似値を計算することすら絶望的だ！もちろん，「2πが，単位円に内接する多角形の周囲の長さよりも長く，単位円に外接する多角形の周囲の長さよりも短い」ことを証明しようとしても，当然うまくいかないだろう．

円周率と∞次多項式

　小学校以来，円周率というものは，（円周の長さ）/(直径) として「定義」されているが，この定義には問題点がある．「円周の長さ」の定義がかならずしもはっきりしないからだ．もちろん，円周率（ヨーロッパには円周率にあたる単語はないらしいので概念としての円周率のことだと考えてほしい）の概念の起源そのものに「円周の直径に対する比率」という歴史的「呪い」があることを考慮して，「円周の長さ」を厳密に定義してから円周率を定義しなおせばよい．円周率を定義する前に「積分」を済ませておけばいいわけだ．でもそうすると，弧度法に依存する三角関数も「積分」のあとでしか扱えなくなってしまう．これはちょっとまずい気もする．ではどうするか？　これは「厳密化」を気にしはじめた19世紀ドイツ以来の大学教科書作者の悩みの種でもあった．そのあたりの「困難」を何とか切り抜ける作戦として考えられたのが「∞次多項式」（次数が無限大の「多項式」，つまり，整級数）として三角関数を定義してしまおうというアイデアだった．これなら「積分」の前にπを定義できる．

1. π と「∞次多項式」

　サイン関数やコサイン関数の基本周期の半分としてπをとらえようとするアイデアに関連する入試問題から始めよう．

問題 1　正整数 n について
$$c_n(x) = 1 - \frac{x^2}{2!} + \frac{x^4}{4!} - \frac{x^6}{6!} + \cdots + (-1)^n \frac{x^{2n}}{(2n)!}$$
とおくとき，$2n$ 次方程式 $c_n(x) = 0$ は $0 < x < 2$ の範囲にただひとつの実解をもつことを示せ．
　　　　　　　　　　　　　　　　　　　　［中央大学］

　まず，
$$c_n(0) = 1 > 0$$
とわかるので，$c_n(x)$ が $0 < x < 2$ の範囲で単調減少（正確には狭義の単調減少）かつ $c_n(2) < 0$ がいえれば十分（もちろん，いつもそううまく行くとは限らないが，とりあえずその方針でやってみよう）．

　$c_n(2) < 0$ の方から示そう．$n = 1, 2$ の場合は，
$$c_1(2) = 1 - \frac{2^2}{2!} = -1 < 0$$
$$c_2(2) = 1 - \frac{2^2}{2!} + \frac{2^4}{4!} = -\frac{1}{3} < 0$$
ところで，ある正の偶数 k について，
$$c_k(2) < 0$$
と仮定すると，
$$c_{k+1}(2) - c_k(2)$$
$$= -\frac{2^{2k+2}}{(2k+2)!} < 0$$
$$c_{k+2}(2) - c_k(2)$$
$$= -\frac{2^{2k+2}}{(2k+2)!} + \frac{2^{2k+4}}{(2k+4)!}$$
$$= -\frac{2^{2k+2}((2k+4)(2k+3) - 4)}{(2k+4)!} < 0$$
から
$$c_{k+1}(2) < c_k(2) < 0$$
$$c_{k+2}(2) < c_k(2) < 0$$
となる．
（また，明らかに，
$$c_{k+1}(2) < c_{k+2}(2)$$
だから，結局，
$$c_{k+1}(2) < c_{k+2}(2) < c_k(2) < 0$$
となってもいる．）したがって（数学的帰納法によって），とくに，任意の正整数 n について，
$$c_n(2) < 0$$
となることがわかった．

　つぎに，$c_n(x)$ が $0 < x < 2$ の範囲で単調減少であることを示そう．そのためには，この範囲で $c_n'(x) < 0$ となることを示せばよい．ここで，
$$c_n'(x) = -x + \frac{x^3}{3!} - \frac{x^5}{5!} + \cdots + (-1)^n \frac{x^{2n-1}}{(2n-1)!}$$
である．まず，$0 < x < 2$ 範囲で
$$c_1'(x) = -x < 0$$

$$c_2'(x) = -x + \frac{x^3}{3!} < 0$$

いま，k が 2 以上の偶数のとき，$0<x<2$ の範囲で

$$c_k'(x) < 0$$

と仮定すると，

$$c_{k+1}'(x) = c_k'(x)$$
$$= -\frac{2^{2k+1}}{(2k+1)!} < 0$$
$$c_{k+2}'(x) - c_k'(x)$$
$$= (-1)^{k+1}\frac{x^{2k+1}}{(2k+1)!} + (-1)^{k+2}\frac{x^{2k+3}}{(2k+3)!}$$
$$= (-1)^{k+1}\frac{x^{2k+1}((2k+2)(2k+3)-x^2)}{(2k+3)!}$$
$$= -\frac{x^{2k+1}((2k+2)(2k+3)-x^2)}{(2k+3)!} < 0$$

から，

$$c_{k+1}'(x) < c_k'(x) < 0$$
$$c_{k+2}'(x) < c_k'(x) < 0$$

となる．（さらにいえば，

$$c_{k+1}'(x) < c_{k+2}'(x) < c_k'(x) < 0$$

となってもいる．）したがって，数学的帰納法によって，とくに，任意の正整数 n について，$0<x<2$ の範囲で，

$$c_n'(x) < 0$$

となる．

以上によって，$2n$ 次方程式 $c_n(x)=0$ は $0<x<2$ の範囲にただひとつの実解をもつことがわかった． □

つぎに，問題 1 で示された実解の近似値を求めてみよう．

問題 2 問題 1 の方程式 $c_n(x)=0$ の $0<x<2$ の範囲の実解の近似値を（小数点以下 6 桁目を四捨五入して）小数点以下 5 桁目まで求めよ．ただし，$n=1,2,3,4,5$ とする．

具体的に書くと，

$$c_1(x) = 1 - \frac{x^2}{2!}$$
$$c_2(x) = 1 - \frac{x^2}{2!} + \frac{x^4}{4!}$$
$$c_3(x) = 1 - \frac{x^2}{2!} + \frac{x^4}{4!} - \frac{x^6}{6!}$$
$$c_4(x) = 1 - \frac{x^2}{2!} + \frac{x^4}{4!} - \frac{x^6}{6!} + \frac{x^8}{8!}$$
$$c_5(x) = 1 - \frac{x^2}{2!} + \frac{x^4}{4!} - \frac{x^6}{6!} + \frac{x^8}{8!} - \frac{x^{10}}{10!}$$

である．まず，$c_1(x)=0$ の $0<x<2$ の範囲の実解は

$$\sqrt{2} \fallingdotseq 1.141421$$

である．つぎに，$c_2(x)=0$ の $0<x<2$ の範囲の実解は，$t=x^2$ についての複 2 次方程式

$$1 - \frac{t}{2!} + \frac{t^2}{4!} = 0$$

を解くことによって，

$$\sqrt{6-2\sqrt{3}} \fallingdotseq 1.59245$$

だとわかる．$c_3(x),\ c_4(x),\ c_5(x)$ については具体的に実解を表示するのはあきらめて近似値のみを計算しよう．コンピュータでやってみると，$c_3(x)=0$ については

$$1.56991$$

$c_4(x)=0$ については

$$1.57082$$

最後に，$c_5(x)=0$ については

$$1.57080$$

がえられる． □

問題 2 の結果を並べると，

$$1.41421$$
$$1.59245$$
$$1.56991$$
$$1.57082$$
$$1.57080$$

という数列がえられる．これだけを見てもすぐには気づかないかもしれないが，各項を 2 倍してみると，

$$2.82842$$
$$3.18490$$
$$3.13982$$
$$3.14164$$
$$3.14160$$

となって，さらに大きな n まで計算すると，円周率 π に接近していきそうな気分になってくる．やってみよう．

問題 3 方程式 $c_n(x)=0$ の $0<x<2$ の範囲の実解を a_n とし，$2a_n$ の近似値を（小数点以下 21 桁目を四捨五入して）小数点以下 20 桁目まで求め，円周率 π と比較せよ．ただし，$n=1,2,3,\cdots,10$

とする．

結果だけを書くと，
   2.82842712474619009760
   3.18490086807250276334
   3.13981165032238291324
   3.14164213590678145835
   3.14159172406106934970
   3.14159266623273289614
   3.14159265345952601737
   3.14159265359084527958
   3.14159265358978639954
   3.14159265358979327502
となる．
$$\pi = 3.14159265358979323846\cdots$$
と比較すると，$2a_{10}$ は小数点以下16桁目まで π の値と一致していることがわかる． □

2．三角関数の「∞次多項式」

問題3の結果はどういうことなんだろう？なぜこんなところに π が顔を出すのか？

課題1 方程式 $c_n(x)=0$ の最小の正数解を a_n とする．このとき，
$$a_n \to \frac{\pi}{2} \quad (n \to \infty)$$
となりそうだが，それはなぜか？

この課題1に正面から答えるのはちょっと時間がかかりすぎる．そこで，かなり怪しいが間接的な解答でガマンすることにしよう．そのために，まず，$y=c_n(x)$ のグラフを描いてみる．

問題4 $-3<x<3$ の範囲で，$y=c_n(x)$ のグラフの概観を描け．ただし，$n=1,2,3,4,5$ とする．

とりあえず，コンピュータで強引に描いてしまおう（図1）．小さな数字は座標，大きな数字はグラフごとの n の値を示している． □

図1を見ると，$y=c_4(x)$ や $y=c_5(x)$ のグラフは $y=\cos x$ のグラフとそっくりなことがわかるだろう．n をどんどん大きくすればもっと広い範囲（つまり $|x|$ がもっと大きい範囲）でも，

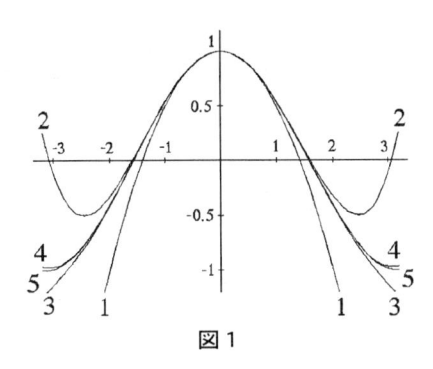

図1

ますますコサイン曲線に近づくこともわかる．たとえば，$y=c_{10}(x)$，つまり，
$$y=1-\frac{x^2}{2!}+\frac{x^4}{4!}-\cdots+\frac{x^{20}}{20!}$$
のグラフを $|x|<20$ の範囲で描くと，図2の上のグラフのようになる．下のグラフは同じ範囲でのコサイン曲線だが，それと比較すると，$|x|<15$ の範囲ではほとんど同じといってもよいほどの「ソックリサ」である！

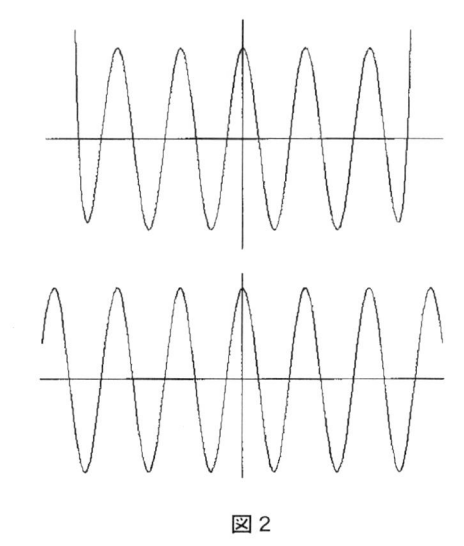

図2

ということで，かなり強引ながら，
$$c_n(x) \to \cos x \quad (n \to \infty)$$
と信じてしまおう．そこで，象徴的に
$$c_\infty(x) = \cos x$$
と書くことにする．もっと時間をかけて議論をすれば，厳密な解釈も可能になるが，ここでは直観的な話でガマンしてほしい．

高次の項は「…」でごまかしておくと，
$$\cos x = 1 - \frac{x^2}{2!} + \frac{x^4}{4!} - \frac{x^6}{6!} + \cdots$$
というわけだ．ところで，$c_n(x)$ の導関数を計

算すると,
$$c'_n(x) = -x + \frac{x^3}{3!} - \frac{x^5}{5!} + \cdots + (-1)^n \frac{x^{2n-1}}{(2n-1)!}$$
となるが, ここで,
$$s_n(x) = x - \frac{x^3}{3!} + \frac{x^5}{5!} - \cdots + (-1)^n \frac{x^{2n+1}}{(2n+1)!}$$
とおくと,
$$c'_n(x) = -s_{n-1}(x)$$
$$s'_n(x) = c_n(x)$$
となることがわかる. ここで, $n \to \infty$ とすると,
$$c'_\infty(x) = -s_\infty(x)$$
$$s'_\infty(x) = c_\infty(x)$$
と書けるはず. これはまさしく, サイン関数とコサイン関数の導関数の間の関係そのものではないか. つまり,
$$s'_\infty(x) = \sin x$$
と見なせるわけだ！ まとめておこう.

―― 定理 1 ――――――――――――――
$$\sin x = x - \frac{x^3}{3!} + \frac{x^5}{5!} - \frac{x^7}{7!} + \cdots$$
$$\cos x = 1 - \frac{x^2}{2!} + \frac{x^4}{4!} - \frac{x^6}{6!} + \cdots$$
という展開 (「∞次多項式」への展開！) が存在する.
―――――――――――――――――――

[証明] すでに終わっている. □

普通, これらはサイン関数とコサイン関数のテーラー展開と呼ばれている.

こう書くと, サイン関数とコサイン関数をあらかじめ知っていたことになってしまうが, 逆に, この定理 1 から話を始めれば, π の厳密な定義 (というか, 「円周の長さ」を経由しない定義) に到達することができる. たとえば, まず, 問題 1 を拡張した議論によって, 方程式 $c_\infty(x) = 0$ が $0 < x < 2$ においてただひとつの実解 α をもつことを示し, 2α を π と定義するわけである. そうすると, $c_\infty(x)$ と $s_\infty(x)$ がいずれも周期関数となることが厳密に証明できる. また, その基本周期はどちらについても, 2π になることも証明できる.

この方針で π を導入している教科書としては
　　一松信『解析学序説・上』
　　杉浦光夫『解析入門・I』
などがある. この場合, こうして定義された π の値が 3.14159… となることを示したくもなるが, それをどうするかも面白い. 『解析学序説・上』も『解析入門・I』もこれについては, $\tan x = \dfrac{\sin x}{\cos x}$ としてタンジェント関数を定義し, その逆関数 $\arctan x$ の「∞次多項式」(整級数展開) を求めて, π の計算に利用している. これは数学の歴史に沿ったものだ.

ついでに, 「∞次多項式」によって定義されたサイン関数とコサイン関数が円周のパラメータ表示に使えることを確かめておこう.

―― 命題 1 ――――――――――――――
$$\cos x = 1 - \frac{x^2}{2!} + \frac{x^4}{4!} - \frac{x^6}{6!} + \cdots$$
$$\sin x = x - \frac{x^3}{3!} + \frac{x^5}{5!} - \frac{x^7}{7!} + \cdots$$
によって $\cos x$ と $\sin x$ を定義すると,
$$(\cos x)^2 + (\sin x)^2 = 1$$
となる.
―――――――――――――――――――

[証明のつもり]
厳密な議論はここでは不可能なので, 形式的な計算だけでガマンしよう.
$$(\cos x)^2$$
$$= \left(1 - \frac{x^2}{2!} + \frac{x^4}{4!} - \frac{x^6}{6!} + \cdots\right)^2$$
$$= \left(1 - \frac{x^2}{2} + \frac{x^4}{24} - \frac{x^6}{720} + \cdots\right)^2$$
$$= 1 - 2\left(\frac{1}{2}\right)x^2 + \left(\left(\frac{1}{2}\right)^2 + 2\left(\frac{1}{24}\right)\right)x^4$$
$$\qquad - \left(2\left(\frac{1}{2}\right)\left(\frac{1}{24}\right) + 2\left(\frac{1}{720}\right)\right)x^6 + \cdots$$
$$= 1 - x^2 + \left(\frac{1}{4} + \frac{1}{12}\right)x^4$$
$$\qquad - \left(\frac{1}{24} + \frac{1}{360}\right)x^6 + \cdots$$
$$= 1 - x^2 + \frac{x^4}{3} - \frac{2x^6}{45} + \cdots$$
$$(\sin x)^2$$
$$= \left(x - \frac{x^3}{3!} + \frac{x^5}{5!} - \frac{x^7}{7!} + \cdots\right)^2$$
$$= \left(x - \frac{x^3}{6} + \frac{x^5}{120} - \frac{x^7}{5040} + \cdots\right)^2$$
$$= x^2 - 2\left(\frac{1}{6}\right)x^4$$
$$\qquad + \left(\left(\frac{1}{6}\right)^2 + 2\left(\frac{1}{120}\right)\right)x^6 - \cdots$$

$$= x^2 - \left(\frac{1}{3}\right)x^4 + \left(\frac{1}{36} + \frac{1}{60}\right)x^6 - \cdots$$
$$= x^2 - \frac{x^4}{3} + \frac{2x^6}{45} - \cdots$$

したがって,
$$(\cos x)^2 + (\sin x)^2$$
$$= \left(1 - x^2 + \frac{x^4}{3} - \frac{2x^6}{45} + \cdots\right)$$
$$\quad + \left(x^2 - \frac{x^4}{3} + \frac{2x^6}{45} - \cdots\right)$$
$$= 1$$

となっていそう！ □

この形式的な計算結果だけなら数学的帰納法を使って厳密化できるが，それだけではまだ不十分だ．詳しいことは上にあげた教科書を見てほしい．

命題1から，単位円周が $(\cos\theta, \sin\theta)$ というパラメータ表示をもつことがわかる．この事実と $\cos\theta$, $\sin\theta$ の性質から，パラメータが $0 \leq \theta \leq \frac{\pi}{2}$ の範囲で動くとき，円周のちょうど $\frac{1}{4}$ を描くことになり，ここに $\frac{\pi}{2}$ が出現することが不思議ではなくなるだろう．（ここでの $\frac{\pi}{2}$ はあくまで $\cos x = 0$ の最小の正の実解の意味であることに注意！）ついでに，加法定理も見ておこう．

────── 命題2 ──────
命題1と同じようにして，$\sin x$ と $\cos x$ を定義すると，加法定理
$$\sin(x+y) = \sin x \cos y + \cos x \sin y$$
$$\cos(x+y) = \cos x \cos y - \sin x \sin y$$
が成り立つ．

[証明のつもり]
まず，$\sin x$ の加法定理について計算する．
$$\sin x \cos y$$
$$= \left(x - \frac{x^3}{3!} + \frac{x^5}{5!} - \frac{x^7}{7!} + \cdots\right) \times$$
$$\quad \left(1 - \frac{y^2}{2!} + \frac{y^4}{4!} - \frac{y^6}{6!} + \cdots\right)$$
$$= x - \left(\frac{1}{6}x^3 + \frac{1}{2}xy^2\right)$$
$$\quad + \left(\frac{1}{120}x^5 + \frac{1}{12}x^3y^2 + \frac{1}{24}xy^4\right)$$
$$\quad - \left(\frac{1}{5040}x^7 + \frac{1}{240}x^5y^2\right.$$
$$\quad \left. + \frac{1}{144}x^3y^4 + \frac{1}{720}xy^6\right) + \cdots$$

$$\cos x \sin y$$
$$= \left(1 - \frac{x^2}{2!} + \frac{x^4}{4!} - \frac{x^6}{6!} + \cdots\right) \times$$
$$\quad \left(y - \frac{y^3}{3!} + \frac{y^5}{5!} - \frac{y^7}{7!} + \cdots\right)$$
$$= y - \left(\frac{1}{2}x^2y + \frac{1}{6}y^3\right)$$
$$\quad + \left(\frac{1}{24}x^4y + \frac{1}{12}x^2y^3 + \frac{1}{120}y^5\right)$$
$$\quad - \left(\frac{1}{720}x^6y + \frac{1}{144}x^4y^3\right.$$
$$\quad \left. + \frac{1}{240}x^2y^5 + \frac{1}{5040}y^7\right) + \cdots$$

だから,
$$\sin x \cos y + \cos x \sin y$$
$$= (x+y) - \left(\frac{1}{6}x^3 + \frac{1}{2}x^2y + \frac{1}{2}xy^2 + \frac{1}{6}y^3\right)$$
$$\quad + \left(\frac{1}{120}x^5 + \frac{1}{24}x^4y + \frac{1}{12}x^3y^2\right.$$
$$\quad \left. + \frac{1}{12}x^2y^3 + \frac{1}{24}xy^4 + \frac{1}{120}y^5\right)$$
$$\quad - \left(\frac{1}{5040}x^7 + \frac{1}{720}x^6y + \frac{1}{240}x^5y^2\right.$$
$$\quad + \frac{1}{144}x^4y^3 + \frac{1}{144}x^3y^4$$
$$\quad \left. + \frac{1}{240}x^2y^5 + \frac{1}{720}xy^6 + \frac{1}{5040}y^7\right)$$
$$\quad + \cdots$$
$$= (x+y) - \frac{1}{6}(x^3 + 3x^2y + 3xy^2 + y^3)$$
$$\quad + \frac{1}{120}(x^5 + 5x^4y + 10x^3y^2 + 10x^2y^3$$
$$\quad + 5xy^4 + y^5)$$
$$\quad - \frac{1}{5040}(x^7 + 7x^6y + 21x^5y^2 + 35x^4y^3$$
$$\quad + 35x^3y^4 + 21x^2y^5 + 7xy^6 + y^7) + \cdots$$
$$= (x+y) - \frac{1}{6}(x+y)^3 + \frac{1}{120}(x+y)^5$$
$$\quad - \frac{1}{5040}(x+y)^7 + \cdots$$
$$= (x+y) - \frac{(x+y)^3}{3!} + \frac{(x+y)^5}{5!}$$
$$\quad - \frac{(x+y)^7}{7!} + \cdots$$
$$= \sin(x+y)$$

つまり,
$$\sin x \cos y + \cos x \sin y = \sin(x+y)$$

となるらしいことがわかる．（もちろん，ここでも，数学的帰納法を使って議論を厳密化できる．）

コサイン関数についても同様にすればよいが
$$\sin(x+y) = \sin x \cos y + \cos x \sin y$$
を x で微分して（y は定数とみなす）もでる．□

サイン関数を定義する「∞次多項式」が奇数次の項しかもたず，コサイン関数を定義する「∞次多項式」が偶数次の項しかもたないことに注意すると，
$$\cos(-x) = \cos x$$
$$\sin(-x) = -\sin x$$
となることがわかる．したがって，コサイン関数の加法定理
$$\cos(x+y) = \cos x \cos y - \sin x \sin y$$
で $y = -x$ とおくと，
$$1 = \cos(x-x)$$
$$= \cos x \cos(-x) - \sin x \sin(-x)$$
$$= (\cos x)^2 + (\sin x)^2$$
がえられる．したがって，命題2を先に証明しておけば命題1はそれからすぐに導けるわけだ．

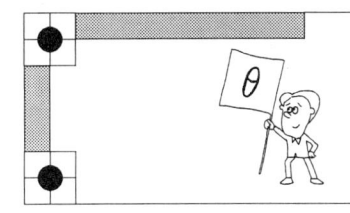

ヴィエトの公式

円周率の計算公式としてはあまり実用的ではないが，歴史的に見ると重要な公式について紹介しよう．この公式を拡張したルベーグの結果についても考えてみたい．

1．ヴィエトの公式

問題1 x は定数で $0<x<\pi$ とする．数列 $\{a_n\}$ において，
$$a_n = \cos\frac{x}{2}\cos\frac{x}{2^2}\cos\frac{x}{2^3}\cdots\cos\frac{x}{2^n}$$
とおくとき，$\sin x = 2\cos\frac{x}{2}\sin\frac{x}{2}$ をもちいて，$\{a_n\}$ の極限を求めよ．　　　　　　[弘前大]

これはなかなかうれしい問題だ．「$\sin x = 2\cos\frac{x}{2}\sin\frac{x}{2}$ をもちいて」などというヒントがあるので入試問題としてはかなりやさしくなってしまってはいるが，背景の明確な問題だけにネタにするのにピッタリなのである．まず，ヒントに従い
$$\sin x = 2\cos\frac{x}{2}\sin\frac{x}{2} \tag{1}$$
を繰り返し利用して，
$$\sin\frac{x}{2} = 2\cos\frac{x}{2^2}\sin\frac{x}{2^2}$$
$$\sin\frac{x}{2^2} = 2\cos\frac{x}{2^3}\sin\frac{x}{2^3}$$
$$\cdots\cdots\cdots\cdots$$
$$\sin\frac{x}{2^{n-1}} = 2\cos\frac{x}{2^n}\sin\frac{x}{2^n}$$
とし，(1)から $\sin\frac{x}{2}$，$\sin\frac{x}{2^2}$，$\sin\frac{x}{2^3}$，…，$\sin\frac{x}{2^{n-1}}$ を順に消去していくと，
$$\sin x = 2\cos\frac{x}{2}\left(2\cos\frac{x}{2^2}\sin\frac{x}{2^2}\right)$$
$$= 2^2\cos\frac{x}{2}\cos\frac{x}{2^2}\sin\frac{x}{2^2}$$
$$= 2^2\cos\frac{x}{2}\cos\frac{x}{2^2}\left(2\cos\frac{x}{2^3}\sin\frac{x}{2^3}\right)$$
$$= 2^3\cos\frac{x}{2}\cos\frac{x}{2^2}\cos\frac{x}{2^3}\sin\frac{x}{2^3}$$
$$\cdots\cdots\cdots\cdots$$
$$= 2^n\cos\frac{x}{2}\cos\frac{x}{2^2}\cdots\cos\frac{x}{2^n}\sin\frac{x}{2^n}$$
したがって，
$$a_n = \frac{\sin x}{2^n\sin\frac{x}{2^n}}$$
$$= \frac{\sin x}{x}\cdot\frac{\frac{x}{2^n}}{\sin\frac{x}{2^n}}$$
つまり，
$$n\to\infty \text{ のとき } a_n\to\frac{\sin x}{x} \qquad \square$$

この問題の解答だけならこれで終わりなのだが，これには有名な背景がある．とりあえず，それを説明しよう．上の結果を象徴的に書くと，
$$\sin x = x\cos\frac{x}{2}\cos\frac{x}{2^2}\cos\frac{x}{2^3}\cdots$$
となる．ここで $x=\frac{\pi}{2}$ とおくと，
$$1 = \frac{\pi}{2}\cos\frac{\pi}{2^2}\cos\frac{\pi}{2^3}\cos\frac{\pi}{2^4}\cdots$$
つまり，
$$\frac{2}{\pi} = \cos\frac{\pi}{2^2}\cos\frac{\pi}{2^3}\cos\frac{\pi}{2^4}\cdots \tag{2}$$
とかける．ところで，
$$\cos x = 2\cos^2\frac{x}{2} - 1$$
において，順に $x=\frac{\pi}{2}$，$\frac{\pi}{2^2}$，$\frac{\pi}{2^3}$，…とすると，
$$0 = \cos\frac{\pi}{2} = 2\cos^2\frac{\pi}{2^2} - 1$$
$$\cos\frac{\pi}{2^2} = 2\cos^2\frac{\pi}{2^3} - 1$$
$$\cos\frac{\pi}{2^3} = 2\cos^2\frac{\pi}{2^4} - 1$$
となるが，これを書き換えると
$$\cos\frac{\pi}{2^2} = \sqrt{\frac{1}{2}}$$

$$\cos\frac{\pi}{2^3} = \sqrt{\frac{1+\cos\frac{\pi}{2^2}}{2}} = \sqrt{\frac{1}{2} + \frac{1}{2}\sqrt{\frac{1}{2}}}$$

$$\cos\frac{\pi}{2^4} = \sqrt{\frac{1+\cos\frac{\pi}{2^3}}{2}}$$

$$= \sqrt{\frac{1}{2} + \frac{1}{2}\sqrt{\frac{1}{2} + \frac{1}{2}\sqrt{\frac{1}{2}}}}$$

となり,これらを(2)に代入して

$$\frac{2}{\pi} = \sqrt{\frac{1}{2}}\sqrt{\frac{1}{2} + \frac{1}{2}\sqrt{\frac{1}{2}}}\sqrt{\frac{1}{2} + \frac{1}{2}\sqrt{\frac{1}{2} + \frac{1}{2}\sqrt{\frac{1}{2}}}}\cdots$$

という関係式がえられる.これは16世紀のフランスの数学者フランソワ・ヴィエト(1540-1603)によって発見されたものだ.

2. 問題の作成技術

問題1は,有名なヴィエトの公式を導くためのプロセスから入試問題として無理のない部分だけを抽出したものだと考えられるが,こういうことはときどきある.比較的有名な公式なり定理なりの証明の一部を入試問題として活用するのも問題作成の技術のひとつだろう.これは数学史上の重要問題からの副産物という感じだが,適当なものがそうあるわけでもないし,出題者たちの多くはそういうものに詳しいわけでもないので,「どこかで見たなぁ」という問題になってしまう恐れが強い.とにかく,高校の数学ときたら(複素数や行列などの表面的なものを除くと)本質的に17世紀までの数学的成果の一部を教えているだけなので,18世紀以降の重要問題を取り上げるのは難しい.たとえば,新しい話題ということでカオスや結び目にまつわるごく簡単な問題や楕円曲線に関するやさしい問題でも出題しようものなら,全国の教師たちから

「そんなものは教科書に入ってないぞ」

と非難されることも予想される.そこで,出題者サイドでも,そんなことになってはメンドウだから「冒険」は避けようということになる.

それはともかく,問題作成の技術としては,たまたま自分が書いている論文や読んでいる論文の中で出会った特殊な計算やうまい工夫を入試問題にアレンジすることもあるだろう.これはいわば研究プロセスからの副産物としての入試問題という感じで,一見カッコイイのだが,

いわゆる「難問」になりがちだし,意味不明で試験のための試験問題という感じのものになる可能性が高く危ない.

よくあるのは,過去の入試問題などをヒントに少し手を加えるなどして類似の問題を作るという方法だろう.入試問題が熟練によってかなり解きやすくなるのは,そうした方法が支配的だということの証拠なのかもしれない.予備校が有効なのもそうした習慣のおかげかもしれない.いずれにしても,まったく人工的に新しい問題を創造するなどとうことはほとんど絶望的な気がする.

過去の入試問題を見ても,「純粋に人工的な作品」という感じのするものの大半は,その問題がもともとは意味のあった問題の一部分から作られ,入試レベルに適合させるために断片的で意味不明なものにデフォルメされてしまって,あたかも「純粋に人工的な作品」のように見えているだけのことが多いのではないかと思う.手品のタネがわからないので「神秘的な難問」に見えてしまうこともある.オリジナルな問題を作ろうとすると,作成に時間がかかりすぎてシンドイし,かりに作ってみても,

「こんな問題は入試問題としてふさわしくない」

などと批判されかねないので,ここでも出題者たちの「冒険」が抑止されてしまう構造が存在しているわけだ.

3. π を計算してみる

ヴィエトの公式を使えば,π の近似値が計算できるはずだ.あまり実用的ではないのが欠点だが,ためしにちょっと実験してみよう.表示の都合上

$$b_1 = p_1 = \sqrt{\frac{1}{2}}$$

$$b_{n+1} = \sqrt{\frac{1}{2} + \frac{1}{2}b_n}$$

$$p_{n+1} = p_n b_{n+1}$$

と書くことにすると,$\{p_n\}$ の極限が $\frac{2}{\pi}$ になるというのだから,$\left\{\frac{2}{p_n}\right\}$ の極限は π になるはずだ.計算してみると,

$b_1 \fallingdotseq 0.7071067812$
$b_2 \fallingdotseq 0.9238795321$

$b_3 ≒ 0.9807852804$
$\cdots\cdots\cdots\cdots$
$b_{16} ≒ 0.9999999997$

などとなり,
$p_1 ≒ 0.7071067812$
$p_2 ≒ 0.6532814824$
$p_3 ≒ 0.6407288619$
$\cdots\cdots\cdots\cdots$
$p_{16} ≒ 0.6366197724$

となるので, 2 をこれらの数で割れば π の近似値がえられるはずだ. やってみると,

$\dfrac{2}{p_1} = 2.828427125$

$\dfrac{2}{p_2} = 3.061467459$

$\dfrac{2}{p_3} = 3.121445152$

$\dfrac{2}{p_4} = 3.136548491$

$\dfrac{2}{p_5} = 3.140331157$

$\cdots\cdots\cdots\cdots$

$\dfrac{2}{p_{16}} = 3.141592653$

となり, 一応最後の10ケタ目まで正しい π の近似値がえられる.

4. さらに進む

ここまではかなり有名な話題なのだが, ヴィエトの公式の右辺にまつわる話をさらに追求した数学者がいる.「ルベーグ積分」の考案者として知られたフランスのアンリ・ルベーグ（1875-1941）である. 晩年のルベーグは数学教育にも熱心で, 1937年に発表した論文

"Sur certaines expressions irrationelles illimitées"

の中で教育的かつわかりやすい結果に到達している. これについて紹介しよう.

この話題は, 結果的には, $\{p_n\}$ そのものではなくヴィエトの公式の右辺のそれぞれの項の数列 $\{b_n\}$ を拡張することに関連している. まず記号の準備から.

m, n を整数（$n > 0$）とし, 半径1の円周の中心角 $\dfrac{2m\pi}{n}$ の弦の長さを $G(n, m)$ と書こう. イメージ的には, 半径1の円周に内接する正 n 角形の短い順に並べて「m 番目」の対角線の長さが $G(n, m)$ だと思えばよい. もちろん, 辺はもっとも短い対角線だと解釈しておく. このとき,

$$G(2n, m) = 2\cos\dfrac{(n-m)\pi}{2n}$$

図1-1を見ればすぐにわかる. 半径1の円周に内接する正 $2n$ 角形を $P_0 P_1 P_2 \cdots P_{2n-1}$ とすると,

$G(2n, m) = P_0 P_m$

となるが, このとき, $\angle OP_0 P_m = \dfrac{\pi}{2} - \dfrac{m\pi}{2n}$

$= \dfrac{(n-m)\pi}{2n}$ なので,

$P_0 P_m = 2\cos\dfrac{(n-m)\pi}{2n}$

となり, したがって

$$G(2n, m) = 2\cos\dfrac{(n-m)\pi}{2n}$$

がえられる. □

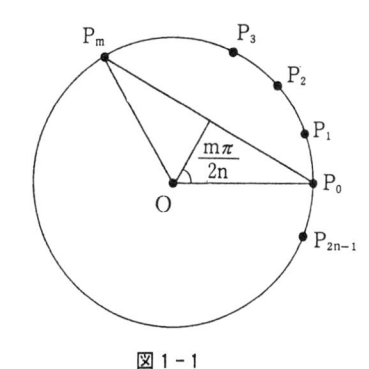

図1-1

$G(2n, m)$ の形に注意して, この $G(2n, m)$ を $g(2n, n-m)$ と書くことにする. つまり,

$$g(2n, k) = 2\cos\dfrac{k\pi}{2n}$$

というわけだ. このとき,

$\cos x = 2\cos^2\dfrac{x}{2} - 1$

を使うと,

$g(2n, 2k) = g(2n, k)^2 - 2$ (3)

となることがわかる. ヴィエトの公式のときと同じようにこの(3)を繰り返して利用し,

$g(2n, k)$, $g(2n, 2k)$, $g(2n, 2^2 k)$,
$g(2n, 2^3 k)$

と計算していくと何が起きるだろう.

まったく一般の場合にしたのでは議論が散漫

になるので，ここでは，n を 3 以上の素数とし，半径 1 の円周に内接する正 $2n$ 角形の対角線を短い順に並べたときに m 番目（m は奇数で $0<m<n$ とする）となる対角線の長さ $G(2n, m)$ がどうなるかという議論にしぼることにしよう．また，このとき，$k=n-m$ は偶数で $0<k<n$ となる．

このとき，いわゆるフェルマーの定理から $2^{n-1}-1$ は n の倍数となることがわかる．念のためにこれも証明しておこう．

---

n を 3 以上の素数とする $2^{n-1}-1$ は n の倍数となる．

[証明]
2 項定理によって，
$$(1+1)^n = 1 + {}_nC_1 + {}_nC_2 + \cdots + {}_nC_{n-1} + 1$$
となるが，2 項係数 ${}_nC_1, {}_nC_2, \cdots, {}_nC_{n-1}$ は n の倍数なので，
$$2^n - 2 = {}_nC_1 + {}_nC_2 + \cdots + {}_nC_{n-1}$$
$$= n \text{ の倍数}$$
ところで，
$$2^n - 2 = 2(2^{n-1} - 1)$$
だから，$2^{n-1}-1$ が n の倍数となる． □

これを使って，
$$2^{n-1} - 1 = (2^{\frac{n-1}{2}} - 1)(2^{\frac{n-1}{2}} + 1)$$
に注意すると，$2^{\frac{n-1}{2}} - 1$ または $2^{\frac{n-1}{2}} + 1$ が n の倍数，つまり，
$$\frac{2^{\frac{n-1}{2}} k\pi}{2n} = \pm \frac{k\pi}{2n} + \frac{k\pi}{2} \text{ の倍数}$$
なので（k が偶数だという仮定に注意），
$$g(2n, 2^{\frac{n-1}{2}}k) = \pm g(2n, k)$$
となる．これは，数列
$$g(2n, k), \ g(2n, 2k), \ g(2n, 2^2 k),$$
$$g(2n, 2^3 k), \cdots$$
の $\frac{n-1}{2} + 1$ の項目にもとの $g(2n, k)$ または符号だけが異なる $-g(2n, k)$ が出現することを意味している．わかったことを，少し言葉をかえて，まとめておこう．

---- 定理 ----

n を 3 以上の素数とし，半径 1 の円周に内接する正 $2n$ 角形の対角線を短い順に並べたときに m 番目（m は奇数で $0<m<n$ とする）となる対角線の長さ，またはその符号をかえたものを x とする．このとき x は 2^{n-1} 次方程式
$$(\cdots(((x^2-2)^2-2)^2-2)^2 \cdots)^2 - 2 = x$$
をみたす．（注：辺は最短の対角線だとみなす．）

[証明]
問題の m 番目の対角線の長さ $G(2n, m)$ は $g(2n, k)$ にほかならない．（ここで $k=n-m$ とする．）一方，$g(2n, k)$ または $-g(2n, k)$ が方程式(4)をみたすことはすでに確認ずみ． □

5．ルベーグの定理

ここまでは話の都合で n を 3 以上の素数としていたが，ここからは，n を単に 2 以上の整数だと考えて上の定理に現われた 2^{n-1} 次方程式
$$(\cdots(((x^2-2)^2-2)^2-2)^2 \cdots)^2 - 2 = x$$
を考察してみよう．たいした意味はないが，$n=2, 3, 4, 5$ のそれぞれの場合について(4)を展開して整理すると，順に，
$$x^2 - x - 2 = 0,$$
$$x^4 - 4x^2 - x + 2 = 0$$
$$x^8 - 8x^6 + 20x^4 - 16x^2 - x + 2 = 0$$
$$x^{16} - 16x^{14} + 104x^{12} - 352x^{10} + 660x^8$$
$$- 672x^6 + 336x^4 - 64x^2 - x + 2 = 0$$
となる．当然ながら大きな n については「巨大な多項式」となることに注意しよう．

さて，方程式(4)の両辺に 2 を加えて両辺の平方根をとると，左辺は 2^{n-2} 次の多項式となり右辺は $\pm\sqrt{2+x}$ となる．そこでまた，両辺に 2 を加えて平方根をとると，左辺は 2^{n-3} 次で左辺は
$$\pm\sqrt{2 \pm \sqrt{2+x}}$$
となる．これを $(n-3)$ 回繰り返して，
$$x = e_1\sqrt{2 + e_2\sqrt{2 + e_3\sqrt{2 + \cdots + e_{n-1}\sqrt{2+x}}}}$$
がえられる．ここで，e_i は $+1$ または -1 を表わすものとする．(5)の右辺の最後にある x のところに(5)そのものを代入すると，(5)の $e_1, e_2, e_3, \cdots, e_{n-1}$ を
$$e_1, e_2, e_3, \cdots, e_{n-1}, e_1, e_2, e_3, \cdots, e_{n-1}$$
に置き換えたような根号の個数も倍になったものがえられる．これをどんどん繰り返すと究極

的には根号が無限に重なったものがえられることになるはずだ。

そこで，はじめから，もっと形式的に
$$x = e_1\sqrt{2+e_2\sqrt{2+e_3\sqrt{2+\cdots}}} \qquad (6)$$
を考えることにしよう．ここで，e_i は $+1$ または -1 を表わすものとする．さきほどは $\{e_i\}$ が $(n-1)$ の周期で繰り返していたが，もっと一般にかならずしも周期をもたないものも考えておくわけだ．したがって，(5)とは違って(6)の右辺は無限に続き，x は永遠に出現しない．ここでは，(6)の右辺のような特殊な「無限連無理数」とでもいうべきものを，ルベーグ数と呼んでおこう．(6)の右辺の意味は，$e_1, e_2, e_3, \cdots, e_i$ 以外を強引に 0 としてえられる「有限連無理数」ともいうべき
$$e_1\sqrt{2+e_2\sqrt{2+\cdots+e_i\sqrt{2}}}$$
を x_i と書くとき，x_i の極限値のことだと考えよう．

この x_i を変形してみよう．まず，
$$\begin{aligned}
e_{i-1}\sqrt{2+e_i\sqrt{2}} &= e_{i-1}\sqrt{2+2\sin\frac{e_i\pi}{4}} \\
&= e_{i-1}\sqrt{2+2\cos\left(\frac{\pi}{2}-\frac{e_i\pi}{4}\right)} \\
&= 2e_{i-1}\sqrt{\cos^2\left(\frac{\pi}{2}-\frac{e_i\pi}{4}\right)} \\
&= 2e_{i-1}\cos\left(\frac{\pi}{2}-\frac{e_i\pi}{4}\right) \\
&= 2e_{i-1}\sin\left(\frac{\pi}{4}+\frac{e_i\pi}{4}\right) \\
&= 2\sin\left(\frac{\pi}{4}\left(e_{i-1}+\frac{e_{i-1}e_i}{2}\right)\right)
\end{aligned}$$
となるが，同じ作業を繰り返せば，
$$\begin{aligned}
&e_{i-2}\sqrt{2+e_{i-1}\sqrt{2+e_i\sqrt{2}}} \\
&= e_{i-2}\sqrt{2+2\sin\left(\frac{\pi}{4}\left(e_{i-1}+\frac{e_{i-1}e_i}{2}\right)\right)} \\
&= 2\sin\left(\frac{\pi}{4}\left(e_{i-2}+\frac{e_{i-2}e_{i-1}}{2}+\frac{e_{i-2}e_{i-1}e_i}{2^2}\right)\right)
\end{aligned}$$
最終的には，
$$\begin{aligned}
x_i &= e_1\sqrt{2+e_2\sqrt{2+\cdots+e_i\sqrt{2}}} \\
&= 2\sin\left(\frac{\pi}{4}\left(e_1+\frac{e_1e_2}{2}+\frac{e_1e_2e_3}{2^2}+\cdots \right.\right.\\
&\qquad\left.\left. +\frac{e_1e_2e_3\cdots e_i}{2^{i-1}}\right)\right)
\end{aligned}$$
となることがわかるので，x_i の極限

$$x = 2\sin\left(\frac{\pi}{4}\left(e_1+\frac{e_1e_2}{2}+\frac{e_1e_2e_3}{2^3}+\cdots\right)\right) \qquad (7)$$

はたしかに存在する．ところで，
$$\frac{1}{2}-\frac{1}{4}\left(e_1+\frac{e_1e_2}{2}+\frac{e_1e_2e_3}{2^2}+\cdots\right)$$
$$=\frac{\frac{1-e_1}{2}}{2}+\frac{\frac{1-e_1e_2}{2}}{2^2}+\frac{\frac{1-e_1e_2e_3}{2}}{2^3}+\cdots$$
を考えると
$$\frac{1-e_1}{2}$$
$$\frac{1-e_1e_2}{2}$$
$$\frac{1-e_1e_2e_3}{2}$$
$$\cdots\cdots$$
が 0 または 1 となることから，(8)の右辺は 0 と 1 の間のある実数 α の 2 進法展開だと解釈できる．こうしてコサインの値とルベーグ数の対応を与えるルベーグの定理がえられる．

---- 定理（ルベーグ）----

実数 α が $0 < \theta < 1$ で，2 進法展開が，
$$\alpha = 0.f_1f_2f_3\cdots = \frac{f_1}{2}+\frac{f_2}{2^2}+\frac{f_3}{2^3}+\cdots$$
のとき，
$$\begin{aligned}
\cos\alpha\pi &= \frac{1}{2}e_1\sqrt{2+e_2\sqrt{2+e_3\sqrt{2+\cdots}}} \\
&= e_1\sqrt{\frac{1}{2}+\frac{e_2}{2}\sqrt{\frac{1}{2}+\frac{e_3}{2}\sqrt{\frac{1}{2}+\cdots}}}
\end{aligned}$$
となる．ここで，
$$e_1 = 1-2f_1, \quad e_1e_2 = 1-2f_2, \quad e_1e_2e_3 = 1-2f_3, \cdots$$
とする．

[証明]

(8)の両辺を π 倍したものを(7)に代入して $\sin\left(\frac{\pi}{2}-\theta\right) = \cos\theta$ を使えばよい． □

6．周期ルベーグ数

最後にルベーグ数の具体例として，4 以下の周期をもつルベーグ数を計算し，それがたしかに半径 1 の円周に内接する正 $2n$ 角形（n は奇数）の対角線（辺をふくむ）の長さまたはその符号をかえたものに等しいことを確認しておこう．ルベーグ数
$$e_1\sqrt{2+e_2\sqrt{2+e_3\sqrt{2+\cdots}}}$$
において，任意の k について $e_{k+j} = e_k$ となる

（k に依存しない）最小の非負整数 j が存在するとき，周期 j のルベーグ数だということにし，それを $[e_1, e_2, e_3, \cdots, e_j]$ という記号で表わそう．

● 周期 1 の場合

$[+1]$ については $f_1 = f_2 = f_3 = \cdots = 0$ となり $\theta = 0$．したがって，$[+1] = 2\cos 0 = 2 = G(2, 1)$，つまり $[+1]$ は半径 1 の円周に内接する「正 2 角形」の辺の長さに等しい．

$[-1]$ については $f_1 = f_3 = f_5 = \cdots = 1$ かつ $f_2 = f_4 = f_6 = \cdots = 0$ となり

$$\theta = 0.101010\cdots\cdots (2進法)$$
$$= \frac{1}{2} + \frac{1}{2^3} + \frac{1}{2^5} + \cdots = \frac{\frac{1}{2}}{1 - \frac{1}{2^2}} = \frac{2}{3}$$

したがって，$[+1] = 2\cos\frac{2\pi}{3} = -1 = -G(6, 1)$，つまり $[-1]$ は半径 1 の円周に内接する正 6 角形の辺の長さ（の符号をかえたもの）に等しい．

● 周期 2 の場合

$[+1, -1]$ については

$$\theta = 0.0110011001100110\cdots (2進法)$$
$$= \frac{1}{2^2} + \frac{1}{2^3} + \frac{1}{2^6} + \frac{1}{2^7} + \cdots$$
$$= \frac{\frac{1}{2^2} + \frac{1}{2^3}}{1 - \frac{1}{2^4}} = \frac{2}{5}$$

したがって，$[+1, -1] = 2\cos\frac{4\pi}{10} = g(10, 4)$ $= G(10, 1)$，つまり $[+1, -1]$ は半径 1 の円周に内接する「正 10 角形」の辺の長さに等しい．

$[-1, +1]$ については

$$\theta = 0.1100110011001100\cdots (2進法)$$
$$= \frac{1}{2} + \frac{1}{2^2} + \frac{1}{2^5} + \frac{1}{2^6} + \cdots$$
$$= \frac{\frac{1}{2} + \frac{1}{2^2}}{1 - \frac{1}{2^4}} = \frac{4}{5}$$

したがって，$[-1, +1] = 2\cos\frac{8\pi}{10} = g(10, 8)$ $= -G(10, 3)$，つまり $[-1, +1]$ は半径 1 の円周に内接する「正 10 角形」の 3 番目に短い対角線の長さ（の符号をかえたもの）に等しい．

● 周期 3 の場合

$[-1, -1, +1]$ については

$$\theta = 0.100100100100100\cdots (2進法)$$
$$= \frac{\frac{1}{2}}{1 - \frac{1}{2^3}} = \frac{4}{7}$$

したがって，

$$[-1, -1, +1] = 2\cos\frac{8\pi}{14} = g(14, 8)$$
$$= -G(14, 1)$$

つまり $[-1, -1, +1]$ は半径 1 の円周に内接する「正 14 角形」の辺の長さ（の符号をかえたもの）に等しい．同様にして，

$$[+1, -1, -1] = G(14, 3)$$
$$[-1, +1, -1] = -G(14, 5)$$

もいえる．

また $[+1, +1, -1]$ については

$$\theta = 0.001110001110001110\cdots (2進法)$$
$$= \frac{\frac{1}{2^3} + \frac{1}{2^4} + \frac{1}{2^5}}{1 - \frac{1}{2^6}} = \frac{2}{9}$$

したがって，

$$[+1, +1, -1] = 2\cos\frac{4\pi}{18} = g(18, 4)$$
$$= G(18, 5)$$

つまり $[+1, +1, -1]$ は半径 1 の円周に内接する「正 18 角形」の 5 番目に短い対角線の長さに等しい．同様にして，

$$[+1, -1, +1] = G(18, 1)$$
$$[-1, +1, +1] = -G(18, 7)$$

● 周期 4 の場合

結果だけを書いておくと，

$[-1, -1, +1, +1] = -G(30, 1)$
$[+1, -1, -1, +1] = G(30, 7)$
$[+1, +1, -1, -1] = G(30, 11)$
$[-1, +1, +1, -1] = -G(30, 13)$
$[+1, -1, +1, +1] = G(34, 1)$
$[-1, -1, -1, +1] = -G(34, 3)$
$[+1, -1, -1, -1] = G(34, 5)$
$[-1, -1, +1, -1] = -G(34, 7)$
$[+1, +1, -1, +1] = G(34, 9)$
$[-1, +1, -1, -1] = -G(34, 11)$
$[+1, +1, +1, -1] = G(34, 13)$

$[-1, +1, +1, +1] = -G(34, 15)$

最後の表を見ていると，何かうまい規則性がありそうな気がしてくるだろう．興味があればさらに追及してみてほしい．

7．ルベーグよりも前に…

　原稿を書き終えた段階で，ルベーグがまったく同じタイトルの非常に短いレポートを書いていることがわかった．この中でルベーグは「これほど単純で自然な事実がまだ定式化されていないというのはちょっと驚くべきことだと思っていた．実際，同僚のアダマール氏が私に教えてくれたようにすでに発見されていたのである」と述べ，1909年にリヨン大学に提出された「正多角形に関するさまざまな研究」というタイトルの学位論文において，ポル・ヴィエルンスベルジェ（Paul Wiernsberger）が，同じ定理を与え，同じ方法によって証明していたことがわかったと報告している．そして，自分の論文には「ポル・ヴィエルンスベルジェ氏の結果の報告」というサブタイトルをつけるべきであったとコメントしている．

1 素数の分布

円周率 π と並ぶ数学の重要な話題のひとつは素数だろう。ということで，素数の分布について考えてみたい。正数 x 以下の素数の個数を $\pi(x)$ という記号で表すとき，

$$\pi(x) \fallingdotseq \frac{x}{\log x}$$

となるだろうという予想は，18世紀の終わりごろにフランスの数学者ルジャンドルやドイツの数学者ガウスによって発見されたもので，歴史的にも重要だ。証明となると，もちろんかなりメンドウだが，何故このような予想に到達できるのかという「推論」だけなら意外に簡単だ。

0．オイラー定数

まず，素数とは無関係に見える入試問題からスタートする。

問題1 正整数 n について
$$a_n = 1 + \frac{1}{2} + \frac{1}{3} + \cdots + \frac{1}{n} - \log n$$
とおくとき，$y = \frac{1}{x}$ のグラフと $\int \frac{dx}{x}$ を利用して，
$$\frac{1}{2} < \cdots < a_{n+1} < a_n < \cdots < a_2 < a_1 = 1$$
となることを示せ。

［東京理科大学，東北大学など］

定義によって，
$$a_n - a_{n+1}$$
$$= \log(n+1) - \log n - \frac{1}{n+1}$$
$$= \int_n^{n+1} \frac{dx}{x} - \frac{1}{n+1}$$

となるが，$y = \frac{1}{x}$ のグラフは $x > 0$ の範囲で単調減少なので，これは正だとわかる。つまり，
$$a_n - a_{n+1} > 0$$
いいかえると，
$$a_{n+1} < a_n$$

である。

つぎに，$y = \frac{1}{x}$ のグラフが $x > 0$ の範囲で下に凸であることに注意すると（台形の面積公式により），正整数 k について
$$\frac{1}{2}\left(\frac{1}{k} + \frac{1}{k+1}\right) > \int_k^{k+1} \frac{dx}{x} = \log(k+1) - \log k$$

だから，$n > 1$ のとき，
$$1 + \frac{1}{2} + \frac{1}{3} + \cdots + \frac{1}{n}$$
$$= \frac{1}{2}\left(1 + \frac{1}{2}\right) + \frac{1}{2}\left(\frac{1}{2} + \frac{1}{3}\right) + \cdots$$
$$\qquad + \frac{1}{2}\left(\frac{1}{n-1} + \frac{1}{n}\right) + \frac{1}{2} + \frac{1}{2n}$$
$$> (\log 2 - \log 1) + (\log 3 - \log 2) + \cdots$$
$$\qquad + (\log n - \log(n-1)) + \frac{1}{2} + \frac{1}{2n}$$
$$= \log n + \frac{1}{2} + \frac{1}{2n}$$

となり，
$$a_n > \frac{1}{2} + \frac{1}{2n} > \frac{1}{2}$$

がいえる。
さらに，
$$a_1 = 1 - \log 1 = 1$$

となる。
以上をまとめて，
$$\frac{1}{2} < \cdots < a_{n+1} < a_n < \cdots < a_2 < a_1 = 1$$

となることがわかった。　□

これからまずわかることは，数列 $\{a_n\}$ が収束し，その値を γ と書くと
$$\frac{1}{2} \leq \gamma < 1$$

となることだ。この γ はオイラー定数とかオイラー・マスケローニの定数と呼ばれている。近似値を求めてみよう。

問題2 定義によって
$$a_{10}, \quad a_{100}, \quad a_{1000}, \quad a_{10000}, \quad a_{100000}, \quad a_{1000000}$$

を小数点以下10桁目まで計算せよ．

コンピュータで計算してみると，
$a_{10} = 0.6263831609\cdots$
$a_{100} = 0.5822073316\cdots$
$a_{1000} = 0.5777155815\cdots$
$a_{10000} = 0.5772656640\cdots$
$a_{100000} = 0.5772206648\cdots$
$a_{1000000} = 0.5772161649\cdots$

となる．結果は小数点以下11桁目以降を無視したものである． □

詳しい説明は省略するが，たとえば，
$$\frac{1}{2(n+1)} < a_n - \gamma < \frac{1}{2n}$$
となることが知られているので，これを使うと，
$$\frac{1}{2000002} < a_{1000000} - \gamma < \frac{1}{2000000}$$
いいかえると，
$$a_{1000000} - \frac{1}{2000000} < \gamma < a_{1000000} - \frac{1}{2000002}$$
したがって
$$0.5772156649 < \gamma < 0.5772156650$$
となることがわかる．そういえば，1999年のスーパーコンピュータ・コンテストの予選に γ の近似値を求める問題が出題されていた．（ただし，高速計算のために必要な γ の展開公式は与えられていた．）わかったことをまとめておこう．

―― 命題1 ――――――――――――――――
$$1 + \frac{1}{2} + \frac{1}{3} + \cdots + \frac{1}{n} - \log n \to 0.5772156649\cdots$$

［証明］
すでに終わっている． □

いうまでもなく，
 オイラー定数 $\gamma = 0.5772156649\cdots$
ということだ．

1．素数の個数を推察する

正数 x 以下の素数の個数を $\pi(x)$ という記号で表すことにして，これを「近似的」に求めることを考えよう．

問題3 正整数 n 以下の正整数で，素数 p の倍数でないものの個数はおよそ $n\left(1 - \frac{1}{p}\right)$ となることを実感せよ．ここで n は p にくらべて十分に大きいものとする．

「実感せよ」では問題としては不十分だろうが，まぁ，「なるほど」と思える程度に説明せよ，というような意味に解釈してほしい．

n 以下の正整数の中に，p の倍数は全部でほぼ $\frac{n}{p}$ 個あるから，p の倍数でないものの個数はおよそ
$$n - \frac{n}{p} = n\left(1 - \frac{1}{p}\right)$$
となるということでいいだろう． □

問題4 1000以下の正整数で，$2, 3, 5, 7$ のどの倍数でもないもののおよその個数を求めよ．

問題3の結果から，n 以下の正整数で，素数 p の倍数でないものは，およそ
$$n\left(1 - \frac{1}{p}\right) \text{個}$$
ある．つまり，n 以下の正整数のうち素数 p の倍数でないものの比率は，およそ
$$1 - \frac{1}{p}$$
となる．したがって，10000以下の正整数で $2, 3, 5, 7$ のどの倍数でもないものというのは，2の倍数でも3の倍数でも5の倍数でも7の倍数でもないもののことだから，およその比率は
$$\left(1 - \frac{1}{2}\right)\left(1 - \frac{1}{3}\right)\left(1 - \frac{1}{5}\right)\left(1 - \frac{1}{7}\right)$$
となる．したがって，$2, 3, 5, 7$ のどの倍数でもないもののおよその個数は
$$1000\left(1 - \frac{1}{2}\right)\left(1 - \frac{1}{3}\right)\left(1 - \frac{1}{5}\right)\left(1 - \frac{1}{7}\right)$$
つまり（これを計算して）
$$\frac{1600}{7} = 228.57\cdots$$
となる． □

個数が $228.57\cdots$ だというのに抵抗のある人は小数点以下を四捨五入して229だといってもいいが，まぁ，それはあまり重要ではないので気にしないでおこう．

問題5　1000以下の正整数で，2, 3, 5, 7 のどの倍数でもないものの個数を求めよ．

かなりキツイが手でもなんとかなりそうだ．まずすべての奇数を書いた表で，3 の倍数，5 の倍数，7 の倍数を順に消せばよい．残ったものを並べてみると，

1, 11, 13, 17, 19, 23, 29, 31, 37, 41, 43, 47,
53, 59, 61, 67, 71, 73, 79, 83, 89, 97, 101,
103, 107, 109, 113, 121, 127, 131, 137, 139,
143, 149, 151, 157, 163, 167, 169, 173, 179,
181, 187, 191, 193, 197, 199, …, 949, 953,
961, 967, 971, 977, 979, 983, 989, 991, 997

となり（途中の部分は省略），全部で228個だとわかる．　□

問題5の結果を見れば，問題4の「予想」がかなり的確であったことがわかる．

問題6　1000以下の素数の個数 $\pi(1000)$ を求めよ．

1000以下の素数をすべてみつけるには，1000以下の正整数で，$\sqrt{1000} = 31.62\cdots$ を超えない素数

2, 3, 5, 7, 11, 13, 17, 19, 23, 29, 31

のどの倍数でもないものをすべてみつけ，その中から 1 を取り除き，31以下の素数はもとにもどせばよい．（つまり，1 は素数と定義されないので除き，倍数のうちから 1 倍のものは除かないことにする．）こうすると，1000以下の素数は

2, 3, 5, 7, 11, 13, 17, 19, 23, 29, 31, 37, 41,
43, 47, 53, 59, 61, 67, 71, 73, 79, 83, 89,
97, 101, 103, 107, 109, 113, 127, 131, 137,
139, 149, 151, 157, 163, 167, 173, 179, 181,
191, 193, 197, 199, …, 911, 919, 929, 937,
941, 947, 953, 967, 971, 977, 983, 991, 997

となり，全部で168個だとわかる．つまり，
$$\pi(1000) = 168$$
となる．　□

これはかなり強引な推論ではあるが，$\pi(1000)$ を知りたければ，素数

2, 3, 5, 7, 11, 13, 17, 19, 23, 29, 31

のどの倍数でもないものの個数がわかればいいのだから，$\pi(1000)$ の近似値でよければ問題4と同じようにして，

2, 3, 5, 7, 11, 13, 17, 19, 23, 29, 31

のどの倍数でもないもののおよその個数
$$1000\left(1-\frac{1}{2}\right)\left(1-\frac{1}{3}\right)\cdots\left(1-\frac{1}{31}\right)$$
$$= 152.85\cdots$$

から 1 を引いて，11を加えれば出るはずだ．つまり，このようにして，$\pi(1000)$ の近似値162.85…がえられる．これを真の値168と比較すると，その誤差は 3 % 程度にすぎない．

課題1　10000以下の素数の個数 $\pi(10000)$ について上と同じような議論を行え．

これはもう手だけでは時間がかかりすぎる．コンピュータが使える人のための練習問題ということになるが，やってみると，まず，
$$\pi(10000) = 1229$$
とわかる．つぎに，$\pi(1000)$ の近似値は，
$$10000\left(1-\frac{1}{2}\right)\left(1-\frac{1}{3}\right)\cdots\left(1-\frac{1}{97}\right)$$
$$= 1203.17\cdots$$

から 1 を引いて，（2 から97までの素数の個数）25を加えれば出るはずだ．こうして，$\pi(1000)$ の近似値1227.17…がえられる．この場合，真の値1229との誤差は0.2%程度にすぎない．　□

こうしてつぎのようなもっともらしい（?）予想に到達できる．

予想1　n 以下の素数の個数 $\pi(n)$ は p が $\sqrt{n}$ 以下の素数全体にわたるときの積の n 倍
$$n\prod\left(1-\frac{1}{p}\right)$$
にほぼ等しい？

「ほぼ等しい」などといっても正確な意味は不明なのだが，あくまで「怪しい予想」ということで軽く考えてほしい．（後に，この「予想」は正しくないことに気がつくことになるのだが…．）

2．逆数を考える

予想1に出現した $\Pi\left(1-\dfrac{1}{p}\right)$ の計算に関連して，ちょっと飛躍があるかもしれないが，その「逆数」$\Pi\left(\dfrac{1}{1-\dfrac{1}{p}}\right)$ の展開についてのオイラー起源のアイデアについて紹介しよう．いわれればもっともらしい気がするが最初に考えつくのは大変だろう．まず，簡単な例から．

問題7 $\dfrac{1}{\left(1-\dfrac{1}{2}\right)\left(1-\dfrac{1}{3}\right)\left(1-\dfrac{1}{5}\right)}$

と

$$1+\frac{1}{2}+\frac{1}{3}+\frac{1}{4}+\cdots+\frac{1}{25}$$

が「近い」ことを実感せよ．

$$\frac{1}{1-\dfrac{1}{p}}=1+\frac{1}{p}+\frac{1}{p^2}+\frac{1}{p^3}+\cdots$$

を利用すると，

$$\frac{1}{\left(1-\dfrac{1}{2}\right)\left(1-\dfrac{1}{3}\right)\left(1-\dfrac{1}{5}\right)}$$
$$=\left(1+\frac{1}{2}+\frac{1}{2^2}+\cdots\right)\cdot\left(1+\frac{1}{3}+\frac{1}{3^2}+\cdots\right)\cdot$$
$$\left(1+\frac{1}{5}+\frac{1}{5^2}+\cdots\right)$$
$$=1+\frac{1}{2}+\frac{1}{3}+\frac{1}{2^2}+\frac{1}{5}+\frac{1}{2\cdot3}+$$
$$\frac{1}{2^3}+\frac{1}{3^2}+\frac{1}{2\cdot5}+\frac{1}{2^2\cdot3}+$$
$$\frac{1}{3\cdot5}+\frac{1}{2^4}+\frac{1}{2\cdot3^2}+\cdots$$
$$=1+\frac{1}{2}+\frac{1}{3}+\frac{1}{4}+\frac{1}{5}+\frac{1}{6}+\frac{1}{8}+$$
$$\frac{1}{9}+\frac{1}{10}+\frac{1}{12}+\frac{1}{15}+\frac{1}{16}+$$
$$\frac{1}{18}+\frac{1}{20}+\frac{1}{24}+\frac{1}{25}+\text{(小さな数)}$$

となるので，ある程度実感できた（かな？）．□

この展開の基礎には，整数が素数の積に（本質的に）一意的に分解できるという事実がかかわっていることに注意してほしい．

それはともかく，実際に計算してみると，

$$\frac{1}{\left(1-\dfrac{1}{2}\right)\left(1-\dfrac{1}{3}\right)\left(1-\dfrac{1}{5}\right)}=3.75$$

と

$$1+\frac{1}{2}+\frac{1}{3}+\frac{1}{4}+\cdots+\frac{1}{25}=3.81\cdots$$

となっており，たしかに，まずまずの「近さ」だ．

この実験に気をよくして，つぎのような予想を立ててみよう．その前に言葉を少し準備しておく．$P(n)$ を p が n 以下の素数全体にわたるときの積

$$\Pi\left(\frac{1}{1-\dfrac{1}{p}}\right)$$

とし，$N(n)$ を k が n 以下の正整数全体にわたるときの和

$$\sum\frac{1}{k}$$

とする．このとき，つぎのような予想が成り立つのではないか？

予想2 $P(n)$ と $N(n^2)$ は近い？ これではどう近いのかわからないので，漸近的な意味で近いということにしておこう．つまり，$n\to\infty$ のとき，

$$\frac{P(n)}{N(n^2)}\to 1$$

となるのではないか？

根拠薄弱という印象が強いが，とりあえず計算してみると，

$$\frac{P(10)}{N(10^2)}=0.843\cdots$$
$$\frac{P(100)}{N(100^2)}=0.849\cdots$$
$$\frac{P(1000)}{N(1000^2)}=0.858\cdots$$
$$\frac{P(10000)}{N(10000^2)}=0.864\cdots$$
$$\frac{P(100000)}{N(100000^2)}=0.869\cdots$$
$$\frac{P(1000000)}{N(1000000^2)}=0.872\cdots$$

となる．う〜〜ん．これが1に収束するとは到底信じられない！ 文献を探ると，実際，これは1にではなく，

$$\frac{e^\gamma}{2}=0.890536\cdots$$

に収束することが（メルテンスによって1874年に）すでに証明されていることがわかってしまった．つまり，この予想2は間違っているわけだ．残念だが，それは知らなかったような顔をして，都合により，怪しい話をさらに続けよう．

3．素数定理

ところで，$N(1000000^2)$ の計算などは素直にやっていては時間がかかりすぎる．そこで，命題1を利用することにしよう．つまり，命題1によると，

$$N(n)-\log n \to \gamma = 0.5772156649\cdots$$

だから，

$$\frac{N(n)}{\log n}-1 \to \frac{\gamma}{\log n} \to 0$$

いいかえると，

$$\frac{N(n)}{\log n} \to 1$$

となる．そこで，$N(n)$ の計算のかわりにはるかに楽な $\log n$ の計算で済ませることにしよう．また，予想1を無理に信じると，$\frac{n}{P(\sqrt{n})}$ は n 以下の素数の個数 $\pi(n)$ に「ほぼ等しい」，つまり，

$$\frac{\pi(n)}{\left(\frac{n}{P(\sqrt{n})}\right)} \to 1$$

となるはずなので，（ウソだと知りつつ）予想2もついでに信じてしまえれば，

$$\frac{P(\sqrt{n})}{N(n)} \to 1$$

だから，結果，$n \to \infty$ のとき，

$$\frac{\pi(n)}{\left(\frac{n}{\log n}\right)} \to \frac{\pi(n)}{\left(\frac{n}{N(n)}\right)} \to \frac{\pi(n)}{\left(\frac{n}{P(\sqrt{n})}\right)} \to 1$$

となることが予想できる．つまり，

予想3　　$\pi(n) \to \dfrac{n}{\log n}$　$(n \to \infty)$

ラフにいえば，

$$\pi(n) \fallingdotseq \frac{n}{\log n}$$

ということだ．それにしても，「デタラメな予想」を使って導いたこのような「公式」で，素数の個数はどの程度の近似値がえられるのだろうか？　実験してみよう．

問題8　$n=10, 100, 1000, 10000, 100000, 1000000$ のそれぞれの場合に，$\pi(n)$ と $\dfrac{n}{\log n}$ を計算して比較せよ．

計算してみると，

n	$\pi(n)$	$\dfrac{n}{\log n}$	比
10	4	4.3	0.92
100	25	21.1	1.15
1000	168	144.8	1.16
10000	1229	1085.7	1.13
100000	9592	8685.9	1.10
1000000	78498	72382.4	1.08

となる．（後ろ2列の数値はもちろん近似値である．）　□

やった！　$\pi(n)$ と $\dfrac{n}{\log n}$ の比の値はたしかに1に近づきそうだ．それにしても，疑わしい2つの予想1と予想2を強引に組み合わせると，はるかにもっともらしい予想3がえられてしまったのは面白いことだ．歴史的に見ると，予想3（のようなもの）はルジャンドルとガウスが独立に18世紀の終わりごろに「発見」したものである．ルジャンドルの場合には，$\pi(n)$ をもっとよく近似したいという発想から，つぎのような予想を立てていた．

ルジャンドル予想　　$\pi(n) \fallingdotseq \dfrac{n}{\log n - 1.08366}$

この場合の $\fallingdotseq$ は，$n \to \infty$ のとき

$$\frac{\pi(n)}{\left(\dfrac{n}{\log n - 1.08366}\right)} \to 1$$

となることを意味しているだけではない．

$$\pi(n) = \frac{n}{\log n - A(n)}$$

となる n の関数 $A(n)$ が $n \to \infty$ のとき $A(n) \to 1.08366\cdots$ となるという意味だとする．

とりあえず実験してみると，

n	$\pi(n)$	右辺	比
10	4	8.2	0.4876
100	25	28.4	0.8804
1000	168	171.7	0.9784
10000	1229	1230.5	0.9988
100000	9592	9588.4	1.0004
1000000	78498	78543.2	0.9994

となる．これは凄い．1万以上100万以下の素数の個数に関する限りなかなかの近似値だ！ ただし，ここから先はどうなるかわか

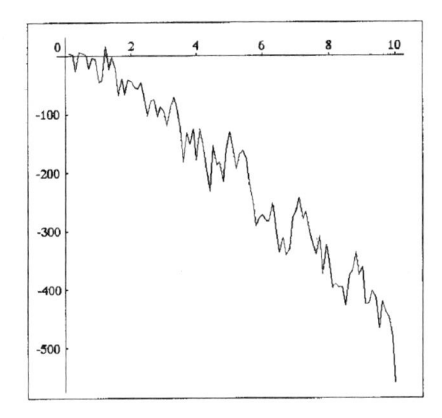

ルジャンドル予想は正しくない

（ヨコ軸は n，単位は 100 万で 10 万ごとにプロット．タテ軸は $\pi(n) - n/(\log n - 1.08366)$．）

らない．というのも，ルジャンドルは当時出版されていた40万あたりまでの素数表に基づいてこの定数1.08366を選んだからである．実際，ルジャンドルの予想は正しくなく，$A(n) \to 1$ であることがチェビシェフによって証明されている．

また，予想3は，1896年にアダマールとド・ラ・ヴァレ・プサンによって独立に正しいことが証明され，「素数定理」と呼ばれている．したがって（蛇足だが），任意の定数 c について

$$\frac{\pi(n)}{\left(\dfrac{n}{\log n - c}\right)} \to 1$$

となることもいえる．

III　$\sqrt{2}$ からカオスへ

$\sqrt{2}$ の計算

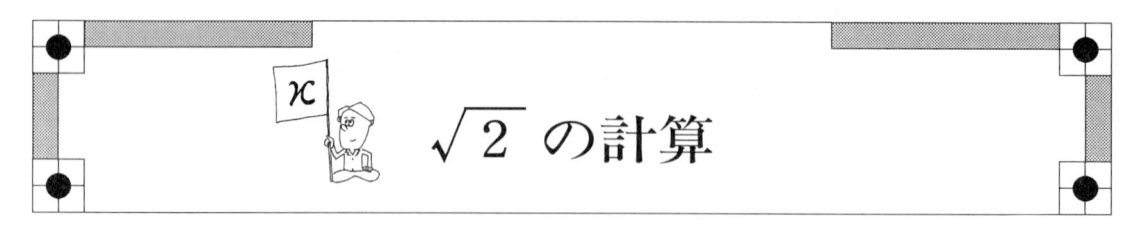

何でいまさら $\sqrt{2}$ なのかと思われそうなので、ちょっと事情の説明からはじめよう。ことの起こりは友人の野村昌人さんによる無理数の近似値の記憶に関する興味深い調査のレポートだった。野村さんはある高校（受験生）の先生なのだが、自分が教えているクラスの生徒たちに $\sqrt{2}$ や π などの近似値をどれだけ記憶しているかを調べたところ、面白い結果がえられたという。$\sqrt{2}$ の場合についてグラフ化してみると、図1のようになる。

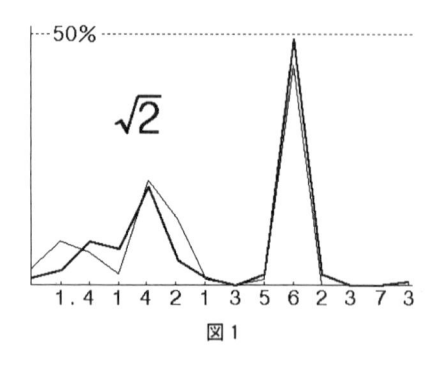

図1

横軸は $\sqrt{2}$ の近似値をどこまで覚えていたかを示し、縦軸の単位はパーセントである。たとえば、「1.41421356」と覚えていた生徒が約50％だったことが読み取れる。太い線は理系、細い線は文系を意味している。ぼくがまずショックを受けたのは、われわれの時代には「一夜一夜に人見ごろ」と習っていたし、ほぼ全員がこれを（もちろん意味もなく）暗記していたように思うのに、それがわずかに50％に落ち込んでいたことだった。最初の「1」さえ書けなかった人がいたのも不思議だ。「一夜一夜人見ごろ」と「に」を忘れたために「1.414」となってしまった人がかなりいたことがもうひとつのピークが出現した原因らしい。これとは逆に $\sqrt{5}$ の「富士山麓オウム鳴く」に「に」を追加して「富士山麓にオウム鳴く」としてしまった人もいたようだ。野村さんによると $\sqrt{3}$ についても「人並みにオゴレや」なのに「人並みにオゴレよ」と

した人が（理系文系トータルで）15％もおり、$\sqrt{5}$ の場合には50％近くが最初の「2」すら書けず、「2.2360679」まで覚えていたのは1％にも満たなかったという。ついでにいえば、円周率 π については「3.14」までが39％、「3.1415」までが24％だったという。また、理系にひとりだけ小数点以下50桁も覚えていた人がいたという。

もちろん、ぼくは、「一夜一夜に人見ごろ」とか「人並みにオゴレや」を覚えていないのはケシカランなどといいたいわけではない。そもそも、昔はなぜこんなものをみんなで覚えたのか不思議な気分にさえなってくる。個別的な「記憶法」についてはまぁいいとして、このような近似値はいつごろどのようにして計算されたのか、という疑問に興味がわいてきてしまった。

$\sqrt{2}$ の精度の高い近似値にはいつごろから興味をもたれていたのか？ その起源は少なくとも古代バビロニアのある小さな粘土板（3000年以上前？）にまでさかのぼることができる。この粘土板を見れば、古代バビロニアでは

$$\sqrt{2} = 1 + 24/60 + 51/60^2 + 10/60^3$$

という近似値が知られていたことがわかる。これはどのようにして計算されたのだろう？ また、古代インドの「経典」（約2500年前）では、

$$\sqrt{2} = 1 + 1/3 + 1/(3\cdot 4) - 1/(3\cdot 4\cdot 34)$$

という近似値が使われている。この計算方法も面白そうだ。

$\sqrt{2}$ の計算ということになると、昔の中学校ではかならず習った「開平」というテクニックがある。やってみるとわかるが、これは意外に強力なものだ。この「開平」のアイデアについては古代インド（約2500年前）や古代中国（2000年以上前）ですでによく知られていた。（それどころか、同じころすでに、「開立」（かいりゅう）、つまり、立方根を計算するための方法も知られていた。）機械的な「開平」によってなぜ平方根の近似値がいくらでも詳しく求めら

れるのかについてもぜひ考えてみてほしい．とはいえ，それはあまりにも「原始的」な話題なので，ここでは触れないことにする．

1．素朴な方法

野村昌人さんの調査はある入試問題にまつわる一連の考察の中で登場したものだ．その問題は，受験生たちに8桁の電卓を使うことを許したうえで，$\sqrt{2}$ の近似分数や近似値の計算法についてあれこれ考えさせようというものだった．

ここでは，まず，江戸時代の数学者関孝和の素朴なアイデアをもちいて $\sqrt{2}$ の近似分数を作ることからはじめよう．

問題1 $a_1 = b_1 = 1$ から出発し，
1) $a_n/b_n < \sqrt{2}$ ならば
$$a_{n+1} = a_n + 2, \quad b_{n+1} = b_n + 1$$
2) $\sqrt{2} < a_n/b_n$ ならば
$$a_{n+1} = a_n + 1, \quad b_{n+1} = b_n + 1$$
として分数列 $\{a_n/b_n\}$ ($n = 1, 2, 3, \cdots, 10000$) を作りその分数の中から，$\sqrt{2}$ より小さなもっともいい近似分数と $\sqrt{2}$ より大きなもっともいい近似分数を探せ．

これは手計算どころか，「8桁の電卓」があっても絶望的にメンドウだ．ここでは，適当なコンピュータがあるものとして解答しよう．$a_1/b_1 = 1/1$ からはじめて，よりよい近似分数が出現するごとにそれを抽出するプログラムを作ってみたところ，$\sqrt{2}$ より小さな近似分数としては，順に，

$$4/3 = 1.333333333\cdots$$
$$7/5 = 1.400000000\cdots$$
$$24/17 = 1.411764705\cdots$$
$$41/29 = 1.413793103\cdots$$
$$140/99 = 1.414141414\cdots$$
$$239/169 = 1.414201183\cdots$$
$$816/577 = 1.414211438\cdots$$
$$1393/985 = 1.414213197\cdots$$
$$4756/3363 = 1.414213499\cdots$$
$$8119/5741 = 1.414213551\cdots$$

がえられた．また，$\sqrt{2}$ より大きな近似分数としては，順に，

$$3/2 = 1.500000000\cdots$$
$$10/7 = 1.428571428\cdots$$
$$17/12 = 1.416666666\cdots$$
$$58/41 = 1.414634146\cdots$$
$$99/70 = 1.414285714\cdots$$
$$338/239 = 1.414225941\cdots$$
$$577/408 = 1.414215686\cdots$$
$$1970/1393 = 1.414213926\cdots$$
$$3363/2378 = 1.414213624\cdots$$
$$11482/8119 = 1.414213573\cdots$$

がえられた． □

つまり，
$$8119/5741 < \sqrt{2} < 11482/8119$$
がえられたわけだ．これによって，$\sqrt{2}$ が小数点以下7桁目までの正しい値がえられる．ついでに，もし分母が10以下の範囲だけで問題1と同じ作業をすると，
$$7/5 < \sqrt{2} < 10/7$$
という結果になり，50以下の範囲だけで同じ作業をすると，
$$41/29 < \sqrt{2} < 58/41$$
となるが，これらはどちらも関孝和が『括要算法』で $\sqrt{2}$ の詳しい近似分数と粗い近似分数として求めたものと一致している．ところで，正整数 m, n について

$n/m < \sqrt{2}$ ならば $n/m < (n+2)/(m+1)$
$\sqrt{2} < n/m$ ならば $(n+1)/(m+1) < n/m$

となる（証明はやさしい）．

これは関孝和のアイデアの核心部分だ．ちょっと見るとなかなか賢い方法のようにも思えるが，それは

$n/m < \sqrt{2}$ ならば
$n/m < (n+2)/(m+1) < \sqrt{2}$
$\sqrt{2} < n/m$ ならば
$\sqrt{2} < (n+1)/(m+1) < n/m$

のように誤解（あるいは期待）するせいだろう．実際には，事態はそんなに甘くはない！

たとえば，
$7/5 < \sqrt{2}$ だが $7/5 < \sqrt{2} < 9/6$
$\sqrt{2} < 10/7$ だが $11/8 < \sqrt{2} < 10/7$

となっている．それでは，せめて誤差だけでも小さくなってくれないかと思うが，残念ながら，それも空しい期待に終わる．（それも上の例を見ればわかる．）

2．関孝和を改良する

ところで，問題1の表，いわば「拡張された関孝和の表」，に現われた分数だけを取り出して2列に並べてみると，つぎのようになる．

4/3	3/2
7/5	10/7
24/17	17/12
41/29	58/41
140/99	99/70
239/169	338/239
816/577	577/408
1393/985	1970/1393
4756/3363	3363/2378
8119/5741	11482/8119

この表はなかなか面白い性質を持っている．

課題1 この表を見ると隣り合う分数の分母と分子が等しくなっている．しかも，段がひとつ違うと等しい分母と分子が入れかわっている．この点にこだわって，この表にある分数（の一部分）をもっと要領よく生成するための方法を考えよ．

一般に，正の有理数 a について，a が $\sqrt{2}$ に近ければ，$2/a$ も $\sqrt{2}$ に近いはず．しかも，
$$a<\sqrt{2} \Longrightarrow \sqrt{2}<2/a$$
$$\sqrt{2}<a \Longrightarrow 2/a<\sqrt{2}$$
となる．もちろん，この「2を割る」という操作を2回繰り返すともとにもどる．これは，
$$2/(2/a)=a$$
から明らかだ．したがって，上の表の横に並んでいるふたつの数はどちらからどちらを作ったといっても同じことになる．

さらに，$a<\sqrt{2}<2/a$ あるいは $2/a<\sqrt{2}<a$ のとき，両端の分数の平均をとって，
$$\alpha=(a+2/a)/2=(a^2+2)/(2a)$$
を作るとよりよい近似分数がえられる可能性がある．確かめてみよう．
$$\alpha-\sqrt{2}$$
$$=(a^2+2)/(2a)-\sqrt{2}$$
$$=(a^2-2a\sqrt{2}+2)/(2a)$$
$$=(a-\sqrt{2})^2/(2a)>0$$
つまり，α は $\sqrt{2}$ よりも大きくなる．したがっ

て，
$$a<\sqrt{2} \Longrightarrow a<\sqrt{2}<\alpha<2/a$$
$$\sqrt{2}<a \Longrightarrow 2/a<\sqrt{2}<\alpha<a$$
となる．このとき，
$$\sqrt{2}<\alpha<2/a \Longrightarrow a<2/\alpha<\sqrt{2}$$
$$\sqrt{2}<\alpha<a \Longrightarrow 2/a<2/\alpha<\sqrt{2}$$
だから，
$$a<\sqrt{2} \Longrightarrow a<2/\alpha<\sqrt{2}<\alpha<2/a$$
$$\sqrt{2}<a \Longrightarrow 2/a<2/\alpha<\sqrt{2}<\alpha<a$$
となる．

わかったことを命題1として整理しておこう．

----- **命題1** -----

正の有理数 a について，
$$\alpha=(a+2/a)/2$$
とおくと，
$$a<2/\alpha<\sqrt{2}<\alpha<2/a$$
または
$$2/a<2/\alpha<\sqrt{2}<\alpha<a$$
が成立する．

また，$1\leq a\leq 2$ となる有理数 a については，α と $2/\alpha$ の誤差（$\sqrt{2}$ との差）はいずれも a と $2/a$ の誤差の2乗より小さくなる．

[証明]
前半はすでに終わっている．
後半については，$1\leq a\leq 2$ なら $1\leq 2/a\leq 2$ にもなるので，
$$\alpha-\sqrt{2}=(a-\sqrt{2})^2/(2a)$$
$$<(a-\sqrt{2})^2$$
$$\alpha-\sqrt{2}=(2/a-\sqrt{2})^2/(2(2/a))$$
$$<(2/a-\sqrt{2})^2$$
$$\sqrt{2}-2/\alpha=\sqrt{2}-4a/(a^2+2)$$
$$=(a-\sqrt{2})^2/((a^2+2)/\sqrt{2})$$
$$<(a-\sqrt{2})^2$$
$$\sqrt{2}-2/\alpha=(2/a-\sqrt{2})^2/(((2/a)^2+2)/\sqrt{2})$$
$$<(2/a-\sqrt{2})^2$$
となる． □

命題1を繰り返して利用すれば，$\sqrt{2}$ にいくらでも近い分数を生成できる．やってみよう．たとえば，$a=1$ とすると，$\alpha=3/2$ となり，
$$1<4/3<\sqrt{2}<3/2<2$$
がでるが，つぎに，$a=4/3$ とおくと，$\alpha=17/12$ となり，

$1 < 4/3 < 24/17 < \sqrt{2} < 17/12 < 3/2 < 2$

さらに $a = 24/17$ とおくと，$\alpha = 577/408$ となり，
$1 < 4/3 < 24/17 < 816/577 < \sqrt{2}$
$< 577/408 < 17/12 < 3/2 < 2$

というように近似が深まっていく．

このようにすれば，「拡張された関孝和の表」に出現する分数（の一部分）をもっと効率よく生成することもできる．

問題2 $a=1$ からはじめて
$816/577 < \sqrt{2} < 577/408$
に到達したが，同じ操作をさらにあと 2 回繰り返せ．また，そのときにえられる $\sqrt{2}$ の近似値を求めよ．

あと 2 回の操作でかなり長い分数が出現してしまうが，精度はかなり向上する．結果を書くと，
$941664/665857 < \sqrt{2} < 665857/470832$
$1254027132096/886731088897 < \sqrt{2}$
$< 886731088897/627013566048$

となる．ここで，
$816/577 = 1.414211\cdots$
$577/408 = 1.414215\cdots$
$941664/665857 = 1.414213562371\cdots$
$665857/470832 = 1.414213562374\cdots$
$1254027132096/886731088897$
$= 1.41421356237309504 8801687\cdots$
$886731088897/627013566048$
$= 1.41421356237309504 8801689\cdots$

となるので，小数点以下23桁目まで正しく計算できたことになる．ちなみにあと 4 回繰り返せば390桁目まで正しく計算できる． □

問題3 命題1を利用した $\sqrt{2}$ の近似分数計算法は有名な「ニュートン近似法」の特殊な場合にほかならないことを示せ．

2 次関数 $f(x) = x^2 - 2$ に対して「ニュートン近似法」を適用すればいい．a_1 を正の有理数として，一般に（$n \geq 1$ のとき），点 $(a_n, f(a_n))$ での放物線 $y = f(x)$ の接線
$y - f(a_n) = f'(a_n)(x - a_n)$
つまり
$y = 2a_n x - a_n^2 - 2$

と x 軸の交点の x 座標を a_{n+1} とすると，
$a_{n+1} = (a_n + 2/a_n)/2$
となる．つまり，数列 $\{a_n\}$ と $\{2/a_n\}$ は命題1の操作で定まるものと一致する． □

3．バビロニアとインド

「まえおき」が長くなったが，このあたりで，古代バビロニアにおける $\sqrt{2}$ の近似計算について考えてみよう．イェール大学図書館のバビロニア・コレクションのひとつに面白い粘土板がある．「YBC7289」と呼ばれる直径8センチたらずの小さな粘土板がそれだ．そこには図2のような図形と「数値」が描かれている．中央に大きく正方形とその対角線が描かれ，正方形の左上の辺の近くには「30」，水平な対角線上には「1」「24」「51」「10」，垂直な対角線を横切るように「42」「25」「35」という数字が並んいるのが見える．くさび形文字を見ればそれらしいと気づくはずだ．

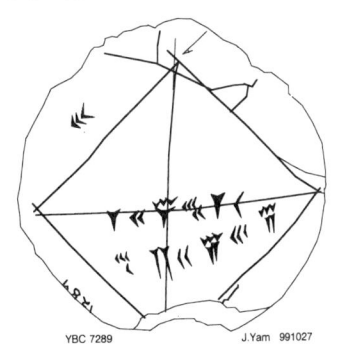

図2　粘土板「YBC7289」

バビロニアでは60進法が使われていたので，これらの数字の並びは，順に，
[30], [1]．[24][51][10], [42]．[25][35]
という数を意味している．（ここで, [24] などとあるのは60進法の数字だと解釈する．）最初の [30] は正方形の辺の長さ，最後の [42]．[25][35] は対角線の長さの近似小数，真ん中の [1]．[24][51][10] は（対角線の長さ）/（辺の長さ），つまり $\sqrt{2}$ の近似小数を表わしていると考えることができる．

問題4 [42]．[25][35] ÷ [30] = [1]．[24][51][10]
となることを示せ．

[1].[24][51][10]
$= 1+24/60+51/60^2+10/60^3$
を30倍すると，
$30+12+25/60+35/60^2$
$=42+25/60+35/60^2$
つまり，[42].[25][35]となる． □

つまり，古代バビロニアでは
$\sqrt{2} \fallingdotseq 1+24/60+51/60^2+10/60^3$
$=30547/21600=1.4142129\cdots$
と考えられていたことになる．

問題5 バビロニア人はどのようにしてこの近似値に到達したのか？ 推察せよ．

バビロニア人も命題1の操作に気づいていたのかもしれない．たとえば，
$4/3<\sqrt{2}<17/12<3/2$
を60進法で象徴的に書くと
$[1].[20]<\sqrt{2}<[1].[25]<[1].[30]$
である．ここで，
$2/(17/12)=24/17$
$=[1].[24][42][21][10][35]\cdots$
となるのでバビロニア人はこれを
$24/17 \fallingdotseq [1].[24][42][21]$
と考え
$[1].[24][42][21]<\sqrt{2}<[1].[25]$
を導いたに違いない!? そして，
$([1].[24][42][21]+[1].[25])/2$
$=[1].[24][51][10][30]$
$\fallingdotseq [1].[24][51][10]$
をもってさらにいい近似値としたのではないか？ □

この推察は
ノイゲバウアー『古代の精密科学』恒星社厚生閣
にあるものだが，最後の
$[1].[24][51][10][30] \fallingdotseq [1].[24][51][10]$
は「[29]捨[30]入」（「四捨五入」の60進法バージョン）の立場からすれば
$[1].[24][51][10][30] \fallingdotseq [1].[24][51][11]$
としたくなるかもしれない．でも，$\sqrt{2}$ の真の値は α（命題1）よりもやや小さいはずだから

「まぁいいか」という気にもなる．
バビロニアよりもかなり後（紀元前4世紀ごろか？）になるが，インドの経典『シュールバ・スートラ』には
$\sqrt{2}=1+1/3+1/(3\cdot4)-1/(3\cdot4\cdot34)$
という記述がある．

問題6 インド人はどのようにしてこの近似値に到達したのか？ 推察せよ．

計算してみると，うれしいことに
$1+1/3+1/(3\cdot4)-1/(3\cdot4\cdot34)$
$=1+1/3+1/12-1/408$
$=577/408=1.414215\cdots$
となっている！ これはまさしく，「拡張された関孝和の表」にも出現する近似分数ではないか．
バビロニアの
$\sqrt{2} \fallingdotseq 1+24/60+51/60^2+10/60^3$
$=30547/21600$
は
$1+1/3+1/12-1/408-1/367200$
に一致するが，ここで，最後の $-1/367200$ を省略すると
$1+1/3+1/(3\cdot4)-1/(3\cdot4\cdot34)$
にたどりつけることに注目しておこう． □

とはいえ，これはあくまでも計算遊びにすぎない．もっとインド数学史を踏まえた推定については
林隆夫『インドの数学』中公新書
を参考にしてほしい．

問題7 $1+1/3+1/(3\cdot4)-1/(3\cdot4\cdot34)$
を60進法で表わせ．

結果だけを書くと，
$[1].[24][51][10][35]\cdots$
となる．（なぜかノイゲバウアーは計算ミスをしている．）たしかにこれは
$[1].[24][51][10]$
に近い． □

清水達雄さんの「対角線の計算式」（『数学100の問題』日本評論社）に近似式

$$\sqrt{2}=1+1/3+1/(3\cdot4)-1/(3\cdot4\cdot34)$$
の拡張に関する興味深い記述がある．そのひとつを課題の形で紹介しておこう．

課題 2 数列 $\{p_n\}$ を
$$p_0=0,\quad p_1=1$$
$$p_{n+2}=p_n+2p_{n+1}$$
によって定めるとき，
$$p_{n-1}/p_n \to \sqrt{2}-1$$
を示せ．

ここで，
$$p_7/p_8 = 169/408$$
$$= 1/3+1/(3\cdot4)-1/(3\cdot4\cdot34)$$
$$= (1/2)(1-1/6-1/(6\cdot34))$$
となっていることに注目すると，つぎのようなことがいえる．

課題 3 数列 $\{c_k\}$ を
$$c_0=0,\quad c_1=6$$
$$c_{k+1}=c_k^2-2$$
によって定めると，$n=2^{k+1}$ のとき
$$p_{n-1}/p_n = (1/2)(1-1/c_1-1/(c_1c_2)$$
$$-1/(c_1c_2c_3)-\cdots-1/(c_1c_2\cdots c_k))$$
となることを確認せよ．

4．$\sqrt{2}$ の計算記録など

インターネットで調べたところ，$\sqrt{2}$ の値はすくなくとも1374億3895万3444桁まで知られている．この $\sqrt{2}$ の計算記録は，東京大学の金田康正さんと高橋大介さんが，日立の HITAC-SR2201 というスーパーコンピュータで7.5時間かけて1997年に「樹立」したものだ．いわゆる「ガウス・ルジャンドル法」による π の515億桁計算に不可欠な副産物ということらしい．ただし，π はすでに2002年12月に，同じ人たちによって，さらに高速化した日立の HITAC-SR8000 をもちいて，1兆2411億桁以上計算されている（「ガウス・ルジャンドル法」ではなかったらしいが）ので，$\sqrt{2}$ についても記録が更新されているかもしれない．

$\sqrt{3}$ とアルキメデス

古代バビロニア（3000年以上前？）では
$\sqrt{2}=1+24/60+51/60^2+10/60^3=1.4142129\cdots$
とし，古代インド（約2500年前）では，
$\sqrt{2}=1+1/3+1/(3\cdot 4)-1/(3\cdot 4\cdot 34)$
$=1.414215\cdots$
という近似値が使われていたことについてはすでに触れた．さらに調べてみると，古代ギリシアでは $\sqrt{2}$ の近似計算にとくに興味をもったという形跡はないが，アルキメデス（紀元前3世紀）が π の近似計算の途中で，$\sqrt{3}$ を
$$265/153 < \sqrt{3} < 1351/780$$
として利用しているのが気になった．これはどのようにして求めたのだろう？

1．「アルキメデスの方法」

課題1 アルキメデスはどのようにして
$$265/153 < \sqrt{3} < 1351/780$$
に到達したのか？推察せよ．

まさか，アルキメデスがそんなに凄い計算をしたとは思えないが，面白いので，後に関孝和が $\sqrt{2}$ の近似分数を作るのに使った方法をまねて，$a_1=b_1=1$ から出発し，
$a_n/b_n < \sqrt{3}$ ならば $a_{n+1}=a_n+2$, $b_{n+1}=b_n+1$
$\sqrt{3} < a_n/b_n$ ならば $a_{n+1}=a_n+1$, $b_{n+1}=b_n+1$
として分数列 $\{a_n/b_n\}$ を作り，分母が153や780となるあたりを眺めてみよう．そうすると，
$261/151=1.7284768\cdots$
$263/152=1.7302631\cdots$
$265/153=1.7320261\cdots$
$267/154=1.7337662\cdots$
$268/155=1.7290322\cdots$
$\cdots\cdots\cdots\cdots\cdots\cdots\cdots\cdots$
$1346/777=1.7323037\cdots$
$1347/778=1.7313624\cdots$
$1349/779=1.7317073\cdots$
$1351/780=1.7320512\cdots$
$1352/781=1.7311139\cdots$

となっており，確かに 265/153 と 1351/780 が出現する．何となくうれしくはなるものの，これはやっぱり「正解」のはずがないだろう．

$\sqrt{2}$ よりも小さな（あるいは大きな）近似分数 a があれば，$2/a$ は $\sqrt{2}$ よりも大きな（あるいは小さな）近似分数となるが，このとき，その平均 $(a+2/a)/2$ を作ると，さらにいい近似分数がえられる．これを繰り返せばどんどんいい近似分数がえられるらしいという感触は，すでに古代バビロニア人たちももっていた可能性はある．（詳しくは前章参照．）となると，アルキメデスもこれをまねて，$\sqrt{3}$ の近似分数 a から $(a+3/a)/2$ を作るという操作を繰り返すことによって，さらにいい $\sqrt{3}$ の近似分数を作っていったのかもしれない

実際，$\sqrt{3}$ の近似分数 5/3 から出発すると
$$5/3 \to 26/15 \to 1351/780$$
となって，1351/780 に到達できる．ところが，
$$(x+3/x)/2=265/153$$
は有理数解 x をもたないので，265/153 に到達できるうまい出発点（有理数）がない．

ということで，アルキメデスはまったく別の方法を使ったようだ．ヒースの『ギリシア数学史』では，
$$\sqrt{3\cdot 15^2}=\sqrt{675}=\sqrt{26^2-1}$$
なので，
$$a-1/(2a-1) < \sqrt{a^2-1} < a-1/(2a)$$
から（$a=26$ として），
$$26-1/51 < 15\sqrt{3} < 26-1/52$$
となり，
$$265/153 < \sqrt{3} < 1351/780$$
が出ることが紹介されている．もちろん，
$$3\cdot 15^2=26^2-1$$
に到達した方法についても推定がなされているが，ここでは，とりあえず，このような方法を仮に「アルキメデスの方法」と呼んでおこう．

───── 命題 1 ─────

実数 $a>1$ について，
$$a-1/(2a-1) < \sqrt{a^2-1} < a-1/(2a)$$
実数 $a>0$ について，
$$a+1/(2a+1) < \sqrt{a^2+1} < a+1/(2a)$$

[証明]

平方して比較すればよい．まず，どちらについても右側の不等式の成立は明らか．左側については，
$$(a^2-1)-(a-1/(2a-1))^2$$
$$=(2a-2)/(2a-1)^2$$
したがって，$a>1$ のとき，
$$a-1/(2a-1) < \sqrt{a^2-1}$$
となる．また，
$$(a^2+1)-(a+1/(2a+1))^2 = 2a/(2a+1)^2$$
したがって，$a>0$ のとき，
$$a+1/(2a+1) < \sqrt{a^2+1}$$
となる． □

問題 1 「アルキメデスの方法」（命題 1）を利用して $\sqrt{2}$ の評価式の例を作れ．

たとえば，
$$2 \cdot 70^2 = 99^2 - 1$$
を利用すると，
$$99-1/(2\cdot 99-1) < \sqrt{99^2-1} < 99-1/(2\cdot 99)$$
より，
$$99-1/197 < 70\sqrt{2} < 99-1/198$$
つまり，
$$1393/985 < \sqrt{2} < 19601/13860$$
がえられる．ここで，
$$1393/985 = 1.4142131979\cdots$$
$$19601/13860 = 1.4142135642\cdots$$
に注意すると，
$$\sqrt{2} = 1.414213\cdots$$
がでる．
また，
$$2 \cdot 169^2 = 239^2 + 1$$
を利用すると，
$$239+1/(2\cdot 239+1) < \sqrt{239^2+1}$$
$$< 239+1/(2\cdot 239)$$
より，
$$239+1/479 < 169\sqrt{2} < 239+1/478$$
つまり，

$$114482/80951 < \sqrt{2} < 114243/80782$$
がえられる．ここで，
$$114482/80951 = 1.4142135365\cdots$$
$$114243/80782 = 1.4142135624\cdots$$
に注意すると，
$$\sqrt{2} = 1.4142135\cdots$$
がでる． □

つまり，不定方程式
$$2y^2 = x^2 - 1$$
あるいは
$$2y^2 = x^2 + 1$$
の正整数解 (x, y) をみつけさえすれば，それに応じて $\sqrt{2}$ を上と下から評価する分数（有理数）が自動的に作れるわけだ．同じように，もし整数の平方にはならない正整数 p について $\sqrt{p}$ を計算したければ，不定方程式 $py^2 = x^2 - 1$ あるいは $py^2 = x^2 + 1$ を解けばいいわけだ．ただし，$py^2 = x^2 + 1$ にはいつも正整数解があるとは限らないので，$py^2 = x^2 + d$（d は正整数）の形の方程式の考察が必要になる．これについてはあとでもう一度触れるだろう．

2. $\sqrt{2}$ の近似分数と不定方程式

つぎに考えたくなるのは，「アルキメデスの方法」によって到達しうる $\sqrt{2}$ のあらゆる近似分数の決定という問題だろう．つまり，不定方程式
$$2y^2 = x^2 - 1 \text{ あるいは } 2y^2 = x^2 + 1$$
いいかえると，方程式
$$|x^2 - 2y^2| = 1$$
のすべての正整数解 (x, y) をみつける方法を作る問題だろう．

これがうまく行けば，
$$|(x/y)^2 - 2| = 1/y^2$$
つまり，
$$|x/y - \sqrt{2}| = 1/(y^2 |x/y + \sqrt{2}|)$$
$$= 1/(y(x+y\sqrt{2}))$$
を利用して，大きな正整数解 x, y をみつけさえすれば，$\sqrt{2}$ のいくらでもいい近似分数 x/y に到達できることにもなる．

課題 2 方程式
$$|x^2 - 2y^2| = 1$$

を満たす正整数 x, y を求める方法を考えよ．

とりあえず x, y がともに 1000 以下となる場合についてコンピュータで解いてみると，
$$1^2 - 2 \cdot 1^2 = -1$$
$$3^2 - 2 \cdot 2^2 = +1$$
$$7^2 - 2 \cdot 5^2 = -1$$
$$17^2 - 2 \cdot 12^2 = +1$$
$$41^2 - 2 \cdot 29^2 = -1$$
$$99^2 - 2 \cdot 70^2 = +1$$
$$239^2 - 2 \cdot 169^2 = -1$$
$$577^2 - 2 \cdot 408^2 = +1$$
という結果がえられる．この正整数解 (x, y) の列を
$$(x_1, y_1), (x_2, y_2), (x_3, y_3), \cdots\cdots$$
と書くことにして，この列に何かうまい「規則性」がないか探してみよう．

すぐに気がつくのは，$+1$ と -1 が交互に現われていること．そして，
$$y_{n+1} = x_n + y_n$$
という関係だろう．がんばって眺めていれば，
$$x_{n+1} = x_n + 2y_n$$
にも気づくはずだ．

問題 2 $x_1 = y_1 = 1$
$$x_{n+1} = x_n + 2y_n$$
$$y_{n+1} = x_n + y_n$$
によって正整数列 $\{x_n\}, \{y_n\}$ ($n \geq 1$) を定めると，$(x, y) = (x_n, y_n)$ は
$$x^2 - 2y^2 = (-1)^n$$
したがって，
$$|x^2 - 2y^2| = 1$$
を満たすことを示せ．

n に関する帰納法を使えばよい．まず，$n=1$ のときに明らかに成立．また，
$$x_n^2 - 2y_n^2 = (-1)^n$$
と仮定すれば，
$$x_{n+1}^2 - 2y_{n+1}^2$$
$$= (x_n + 2y_n)^2 - 2(x_n + y_n)^2$$
$$= -x_n^2 + 2y_n^2$$
$$= (-1)(x_n^2 - 2y_n^2)$$
したがって，
$$x_{n+1}^2 - 2y_{n+1}^2 = (-1)^{n+1}$$

となる． □

3．不定方程式を解く

ここまではやさしい．難しいのはその逆，方程式
$$|x^2 - 2y^2| = 1$$
の正整数解が問題 2 で作った $(x, y) = (x_n, y_n)$ 以外にないかどうかの議論である．やってみよう．その前に準備をひとつ．

問題 3 $x_1 = y_1 = 1$
$$x_{n+1} = x_n + 2y_n$$
$$y_{n+1} = x_n + y_n$$
と，
$$x_n + y_n\sqrt{2} = (1 + \sqrt{2})^n$$
による正整数列 $\{x_n\}, \{y_n\}$ ($n \geq 1$) の定義はまったく同じものにすぎないことを示せ．

$\{x_n\}, \{y_n\}$ が正整数列のとき，
$$x_{n+1} + y_{n+1}\sqrt{2} = (1+\sqrt{2})(x_n + y_n\sqrt{2})$$
と
$$x_{n+1} = x_n + 2y_n$$
$$y_{n+1} = x_n + y_n$$
が同値であることからわかる． □

ついでにいえば，
$$x_n + y_n\sqrt{2} = (1+\sqrt{2})^n \quad (1)$$
とすると，
$$x_n - y_n\sqrt{2} = (1-\sqrt{2})^n \quad (2)$$
なので，
$$x_n = ((1+\sqrt{2})^n + (1-\sqrt{2})^n)/2$$
$$y_n = ((1+\sqrt{2})^n - (1-\sqrt{2})^n)/(2\sqrt{2})$$
もすぐにわかる．
(1)と(2)をかけると，
$$(x_n + y_n\sqrt{2})(x_n - y_n\sqrt{2})$$
$$= (1+\sqrt{2})^n(1-\sqrt{2})^n$$
つまり，
$$x_n^2 - 2y_n^2 = (-1)^n$$
というすでに確認済みの関係式がえられることにも注意したい．

問題 4 正整数 x, y について，
$$|x^2 - 2y^2| = 1 \Leftrightarrow (x, y) = (x_n, y_n) \ (n \geq 1)$$

$(x, y)=(x_n, y_n) \Rightarrow |x^2-2y^2|=1$

は問題 2 の結果から明らかなので

$|x^2-2y^2|=1 \Rightarrow (x, y)=(x_n, y_n)$

を示せばよい．$|x^2-2y^2|=1$ の正整数解の中の任意のひとつを

$(x, y)=(a, b)$

とすると，

$1<1+\sqrt{2} \leq a+b\sqrt{2}$

なので，

$(1+\sqrt{2})^n \leq a+b\sqrt{2} < (1+\sqrt{2})^{n+1}$

つまり，

$1 \leq (a+b\sqrt{2})/(1+\sqrt{2})^n < 1+\sqrt{2}$

となる正整数 n が存在する．このとき，

$(a+b\sqrt{2})/(1+\sqrt{2})^n$
$=(a+b\sqrt{2})(-1+\sqrt{2})^n = A+B\sqrt{2}$

（ここで A，B は整数）とおけば，

$(a-b\sqrt{2})/(1-\sqrt{2})^n$
$=(a-b\sqrt{2})(-1-\sqrt{2})^n = A-B\sqrt{2}$

から

$|A^2-2B^2| = |A+B\sqrt{2}||A-B\sqrt{2}|$
$= |(a+b\sqrt{2})(a-b\sqrt{2})| \times$
$\quad |(1-\sqrt{2})^n(1+\sqrt{2})^n|$
$= |(a^2-2b^2)(1^2-2)^n| = 1$

となるが，ここで，

$1 \leq A+B\sqrt{2} < 1+\sqrt{2}$

に注意すると，

$(A, B)=(1, 0)$

がいえる（問題 5 参照）．いいかえると，

$a+b\sqrt{2} = (1+\sqrt{2})^n$

したがって，

$(a, b)=(x_n, y_n)$

となる正整数 n が存在する． □

問題 5 $|x^2-2y^2|=1$
  $1 \leq x+y\sqrt{2} < 1+\sqrt{2}$
の整数解 (x, y) を求めよ．

 グラフから，
  $|x^2-2y^2|=1$
  $1 \leq x+\sqrt{2}y < 1+\sqrt{2}$
を満たす範囲に入る格子点は $(1, 0)$ のみ（図1）．つまり，求める整数解は $(1, 0)$ のみ． □

 ここで，直線 $x+y\sqrt{2}=1$ と直線 $x+y\sqrt{2}=$

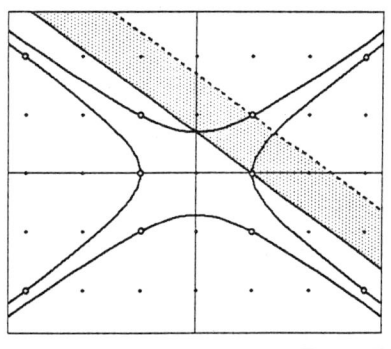

図1 $|x^2-2y^2|=1$ と $1 \leq x+y\sqrt{2} < 1+\sqrt{2}$

$1+\sqrt{2}$ はいずれも双曲線 $x^2-2y^2=1$ の漸近線に平行であることに注意してほしい．つまり，領域

$1 \leq x+y\sqrt{2} < 1+\sqrt{2}$

に含まれる $|x^2-2y^2|=1$ の部分は原点の近くにほんの少しあるだけなのだ．

4．一般化する

 いままでは $|x^2-2y^2|=1$ の正整数解を問題にしてきたが，類似の議論が $|x^2-3y^2|=1$ や $|x^2-5y^2|=1$ の正整数解に対しても可能であることがわかる．つまり，つぎの定理 1 が成立する．

――― **定理 1** ―――
 p を平方数でない正整数とするとき，正整数 x, y について，
  $|x^2-py^2|=1 \Leftrightarrow (x, y)=(x_n, y_n) (n \geq 1)$
となる．ただし，x_1, y_1 は $|x^2-py^2|=1$ の最小の正整数解とし，正整数 $x_n, y_n (n \geq 2)$ は
  $x_n+y_n\sqrt{p}=(x_1+y_1\sqrt{p})^n$
によって定義する．

[証明]
  $|x_n^2-py_n^2| = |(x_n+y_n\sqrt{p})(x_n-y_n\sqrt{p})|$
  $= |(x_1+y_1\sqrt{p})^n(x_1-y_1\sqrt{p})^n|$
  $= |x_1^2-py_1^2|^n = 1$

から

 $(x, y)=(x_n, y_n) \Rightarrow |x^2-py^2|=1$

となる．ついでにいえば，$x_1^2-py_1^2=-1$ とすると，

 $(x, y)=(x_{2n-1}, y_{2n-1}) \Rightarrow x^2-py^2=-1$
 $(x, y)=(x_{2n}, y_{2n}) \Rightarrow x^2-py^2=1$

となり，$x_1^2-py_1^2=1$ とすると，

$(x, y) = (x_n, y_n) \Rightarrow x^2 - py^2 = 1$
となることもわかる．

つぎに，
$$|x^2 - py^2| = 1 \Rightarrow (x, y) = (x_n, y_n)$$
を示そう．いま，$|x^2 - py^2| = 1$ の正整数解の中の任意のひとつを
$$(x, y) = (a, b)$$
とすると，
$$1 < x_1 + y_1\sqrt{p} \leq a + b\sqrt{p}$$
なので，
$$(x_1 + y_1\sqrt{p})^n \leq a + b\sqrt{p} < (x_1 + y_1\sqrt{p})^{n+1}$$
つまり，
$$1 \leq (a + b\sqrt{p})/(x_1 + y_1\sqrt{p})^n < x_1 + y_1\sqrt{p}$$
となる正整数 n が存在する．このとき，
$$(a + b\sqrt{p})/(x_1 + y_1\sqrt{p})^n = A + B\sqrt{p}$$
(ここで A, B は整数) とおけば，
$$(a - b\sqrt{p})/(x_1 - y_1\sqrt{p})^n = A - B\sqrt{p}$$
から
$$|A^2 - pB^2| = |A + B\sqrt{p}||A - B\sqrt{p}|$$
$$= |a^2 - pb^2|/|x_1^2 - py_1^2|^n = 1$$
となるが，ここで，
$$1 = A + B\sqrt{p}$$
つまり，
$$(A, B) = (1, 0)$$
でないとすれば，
$$1 < A + B\sqrt{p} < x_1 + y_1\sqrt{p}$$
となるわけだが，このとき，A>0, B>0 となることがいえる（問題 6 参照）．しかしこれは x_1, y_1 の最小性に反する．したがって，
$$1 = A + B\sqrt{p}$$
いいかえると，
$$a + b\sqrt{p} = (x_1 + y_1\sqrt{p})^n$$
つまり，
$$(a, b) = (x_n, y_n)$$
となる正整数 n が存在する． □

問題 6 整数 x, y が
$$|x^2 - py^2| = 1$$
$$1 < x + y\sqrt{p}$$
を満たせば，$x>0, y>0$ となることを示せ．ここで，p は平方数でない正整数とする．

$x \leq 0, y \leq 0$ とすると，
$$1 < x + y\sqrt{p} \leq 0$$

となって，矛盾．また，$x \leq 0, y > 0$ とすると，
$$-1 > x - y\sqrt{p}$$
なので，
$$1 = |x^2 - py^2| = |x + y\sqrt{p}||x - y\sqrt{p}| > 1$$
となって，矛盾．さらに，$x > 0, y \leq 0$ とすると，
$$1 < x - y\sqrt{p}$$
なので，
$$1 = |x^2 - py^2| = |x + y\sqrt{p}||x - y\sqrt{p}| > 1$$
となって，矛盾．
したがって，$x > 0, y > 0$ となる． □

図 1 と類似のグラフからも直観的に了解できるだろう．

定理 1 では，「p は平方数でない正整数」だと仮定しているが，これは，p が平方数の場合には，証明がうまくいかないからではなく，$|x^2 - py^2| = 1$ を満たす正整数 x, y が存在しないためである．

問題 7 正整数 p が平方数のとき
$$|x^2 - py^2| = 1$$
は正整数解 (x, y) をもたないことを示せ．

$p = q^2$ (q は正整数) とおくと，
$$1 = |x^2 - py^2| = |x + qy||x - qy|$$
から $x + qy = 1$ となるはずだが，これを満たす正整数 x, y は存在しない． □

定理 1 は「$|x^2 - py^2| = 1$ を満たす正整数 x, y が存在すれば $(x, y) = (x_n, y_n)$ となる n が存在する」といっているわけだが，p が平方数でない正整数でさえあれば，$|x^2 - py^2| = 1$ を満たす正整数 x, y はいつでも存在するのだろうか？これについてはつぎのような事実が知られている．

―― **定理 2** ――
p が平方数でない正整数のとき，
$$x^2 - py^2 = 1$$
は正整数解 (x, y) をもつ．

したがって，とくに，p が平方数でない正整数のとき，$|x^2 - py^2| = 1$ を満たす正整数 x, y はつねに存在する．ただし，p が平方数でない

正整数であっても，$x^2 - py^2 = -1$ は正整数解をもたないこともある．

問題 8　$x^2 - 3y^2 = -1$
は正整数解 (x, y) をもたないことを示せ．

正整数解 (x, y) が存在したとして，$x^2 - 3y^2 = -1$ の両辺を 3 で割った余りを考えると，x^2 を 3 で割った余りは 2 でなければならなくなるが，$(3k)^2, (3k+1)^2, (3k+2)^2$ を 3 で割った余りは 0, 1, 1 となって，2 にはなりえないので，これは不可能．したがって，$x^2 - 3y^2 = -1$ は正整数解 (x, y) をもたない．　□

問題 9　$p = 2, 3, 5, 6, 7, 8, 10, 11, 12$ のそれぞれの場合について，
$$x^2 - py^2 = 1$$
が少なくともひとつの正整数解 (x, y) をもつことを確認せよ．

y を $1, 2, 3, 4, \cdots$ と変化させて，$1 + py^2$ が平方数となるような場合を探せばよい．やってみると，
$$3^2 - 2 \cdot 2^2 = 1$$
$$2^2 - 3 \cdot 1^2 = 1$$
$$9^2 - 5 \cdot 4^2 = 1$$
$$5^2 - 6 \cdot 2^2 = 1$$
$$8^2 - 7 \cdot 3^2 = 1$$
$$3^2 - 8 \cdot 1^2 = 1$$
$$19^2 - 10 \cdot 6^2 = 1$$
$$10^2 - 11 \cdot 3^2 = 1$$
$$7^2 - 12 \cdot 2^2 = 1$$
がえられる．　□

このように，p が 12 以下なら簡単に正整数解 (x, y) がみつかるが，$p = 13$ ですでに手計算では大変になる．一般に，$x^2 - py^2 = 1$ の正整数解を求めるには，$\sqrt{p}$ の無限連分数展開（循環連分数になる）を利用するのがよい．たとえば，$p = 19$ の場合だと，
$$\sqrt{19} = 4 + 1/(2 + 1/(1 + 1/(3 + 1/(1 + 1/(2 + 1/(8 + \cdots))))))$$
となり，$\sqrt{19}$ の近似分数（この場合は 2, 1, 3, 1, 2, 8 という循環が出現するので，次の循環の始まるふたつ手前の部分まで採用したことにあたる）
$$4 + 1/(2 + 1/(1 + 1/(3 + 1/(1 + 1/2))))$$
$$= 170/39$$
の分子と分母から
$$170^2 - 19 \cdot 39^2 = 1$$
がえられる．$p = 13$ の場合も同じようにやればいいが，ちょっと時間がかかる．
$$\sqrt{13} = 3 + 1/(1 + 1/(1 + 1/(1 + 1/(1 + 1/(6 + \cdots)))))$$
となり，この場合は 1, 1, 1, 1, 6 という循環が出現する．$\sqrt{13}$ の近似分数
$$3 + 1/(1 + 1/(1 + 1/(1 + 1/1))) = 18/5$$
からは
$$18^2 - 13 \cdot 5^2 = -1$$
がえられ，
$$3 + 1/(1 + 1/(1 + 1/(1 + 1/(1 + 1/(6 + 1/(1 + 1/(1 + 1/(1 + 1/1))))))))$$
$$= 649/180$$
からは
$$649^2 - 13 \cdot 180^2 = 1$$
がえられる．こうして，
$$18/5 < \sqrt{13} < 649/180$$
だとわかる．$p = 61$ の場合には，循環は 1, 4, 3, 1, 2, 2, 1, 3, 4, 1, 14 と長くなり，さらにメンドウで，
$$7 + 1/(1 + 1/(4 + 1/(3 + 1/(1 + 1/(2 + 1/(2 + 1/(1 + 1/(3 + 1/(4 + 1/1)))))))))$$
$$= 29718/3805$$
からは
$$29718^2 - 61 \cdot 3805^2 = -1$$
がえられ，
$$7 + 1/(1 + 1/(4 + 1/(3 + 1/(1 + 1/(2 + 1/(2 + 1/(1 + 1/(3 + 1/(4 + 1/(1 + 1/(14 + 1/(1 + 1/(4 + 1/(3 + 1/(1 + 1/(2 + 1/(2 + 1/(1 + 1/(3 + 1/(4 + 1/1)))))))))))))))))))))))$$
$$= 1766319049/226153980$$
からは
$$1766319049^2 - 61 \cdot 226153980^2 = 1$$
がえられる．この
$$(x, y) = (1766319049, 226153980)$$
が，$x^2 - 61y^2 = 1$ の最小の正整数解だということが，すでにフェルマーによって知られていたという．

ついでにいえば，アルキメデスによる
　　265/153＜$\sqrt{3}$＜1351/780
は $\sqrt{3}$ の連分数展開からえられる近似分数
　　1＋1/(1＋1/(2＋1/(1＋1/(2＋
　　1/(1＋1/(2＋1/(1＋1/2))))))))
　　＝265/153
　　1＋1/(1＋1/(2＋1/(1＋1/(2＋1/(1＋1/(2＋
　　1/(1＋1/(2＋1/(1＋1/(2＋1/1))))))))))
　　＝1351/780
を利用したものだとも解釈できる．
　　$265^2-3\cdot 153^2=-2$
　　$1351^2-3\cdot 780^2=1$
となっていることにも注意してほしい．$\sqrt{3}$ より大きな近似分数は $x^2-3y^2=1$ の正整数解から作ればいいが，$\sqrt{3}$ より小さな近似分数のほうは，すでに見たように $x^2-3y^2=-1$ には正整数解がないので，$x^2-3y^2=-2$ の解を利用して作るのがベストなのだ．

漸化式を使う

簡単な漸化式
$$x_1 = y_1 = 1$$
$$x_{n+1} = x_n + 2y_n$$
$$y_{n+1} = x_n + y_n$$
を利用すると，$\sqrt{2}$ に収束する有理数列（つまり $\sqrt{2}$ の近似分数の列）$\{x_n/y_n\}$ が生成できる．これはまぁ，当然で，$q_n = x_n/y_n$ とおいてえられる漸化式
$$q_1 = 1$$
$$q_{n+1} = (q_n + 2)/(q_n + 1)$$
を見れば直観的に納得できるだろう．（$y = x$ と $y = (x+2)/(x+1)$ のグラフを描いて x 軸上に $q_1, q_2, q_3, \cdots$ を順にプロットしてみればよい．）

これをまねて，$\sqrt{p}$ に収束する有理数列 $\{x_n/y_n\}$ を生成する漸化式を作ってみよう．
$$q = \sqrt{p} \Rightarrow q^2 = p \Rightarrow q^2 + q = q + p$$
$$\Rightarrow q = (q + p)/(q + 1)$$
に注意すると，
$$q_1 = 1$$
$$q_{n+1} = (q_n + p)/(q_n + 1)$$
したがって，
$$x_1 = y_1 = 1$$
$$x_{n+1} = x_n + py_n$$
$$y_{n+1} = x_n + y_n$$
を使えばいいと予想できそうだ．

黄金数 $(1+\sqrt{5})/2$ の近似分数を生成するための漸化式だって簡単に作れる．
$$q = (1+\sqrt{5})/2 \Rightarrow q^2 - q - 1 = 0$$
$$\Rightarrow q(q+1) = 2q + 1$$
$$\Rightarrow q = (2q+1)/(q+1)$$
だから，
$$x_1 = y_1 = 1$$
$$x_{n+1} = 2x_n + y_n$$
$$y_{n+1} = x_n + y_n$$
を使えばいいはずだ．

$\sqrt[3]{2}$ の近似分数を生成するための漸化式を作るには，たとえば，

$$q = \sqrt[3]{2} \Rightarrow q^3 = 2 \Rightarrow 3q^3 = 2q^3 + 2$$
$$\Rightarrow q = (2q^3 + 2)/(3q^2)$$
とすればよい．これから，
$$x_1 = y_1 = 1$$
$$x_{n+1} = 2x_n^3 + 2y_n^3$$
$$y_{n+1} = 3x_n^2 y_n$$
のような漸化式がえられる．実際これは「ニュートン近似法」に対応する効率のいい漸化式でもあるのだが，右辺が1次式でないのが気にいらない．これを何とかしてみよう．

1. 入試問題から

問題1 $x_1 = y_1 = 1$
$$x_{n+1} = x_n + py_n$$
$$y_{n+1} = x_n + y_n$$
によって正整数列 $\{x_n\}$, $\{y_n\}$ $(n \geq 1)$ を定義するとき，$x_n/y_n \to \sqrt{p}$ となることを示せ．ただし，p は平方数でない正整数とする．

まず，p が平方数でない正整数であることから，$\{x_n\}$, $\{y_n\}$ が整数列であるという前提の下で，
$$x_{n+1} = x_n + py_n$$
$$y_{n+1} = x_n + y_n$$
と
$$x_{n+1} + y_{n+1}\sqrt{p} = (1+\sqrt{p})(x_n + y_n\sqrt{p})$$
が同値だという事実と $x_1 = y_1 = 1$ を利用すると，
$$x_n + y_n\sqrt{p} = (1+\sqrt{p})^n$$
がいえる．これからただちに，
$$x_n - y_n\sqrt{p} = (1-\sqrt{p})^n$$
もでるので，結局，
$$x_n = ((1+\sqrt{p})^n + (1-\sqrt{p})^n)/2$$
$$y_n = ((1+\sqrt{p})^n - (1-\sqrt{p})^n)/(2\sqrt{p})$$
がえられる．したがって，
$$x_n/y_n$$
$$= \sqrt{p}((1+\sqrt{p})^n + (1-\sqrt{p})^n)$$
$$/((1+\sqrt{p})^n - (1-\sqrt{p})^n)$$
ここで，$\lambda = (1-\sqrt{p})/(1+\sqrt{p})$ と置けば，$|\lambda|$

< 1 なので，
$$x_n/y_n = \sqrt{p}\,(1+\lambda^n)/(1-\lambda^n) \to \sqrt{p}$$
となる． □

[もうひとつの解答]

まず，問題の漸化式は，行列を使うと
$$\begin{pmatrix} x_1 \\ y_1 \end{pmatrix} = \begin{pmatrix} 1 \\ 1 \end{pmatrix}$$
$$\begin{pmatrix} x_{n+1} \\ y_{n+1} \end{pmatrix} = \begin{pmatrix} 1 & p \\ 1 & 1 \end{pmatrix} \begin{pmatrix} x_n \\ y_n \end{pmatrix}$$
と書けるので，
$$\begin{pmatrix} x_n \\ y_n \end{pmatrix} = \begin{pmatrix} 1 & p \\ 1 & 1 \end{pmatrix}^{n-1} \begin{pmatrix} 1 \\ 1 \end{pmatrix}$$
となる．つぎに，
$$\begin{pmatrix} 1 & p \\ 1 & 1 \end{pmatrix} \begin{pmatrix} \sqrt{p} \\ 1 \end{pmatrix} = \begin{pmatrix} p+\sqrt{p} \\ 1+\sqrt{p} \end{pmatrix}$$
$$= (1+\sqrt{p}) \begin{pmatrix} \sqrt{p} \\ 1 \end{pmatrix}$$
$$\begin{pmatrix} 1 & p \\ 1 & 1 \end{pmatrix} \begin{pmatrix} -\sqrt{p} \\ 1 \end{pmatrix} = \begin{pmatrix} p-\sqrt{p} \\ 1-\sqrt{p} \end{pmatrix}$$
$$= (1-\sqrt{p}) \begin{pmatrix} -\sqrt{p} \\ 1 \end{pmatrix}$$
となること（固有値と固有ベクトルを計算したわけだ）に注意しよう．ところで，
$$s = (\sqrt{p}+1)/(2\sqrt{p})$$
$$t = (\sqrt{p}-1)/(2\sqrt{p})$$
とおくと，
$$\begin{pmatrix} 1 \\ 1 \end{pmatrix} = s \begin{pmatrix} \sqrt{p} \\ 1 \end{pmatrix} + t \begin{pmatrix} -\sqrt{p} \\ 1 \end{pmatrix}$$
となる．したがって，
$$\begin{pmatrix} 1 & p \\ 1 & 1 \end{pmatrix} \begin{pmatrix} 1 \\ 1 \end{pmatrix}$$
$$= \begin{pmatrix} 1 & p \\ 1 & 1 \end{pmatrix} \left(s \begin{pmatrix} \sqrt{p} \\ 1 \end{pmatrix} + t \begin{pmatrix} -\sqrt{p} \\ 1 \end{pmatrix} \right)$$
$$= s \begin{pmatrix} 1 & p \\ 1 & 1 \end{pmatrix} \begin{pmatrix} \sqrt{p} \\ 1 \end{pmatrix} + t \begin{pmatrix} 1 & p \\ 1 & 1 \end{pmatrix} \begin{pmatrix} -\sqrt{p} \\ 1 \end{pmatrix}$$
$$= s(1+\sqrt{p}) \begin{pmatrix} \sqrt{p} \\ 1 \end{pmatrix} + t(1-\sqrt{p}) \begin{pmatrix} -\sqrt{p} \\ 1 \end{pmatrix}$$
これを繰り返せば，
$$\begin{pmatrix} 1 & p \\ 1 & 1 \end{pmatrix}^{n-1} \begin{pmatrix} 1 \\ 1 \end{pmatrix} = s(1+\sqrt{p})^{n-1} \begin{pmatrix} \sqrt{p} \\ 1 \end{pmatrix}$$
$$+ t(1-\sqrt{p})^{n-1} \begin{pmatrix} -\sqrt{p} \\ 1 \end{pmatrix}$$

つまり，
$$x_n = (s(1+\sqrt{p})^{n-1} - t(1-\sqrt{p})^{n-1})\sqrt{p}$$
$$y_n = s(1+\sqrt{p})^{n-1} + t(1-\sqrt{p})^{n-1}$$
s と t を消去して，
$$x_n = ((1+\sqrt{p})^n + (1-\sqrt{p})^n)/2$$
$$y_n = ((1+\sqrt{p})^n - (1-\sqrt{p})^n)/(2\sqrt{p})$$
がえられる．したがって，（最初の解答と同様にして）
$$x_n/y_n \to \sqrt{p}$$
とわかる． □

いうまでもなく，$x_n/y_n \to \sqrt{p}$ がいいたいだけなら，最後まで計算しなくても，$s \neq 0$ なのだから，
$$x_n = (s(1+\sqrt{p})^{n-1} - t(1-\sqrt{p})^{n-1})\sqrt{p}$$
$$y_n = s(1+\sqrt{p})^{n-1} + t(1-\sqrt{p})^{n-1}$$
から
$$(x_n/y_n)$$
$$= \sqrt{p}\,(1-(t/s)\lambda^{n-1})/(1+(t/s)\lambda^{n-1})$$
$$\to \sqrt{p}$$
とすれば十分だ．

これで，p が平方数でない正整数のとき，$x_n/y_n \to \sqrt{p}$ となることがわかったわけだが，解答を見てもわかるように，この条件（p の条件のみならず初期条件も含めて）はかなり一般化できる．初期条件を任意の複素数の対にしても，(0, 0) でさえなければ，問題がないし，本質的には p を任意の複素数にしても $x_n/y_n \to \sqrt{p}$ となることがいえるはずだ．ちょっと実験してみよう．

実験1 $x_1 = 1+2i$, $y_1 = 3-i$
$$x_{n+1} = x_n + iy_n$$
$$x_{n+1} = x_n + y_n$$
によって定まる数列 $\{x_n\}$, $\{y_n\}$ ($n \geq 1$) の10項目までを計算し，$x_n/y_n \to \sqrt{p}$ といえそうかどうかを観察せよ．（ここで，i は虚数単位とする．）

x_2/y_2 から x_{10}/y_{10} までの計算結果とその近似値を書くと，
$$(2+5i)/(4+i) \fallingdotseq 0.7647 + 1.0588i$$
$$(1+9i)/(6+6i) \fallingdotseq 0.8333 + 0.6667i$$
$$(-5+15i)/(7+15i) \fallingdotseq 0.6934 + 0.6569i$$

$$(-20+22i)/(2+30i) \fallingdotseq 0.6858+0.7124i$$
$$(-50+24i)/(-18+52i) \fallingdotseq 0.7094+0.7160i$$
$$(-102+6i)/(-68+76i) \fallingdotseq 0.7108+0.7062i$$
$$(-178-62i))/(-170+82i) \fallingdotseq 0.7067+0.7056i$$
$$(-260-232i)/(-348+20i) \fallingdotseq 0.7065+0.7073i$$
$$(-280-580i)/(-680-212i) \fallingdotseq 0.7072+0.7074i$$

となる．ここで，
$$(0.7072+0.7074i)^2 \fallingdotseq -0.003+1.0006i \fallingdotseq i$$
に注意すれば，$x_n/y_n \to \sqrt{i}$ といえそうだという気がしてくる．念のために x_{20}/y_{20} を計算してみると，
$$(-367424+412000i)/(31520+551136i)$$
$$= (210436355+210436361i)/297601954$$
$$= 0.70710676\cdots + 0.70710678\cdots i$$
となっている．
$$1/\sqrt{2} = 0.7071067811865\cdots$$
だから，これは，$1/\sqrt{2}+i/\sqrt{2}$ に肉薄しており，
$$\sqrt{i} = 1/\sqrt{2} + i/\sqrt{2}$$
と解釈しておけばすべてがうまく行きそうだ．
（一般に，複素数 $p \neq 0$ について，$\sqrt{p}$ と書くのは 2 個ある平方根のうちどちらなのかの解釈が問題になる．）　□

課題 1　$x_1 = a$, $y_1 = b$
$$x_{n+1} = x_n + py_n$$
$$y_{n+1} = x_n + y_n$$
によって数列 $\{x_n\}$, $\{y_n\}$ ($n \geq 1$) を定義するとき，$x_n/y_n \to \sqrt{p}$ となるといえるか？　ここで，a, b, p は複素数，ただし $(a, b) \neq (0, 0)$ とする．

複素数の世界で考えて，ゼロベクトル以外の任意のベクトルを行列（つまり一次変換）
$$\begin{pmatrix} 1 & p \\ 1 & 1 \end{pmatrix}$$
で繰り返し変換すると，えられるベクトルは，（この行列の固有値が 2 個あって絶対値が異なる場合）絶対値が大きいほうの固有値に対応する固有ベクトル（のひとつ）に接近する．この事実は問題 1 の行列を使った解答方法を見ればすぐにわかる．ただし，ここでは固有値も固有ベクトルも複素数の範囲で考えることにする．もちろん，p が複素数ということになると，$\sqrt{p}$ の定義も重要になるし，また，条件によっては，$y_n = 0$ となる n が存在する場合もあるので，それをどうするかの議論もいる．とはいえ，それよりも，絶対値の異なる 2 個の固有値がない場合の処理のほうが本質的な問題だろう．いまの場合，固有方程式は
$$x^2 - 2x + 1 - p = 0$$
だから，「絶対値の異なる 2 個の固有値がない」というのは，「固有値が 1 個しかない」（つまり固有方程式が重解をもつ）か「絶対値の等しい 2 個の固有値がある」かのいずれかになるが，前者は，$p = 0$ の場合，後者は p が負の実数の場合にほかならないことがすぐにわかる．ただし，$p = 0$ の場合は明らかに
$$x_n/y_n = a/(a+nb) \to 0 = \sqrt{p}$$
となるので条件に加えてもよい．（また，絶対値がどうであれ，異なる固有値が 2 個あればそれに対応する固有ベクトルは 1 次独立となることに注意．）

当然ながら，こうした議論は行列がもっと一般的なものであっても成り立つが，この方面への拡張については読者にまかせ，ここでは限定された一般化のみについて考えてみたい．

2. 黄金数の近似分数

$\sqrt{2}$ のときの議論をまねれば，$\sqrt{p}$ の場合の類似品が作れたわけだが，つぎに，黄金数の場合の類似品について考えてみよう．ここで，黄金数というのは，2 次方程式
$$x^2 - x - 1 = 0$$
の大きいほうの解 $\gamma = (1+\sqrt{5})/2$ のことだとする．これは 1 辺の長さが 1 の正 5 角形の対角線の長さでもある．

実験 2　$x_1 = y_1 = 1$
$$x_{n+1} = ax_n + by_n$$
$$y_{n+1} = cx_n + dy_n$$
によって正整数列 $\{x_n\}, \{y_n\}$ ($n \geq 1$) を定義するとき，
$$|(x_{10}/y_{10})^2 - (x_{10}/y_{10}) - 1| < 1/10000$$
となる a, b, c, d をすべて求めよ．ただし，a, b, c, d は 5 以下の正整数とする．

「5 以下の正整数」という条件はコンピュータ

を使うための人工的な条件にすぎない。この範囲に答があればいいというだけの話で，深い意味はない。

コンピュータに頼ると (a, b, c, d) とその場合の x_{10}/y_{10} についてつぎのような結果がえられる。

$(2, 1, 1, 1) : 6765/4181$
$= 1.6180339631667075\cdots$
$(3, 2, 2, 1) : 514229/317811$
$= 1.6180339887543225\cdots$
$(4, 2, 2, 2) : 6765/4181$
$= 1.6180339631667065\cdots$
$(4, 3, 3, 1) : 15127/9349$
$= 1.6180340143330837\cdots$
$(5, 2, 2, 3) : 16698871/10320533$
$= 1.6180240884845772\cdots$
$(5, 3, 3, 2) : 39088169/24157817$
$= 1.6180339887498940\cdots$
$(5, 4, 4, 1) : 85014537/52541861$
$= 1.6180343707277517\cdots$

ところで，一般に，
$$|(x_n/y_n)^2 - (x_n/y_n) - 1| < \varepsilon$$
なら，
$$|x_n/y_n - \gamma| < \varepsilon/(x_n/y_n + 1/\gamma)$$
$$< \varepsilon$$
となるが，このような議論を使えば，γ について，
$6765/4181 = 1.6180339\cdots$
$514229/317811 = 1.6180339887\cdots$
$39088169/24157817 = 1.618033988749894\cdots$
のような近似値がえられる。 □

実験の結果（のひとつ）を確認しよう。（残りのものもまったく同様に処理できる。）

問題2 $x_1 = y_1 = 1$
$y_{n+1} = 2x_n + y_n$
$y_{n+1} = x_n + y_n$
によって正整数列 $\{x_n\}, \{y_n\}$ $(n \geq 1)$ を定義するとき，
$x_n/y_n \to \gamma$ （黄金数）
となることを示せ。

$\sqrt{p}$ の場合をまねよう。まず，$\gamma^2 = \gamma + 1$ を使うと，
$(\gamma + 1)(\gamma x_n + y_n)$
$= \gamma^2 x_n + \gamma y_n + \gamma x_n + y_n$
$= (\gamma + 1) x_n + \gamma y_n + \gamma x_n + y_n$
$= \gamma(2x_n + y_n) + x_n + y_n$
となるので，$\{x_n\}, \{y_n\}$ が整数列であるという前提の下で，
$x_{n+1} = 2x_n + y_n$
$y_{n+1} = x_n + y_n$
と
$\gamma x_{n+1} + y_{n+1} = (\gamma + 1)(\gamma x_n + y_n)$
が同値だということがわかり，$x_1 = y_1 = 1$ を使うと，
$$\gamma x_n + y_n = (\gamma + 1)^n$$
がいえる。γ を $1 - \gamma$ にかえても同じ関係式が成立するはずなので，
$$(1-\gamma) x_n + y_n = (2-\gamma)^n$$
となり，結局，
$x_n = ((1+\gamma)^n - (2-\gamma)^n)/(2\gamma-1)$
$y_n = (\gamma(2-\gamma)^n - (1-\gamma)(1+\gamma)^n)/(2\gamma-1)$
がえられる。したがって，
x_n/y_n
$= ((1+\gamma)^n - (2-\gamma)^n)$
$\qquad /(\gamma(2-\gamma)^n - (1-\gamma)(1+\gamma)^n)$
ここで，$\lambda = (2-\gamma)/(1+\gamma)$ と置けば，$0 < \lambda < 1$ なので，
$x_n/y_n = (1-\lambda^n)/(\gamma \lambda^n - (1-\gamma))$
$\to 1/(\gamma - 1) = \gamma$
がいえる。 □

固有値と固有ベクトル，つまり，
$$\begin{pmatrix} 2 & 1 \\ 1 & 1 \end{pmatrix} \begin{pmatrix} \gamma \\ 1 \end{pmatrix} = \begin{pmatrix} 1+2\gamma \\ 1+\gamma \end{pmatrix} = (1+\gamma) \begin{pmatrix} \gamma \\ 1 \end{pmatrix}$$
$$\begin{pmatrix} 2 & 1 \\ 1 & 1 \end{pmatrix} \begin{pmatrix} 1-\gamma \\ 1 \end{pmatrix} = \begin{pmatrix} 3-2\gamma \\ 2-\gamma \end{pmatrix}$$
$$= (2-\gamma) \begin{pmatrix} 1-\gamma \\ 1 \end{pmatrix}$$
となることを利用し，
$s = \gamma/(2\gamma - 1)$
$t = (\gamma - 1)/(2\gamma - 1)$
とおくとき，
$$\begin{pmatrix} 1 \\ 1 \end{pmatrix} = s \begin{pmatrix} \gamma \\ 1 \end{pmatrix} + t \begin{pmatrix} 1-\gamma \\ 1 \end{pmatrix}$$

となることから，
$$\begin{pmatrix} 2 & 1 \\ 1 & 1 \end{pmatrix}^{n-1} \begin{pmatrix} 1 \\ 1 \end{pmatrix} = s(1+\gamma)^{n-1} \begin{pmatrix} \gamma \\ 1 \end{pmatrix} + t(2-\gamma)^{n-1} \begin{pmatrix} 1-\gamma \\ 1 \end{pmatrix}$$

つまり，
$$x_n = s\gamma(1+\gamma)^{n-1} + t(1-\gamma)(2-\gamma)^{n-1}$$
$$y_n = s(1+\gamma)^{n-1} + t(2-\gamma)^{n-1}$$

がでる．したがって，
$$x_n/y_n \to \gamma$$

となる．つまり，ベクトル
$$\begin{pmatrix} x_n \\ y_n \end{pmatrix} = \begin{pmatrix} 2 & 1 \\ 1 & 1 \end{pmatrix}^{n-1} \begin{pmatrix} 1 \\ 1 \end{pmatrix}$$

は絶対値の大きいほうの固有値 $1+\gamma$ の固有ベクトルに収束するというわけだ．

問題 3 問題 2 でえられる正整数 x_n, y_n ($n \geq 1$) を

$y_1, x_1, y_2, x_2, y_3, x_3, y_4, x_4, \cdots y_n, x_n, \cdots$

のように並べ，それを

$f_1, f_2, f_3, f_4, \cdots$

と呼べば，正整数列 $\{f_n\}$ ($n>1$) はフィボナッチ数列となることを確かめよ．

定義によって，
$$f_{2n-1} = y_n, \quad f_{2n} = x_n$$

だから，
$$f_1 = f_2 = 1$$
$$f_{2n-1} + f_{2n} = y_n + x_n = y_{n+1} = f_{2n+1}$$
$$f_{2n} + f_{2n+1} = x_n + y_{n+1} = x_{n+1} = f_{2n+2}$$

つまり，
$$f_1 = f_2 = 1$$
$$f_{n+2} = f_n + f_{n-1}$$

となる．いいかえると，$\{f_n\}$ ($n \geq 1$) はフィボナッチ数列となる． □

3．立方根への拡張

$$x_1 = y_1 = 1$$
$$x_{n+1} = x_n + py_n$$
$$y_{n+1} = x_n + y_n$$

のとき，$x_n/y_n \to \sqrt{p}$ となる，という事実をまねて，$x_n/y_n \to \sqrt[3]{p}$ となるようにできないだろうか？ まず，厳密な証明はあきらめるが，立方数でない正整数 p に対して，どのような整数 a, b, c, d を選んでも，

$$x_1 = y_1 = 1$$
$$x_{n+1} = ax_n + by_n$$
$$y_{n+1} = cx_n + dy_n$$

によって定まる数列 $\{x_n\}, \{y_n\}$ ($n \geq 1$) について，$x_n/y_n \to \sqrt[3]{p}$ となることはありえない．というのは，ラフにいえば，行列

$$\begin{pmatrix} a & b \\ c & d \end{pmatrix}$$

の固有ベクトルは

$$\begin{pmatrix} a-d \pm \sqrt{((a-d)^2 + 4bc)} \\ 2c \end{pmatrix}$$

と書ける．したがって，固有ベクトルの成分の比が $\sqrt[3]{p}$ になることはありえないと考えられるからだ．別の見方をすれば，a, b, c, d を整数とするとき，$\sqrt[3]{p}$ が方程式

$$x = (ax+b)/(cx+d)$$

の解になることなどないからだといってもいいだろう．

そこで，3×3 行列を登場させることにする．これなら，固有方程式が3次になるので可能性があるはずだ．とりあえず，$p = 2$ の場合を実験してみよう．

実験 3 $x_1 = y_1 = z_1 = 1$
$$x_{n+1} = a_1 x_n + b_1 y_n + c_1 z_n$$
$$y_{n+1} = a_2 x_n + b_2 y_n + c_2 z_n$$
$$z_{n+1} = a_3 x_n + b_3 y_n + c_3 z_n$$

によって正整数列 $\{x_n\}, \{y_n\}, \{z_n\}$ ($n \geq 1$) を定義するとき，

$$|(x_{10}/y_{10})^3 - 2| < 1/10000$$

となる $a_1, b_1, c_1, d_1, a_2, b_2, c_2, d_2, a_3, b_3, c_3, d_3$ をすべて求めよ．ただし，a_k, b_k, c_k, d_k は1または2とする．

コンピュータを使うと，4組の解

1, 2, 1, 1, 1, 1, 2, 2, 1
1, 2, 2, 1, 1, 2, 1, 1, 1
2, 2, 1, 1, 2, 1, 2, 2, 2
2, 2, 2, 1, 2, 2, 1, 1, 2

がえられる．それぞれの場合に，x_{10}/y_{10} の値を計算すると，

$187984/149203 = 1.25992104\cdots$
$236845/187984 = 1.25992105\cdots$
$1503872/1193624 = 1.25992104\cdots$
$1894760/1503872 = 1.25992105\cdots$

のようになっている. □

こうして, たとえば,
$x_1 = y_1 = z_1 = 1$
$x_{n+1} = x_n + 2y_n + 2z_n$
$y_{n+1} = x_n + y_n + 2z_n$
$z_{n+1} = x_n + y_n + z_n$

とすると, $x_n/y_n \to \sqrt[3]{2}$ となることが予想される. この場合についてもう少し詳しく調べてみよう.

実験 4 $x_1 = y_1 = z_1 = 1$
$x_{n+1} = x_n + 2y_n + 2z_n$
$y_{n+1} = x_n + y_n + 2z_n$
$z_{n+1} = x_n + y_n + z_n$

のとき, $\{x_n/y_n\}$ と $\{y_n/z_n\}$ ($1 \leq n \leq 10$) の変化のようすを観察せよ.

まず, x_2/y_2 から x_{10}/y_{10} まで.
$5/4 = 1.250000000\cdots$
$19/15 = 1.266666666\cdots$
$73/58 = 1.258620689\cdots$
$281/223 = 1.260089686\cdots$
$1081/858 = 1.259906759\cdots$
$4159/3301 = 1.259921235\cdots$
$16001/12700 = 1.259921259\cdots$
$61561/48861 = 1.259921000\cdots$
$236845/187984 = 1.259921057\cdots$

つぎに, y_2/z_2 から y_{10}/z_{10} までを見よう.
$4/3 = 1.333333333\cdots$
$15/12 = 1.250000000\cdots$
$58/46 = 1.260869565\cdots$
$223/177 = 1.259887005\cdots$
$858/681 = 1.259911894\cdots$
$3301/2620 = 1.259923664\cdots$
$12700/10080 = 1.259920634\cdots$
$48861/38781 = 1.259921095\cdots$
$187984/149203 = 1.259921047\cdots$

ところで, たとえば, $v = y_{10}/z_{10} = 187984/149203$ とおくと,
$v^3 - 2 = -1450/111492995797$

から, $1.25^3 < 2$ (つまり, $1.25 < \sqrt[3]{2}$) を利用すると,
$|v - \sqrt[3]{2}|$
$= (1450/111492995797)/(v^3 + \sqrt[3]{2}v + (\sqrt[3]{2})^2)$
$< 1.3 \cdot 10^{-8}/(3 \cdot 1.25^2)$
$< 2.8 \cdot 10^{-9}$

一方, $v = 1.25992104716\cdots$ だから, この値は $\sqrt[3]{2}$ と小数点以下 8 桁目までが一致することがわかる. □

これが面白いのは, 右肩に 2 が集まり, 他の係数はすべて 1 という点で,
$x_1 = y_1 = 1$
$x_{n+1} = x_n + 2y_n$
$y_{n+1} = x_n + y_n$

の場合の「拡張」になっていることだ. この場合には, 2 を p におきかえると $\sqrt{p}$ に収束する分数の列が出現した. となると, 当然, つぎのことが調べたくなる.

問題 4 $x_1 = y_1 = z_1 = 1$
$x_{n+1} = x_n + py_n + pz_n$
$y_{n+1} = x_n + y_n + pz_n$
$z_{n+1} = x_n + y_n + z_n$

のとき, $x_n/y_n \to \sqrt[3]{p}$ となるか？ここで, $n \geq 1$ かつ p は立方数でない正整数とする.

記述を簡単にするために,
$\alpha = \sqrt[3]{p}, \quad \omega = (1 + i\sqrt{3})/2$
と書くことにする. このとき,
$\omega^3 = 1, \quad \omega^2 + \omega + 1 = 0$
となる. また, p の立方根は $\alpha, \alpha\omega, \alpha\omega^2$ となることもわかる. ちょっと計算すればわかるように,

$$\begin{pmatrix} 1 & p & p \\ 1 & 1 & p \\ 1 & 1 & 1 \end{pmatrix} \begin{pmatrix} \alpha^2 \\ \alpha \\ 1 \end{pmatrix} = (1 + \alpha + \alpha^2) \begin{pmatrix} \alpha^2 \\ \alpha \\ 1 \end{pmatrix}$$

$$\begin{pmatrix} 1 & p & p \\ 1 & 1 & p \\ 1 & 1 & 1 \end{pmatrix} \begin{pmatrix} \alpha^2\omega^2 \\ \alpha\omega \\ 1 \end{pmatrix}$$

$$= (1 + \alpha\omega + \alpha^2\omega^2) \begin{pmatrix} \alpha^2\omega^2 \\ \alpha\omega \\ 1 \end{pmatrix}$$

$$\begin{pmatrix} 1 & p & p \\ 1 & 1 & p \\ 1 & 1 & 1 \end{pmatrix} \begin{pmatrix} \alpha^2\omega \\ \alpha\omega^2 \\ 1 \end{pmatrix}$$
$$= (1+\alpha\omega^2+\alpha^2\omega) \begin{pmatrix} \alpha^2\omega \\ \alpha\omega^2 \\ 1 \end{pmatrix}$$

であるが,ここで,
$$s_1 = (1+\alpha+\alpha^2)/(3\alpha^2)$$
$$s_2 = (1+\alpha\omega+\alpha^2\omega^2)/(3\alpha^2\omega^2)$$
$$s_3 = (\alpha+\alpha\omega^2+\alpha^2\omega)/(3\alpha^2\omega)$$

とおくと,
$$\begin{pmatrix} 1 \\ 1 \\ 1 \end{pmatrix} = s_1 \begin{pmatrix} \alpha^2 \\ \alpha \\ 1 \end{pmatrix} + s_2 \begin{pmatrix} \alpha^2\omega^2 \\ \alpha\omega \\ 1 \end{pmatrix} + s_3 \begin{pmatrix} \alpha^2\omega \\ \alpha\omega^2 \\ 1 \end{pmatrix}$$

と書けることから,
$$\mu_1 = 1+\alpha+\alpha^2$$
$$\mu_2 = 1+\alpha\omega+\alpha^2\omega^2$$
$$\mu_3 = 1+\alpha\omega^2+\alpha^2\omega$$

と書くと,
$$\begin{pmatrix} x_n \\ y_n \\ z_n \end{pmatrix} = \begin{pmatrix} 1 & p & p \\ 1 & 1 & p \\ 1 & 1 & 1 \end{pmatrix}^{n-1} \begin{pmatrix} 1 \\ 1 \\ 1 \end{pmatrix}$$
$$= s_1\mu_1^{n-1} \begin{pmatrix} \alpha^2 \\ \alpha \\ 1 \end{pmatrix} + s_2\mu_2^{n-1} \begin{pmatrix} \alpha^2\omega^2 \\ \alpha\omega \\ 1 \end{pmatrix}$$
$$+ s_3\mu_3^{n-1} \begin{pmatrix} \alpha^2\omega \\ \alpha\omega^2 \\ 1 \end{pmatrix}$$

となる。ここで
$$|\mu_1| > |\mu_2|, |\mu_2|$$
から,ベクトル (x_n, y_n, z_n) は絶対値が最大の固有値 μ_1 の固有ベクトル $(\alpha^2, \alpha, 1)$ に収束することがわかる。つまり,
$$x_n/y_n \to \alpha$$
$$y_n/z_n \to \alpha$$
となる。 □

わかったことを定理としてまとめておこう。

—— 定理 1 ——
$$x_1 = y_1 = z_1 = 1$$
$$x_{n+1} = x_n + py_n + pz_n$$
$$y_{n+1} = x_n + y_n + pz_n$$
$$z_{n+1} = x_n + y_n + z_n$$
とすると,
$$x_n/y_n \to \sqrt[3]{p}$$
$$y_n/z_n \to \sqrt[3]{p}$$
となる。ここで,$n \geq 1$ かつ p は立方数でない正整数とする。

[証明]
すでに終わっているが,問題 4 の解答と同じ記号と $\{x_n\}$, $\{y_n\}$, $\{z_n\}$ が整数列だという条件の下で,
$$x_{n+1} = x_n + py_n + pz_n$$
$$y_{n+1} = x_n + y_n + pz_n$$
$$z_{n+1} = x_n + y_n + z_n$$
と
$$x_{n+1} + \alpha y_{n+1} + \alpha^2 z_{n+1}$$
$$= (1+\alpha+\alpha^2)(x_n + \alpha y_n + \alpha^2 z_n)$$
が同値だということを使う方法も考えられる。
まず,$x_1 = y_1 = z_1 = 1$ を使って,
$$x_n + \alpha y_n + \alpha^2 z_n = \mu_1^n$$
$$x_n + \alpha\omega y_n + \alpha^2\omega^2 z_n = \mu_2^n$$
$$x_n + \alpha\omega^2 y_n + \alpha^2\omega z_n = \mu_3^n$$
を導き,これから x_n, y_n, z_n を求め(このとき,$\omega^2 + \omega + 1 = 0$ を利用すると便利),あとは問題 4 の解答と同じようにすればよい。 □

ここから先は,形式的な拡張を考え始めるときりがない。

課題 2 定理 1 はつぎの方向に拡張できることを確かめよ。
1) 変数の個数を増やす(高次元化)
2) 係数を一般化する(係数の複素化)
3) 初期条件を一般化する(初期条件の複素化)
4) 右辺の次数を上げる(高次化)

遊びの精神からすると,極端な一般化よりも,具体的な黄金数の話の「3次元化」などのほうが面白そうだが,これはあまりうまくいかないようだ。そもそも「3次元の黄金数」なるものの合理的な(?)定義すら難しい。漸化式の右辺の次数を上げると,「ニュートン近似法」の特殊な場合にも到達できるが,さらに次数を上げた場合の意味がわかりにくいのが難点だ。

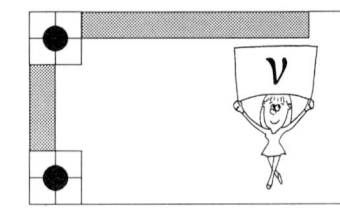

漸化式とカオス

前章で，1次の漸化式について考えたので，ここでは2次の漸化式にまつわる話題について考えてみる．とくに，非常に簡単な2次の漸化式によって定まる数列の収束・発散を実験的に調べてみると，突然，「カオス」に遭遇して驚かされるだろう．

1．入試問題から

問題1　$x_0=0$
$$x_{n+1}=x_n^2+1$$
のとき，x_n を677で割った余りを求めよ．ここで，n は非負整数とする．

[類題：岡山大，東京水産大]

最初の6項を計算すると，
$x_0=0$
$x_1=1$
$x_2=2$
$x_3=5$
$x_4=26$
$x_5=677$

となる．$x_5=677$ であることから話は簡単になる．つまり，
$x_0, x_1, x_2, x_3, x_4, x_5$
を $x_5=677$ で割った余りは，順に，
0，1，2，5，26，0
となるので，x_6 以降も1，2，5，26，0 が繰り返すと予想される．この予想を n に関する帰納法で証明しよう．

まず，$n=0$ の場合は $x_0=0$ だから OK．$n=k$ のとき
$x_{5k}=677$ の倍数
と仮定すると，漸化式から，
$x_{5k+1}=x_{5k}^2+1$
$x_{5k+2}=(x_{5k}^2+1)^2+1$
$x_{5k+3}=((x_{5k}^2+1)^2+1)^2+1$
$x_{5k+4}=(((x_{5k}^2+1)^2+1)^2+1)^2+1$
$x_{5k+5}=((((x_{5k}^2+1)^2+1)^2+1)^2+1)^2+1$

となり，
$x_{5k+1}=$（677の倍数）$^2+1=$677の倍数$+1$
$x_{5k+2}=$（677の倍数$+1$）$^2+1=$677の倍数$+2$
$x_{5k+3}=$（677の倍数$+2$）$^2+1=$677の倍数$+5$
$x_{5k+4}=$（677の倍数$+5$）$^2+1=$677の倍数$+26$
$x_{5k+5}=x_{5(k+1)}=$（677の倍数$+26$）$^2+1$
　　　　$=$677の倍数$+677=$677の倍数

がいえる．こうして，$n=k+1$ のとき
$x_{5(k+1)}=$677の倍数
といえただけでなく，$x_{5k+1}, x_{5k+2}, x_{5k+3}, x_{5k+4}$ についての情報もえられてしまった．

つまり，x_n を677で割った余りは
$n=5k$ 　　のとき 0
$n=5k+1$ のとき 1
$n=5k+2$ のとき 2
$n=5k+3$ のとき 5
$n=5k+4$ のとき 26
となる．（ここで，k は非負整数とする．）　□

ちょっとかわった帰納法になったが意味はわかってもらえただろう．同様の議論によって，ただちにつぎの問題2が解ける．

問題2　$x_0=0$
$$x_{n+1}=x_n^2+1$$
のとき，x_n を x_m で割った余りは x_r となることを示せ．ここで，n は非負整数，m は正整数とし，r は n を m で割った余りとする．

$x_0, x_1, x_2, \ldots\ldots, x_m$
を x_m で割った余りが，順に，
$x_0, x_1, x_2, \cdots, x_{m-1}, 0=x_0$
となることに注目すれば，x_{m+1} 以降も x_m で割った余りについては，
$x_1, x_2, \cdots, x_{m-1}, 0$
が繰り返すことがわかる．（厳密には，問題1の場合と同様の帰納法を利用すればよい．）つまり，x_n を x_m で割った余りは

$n = mk + r$ のとき x_r

となる．（ここで，k は非負整数，$0 \leq r \leq m-1$ とする．）　□

問題1や問題2の解答方法を見れば，さらに一般化できることにも気づくだろう．漸化式
$$x_0 = 0$$
$$x_{n+1} = x_n^2 + 1$$
を，任意に選んだ整数係数の多項式 $\phi(x)$ を使った漸化式
$$x_0 = 0$$
$$x_{n+1} = \phi(x_n)$$
にしてもほぼ同じことが成り立ってしまうのである．（「ほぼ同じ」と書いたのは多項式 $\phi(x)$ に負の係数があると「余り」の意味に注意深くなる必要があるためだ．）

―― 命題 1 ――――――――――

$\phi(x)$ を整数係数の多項式とし，
$$x_0 = 0$$
$$x_{n+1} = \phi(x_n)$$
とするとき，x_n を x_m で割った余りは x_r を x_m で割った余りに等しくなる．ここで，n は非負整数，m は正整数とし，r は n を m で割った余りとする．

――――――――――――――――

[証明]

キーとなるのは
$$\phi(x_m \text{ の倍数}) = (x_m \text{ の倍数}) + \phi(0)$$
という事実である．これを使えば，帰納法によって，
$$x_{mk} = \phi^0(x_m \text{ の倍数}) = (x_m \text{ の倍数}) + \phi^0(0)$$
$$x_{mk+1} = \phi^1(x_m \text{ の倍数}) = (x_m \text{ の倍数}) + \phi^1(0)$$
$$x_{mk+2} = \phi^2(x_m \text{ の倍数}) = (x_m \text{ の倍数}) + \phi^2(0)$$
$$x_{mk+3} = \phi^3(x_m \text{ の倍数}) = (x_m \text{ の倍数}) + \phi^3(0)$$
....
$$x_{mk+r} = \phi^r(x_m \text{ の倍数}) = (x_m \text{ の倍数}) + \phi^r(0)$$
となることがわかる．ここで，
$$\phi^0(x) = x$$
$$\phi^r(x) = \phi(\phi^{r-1}(x)), \ r > 0 \text{ のとき}$$
とする．

したがって，$\phi^r(0) = x_r$ に注意すると，
x_{mk+r} を x_m で割った余り
$= \phi^r(0)$ を x_m で割った余り
$= x_r$ を x_m で割った余り

がいえる．　□

「x_m で割った余り」とか「x_m の倍数」という表現が煩わしいときは，議論全体を合同式を使い「$\mod x_m$」で考えることにすればよい．

2．拡張の方向を変える

整数ということにこだわると，問題1の結果は命題1にまで拡張されたわけだが，つぎに，整数というこだわりをなくして，もうひとつの拡張について考えてみよう．

課題1　　$x_0 = 0$
$$x_{n+1} = x_n^2 + c$$
によってきまる数列 $\{x_n\}$ とその収束条件について考察せよ．ここで，n は非負整数，c は実数とする．

いうまでもなく，
$$x_0 = 0$$
$$x_1 = c$$
$$x_2 = c^2 + c$$
$$x_3 = (c^2 + c)^2 + c$$
$$x_4 = ((c^2 + c)^2 + c)^2 + c$$
$$x_5 = (((c^2 + c)^2 + c)^2 + c)^2 + c$$
....
だから，
$$x_0 = 0$$
$$x_1 = c$$
$$x_n = ((\cdots(c^2 + c)^2 + \cdots + c)^2 + c)^2 + c$$
　　　　（$n \geq 3$ のときカッコは $(n-2)$ 重）
で定義される数列 $\{x_n\}$ を考えればいいわけだ．8項目まで計算し，低い次数の部分を見ると，
$$x_1 = c$$
$$x_2 = c + c^2$$
$$x_3 = c + c^2 + 2c^3 + c^4$$
$$x_4 = c + c^2 + 2c^3 + 5c^4 + 6c^5 + 6c^6 + 4c^7 + c^8$$
$$x_5 = c + c^2 + 2c^3 + 5c^4 + 14c^5 + \cdots + c^{16}$$
$$x_6 = c + c^2 + 2c^3 + 5c^4 + 14c^5 + 42c^6 + \cdots + c^{32}$$
$$x_7 = c + c^2 + 2c^3 + 5c^4 + 14c^5 + 42c^6 + 132c^7$$
$$+ \cdots + c^{64}$$
となっている．この実験結果から，一般に，x_n と x_{n+1} は（文字 c の多項式とみるとき）c^n の項まで一致しているらしいと思えてくる．

一応，帰納法で確かめておこう．まず，$n=0$ のときは OK．いま，x_n と x_{n+1} は c^n の項まで一致すると仮定すると，$x_{n+1}-x_n$ が c^{n+1} で割り切れることになるが，

$$x_{n+2}-x_{n+1}=(x_{n+1}^2+c)-(x_n^2+c)$$
$$=x_{n+1}^2-x_n^2$$
$$=(x_{n+1}+x_n)(x_{n+1}-x_n)$$

なので，$x_{n+1}+x_n$ が c で割り切れることに注意すると，$x_{n+2}-x_{n+1}$ は c^{n+2} で割り切れることがわかる．

したがって，数列 $\{x_n\}$ の収束問題というのは，c の無限級数（無限次多項式）

$$c+c^2+2c^3+5c^4+14c^5+42c^6+132c^7+429c^8$$
$$+1430c^9+4862c^{10}+16796c^{11}+58786c^{12}$$
$$+208012c^{13}+742900c^{14}+2674440c^{15}$$
$$+9694845c^{16}+35357670c^{17}+129644790c^{18}$$
$$+477638700c^{19}+\cdots$$

の収束問題だと解釈できそうだ．とはいえ，この級数は高次の項の係数がどんどん大きくなっていくので扱いが難しい．これがどういう c に対して収束するかといわれてもすぐにはどうしていいかわからない．そこで，もとの定義にもどって，実験から始めよう．

3．グラフで推測

問題3 $x_0=0$
$$x_{n+1}=x_n^2+c$$
とする．$0\leqq c<1/4$ のとき，数列 $\{x_n\}$ は収束することを示せ．

$0\leqq c<1/4$ のとき，放物線 $y=x^2+c$ と直線 $y=x$ は交点 (α, α) をもつが，$\{x_n\}$ の変化のようすを描いてみると，$x_n\to\alpha$ らしいことが容易に推察できる（図1）．ただし，ここで，α は2次方程式
$$x^2-x+c=0$$
の小さいほうの解，つまり，
$$\alpha=(1-\sqrt{1-4c})/2<1/2$$
とする．

この推察を証明するまえに，まず，$0\leqq x_n<\alpha$ となることに注意してほしい．これは，$n=0$ のときは明らかで，$n\geqq 1$ のとき，$0\leqq x_{n-1}<\alpha$ と仮定すると，
$$0\leqq x_n=x_{n-1}^2+c<\alpha^2+c=\alpha$$

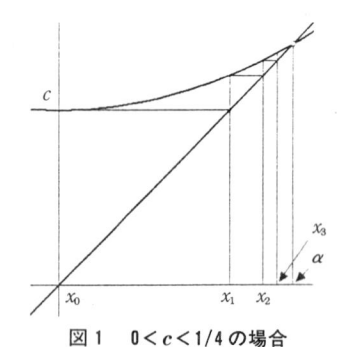

図1　$0<c<1/4$ の場合

となることからわかる．つぎに，これを使ってはじめの推察を証明しよう．

$$0<\alpha-x_n=(\alpha^2+c)-(x_{n-1}^2+c)$$
$$=\alpha^2-x_{n-1}^2=(\alpha+x_{n-1})(\alpha-x_{n-1})$$
$$<2\alpha(\alpha-x_{n-1})$$

これを繰り返すと，
$$0<\alpha-x_n<2\alpha(\alpha-x_{n-1})<(2\alpha)^2(\alpha-x_{n-2})$$
$$<\cdots<(2\alpha)^n\alpha$$

ここで，$0<\alpha<1$ に注意すると，$(2\alpha)^n\to 0$，したがって，$x_n\to\alpha$ となる．□

問題4 $c>1/4$ または $c<-2$ のとき，問題3の数列 $\{x_n\}$ は発散することを示せ．

$c>1/4$ のとき，放物線 $y=x^2+c$ と直線 $y=x$ は離れているので，$\{x_n\}$ の変化のようすを描いてみると，$x_n\to\infty$ となることが推察できる（図2）．

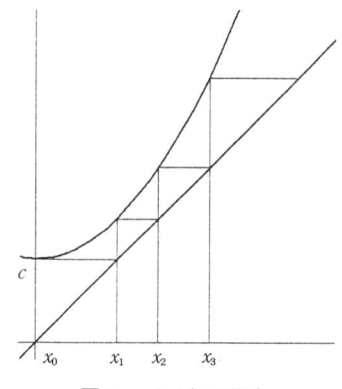

図2　$c>1/4$ の場合

これを証明しよう．まず，
$$x_n-x_{n-1}=x_{n-1}^2-x_{n-1}+c$$
$$>(x_{n-1}-1/2)^2-1/4+c>0$$

から，$\{x_n\}$ は単調増加．したがって，もし上に有界（つまり，ある有限の値以下）だったとすると，適当な有限値 α が存在して $x_n \to \alpha$ となるはず．ところが，そうだとすると，
$$\alpha = \alpha^2 + c$$
となる必要がある．いいかえると，放物線 $y=x^2+c$ と直線 $y=x$ は点 (α, α) で交わる必要があるわけだが，これは（$c>1/4$ なので）不可能．つまり，$\{x_n\}$ は有界ではない．したがって，$x_n \to \infty$ となる．

つぎに，$c<-2$ のとき，
$$x_2 + c = c^2 + 2c = c(c+2) > 0$$
から，$x_2 > -c$ となる．ここで，$n \geq 3$ のとき，$x_{n-1} > -c$ と仮定すると，
$$x_n + c = x_{n-1}^2 + 2c > c^2 + 2c > 0$$
つまり，$x_n > -c$ となることがわかる．

したがって，$n \geq 3$ のとき，
$$x_n = x_{n-1}^2 + c > x_{n-1}^2 - x_{n-1} > x_{n-1}(x_{n-1} - 1)$$
$$> x_{n-1}(-c-1)$$

これを繰り返すと，
$$x_n > x_{n-1}(-c-1) > x_{n-2}(-c-1)^2$$
$$> x_{n-3}(-c-1)^3 > \cdots > x_2(-c-1)^{n-2}$$
$$> -c(-c-1)^{n-2}$$

ここで，
$$-c > 2, \quad -c-1 > 1$$
であることに注意すると，$x_n \to \infty$ となることがわかる． □

問題 5 $c=1/4$ のとき，問題 3 の数列 $\{x_n\}$ は収束することを示せ．

$c=1/4$ のとき，放物線 $y=x^2+c$ と直線 $y=x$ は点 $(1/2, 1/2)$ で接している．$\{x_n\}$ の変化のようすを描いてみると，$x_n \to 1/2$ となることが推察できる．

これを証明しよう．まず，$0 \leq x_n < 1/2$ となることに注意する．これは，$x_0 = 0 < 1/2$ と
$$0 \leq x_n = x_{n-1}^2 + 1/4 < 1/2$$
からわかるが，
$$x_n - x_{n-1} = x_{n-1}^2 - x_{n-1} + 1/4 = (x_{n-1} - 1/2)^2 > 0$$
なので，$\{x_n\}$ は単調増加で $1/2$ をこえない．したがって，有限値 α が存在して $x_n \to \alpha$ となる．このとき，
$$\alpha = \alpha^2 + 1/4$$

から，$\alpha = 1/2$ となり，結局，$x_n \to 1/2$ となることがわかる． □

4．強引な実験

これで $c \geq 0$ の場合については数列 $\{x_n\}$ の収束と発散の範囲が確定したわけだが，$c<0$ の場合はどうなるのだろう？ とりあえず実験してみよう．

実験 1 $x_0 = 0$
$$x_{n+1} = x_n^2 + c$$
とする．$-2 \leq c \leq 1/4$ の範囲で c を 0.001 きざみで動かし，それぞれの c について x_{1000} を求め，c の値を横軸（c 軸と呼ぶ），x_{1000} の値を縦軸（x 軸と呼ぶ）にとって点 (c, x_{1000}) をプロットせよ．

x_{1000} を選んだことに特別な意味はない．計算時間を考慮して適当に選んだだけだ．まぁ，このくらいにすれば収束する範囲の確定に利用できるだろうというだけの話である．いうまでもなく，命題 1 の結果から，$0 \leq c \leq 1/4$ の場合には放物線
$$x = (1 - \sqrt{1-4c})/2$$
の近くに点が出現するはずだが，$-2 \leq c < 0$ の範囲でもこの放物線の近くに点が出現するのだろうか？ 結果を描くと図 3 のようになった．

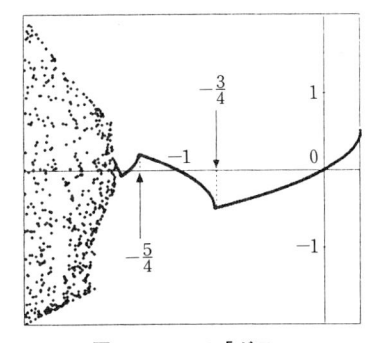

図 3 x_{1000} の「グラフ」

これはもう予想不能かつ奇妙な「グラフ」に違いない．「グラフ」で観察した感じでは，どうやら，$-3/4 < c \leq 1/4$ のあたりでは放物線
$$x = (1 - \sqrt{1-4c})/2$$
の近くに点が出現するようだが，$-5/4 < c < -3/4$ のあたりではまったく別の「グラフ」が現

われている．そのほかにも「段階的」な変化が見られるが，驚かされるのは c が -2 に近づくと「グラフ」がなめらかな「曲線」のようではなくまったくバラバラの点の集まりのようになってしまうことだ．　□

実験2　実験1と同じことを，x_{1000} のかわりに x_{1001} を使って行え．つまり，x_{1001} の「グラフ」を描け．

x_{1000} のかわりに x_{1001} を選んでも「グラフ」にそれほどの変化はないのではないかと思えるが，結果は図4のようになって，予想は完全に裏切られる．

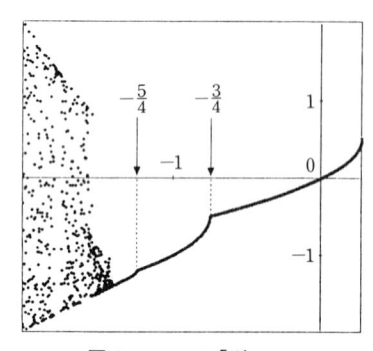

図4　x_{1001} の「グラフ」

とくに $-3/2<c<-3/4$ のあたりの違いは意外だろう．もっと左側のバラバラの点の状態も大きく変化しているがこれはとりあえず横に置いておこう．　□

実験3　x_k（$k=1000,\ 1001,\ 1002,\ 1003,\ \cdots,\ 1015$）の「グラフ」すべてを合体させた「グラフ」を描きそれを観察せよ．

結果は図5のようになる．この「グラフ」は点の大きさを図3と図4の場合よりも小さくした．そうしなければ，左側の点の集まりの状態が見えにくくなるためだ．

この「グラフ」からまずわかることは，$c=-3/4$ のあたりで「グラフ」が分岐していることだろう．同じような分岐は $c=-5/4$ のあたりでもみられるし，もう少し左側でも観察できる．もちろん，左側に寄れば「グラフ」の「幅」が拡大しバラバラの点のようになってい

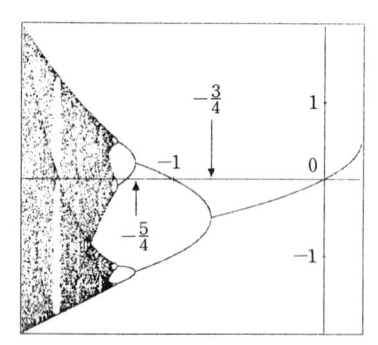

図5　x_{1000} から x_{1015} までの「グラフ」の合体

ることもわかる．それからもうひとつ，$c=-7/4$ のあたりなどに不思議な「隙間」ができていることにも注目したい．　□

5．収束する範囲の確定

図5の「グラフ」からはいろいろなことが読み取れるはずだが，とりあえず，$-3/4<c<1/4$ の範囲で $\{x_n\}$ が収束することを確かめておこう．

課題2　$-3/4<c<0$ のとき，数列 $\{x_n\}$ が収束することを図によって直観的に了解せよ．

結果だけを描いておく（図6）．

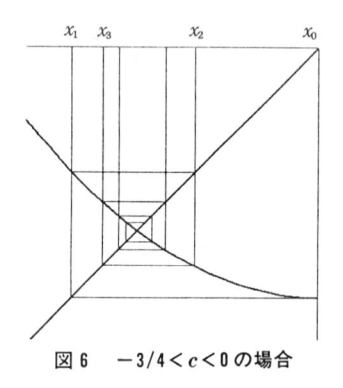

図6　$-3/4<c<0$ の場合

この図を見れば
$$c=x_1<x_3<x_5<\cdots<x_4<x_2<x_0=0$$
となって収束するらしいことが推察される．つぎに，これを確かめよう．

問題6　$-3/4<c<0$ のとき，数列 $\{x_n\}$ が収束することを示せ．

まず，
$$c \leq x_1 = c < 0$$
であるが，$k \geq 2$ のとき，$c \leq x_{k-1} < 0$ と仮定すると，
$$c \leq x_k = x_{k-1}^2 + c \leq c^2 + c < 0$$
となるので，帰納法によって，
$$n \geq 1 \text{ のとき，} x_1 = c \leq x_n < 0 = x_0$$
となることがわかる．ところで，$n \geq 3$ のとき，
$$\begin{aligned} x_n - x_{n-2} &= (x_{n-1}^2 + c) - (x_{n-3}^2 + c) \\ &= x_{n-1}^2 - x_{n-3}^2 \\ &= (x_{n-1} + x_{n-3})(x_{n-1} - x_{n-3}) \end{aligned}$$
つまり，
$$x_n - x_{n-2} = (負の数)(x_{n-1} - x_{n-3})$$
となる．これを繰り返せば，偶数の $n \geq 2$ について，
$$\begin{aligned} x_n - x_{n-2} &= (負の数)^{n-2}(x_2 - x_0) \\ &= (正の数)(c^2 + c) < 0 \end{aligned}$$
奇数の $n \geq 3$ について，
$$\begin{aligned} x_n - x_{n-2} &= (負の数)^{n-3}(x_3 - x_1) \\ &= (正の数)(c^2 + c)^2 > 0 \end{aligned}$$
となることがわかる．まとめると，
$$c \leq \cdots < x_6 < x_4 < x_2 < x_0$$
$$x_1 < x_3 < x_5 < x_7 < \cdots < 0$$
したがって，
$$x_{2n} \to \alpha, \quad x_{2n+1} \to \beta$$
となる α と β が存在する．このとき，
$$\alpha = \beta^2 + c$$
$$\beta = \alpha^2 + c$$
となることが必要．つまり，(α, β) は，
$$((1+\sqrt{1-4c})/2, (1+\sqrt{1-4c})/2),$$
$$((1-\sqrt{1-4c})/2, (1-\sqrt{1-4c})/2),$$
$$((-1+\sqrt{-3-4c})/2, (-1-\sqrt{-3-4c})/2),$$
$$((-1-\sqrt{-3-4c})/2, (-1+\sqrt{-3-4c})/2),$$
のどれかであることが必要．ところが，最後の2組は，$-3/4 < c < 0$ のとき，α, β とも虚数になるので起こりえない．また，最初のものは，$-3/4 < c < 0$ のとき，α, β とも正数になってこれも起こりえない．したがって，求める α, β は
$$\alpha = \beta = (1-\sqrt{1-4c})/2$$
となる．これは，$x_n \to (1-\sqrt{1-4c})/2$ であることを意味している． □

以上の結果を命題2として整理しておこう．

―― 命題 2 ――

$$x_0 = 0$$
$$x_{n+1} = x_n^2 + c$$
によって数列 $\{x_n\}$ を定義するとき，
1) $-3/4 \leq c \leq 1/4$ なら，$x_n \to (1-\sqrt{1-4c})/2$
2) $c > 1/4$ または $c < -2$ なら，$x_n \to \infty$

[証明]

1)は，$-3/4 < c \leq 1/4$ の場合については問題3と問題5と問題6の結果からわかる．また，2)は問題4の結果にすぎない．

1)の $c = -3/4$ の場合が残っているが，これについては
$$x_{2n} \to \alpha, \quad x_{2n+1} \to \beta$$
となる α と β が存在するというところまでは，問題5の解答の前半部分と同じでよい．このあとは，
$$\alpha = \beta^2 - 3/4$$
$$\beta = \alpha^2 - 3/4$$
となることが必要で，(α, β) は，
$$(3/2, 3/2), (-1/2, -1/2)$$
のいずれかであることが必要となるが，α, β とも負でなければならないので，求める α, β は
$$\alpha = \beta = -1/2$$
となり，
$$x_n \to -1/2 = (1-\sqrt{1-4c})/2$$
となることがわかる． □

IV　正多角形を折る

正5角形を折る

折り紙で正3角形を折るにはどうすればよいか？ どこかで一度聞いたことがあれば別に難しくはないが，はじめてとなると意外に時間がかかるかもしれない．折り紙（正方形）の4頂点を順にA，B，C，Dとし，辺ABを共有する正3角形を折ることを考えてみよう．そのためには，正方形ABCD内に点PをとってPA＝PBとなるようにすればよい．ところで，このPは辺ABの垂直二等分線上に存在しているはずだから，まず，AとB，CとDが重なるように折り，この垂直二等分線 m を作る．つぎに，Bが m 上にくるようにAを通る直線に沿って折れば，Bの移動先が求める点Pになっているはずだ（図1）．

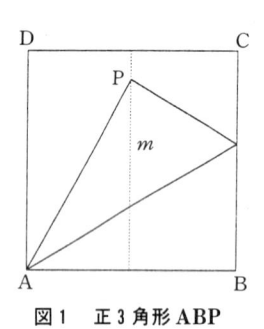

図1 正3角形ABP

図2 正3角形AEF

もちろん，点Dが m 上にくるように折っても同じ点Pがえられる（図2）が，これと同じようにして，辺ADの垂直二等分線 n 上に点Bがくるように折って点Qを作り，図2のように点E，Fをとると3角形AEFは正3角形になる．こちらのほうがはじめの正3角形よりも大きいことに注意してほしい．これが正方形に内接する最大の正3角形だということも証明できる（問題2）．

とまぁ，正3角形を折ることはできたが，正5角形についてはどうだろうか？

1．正5角形を折る

なんと，このパズルのような問題は入試問題として出題されていた．これも野村昌人さんから教わったことだ．実際の問題はもっとヒントがあって入試問題らしく変形されており解きやすくなっていたが，ここではそのエッセンスだけを抽出しておく．

問題1 正方形の折り紙を使って正5角形を折れ．

[類題：愛知教育大学]

そもそも「正5角形」を折るとはどういうことか？ などという根源的な問いかけは（話がメンドウになるので）許さないことにして，とりあえず「常識」の範囲で考えてみよう．

これを解くために，まず，正5角形の辺の長さと対角線の長さの比について思い出しておく．図3において，AB＝1，AD＝EC＝λ とし，AB＝BC＝CF＝FA＝AE＝1 と △AED ∽ △EFD に注意すると，AE：AD＝DF：DE から

$$1 : \lambda = (\lambda - 1) : 1$$

つまり

$$\lambda^2 - \lambda - 1 = 0$$

したがって，（$\lambda > 1$ より）

$$\lambda = (1+\sqrt{5})/2 = 黄金比$$

がえられる．

ということは，正方形（折り紙）の中に図4のような正5角形ABCDEを「折る」とすると，

AB：（正方形の辺の長さ）

図3　正5角形

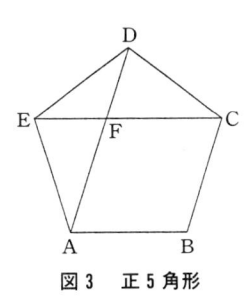

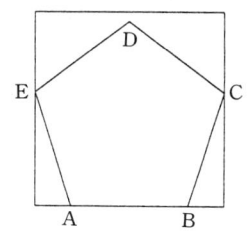

図4　正5角形と正方形

$= AB : EC = 1/\lambda = (\sqrt{5}-1)/2$

とする必要がある．そこで，まず，正方形の1辺の長さを1として，「折る」という操作によって $(\sqrt{5}-1)/2$ を作ることを考えてみよう．いろいろな方法があるだろうがここではつぎのような事実に注目する．

事実1 直角をはさむ2辺の長さが1と1/2であるような直角2等辺3角形において，長さ1/2の辺と斜辺の作る角の2等分線を引き，図5のように a をとると，$2a=(\sqrt{5}-1)/2$ となる．

図5　$2a = \dfrac{1}{\lambda}$

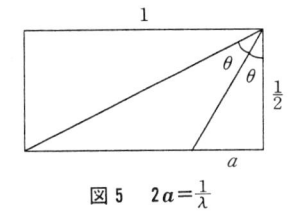

図5のように θ を定めると，
$\quad 2a = \tan\theta$ と $\tan(2\theta) = 2$
から，
$\quad 2 = \tan(2\theta)$
$\quad\quad = 2\tan\theta/(1-(\tan\theta)^2)$
$\quad\quad = 2(2a)/(1-(2a)^2)$
となり，方程式
$\quad (2a)^2 + (2a) - 1 = 0$
を解いて（$2a > 0$ より）

$\quad 2a = (\sqrt{5}-1)/2$

がえられる．

あるいは，幾何のよく知られた定理によって
$\quad \sqrt{1^2 + (1/2)^2} : (1/2) = (1-a) : a$
つまり
$\quad \sqrt{5} : 1 = (1-a) : a$
したがって
$\quad 2a = 2/(\sqrt{5}+1) = (\sqrt{5}-1)/2$
としてもよい．　□

この事実1を利用すれば，求める点Aの位置が決定できる．まず，折り紙（正方形）の右上の頂点Tを通る線に沿って点Sを点V（点Tと折り紙の左の辺の中点Uを結ぶ線分TU上の点）に重なるように折り，点Wを作ると（事実1によって），
$\quad SW = 2a = (\sqrt{5}-1)/2$
となる．ということは，線分RWの中点が点Aのはずだ．というのは，RA=SBとなる点Bをとると，たしかに，

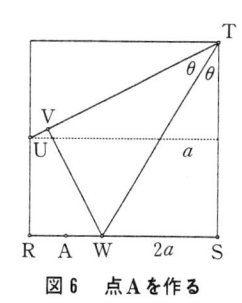

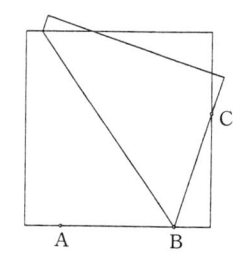

図6　点Aを作る

図7　点Bと点Cを作る

$\quad AB = SW = (\sqrt{5}-1)/2$
となるからだ．点Bの決定方法としては，折り紙を底辺の垂直二等分線に沿って折りAと重なる点をBとするといってもまぁ悪くはないが，折り紙の左右を逆転させて点Aを作ったのと同じ操作をするというほうが「折り紙的」でいい

のかもしれない．

　いずれにしても，こうして，点Aと点Bの位置が定まる．つぎに，点Cの位置を求めるには，Bを通る線に沿ってAが折り紙の右の辺の上にくるように折ればよい（図7）．こうすると，Aの移動先が求める点Cとなる．というのは，この点Cはたしかにもとの折り紙の右の辺上にあってBC＝ABとなっているからだ．

課題1　この事実を利用して$\cos(2\pi/5)$の値を求めよ．

　上のようにして作った点Cについて
$$\angle ABC = 3\pi/5$$
となることは明らか．したがって図7より，
$$\cos(2\pi/5) = \cos(\pi - \angle ABC)$$
$$= ((1-1/\lambda)/2)/(1/\lambda)$$
$$= (\lambda-1)/2 = (\sqrt{5}-1)/4$$
つまり，$\cos(2\pi/5) = (\sqrt{5}-1)/4$である． □

　話をもとにもどそう．残りの点DとEを求めるには，点Dが線分ABの垂直二等分線（＝折り紙の底辺の垂直二等分線）上にあることを利用すればよい．折り紙の下の部分を点Cを通る直線に沿って折り，点Bがこの垂直二等分線上にくるようにすれば，点Bと点Aの移動先の点がそれぞれ求める点Dと点Eになる（図8）．なぜかというと，点Bの移動先の点は線分ABの垂直二等分線上にあってCからの距離が$1/\lambda$となっているからだ．また，点Aの移動先の点が求める点Eになることは，できあがる予定の正5角形の線対称性からわかる．

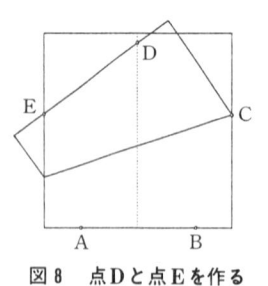

図8　点Dと点Eを作る

課題2　ここで述べた正5角形の折り方について整理せよ．

これは問題1の解答である．詳しいことは読者にまかせたい． □

正5角形を折る方法については，
[1] 川村みゆき『多面体の折紙』日本評論社
[2] 笠原邦彦『おりがみ新世紀』サンリオ
[3] 伏見康治・伏見満枝『折り紙の幾何学』日本評論社
[4] 芳賀和夫『オリガミクス』日本評論社
にあれこれ詳しく解説されている．とくに，[1]には正9角形や正17角形の具体的な折り方が紹介されており，興味深い．こうなると，やはり，定規とコンパスによる作図と折り紙による「作図」の類似性と異質性について考えたくなるが，それはまたつぎの機会ということにしよう．（追記：校正中にロベルト・ゲレトシュレーガー（深川英俊訳）『折紙の数学』森北出版の存在を知った．）

2．最大の正5角形を探す

　正5角形を折るだけでは不満で，最大の正5角形を折りたいということになると，かなりやっかいなことになりそうだ．そもそも，どのような正5角形が最大になるのかさえすぐにはわからない（かな？）．そこで，ここではとりあえず正3角形の場合に，つぎのような問題を考えることから始めたい．

問題2　正方形に内接する最大の正3角形を求めよ．

　正方形の4個の頂点を
$$(0, 0), (1, 0), (1, 1), (0, 1)$$
としておく．
　正3角形の隣り合う2頂点が
$$(x, 0), (0, y)$$
だと仮定してよいことに注意しよう（適当な線対称移動と平行移動によってそのようなものに移動できる）．このとき，もうひとつの頂点は
$$(x/2 + \sqrt{3}y/2, \sqrt{3}x/2 + y/2)$$
と書ける．この正3角形がもとの正方形に含まれる条件は，
$$0 \leq x \leq 1, \ 0 \leq y \leq 1$$
$$0 \leq x/2 + \sqrt{3}y/2 \leq 1$$

$0 \leq \sqrt{3}\,x/2 + y/2 \leq 1$

となる．これを満たす領域を図示すると図9がえられる．ここで，

$P_1(1, 2-\sqrt{3})$
$P_2(\sqrt{3}-1, \sqrt{3}-1)$
$P_3(2-\sqrt{3}, 1)$

とする．図9から明らかなように，この領域（境界も含む）に含まれる点のうちで原点からの距離が最大となるのは P_1，P_2，P_3 の場合に限られる．（$OP_1 = OP_2 = OP_3$ であることに注意．）ところで，原点から点 (x, y) までの距離 $\sqrt{x^2+y^2}$ というのは

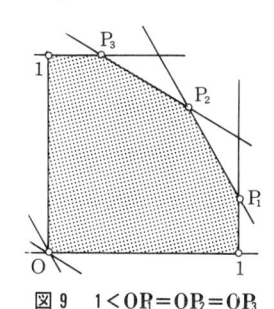

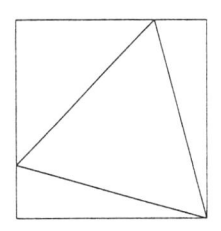

図9 $1 < OP_1 = OP_2 = OP_3$

図10 P_1 に対応する内接正3角形

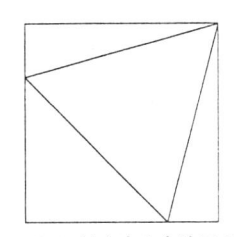

図11 P_2 に対応する内接正3角形

$(x, 0)$, $(0, y)$,
$(x/2 + \sqrt{3}\,y/2, \sqrt{3}\,x/2 + y/2)$

を頂点とする正3角形の1辺の長さにほかならない．したがって，求める正3角形の3頂点は

$(1, 0)$, $(0, 2-\sqrt{3})$, $(\sqrt{3}-1, 1)$

または

$(\sqrt{3}-1, 0)$, $(0, \sqrt{3}-1)$, $(1, 1)$

または

$(2-\sqrt{3}, 0)$, $(0, 1)$, $(1, \sqrt{3}-1)$

となる．それぞれを図示すると，図10，図11，図12のようになる．（1辺の長さは $\sqrt{6}-\sqrt{2}$ となっている．）つまり，正方形に内接する最大の正3角形は本質的に1種類しかないことがわかった． □

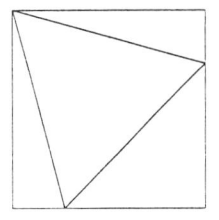

図12 P_3 に対応する内接正3角形

問題3 正方形に内接する最大の正5角形を求めよ．

ここでも，正方形の4個の頂点を

$(0, 0)$, $(1, 0)$, $(1, 1)$, $(0, 1)$

としておく．

内接する正5角形の隣り合う2頂点が

$(x, 0)$, $(0, y)$

だと仮定してよいことに注意しよう（なぜか考えてほしい）．このとき他の3頂点は

$s = \sin(3\pi/5)$, $c = \cos(3\pi/5)$

とおくとき，

$(cx+sy, sx+(1-c)y)$
$((1-c)x+sy, sx+cy)$
$(x/2+(1-2c)sy, (1-2c)sx+y/2)$

となる（$3\pi/5$ ラジアンの回転行列を利用して計算すればよい）．したがって，この正5角形がもとの正方形に含まれる条件は，

$0 \leq x \leq 1$, $0 \leq y \leq 1$
$0 \leq cx+sy \leq 1$
$0 \leq sx+(1-c)y \leq 1$
$0 \leq (1-c)x+sy \leq 1$
$0 \leq sx+cy \leq 1$
$0 \leq x/2+(1-2c)sy \leq 1$
$0 \leq (1-2c)sx+y/2 \leq 1$

となる．これを満たす領域を図示すると図12のようになり，この領域（境界も含む）に含まれる点のうちで原点からの距離が最大となるのは

P_2, P_3, P_4 に限ることがわかる．(かなりメンドウだが，計算によって $OP_1=OP_5<OP_2=OP_3=OP_4$ がいえる．) したがって，問題 2 と同じようにして，求める正 5 角形は図15または図16または図17のようになることがいえる．つまり，正方形に内接する最大の正 5 角形は本質的に 1 種類しかないことがわかった．(どれもみな正方形の対角線を線対称軸にもつ正 5 角形にすぎないことに注意．) □

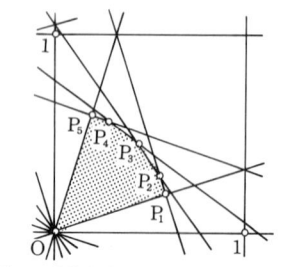

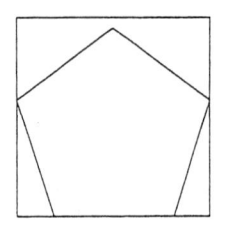

図13 $OP_1=OP_5<OP_2=OP_3=OP_4$

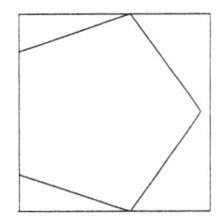

図14 P_1 に対応する内接正 5 角形

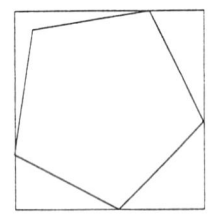

図15 P_2 に対応する正 5 角形

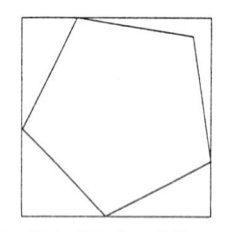

図16 P_3 に対応する内接正 5 角形

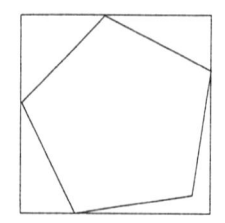

図17 P_4 に対応する内接正 5 角形

図18 P_5 に対応する内接正 5 角形

課題 3 折り紙（正方形）に内接する最大の正 5 角形を折れ．

課題 1 の結果から，
$$c = \cos(3\pi/5)$$
$$= \cos(\pi - 2\pi/5)$$
$$= -\cos(2\pi/5)$$
$$= (1-\sqrt{5})/4$$
$$s = \sin(3\pi/5)$$
$$= \sin(\pi - 2\pi/5)$$
$$= \sin(2\pi/5)$$
$$= \sqrt{1-(\cos(2\pi/5))^2}$$
$$= \sqrt{10+2\sqrt{5}}/4$$

となるが，このことと問題 3 の結果を見れば，少なくとも原理的には，最大の正 5 角形を折る手順がえられるはずだが，強引に挑戦してもエレガントからはほど遠いものになりそうなので，興味のある読者にまかせることにしたい． □

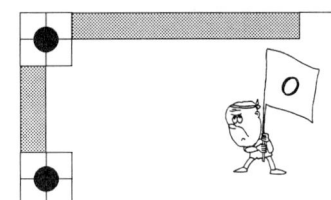

正5角形の作図

前章の議論によって，折り紙で正5角形が折れることはわかったが，ここでは，定規とコンパスによって正5角形が作図できることを確かめておこう．ことのついでに，正3角形，正5角形，正17角形，正257角形，正65537角形が定規とコンパスによって作図可能であることにも触れる．

1．方程式 $z^5=1$

問題1

(1) i を虚数単位とし，
$$\alpha = \cos(2\pi/5) + i\sin(2\pi/5)$$
とおくとき，
$$\alpha^4 + \alpha^3 + \alpha^2 + \alpha + 1 = 0$$
となることを示せ．

(2) 方程式
$$z^4 + z^3 + z^2 + z + 1 = 0$$
を $w = z + 1/z$ に関する方程式に変換することによって解け．

(3) $\cos(2k\pi/5)$ と $\sin(2k\pi/5)$ を計算せよ．ここで，$k = 1, 2, 3, 4$ とする．

[類題：鹿児島大学，新潟大学]

(1) 一般に $\beta = \cos\theta + i\sin\theta$ のとき，自然数 n に対して
$$\beta^n = \cos(n\theta) + i\sin(n\theta)$$
となること（証明は n に関する帰納法と三角関数の加法定理を使えばよい）から，$\theta = 2\pi/5$，つまり，
$$\alpha = \cos(2\pi/5) + i\sin(2\pi/5)$$
のときは，
$$\alpha^n = \cos(2n\pi/5) + i\sin(2n\pi/5)$$
となる．とくに，
$$\alpha^5 = \cos(2\pi) + i\sin(2\pi) = 1$$
したがって，
$$0 = \alpha^5 - 1 = (\alpha - 1)(\alpha^4 + \alpha^3 + \alpha^2 + \alpha + 1)$$

ここで，$\alpha \neq 1$ に注意すると，
$$\alpha^4 + \alpha^3 + \alpha^2 + \alpha + 1 = 0$$
となる．

(2) まず $z = 0$ が解でないことに注意して，
$$z^4 + z^3 + z^2 + z + 1 = 0$$
の両辺を z^2 で割ると，
$$z^2 + z + 1 + 1/z + 1/z^2 = 0$$
つまり，
$$(z + 1/z)^2 + (z + 1/z) - 1 = 0$$
ここで，$w = z + 1/z$ とすると，
$$w^2 + w - 1 = 0$$
これを解くと，
$$w = (-1 \pm \sqrt{5})/2$$
となる．つまり，
$$z + 1/z = (-1 \pm \sqrt{5})/2$$
z の2次方程式になおすと，
$$z^2 - ((-1 \pm \sqrt{5})/2)z + 1 = 0$$
したがって，求める4個の複素数解は
$$z = (-1 + \sqrt{5})/4 + i\sqrt{10 + 2\sqrt{5}}/4,$$
$$(-1 + \sqrt{5})/4 - i\sqrt{10 + 2\sqrt{5}}/4,$$
$$(-1 - \sqrt{5})/4 + i\sqrt{10 - 2\sqrt{5}}/4,$$
$$(-1 - \sqrt{5})/4 - i\sqrt{10 - 2\sqrt{5}}/4$$
となる．

(3) (1)によると，
$$\alpha = \cos(2\pi/5) + i\sin(2\pi/5)$$
は方程式
$$z^4 + z^3 + z^2 + z + 1 = 0$$
の解のひとつになっているが，あきらかに，
$$\cos(2\pi/5) > 0$$
$$\sin(2\pi/5) > 0$$
だから，(2)の結果から，
$$\alpha = (-1 + \sqrt{5})/4 + i\sqrt{10 + 2\sqrt{5}}/4$$
だとわかる．いいかえると，
$$\cos(2\pi/5) = (-1 + \sqrt{5})/4$$
$$\sin(2\pi/5) = \sqrt{10 + 2\sqrt{5}}/4$$
となる．また，

$\alpha^k = \cos(2k\pi/5) + i\sin(2k\pi/5)$

も，方程式

$z^4 + z^3 + z^2 + z + 1 = 0$

の解となるが，$\cos(2k\pi/5)$ と $\sin(2k\pi/5)$ の正負に注意し(2)の結果を利用すると（α 倍は原点のまわりの $2\pi/5$ ラジアン回転に対応することにも注意），

$\cos(4\pi/5) = (-1-\sqrt{5})/4$
$\sin(4\pi/5) = \sqrt{10-2\sqrt{5}}/4$
$\cos(6\pi/5) = (-1-\sqrt{5})/4$
$\sin(6\pi/5) = -\sqrt{10-2\sqrt{5}}/4$
$\cos(8\pi/5) = (-1+\sqrt{5})/4$
$\sin(8\pi/5) = -\sqrt{10+2\sqrt{5}}/4$

がえられる。 □

―― 命題 1 ――――――――――

方程式 $z^n = 1$ の複素数解全体は，複素平面上で，正 n 角形の n 個の頂点を形成する．ここで，n は 3 以上の整数とする．

[証明]

$\alpha = \cos(2\pi/n) + i\sin(2\pi/n)$

とおくと，α は，複素平面上で，1 を α 倍したもの（つまり 0 のまわりに $2\pi/n$ ラジアンだけ回転したもの）になるが，一般に，

$\alpha^k = \cos(2k\pi/n) + i\sin(2k\pi/n)$
$k = 0, 1, 2, \cdots\cdots, n-1$

は複素平面上で，1 を α^k 倍したもの（つまり 0 のまわりに $2k\pi/n$ ラジアンだけ回転したもの）になっているのですべて異なっている．しかも，k によらずに，

$(\alpha^k)^n = \cos(2k\pi) + i\sin(2k\pi) = 1$

ともなっている．したがって，

$\alpha^0 = 1, \alpha^1 = \alpha, \alpha^2, \alpha^3, \cdots, \alpha^{n-1}$

は方程式 $z^n = 1$ の n 個の複素数解全体を与えている．（一般に n 次方程式は n 個より多くの解をもたないことに注意．）いいかえると，方程式 $z^n = 1$ の n 個の複素数解は，複素平面上で，点 0 を中心とし，そのうちのひとつの点が点 1 であるような，正 n 角形の n 個の頂点を形成していることがわかった． □

2. 正 5 角形の作図

$n = 5$ の場合にこの命題 1 を使うと，正 5 角形の定規とコンパスによる作図法に到達できる．

課題 1 2 点 O，A が与えられている場合に，点 O を中心とし点 A を頂点のひとつとする正 5 角形を定規とコンパスを使って作図せよ．

OA = 1 の場合を考えれば十分．そのときは，線分 OA 上に

$OW = \cos(2\pi/5) = (-1+\sqrt{5})/4$

となる点 W さえ作図できればいいはずだ．これにはいろいろな手順が考えられるが，たとえば，つぎのようにすればよい（図 1）．

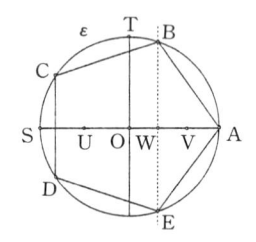

図 1 正 5 角形 ABCDE の作図(1)

(1) O を中心とし A を通る円 ε を描く．
(2) 直線 OA と円 ε の A 以外の交点を S とする．
(3) 半径 OA に垂直な半径のひとつを OT とする．
(4) 線分 OS の中点 U を中心とし T を通る円と直径 AS の交点を V とする．
(5) 線分 OV の中点を W とする．
(6) W を通り直径 AS に垂直な直線と円 ε の交点を B と E とする．
(7) B を中心とし AB を半径とする円と円 ε の A 以外の交点を C とする．
(8) E を中心とし AB = AE を半径とする円と円 ε の A 以外の交点を D とする．
(9) 5 角形 ABCDE が求める正 5 角形となる．

これが正しい理由は，計算によって確かめられる．（OA = 1 としておく．）まず，

$UV = UT = \sqrt{OT^2 + OU^2}$
$= \sqrt{1^2 + (1/2)^2} = \sqrt{5}/2$

なので，

$OW = OV/2 = (UV - OU)/2$
$= (\sqrt{5}/2 - 1/2)/2 = (-1+\sqrt{5})/4$

となり，

$\cos(2\pi/5) = (-1+\sqrt{5})/4$

に注意すれば，∠AOB＝$2\pi/5$ だとわかる．あとは作り方から明らか． □

課題 2 線分 AB が与えられている場合に，それを 1 辺とする正 5 角形を定規とコンパスを使って作図せよ．

AB＝1 としておく．このとき，
$$AD=BD=(1+\sqrt{5})/2=黄金比$$
となる点 D をとれば，それが求める正 5 角形の頂点のひとつになるはずなので（前章参照），たとえば，つぎのような作図法が考えられる（図 2）．

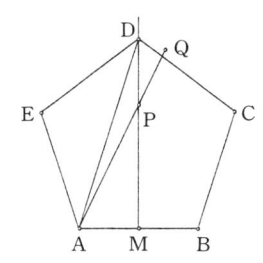

図 2 正 5 角形 ABCDE の作図 (2)

(1) 線分 AB の中点を M とし，垂直二等分線上に点 P をとって MP＝1 となるようにする．
(2) 直線 AP 上の P について A とは反対側に点 Q をとり，PQ＝AB/2 となるようにする．
(3) A を中心とし AQ を半径とする円と直線 MP との（P に近い）交点を D とする．
(4) D を中心とし AB を半径とする円と B を中心とし AB を半径とする円の交点のうちで A から遠い方を C とする．
(5) D を中心とし AB を半径とする円と A を中心とし AB を半径とする円の交点のうちで B から遠い方を E とする．
(6) 5 角形 ABCDE が求める正 5 角形となる．

これが正しい理由も計算によって確かめられる．

まず，
$$AP=\sqrt{AM^2+MP^2}$$
$$=\sqrt{(1/2)^2+1^2}=\sqrt{5}/2$$
なので，
$$AD=AQ=AP+PQ$$
$$=\sqrt{5}/2+1/2=(1+\sqrt{5})/2$$

となるが，このとき，
$$\cos\angle DAB=AM/AD=(-1+\sqrt{5})/4$$
だから，
$$\angle DAB=2\pi/5$$
となる．

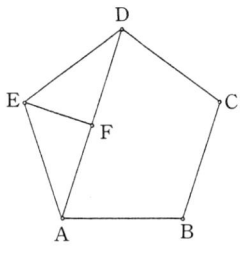

図 3 正 5 角形の確認

また，点 E の作り方から，E から線分 AD に下ろした垂直の足 F は AD の中点になっている（図 3）．したがって，
$$\cos\angle EAF=AF/AE=(1+\sqrt{5})/4.$$
ところで，一般に
$$\cos 2\theta=2(\cos\theta)^2-1$$
だが，とくに，$\theta=\angle EAF$ とすると，
$$2(\cos\theta)^2-1=2((1+\sqrt{5})/4)^2-1$$
$$=(-1+\sqrt{5})/4$$
だから，
$$\cos 2\theta=(-1+\sqrt{5})/4$$
となり，
$$2\theta=2\angle EAF=2\pi/5$$
つまり，
$$\angle EAF=\pi/5$$
がいえる．したがって，
$$\angle EDA=\angle EAD=\pi/5$$
また，同じ議論によって，
$$\angle CDB=\angle CBD=\pi/5$$
となることなどに注意すると，5 角形 ABCDE は，すべての角が $3\pi/5$ に等しく，すべての辺の長さが 1 で等しいので（定義によって）正 5 角形だとわかる． □

3．作図可能な正多角形

$n=5$ の場合をまねれば n が 5 より大きな場合にも正 n 角形が定規とコンパスによって作図できる可能性がある．命題 1 によると，方程式 $z^n=1$ の複素数解全体が正 n 角形の n 個の頂点を形成するのだから，この方程式の解のすべて

が $\sqrt{}$ と有理数と四則演算だけで表現できれば，複素数 0 と 1 から出発して，正 n 角形が作図できるはずだ．（なぜか考えてほしい．）たとえば，これはちょっとバカバカしいが，$n=6$ の場合．

問題 2 方程式 $z^6=1$ を解け．

まず
$$z^6-1=(z-1)(z^5+z^4+z^3+z^2+z+1)$$
から，5 次方程式
$$z^5+z^4+z^3+z^2+z+1=0$$
を解けばいいが，$z=-1$ が解のひとつであることが直ちにわかり，
$$z^5+z^4+z^3+z^2+z+1=(z+1)(z^4+z^2+1)$$
となるので，結局，
$$z^4+z^2+1=0$$
を解けばいいことになる．解いてみると，
$$z^2=(-1\pm i\sqrt{3})/2$$
から，
$$\begin{aligned}z&=\pm\sqrt{(-1\pm i\sqrt{3})/2}\\&=\pm\sqrt{((1\pm i\sqrt{3})/2)^2}\\&=\pm(1\pm i\sqrt{3})/2\end{aligned}$$
となるので，複素数 0 と 1 から出発して，（定規とコンパスだけで）正 6 角形が作図できることがわかる． □

まぁ，正 6 角形の場合には，1 辺の長さが外接円の半径に一致するので作図できることはあきらかだろうが，計算によっても確認できるというわけだ．

課題 3 正 8 角形，正 10 角形，正 12 角形，正 15 角形，正 16 角形の作図が可能なことを確かめよ．

ここでは与えられた円に内接する正多角形を作図することを考えるが，1 辺の長さが与えられた場合には図形を相似拡大（か相似縮小）すればいいので，円に内接する正多角形が作図可能なら，それもまた作図可能となることに注意してほしい．

- 正 8 角形は，円に内接する正方形を描き，正方形のそれぞれの辺に対応する円弧を 2 等分すれば作図できる．
- 正 10 角形は，円に内接する正 5 角形を描き，正 5 角形のそれぞれの辺に対応する円弧を 2 等分すれば作図できる．
- 正 12 角形は，円に内接する正 6 角形を描き，正 6 角形のそれぞれの辺に対応する円弧を 2 等分すれば作図できる．
- 正 16 角形は，円に内接する正 8 角形を描き，正 8 角形のそれぞれの辺に対応する円弧を 2 等分すれば作図できる．
- 正 15 角形はちょっと，工夫がいる．円に内接する正 3 角形と正 5 角形を描き，正 3 角形の 1 辺の中心角（$2\pi/3$ ラジアン）と正 5 角形の 1 辺の中心角（$2\pi/5$ ラジアン）との差が $4\pi/15$ ラジアンとなっているので，それを 2 等分すれば求める中心角（$2\pi/15$）がえられ正 15 角形が作図できる． □

というわけで，正 n 角形が作図可能かどうかすぐには判定できないのは，
$$n=7,\ 9,\ 11,\ 13,\ 14,\ 17,\ 18,\ 19,\cdots$$
の場合だということになるが，このうち，正 17 角形は作図可能であることが知られている．正 17 角形の作図は，数学の長い歴史からすると意外に最近の（?）事件で，1796 年 3 月 30 日の朝，18 歳のガウス（Carl Friedrich Gauss, 1777-1855）によって発見されたものである．ガウスはこの発見に勇気づけられて，数学への道を歩みはじめたとされている．このエピソードについては，日本では，

高木貞治『近世数学史談』岩波文庫

の中の記述が有名だ．（細かい話をひとつ．『近世数学史談』では「十九歳の青年ガウス」となっているが，ガウスは 1777 年 4 月 30 日の生まれなので，数え年 20 歳，満 18 歳というのが「正解」のはずだ．）

さらに，つぎのような定理（の原形）が，ガウスの 24 歳のときに出版した作品

『ガウス整数論』（高瀬正仁訳）共立出版

に出現している．

---- **定理（ガウス）** ----

3 以上の整数 n について，正 n 角形が作図可能であるための必要十分条件は，異なる $2^{2^x}+1$ 型の素数（の 1 乗または 0 乗）と 2^m（m は非

負整数）の積に n が素因数分解できることである．

とくに，素数 p について，正 p 角形が作図可能であるための必要十分条件は
$$p = 2^{2^k} + 1$$
となる非負整数 k が存在することである．

いうまでもなく，$k=0, 1, 2$ の場合は
$$2^{2^0} + 1 = 3$$
$$2^{2^1} + 1 = 5$$
$$2^{2^2} + 1 = 17$$
なので，それぞれ正3角形，正5角形，正17角形の作図可能性に対応している．ついでにいえば，$k=3, 4$ の場合は
$$2^{2^3} + 1 = 257$$
$$2^{2^4} + 1 = 65537$$
となって，素数だとわかるので，正257角形と正65537角形も作図可能となる．これらはいずれもガウスの弟子や孫弟子（の世代）にあたる人たち（ヘルメスとリヒェロート）によって19世紀に詳しく研究されている．しかし，
$$2^{2^5} + 1 = 4294967297$$
は，$641 \cdot 6700417$ と素因数分解されるので素数ではなく，したがって，正4294967297角形は作図可能ではない．また，
$$2^{2^6} + 1 = 18446744073709551617$$
$$2^{2^7} + 1$$
$$= 340282366920938463463374607431768211457$$
も順に
$$274177 \cdot 67280421310721$$
$$59649589127497217 \cdot 5704689200685129054721$$
と素因数分解されるのでやはり，素数ではない．じつは，いままでに知られている作図可能な正素数角形のうち辺数が最大のものの記録は，いまだに正65537角形が保持しているのである．言葉をかえると，$k \geq 5$ の場合には $2^{2^k}+1$ の形の素数（フェルマ素数と呼ばれている）はいまだに発見されていない．

正17角形の作図

前章では定規とコンパスによる正5角形の作図法について書いたので、ここでは、定規とコンパスによる作図について考えてみよう。これはやがて、定規とコンパスによる作図と折り紙による「作図」との差異を明確化するのに役立つはずだ。具体的な話題として、ガウスによる正17角形の作図可能性の証明と、その後に開発された正17角形の作図法についても眺めておこう。

1. 定規とコンパスによる作図

定規とコンパスによる作図というのは、平面上で(定規とコンパスを使って)つぎの4種類の操作を適当に繰り返すことだと見なせる(図1)。

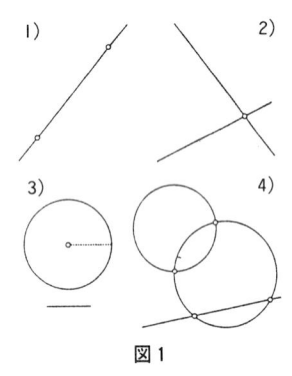

図1

S1 異なる2点について、それを結ぶ直線を引く。
S2 異なる(平行でない)2直線について、その交点を作る。
S3 点Pと長さ$r>0$について、Pを中心とする半径rの円を描く。
S4 円について、別の円や直線との交点(存在するとして)を作る。

問題1 この「公理」S1～S4を仮定すると、任意に与えられた2個の長さから、それらの和、差、積、商(割る長さは0ではないとする)が作図できることを示せ。ただし、単位の長さ1は与えられているものとする。

和と差は自明なので、積と商についてのみ考えておこう。この「公理」によって3角形や平行線が引けることはすぐにわかる(なぜか考えてほしい)ので図2のような図形を作図すれば積も商もえられるはずだ。まず、与えられた長さu, vの積については

$$AB=1, \quad AB'=u, \quad AC=v$$

となるようにA, B, B', Cをとって、図2のような3角形ABCを作り、BCとB'C'が平行になるように直線AC上に点C'をとれば、

$$AB:AB'=AC:AC'$$

から、

$$1:u=v:AC'$$

つまり、

$$AC'=uv$$

となる。(図2は$u>1$の場合の図であるが$u<1$の場合も同様にすればよい。また、$u=1$の場合は容易。)

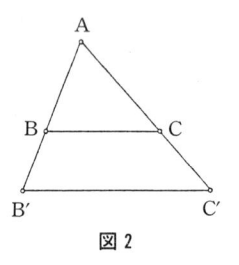

図2

つぎに、長さ$u, v \ (v>0)$の商u/vについては

$$AB=1, \quad AC=v, \quad AC'=u$$

となるようにA, B, C, C'をとって、図2のような3角形ABCを作り、BCとB'C'が平行になるように直線AB上に点B'をとれば、

$$AB:AB'=AC:AC'$$

から、

$$1:AB'=v:u$$

つまり，
$$AB' = u/v$$
となる．（図2は $u>v$ の場合の図であるが $u<v$ の場合も同様にすればよい．また，$u=v$ の場合は容易．）　□

問題2 「公理」S1〜S4を仮定すると，任意に与えられた長さ u について $\sqrt{u}$ が作図できることを示せ．

図3のように，AB＝u，BC＝1とし，ACを直径とする半円を描いて，点Bを通る直径ACの垂線とこの半円との交点をDとする．（これらの作業が「公理」S1〜S4によって可能であることをチェックしてほしい．）このとき，△ABDと△DBCは相似になり，
$$AB : DB = DB : BC$$
つまり，
$$u : DB = DB : 1$$
したがって，
$$DB = \sqrt{u}$$
となる．

図3

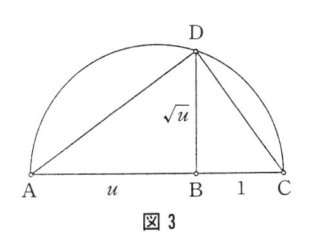

問題1と問題2の結果から，つぎのようなことがわかる．

―― 命題1 ――
1から四則演算と $\sqrt{}$ の有限回の組み合わせによって表現できる数は定規とコンパスによって作図可能である．

たとえば，（与えられた半径1の円に内接する）正5角形が作図可能なのは
$$\cos(2\pi/5) = (-1+\sqrt{5})/4$$
が「1から四則演算と $\sqrt{}$ の有限回の組み合わせによって表現できる数」になっているおかげだ．

2．正17角形の作図可能性

ことのついでに，半径1の円に内接する正17角形の作図可能性についても触れておこう．いろいろな解説法があるだろうが，ここではガウス自身による「天下り」的ではあるが簡単な方法を採用する．これは，ガウスが友人宛の手紙で書いているもので，

高木貞治『近世数学史談』岩波文庫

にも紹介されている．

計算したいのはいうまでもなく $\cos(2\pi/17)$ である．これが，「1から四則演算と $\sqrt{}$ の有限回の組み合わせによって表現できる数」となることがわかればいいわけだ．そこで，
$$\theta = 2\pi/17$$
として，
$$a = \cos\theta + \cos 4\theta$$
$$b = \cos 2\theta + \cos 8\theta$$
$$c = \cos 3\theta + \cos 5\theta$$
$$d = \cos 6\theta + \cos 7\theta$$
$$e = a + b$$
$$f = c + d$$
とおくことにする．

問題3
$$2ab = e + f = -1/2$$
$$2ac = 2a + b + d$$
$$2ad = b + c + 2d$$
$$2bc = a + 2c + d$$
$$2bd = a + 2b + c$$
$$2cd = e + f = -1/2$$
となることを示せ．

最初の関係式だけを示しておこう．（他の関係式もまったく同様にすればよい．）一般に
$$2\cos\alpha\cos\beta = \cos(\alpha+\beta) + \cos(\alpha-\beta)$$
となること，および，
$$\cos 9\theta = \cos(2\pi - 8\theta) = \cos 8\theta$$
$$\cos 12\theta = \cos(2\pi - 5\theta) = \cos 5\theta$$
に注意すると，
$$2ab = 2\cos\theta\cos 2\theta + 2\cos\theta\cos 8\theta$$
$$\quad + 2\cos 4\theta\cos 2\theta + 2\cos 4\theta\cos 8\theta$$
$$= \cos 3\theta + \cos\theta + \cos 9\theta + \cos 7\theta$$
$$\quad + \cos 6\theta + \cos 2\theta + \cos 5\theta + \cos 4\theta$$
$$= \cos\theta + \cos 4\theta + \cos 2\theta + \cos 8\theta$$

$$+\cos3\theta+\cos5\theta+\cos6\theta+\cos7\theta$$
$$=e+f$$
$$=\cos\theta+\cos2\theta+\cos3\theta+\cos4\theta$$
$$+\cos5\theta+\cos6\theta+\cos7\theta+\cos8\theta$$

また,
$$z=\cos\theta+i\sin\theta$$
とおくと明らかに
$$0=z^{17}-1=(z-1)(z^{16}+z^{15}+\cdots+z+1)$$
だが, $z\neq1$ なので
$$z^{16}+z^{15}+\cdots+z+1=0$$
となるが
$$z^k=\cos k\theta+i\sin k\theta$$
と実部に注目すると,
$$\sum_{k=0}^{16}\cos k\theta=0$$
がえられる. ここで,
$$\cos k\theta=\cos(2\pi-k\theta)$$
であることを使うと,
$$\sum_{k=1}^{8}\cos k\theta=\sum_{k=9}^{16}\cos k\theta=-(1/2)\cos0=-1/2$$
がいえる. つまり
$$e+f=-1/2$$
である. □

問題 4 $ef=-1$
を示し, これを利用して e, f を求めよ.

問題 3 の結果から,
$$ac+ad+bc+bd=2(a+b+c+d)$$
となるが, 定義によって,
$$ef=(a+b)(c+d)=ac+ad+bc+bd$$
かつ問題 3 で求めたように,
$$a+b+c+d=e+f=-1/2$$
であるから, 結局,
$$ef=-1$$
がえられる. つまり,
$$e+f=-1/2$$
$$ef=-1$$
だから, e, f は 2 次方程式
$$x^2+(1/2)x-1=0$$
の解である. ここで, 図 4, 図 5 を見れば直観的に
$$e>0,\ f<0$$
だとわかる (ベクトルの和の x 成分が正か負かを判断したわけだが, 厳密な議論は意外に面倒

なので, 電卓で近似計算してみる手でもとりあえずはいいだろう) ので, 上の 2 次方程式を解いて
$$e=(1/4)(-1+\sqrt{17})$$
$$f=(1/4)(-1-\sqrt{17})$$
がいえる. □

図 4

図 5

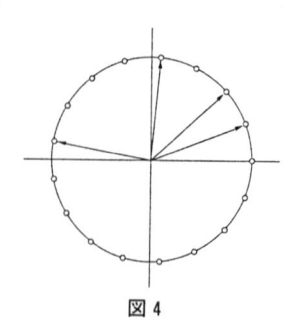

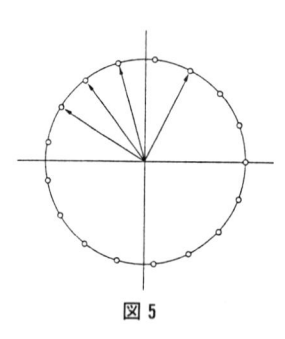

問題 5 問題 3 と問題 4 の結果から a, b, c, d を求めよ.

$a+b=e$ かつ $ab=-1/4$ より, a, b は 2 次方程式
$$x^2-ex-1/4=0$$
の解. この方程式を解いて, $a>0>b$ (図形的直観もしくは近似計算によればいい) に注意すれば,
$$a=(1/8)(-1+\sqrt{17}+\sqrt{34-2\sqrt{17}})$$
$$b=(1/8)(-1+\sqrt{17}-\sqrt{34-2\sqrt{17}})$$
がえられる. 同様に, $c+d=f$ かつ $cd=-1/4$ より, a, b は 2 次方程式
$$x^2-fx-1/4=0$$
の解. $c>0>d$ (図形的直観もしくは近似計算による) から,
$$c=(1/8)(-1-\sqrt{17}+\sqrt{34+2\sqrt{17}})$$
$$d=(1/8)(-1-\sqrt{17}-\sqrt{34+2\sqrt{17}})$$
がわかる. □

問題 6 問題 3，問題 4，問題 5 の結果から $\cos\theta$，つまり $\cos(2\pi/17)$ を求めよ．

$$\cos\theta + \cos 4\theta = a$$
$$\cos\theta \cos 4\theta = (1/2)(\cos 3\theta + \cos 5\theta) = (1/2)c$$

から，$\cos\theta$ と $\cos 4\theta$ は 2 次方程式
$$x^2 - ax + c/2 = 0$$
の解であるが，$\cos\theta > \cos 4\theta$ に注意すれば，
$$\cos\theta = (1/2)(a + \sqrt{a^2 - 2c})$$
$$\cos 4\theta = (1/2)(a - \sqrt{a^2 - 2c})$$
とわかる．ここで，
$$a^2 = (\cos\theta)^2 + 2\cos\theta\cos 4\theta + (\cos 4\theta)^2$$
$$= (1/2)(1 + \cos 2\theta + 2\cos 3\theta + 2\cos 5\theta + 1 + \cos 8\theta)$$
$$= 1 + b/2 + c$$

から，
$$\cos\theta = (1/2)(a + \sqrt{1 + b/2 - c})$$
$$= (1/2)((1/8)(-1 + \sqrt{17} + \sqrt{34 - 2\sqrt{17}}) + \sqrt{1 + (1/8)(-1 + \sqrt{17} - \sqrt{34 - 2\sqrt{17}})/2 - (1/8)(-1 - \sqrt{17} + \sqrt{34 + 2\sqrt{17}}))}$$
$$= (1/16)(-1 + \sqrt{17} + \sqrt{34 - 2\sqrt{17}}) + (1/8)\sqrt{16 - 1 + \sqrt{17} - \sqrt{34 - 2\sqrt{17}} + 2 + 2\sqrt{17} - 2\sqrt{34 + 2\sqrt{17}}}$$
$$= (1/16)(-1 + \sqrt{17} + \sqrt{34 - 2\sqrt{17}}) + (1/8)\sqrt{17 + 3\sqrt{17} - \sqrt{34 - 2\sqrt{17}} - 2\sqrt{34 + 2\sqrt{17}}}$$

がえられる． □

こうしてつぎの定理に到達できる．

---**定理 1（ガウス）**---

正17角形は定規とコンパスによって作図可能である．

[証明]

半径 1 の円に内接する正17角形が作図可能であることを示せば十分．そのためには，$\cos(2\pi/17)$ が「1 から四則演算と $\sqrt{}$ の有限回の組み合わせによって表現できる数」であることさえわかればよい．しかしこれは問題 6 の結果から明らか． □

3．正17角形の作図法

正17角形が作図可能であることはわかったが，実際に作図するとなるとなかなか難しい．素直にコツコツというのでは手続きが多くなりすぎて大変なのだ．ここでは

ハッル『数学のアイデア』東京図書

にある方法を紹介しておく．

課題 1 つぎのようにして順に点 O，A，B，C，D，E，F，G，H，I，J，K，L を作図するとき，
$$OL = \cos(2\pi/17)$$
となることを確かめよ．

(0) xy 平面上の 3 点 $O(0,0)$，$A(1,0)$，$B(0,1)$ からスタートする．
(1) 点 $C(1/4, 0)$ を作り，これを中心とし点 B を通る円を描き，点 D，E を作る．
(2) 点 D，E それぞれを中心とし点 B を通る 2 個の円を描き，点 F，G を作る．
(3) 線分 AF の中点 H を中心とし点 A を通る円を描き，点 I を作る．
(4) I の y 座標を 2 倍にしてえられる点を J とし，この点 J を中心として半径 OG の円を描き，点 K を作る．
(5) $OL = GK/4$ となる点 L を作る．

円と直線の交点は一般に 2 個存在するので，どちらの交点を選ぶべきかが問題になるが，図 6 のように選ぶものとする．

三平方の定理を使った計算によって，順に，

D：$((1/4)(1 + \sqrt{17}), 0)$
E：$((1/4)(1 - \sqrt{17}), 0)$
F：$((1/4)(1 + \sqrt{17} - \sqrt{34 + 2\sqrt{17}}), 0)$
G：$((1/4)(1 - \sqrt{17} - \sqrt{34 - 2\sqrt{17}}), 0)$
H：$((5/8)(5 + \sqrt{17} - \sqrt{34 + 2\sqrt{17}}), 0)$
I：$(0, (-1/2)\sqrt{-1 - \sqrt{17} + \sqrt{34 + 2\sqrt{17}}})$
J：$(0, -\sqrt{-1 - \sqrt{17} + \sqrt{34 + 2\sqrt{17}}})$
K：$((1/2) \times \sqrt{17 + 3\sqrt{17} - \sqrt{34 - 2\sqrt{17}} - 2\sqrt{34 + 2\sqrt{17}}}, 0)$
L：$((1/16)(-1 + \sqrt{17} + \sqrt{34 - 2\sqrt{17}}) + (1/8) \times \sqrt{17 + 3\sqrt{17} - \sqrt{34 - 2\sqrt{17}} - 2\sqrt{34 + 2\sqrt{17}}}, 0)$

となることがわかる．したがって，問題6の結果から，
$$\mathrm{OL}=\cos(2\pi/17)$$
がいえる． □

課題1のようにして作った点Lにおいてx軸に垂直な直線を描き，それと単位円との交点をM（図6）とすると，

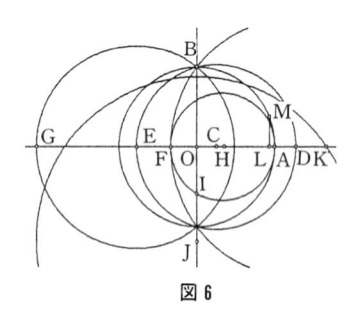

図6

$$\angle \mathrm{AOM}=2\pi/17$$

となり，点Aと点Mは正17角形の隣り合う頂点と考えてよい．したがって，単位円に内接する正17角形を定規とコンパスによって作図するには，線分AMの長さに開いたコンパスで順に（残り15個の）頂点を作っていけばよいことになる（図7）．

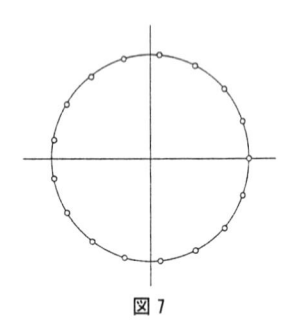

図7

3次方程式と折り紙

すでに折り紙による正5角形の折り方，定規とコンパスによる正5角形と正17角形の作図法について書いたが，一般に，定規とコンパスによる作図と折り紙による「作図」はどちらが強力なんだろう？たとえば，定規とコンパスでは描けないが折り紙でなら「描ける」というような例は存在するのだろうか？　あるいは逆に，折り紙では「描けない」が定規とコンパスでなら「描ける」というような例は存在するのだろうか？　結論をいってしまえば，折り紙は定規とコンパスよりもパワフルである．たとえば，定規とコンパスでは3次方程式の解は本質的に作図不可能だが，折り紙を使えば3次方程式の解が「作図」可能になる！定規とコンパスでは解けないことが証明されている「立方体の倍積問題」や「角の3等分問題」も折り紙なら解けてしまうのである．

1. 定規とコンパスによる作図

定規とコンパスによる作図についてはすでに書いたが，もう一度簡単に復習しておこう．定規とコンパスによる作図というのは，平面上で（定規とコンパスを使って）つぎの4種類の操作を適当に繰り返すことだと見なせる（図1）．

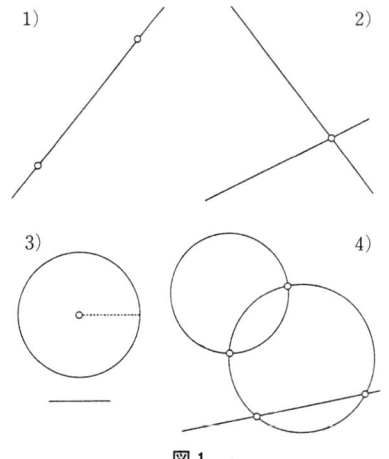

1)
2)
3)
4)

図1

S1　異なる2点について，それを結ぶ直線を引く．
S2　異なる（平行でない）2直線について，その交点を作る．
S3　点Pと長さ$r>0$について，Pを中心とする半径rの円を描く．
S4　円について，別の円や直線との交点（存在するとして）を作る．

このとき，つぎの事実が確かめられる．

事実1　この「公理」S1〜S4を仮定すると，任意に与えられた2個の長さから，それらの和，差，積，商（割る長さは0ではないとする）が作図できる．ただし，単位の長さ1は与えられているものとする．

事実2　「公理」S1〜S4を仮定すると，任意に与えられた長さuについて$\sqrt{u}$が作図できる．

事実1と事実2を利用すると，つぎの命題1が示せる．

—— **命題1** ——
1から四則演算と$\sqrt{}$の有限回の組み合わせによって表現できる数は定規とコンパスによって作図可能である．

さらに，「1から四則演算と$\sqrt{}$の有限回の組み合わせによって表現できない数は定規とコンパスによって作図可能でない」ことも示せる．これは昔からガロア理論への入門に最適な話題だとされているものだ．詳しくは

小林昭七『円の数学』裳華房
I. スチュワート『ガロアの理論』共立出版

を参照してほしい．

2. 折り紙による「作図」

公理的な「折り紙数学」の創始者とされるイ

タリア在住の物理学者藤田文章（ふみあき）によると，折り紙による「作図」というのは，平面上でつぎの6種類の操作を適当に繰り返すことにほかならない．

O1 異なる2点について，それを結ぶ直線を折る．
O2 異なる2点について，それらを重ねる直線を折る．
O3 異なる2直線について，それらを重ねる直線を折る．
O4 点Aと直線aについて，直線aをa自身に移し点Aを通る直線を折る．
O5 異なる2点A，Bと直線aについて，点Aが直線a上に移るように点Bを通る直線（存在するとして）を折る．
O6 異なる2点A，Bと2直線a，bについて，点A，Bがそれぞれ直線a，b上に移る直線（存在するとして）を折る．

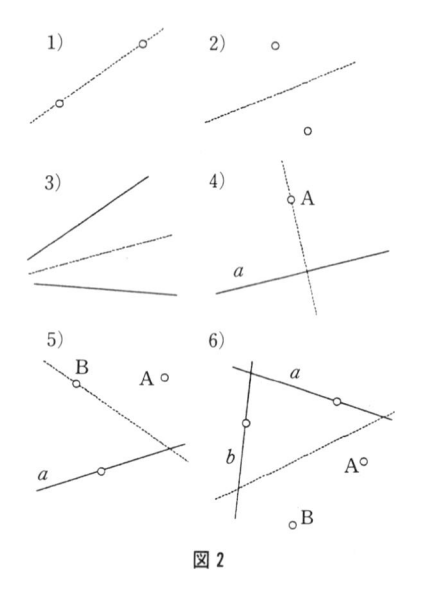

図2

折り紙でちょっとやってみればいずれも納得できるだろう．O1～O4は（「直線を折る」という部分を「直線を描く」と修正し，ほかも適当になおせば）定規とコンパスによる作図でも可能だとすぐにわかる．問題はO5とO6だろう．O5はAを焦点としaを準線とする放物線にBからの接線を引く操作に対応している（なぜか考えてほしい）．「折り紙のパワー」の源泉ともいうべき操作はやはり最後のO6だろう．これは「2次の操作」（つまり定規とコンパスの世界に含まれる操作）の範囲を逸脱している．じつは「3次の操作」に属していることがわかる！これら以外にも可能な基本操作がないとは限らないが，とりあえずこの6種類の操作ができることだけは確かである．この「公理系」の考案者による作品

　　藤田文章「折り目による定理とグラフィック」
　　『創造性の文化と科学』共立出版

には，このほかにも面白いことがいろいろ書かれている．たとえば，この6種類の操作だけで3次方程式が解ける（つまりO6が「3次の操作」だということ）ことが書かれている．これを紹介しよう．

問題1 3次方程式
$$x^3 + ax^2 + bx = c$$
はただひとつの正数解をもつことを示せ．ただし，$a \geq 0$，$b \geq 0$，$c > 0$とする．

xの関数x^3，x^2，xはいずれも$x \geq 0$の範囲で単調増加の連続関数だから，3次関数
$$f(x) = x^3 + ax^2 + bx$$
も単調増加の連続関数となり，$f(0) = 0$かつ$x \to \infty$のとき$f(x) \to \infty$となっている．つまり，3次曲線
$$y = x^3 + ax^2 + bx$$
のグラフは第1象限で見ると右上がりの連続曲線で，原点，$(0, 0)$を通り，$x \to \infty$のとき$y \to \infty$となっている．したがって，この曲線は$x > 0$の範囲で直線$y = c$とかならずただ1点で交わる． □

問題2 5点P$(1, 0)$，O$(0, 0)$，A$(0, a)$，B(b, a)，C$(b, a+c)$を考える．いま，点Pからスタートした動点がy軸に平行でない直線に沿って進み，y軸に到達すると方向を90°回転した直線に沿って上に進み，直線$y = a$に到達するとまたもや方向を90°回転した直線に沿って今度は右に進んで，動点が点Cに到達したとする．このとき，動点が最初にy軸に到達した点のy座標をαとすると，$|\alpha|$は3次方程式
$$x^3 + ax^2 + bx = c$$
の正数解となることを示せ．ただし，$a \geq 0$，$b \geq 0$，$c > 0$とする．

動点が直線 $y=a$ と交わる点の x 座標を β とし，図 3 において 3 個の直角 3 角形の相似に注意すると，
$$|\alpha|/1=|\beta|/(|\alpha|+a)=c/(|\beta|+b)$$
となる．つまり，
$$|\beta|=|\alpha|(|\alpha|+a)$$
$$|\alpha|(|\beta|+b)=c$$
これから $|\beta|$ を消去すると，
$$|\alpha|(|\alpha|(|\alpha|+a)+b)=c$$
整理すると，
$$|\alpha|^3+a|\alpha|^2+b|\alpha|=c$$
いいかえると，$|\alpha|$ は 3 次方程式
$$x^3+ax^2+bx=c$$
の正数解となる． □

図 3

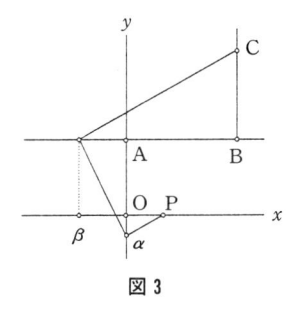

もちろん，逆に，3 次方程式
$$x^3+ax^2+bx=c$$
の正数解を γ とするとき，動点が，点 P から点 $(0,-\gamma)$ をめざして進み，ここで $-90°$ の方向転換をして，直線 $y=a$ と交わるとまた $-90°$ の方向転換をすれば，点 C にぶつかることもいえる．

3．折り紙で 3 次方程式を解く

ここではその証明は省かせてもらうが，定規とコンパスでは 3 次方程式を解くことは本質的に不可能である．そのことが，角の 3 等分や 2 の 3 乗根が作図できないことの根拠になっていたわけだ．ところが，折り紙を使うと 3 次方程式を解くことが可能になる．つぎの定理 1 が成立するのである．

―― 定理 1 （藤田文章）――
問題 2 と同じ記号の下で，点 P と点 C がそれぞれ直線 $x=-1$ と直線 $y=a-c$ の上にくるように（折り紙とみなした座標平面を）折って，直線を作れば，この直線と y 軸の交点の y 座標が α となる．

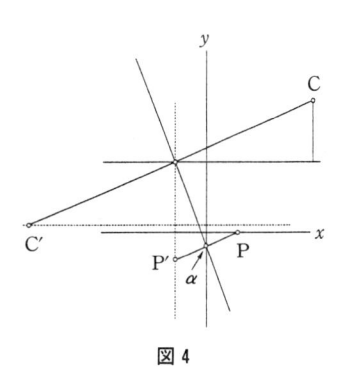

図 4

[証明]
点 P と点 C の移動先をそれぞれ点 P' と点 C' とする（図 4）．このとき，えられる直線は（作り方から）線分 PP' および線分 CC' の垂直 2 等分線になっている．したがって，点 P から出発して直進し，y 軸にぶつかると $-90°$ 方向転換してから直進し，さらにそのあと直線 $y=a$ にぶつかると $-90°$ 方向転換してから直進して点 C に到着するコースがえられたことになる．したがって，折ってえられた直線と y 軸の交点の y 座標は α となる． □

問題 3 長さ 1 が与えられているとき，2 の 3 乗根（>0）を折り紙で「作図」せよ．

定理 1 を利用して 3 次方程式 $x^3=2$ の正数解を求めればよい．$a=b=0$，$c=2$ の場合に対応する図を描くと図 5 のようになる．つまり，点 P(1, 0) と点 C(0, 2) を，それぞれ直線 $x=-1$ 上の点 P' と直線 $y=-2$ 上の点 C' に移動させ

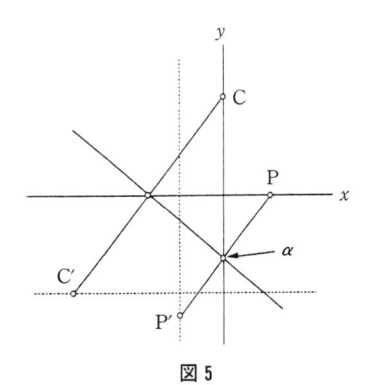

図 5

るように折り紙としての座標平面を折って直線を作れば，その直線（＝折り線）とy軸の交点のy座標の符号を変えたものが3次方程式$x^3=2$の正数解，したがって，2の3乗根（>0）になっている．　□

言葉をかえると，つぎの命題2がいえたことになる．

—— 命題2 ——
長さ1が与えられているとき，2の3乗根（>0）は定規とコンパスでは作図できないが，折り紙を使えば「作図」できる．

［証明］
すでに終わっている．　□

つまり，いわゆる「ギリシアの三大問題」のひとつ「立方体の倍積問題」（与えられた立方体のちょうど2倍の体積をもつ立方体の1辺の長さを作図する問題）は定規とコンパスでは解けないが，折り紙でなら解けるというわけだ．

4．折り紙で角を3等分する

それでは，これもまた「ギリシアの三大問題」のひとつとして有名な「角の3等分問題」についてはどうだろう？　じつをいうと，これも折り紙でなら「作図」できることがわかる．つぎにこれを確かめておこう．

まず，与えられた角θを3等分するために必要な方程式について考えよう．

問題4　$a=1/\cos\theta$とするとき$x=1/\cos(\theta/3)$が満たす方程式を求めよ．ここで，$\cos\theta\neq0$，$\cos(\theta/3)\neq0$とする．

3倍角の公式によって，
$$\cos\theta=4(\cos(\theta/3))^3-3\cos(\theta/3)$$
つまり，
$$1/a=4(1/x)^3-3(1/x)$$
整理すると，
$$x^3=4a-3ax^2$$
変形すると，
$$x^3+3ax^2=4a$$

という方程式がえられる．　□

問題4の結果から，与えられた角θ（$0<\theta<\pi$と仮定しておく）を折り紙によって3等分する方法が考案できる．ある長さ（>0）が与えられたとき，その逆数にあたる長さを折り紙によって「作図」することはつねに可能（いろいろな方法が考えられるが詳しくは読者にまかせたい）なので，$\cos\theta$を知って$\cos(\theta/3)$を求めたければ，つまり与えられた角の1/3の角を「作図」したければ，$a=1/\cos\theta$を知って$x=1/\cos(\theta/3)$を求めることができればよい．つまり，3次方程式
$$x^3+3ax^2=4a$$
の正数解を「作図」できればいいわけだ．これは定理1によって可能なので，結局，折り紙によって「角の3等分」が可能であることがわかる．

問題5　折り紙によって，60°を3等分する方法を考えよ．（注意：定規とコンパスでは60°を3等分することが不可能なことが知られている．）

この場合，$a=1/\cos60°=2$なので，3次方程式
$$x^3+6x^2=8$$

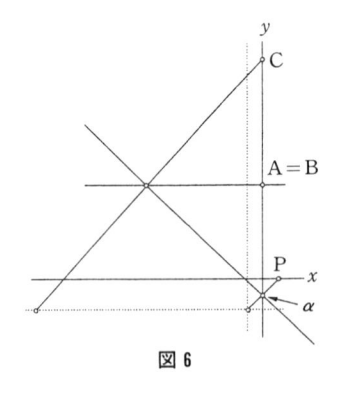

図6

の正数解が「作図」できればよい．これは（定理1により）図6のようにすれば可能．念のためにいえば，図6において$\alpha=-1/\cos20°$となっている．あとは，$|\alpha|$の逆数を「作図」すればよいだけだ．　□

問題5の解答は簡単に一般化できるので，つ

ぎの定理2がえられる.

---- 定理2 ----
折り紙によって，任意の角は3等分できる.

[証明]

念のためにいうと，$\pi/2$ ラジアンは3等分可能なので $0<\theta<\pi/2$ の角 θ について，それが3等分可能であることを示せばよい．このとき，$\cos\theta$ は簡単に「作図」できるが，
$$a=1/\cos\theta, \quad x=1/\cos(\theta/3)$$
とおくと，3倍角の公式によって，
$$x^3+3ax^2=4a$$
となることがわかる．（$a>0$ であることと，正数解のだけ考えればよいことに注意．）この方程式の正数解は定理1によって「作図」可能なので，その解の逆数を「作図」すれば，$\cos(\theta/3)$ がえられ，結局，θ が3等分できたことになる． □

この証明はちょっと「強引」かもしれない．角の3等分に限るともっとエレガントな「作図法」が存在する．まず，座標平面上に角 AOx が与えられたとして，図7のように x 軸に平行な直線 m，n（x 軸と m，m と n は間隔が等しいとする）を作り，直線 n と y 軸の交点を B とする．このとき，点 B と点 O（原点）がそれぞれ直線 OA と直線 m 上の点（それらを B' と O' とする）に重なるように折る．こうしてできる折り線と直線 m の交点を C とすると，半直線 OO' と半直線 OC がはじめの角 AOx の3等分線になっているというのだ．この「作図法」は，

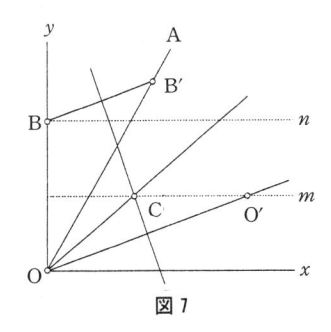

図7

藤田によると，「1980年少し前」に東京の阿倍恒によって発見されたものだという．

問題6 阿倍恒の「作図法」が正しいことを確かめよ．

図7において，（折り方から）線分 OC と線分 O'C は重なるはずだから，OC = O'C となり，△OCO' は2等辺3角形となるので，∠COO' = ∠CO'O がいえる．一方，∠CO'O = ∠O'Ox なので，結局，
$$\angle COO' = \angle O'O x$$
となる．また（折ることによって）線分 OB が線分 O'B' に重なることから，直線 m と直線 OC は重なる．このことからただちに直線 OC が線分 O'B' の垂直2等分線となることがいえる．したがって，
$$\angle COB' = \angle COO'$$
となる．まとめると，
$$\angle COB' = \angle COO' = \angle O'O x$$
つまり，OC と OO' が ∠AOx の3等分線だとわかる． □

ついでながら，一般の角（典型的な例としては60°）が定規とコンパスで3等分できないことの証明については，

矢野健太郎『角の三等分』日本評論社

の説明が予備知識がいらなくてわかりやすい．一松信による「解説」も合わせて読めばさらに理解しやすいだろう．

正7角形と正9角形

前章で，定規とコンパスでは解けない「立方体の倍積問題」や「角の3等分問題」も折り紙でなら簡単かつ厳密に解けることを見た．ここでは折り紙による正7角形と正9角形の「作図」について考えてみよう．

1．正7角形の「作図」

方程式 $z^n=1$ の複素数解全体が正 n 角形の n 個の頂点を形成することはすでに述べた．この方程式の複素解のひとつ
$$\alpha = \cos(2\pi/n) + i\sin(2\pi/n)$$
を原点のまわりに $2\pi/n$ ラジアンずつ回転させればすべての複素解がえられることもすぐにわかる．複素数 0 と 1 から出発して，正 n 角形を折るには，この複素数 α を「作図」すればよいことになる．具体的に $n=7$ の場合を考えてみよう．

問題 1 方程式 $z^7=1$ の解法は 1 個の 1 次方程式と 1 個の 2 次方程式と 1 個の 3 次方程式の解法に帰着できることを確かめよ．

まず
$$z^7-1=(z-1)(z^6+z^5+z^4+z^3+z^2+z+1)$$
から，6 次方程式
$$z^6+z^5+z^4+z^3+z^2+z+1=0$$
を解けばよい．これは両辺を $z^3(\neq 0)$ で割って，
$$z^3+z^2+z+1+1/z+1/z^2+1/z^3=0$$
とし，
$$t=z+1/z$$
とおいて変形すればよい．
$$t^2=z^2+2+1/z^2$$
$$t^3=z^3+3z+3/z+1/z^3$$
つまり，
$$z^2+1/z^2=t^2-2$$
$$z^3+1/z^3=t^3-3t$$
となるので，結局，もとの 6 次方程式を解くには
$$t^3-3t+t^2+t+1=0$$

つまり，
$$t^3+t^2-2t-1=0$$
を解けばよいことになる．
いいかえると，1 個の 1 次方程式
$$z-1=0$$
と 1 個の 3 次方程式
$$t^3+t^2-2t-1=0$$
と 1 個の 2 次方程式
$$z^2-tz+1=0$$
の解法に帰着できる． □

折り紙によって正 7 角形を「作図」したければ，0 と 1 からスタートして
$$\alpha=\cos(2\pi/7)+i\sin(2\pi/7)$$
を「作図」できればよいが，そのためには，
$$2\cos(2\pi/7)=\alpha+1/\alpha$$
が「作図」できれば十分だ（なぜか考えてほしい）．これは 3 次方程式
$$t^3+t^2-2t-1=0$$
の正数解を求めることにほかならない．

問題 2 $2\cos(2\pi/7)$ を「作図」するには，3 次方程式
$$t^3+t^2+2t-1=0$$
の正数解を「作図」すればよいことを示せ．

いろいろな方法で解けるが，考察の範囲をちょっと広げてみよう．k を整数として
$$u=2k\pi/7, \quad c=\cos u, \quad s=\sin u$$
と書くと，加法定理によって，
$$1=\cos 7u=\cos(3u+4u)$$
$$=\cos 3u\cos 4u-\sin 3u\sin 4u$$
$$=\cos(u+2u)\cos(2u+2u)$$
$$\quad -\sin(u+2u)\sin(2u+2u)$$
$$=(c(2c^2-1)-s(2sc))(2(2c^2-1)^2-1)$$
$$\quad -(s(2c^2-1)+c(2sc))4sc(2c^2-1)$$
$$=(c(2c^2-1)-(1-c^2)(2c))(2(2c^2-1)^2-1)$$
$$\quad -(1-c^2)((2c^2-1)+c(2c))4c(2c^2-1)$$

$$= 64c^7 - 112c^5 + 56c^3 - 7c$$

つまり，
$$128c^7 - 224c^5 + 112c^3 - 14c - 2 = 0$$

変形すると，
$$(2c)^7 - 7(2c)^5 + 14(2c)^3 - 7(2c) - 2 = 0$$

となる．ところで，この左辺を因数分解すると，
$$((2c) - 2)((2c)^3 + (2c)^2 - 2c - 1)^2 = 0$$

がえられる．

つまり，
$$2\cos(2k\pi/7), \quad k = 0, 1, 2, 3, 4, 5, 6$$

は7次方程式
$$t^7 - 7t^5 + 14t^3 - 7t - 2 = 0$$

したがって，
$$(t - 2)(t^3 + t^2 - 2t - 1)^2 = 0$$

の7個の解になっている．

ここで，
$$\cos(0\pi/7) = 1$$
$$\cos(2\pi/7) = \cos(12\pi/7) > 0$$
$$\cos(4\pi/7) = \cos(10\pi/7) < 0$$
$$\cos(6\pi/7) = \cos(8\pi/7) < 0$$

に注意すると，単解が1個と重解が3個あることになる．とくに，3次方程式
$$t^3 + t^2 - 2t - 1 = 0$$

の正数解は $2\cos(2\pi/7)$ にほかならない． □

同じことだが，三角関数の加法定理を前面に出さない証明もある．
$$c = \cos(2k\pi/7), \quad s = \sin(2k\pi/7)$$

のとき，
$$1 = \cos(2k\pi) + i\sin(2k\pi) = (c + is)^7$$
$$= 64c^7 - 112c^5 + 56c^3 - 7c +$$
$$\quad i(-64s^7 + 112s^5 - 56s^3 + 7s)$$

なので，その実部に注目すればよい．

それはともかくとして，わかったことを整理しておこう．

---- 命題1 ----

折り紙による正7角形の「作図」は，3次方程式
$$t^3 + t^2 - 2t - 1 = 0$$

の正数解の「作図」と同値である．ただし，0と1は与えられているものと仮定する．

[証明] 問題1と問題2の結果から明らか．□

問題3 0と1から出発して，3次方程式
$$t^3 + t^2 - 2t - 1 = 0$$

の正数解を折り紙によって「作図」する方法を考えよ．

前章の定理1を利用するには，ちょっと変形が必要．たとえば，$x = t - 1$ とおくと，3次方程式
$$t^3 + t^2 - 2t - 1 = 0$$

は
$$(x+1)^3 + (x+1)^2 - 2(x+1) - 1 = 0$$

つまり，
$$x^3 + 4x^2 + 3x = 1$$

となり，前章の定理1が使えるようになる．

つまり，5点 $P(1, 0)$, $O(0, 0)$, $A(0, 4)$, $B(3, 4)$, $C(3, 5)$ を考えればよい．点Pからスタートした動点がy軸に向かって直線的に進み，y軸に到達すると方向を$-90°$回転し，さらに，直線$y = 4$に到達すると方向をまた$-90°$回転して，点Cに到達したとする．このとき，動点が最初にy軸に到達した点のy座標をpとすると，$|p|$は3次方程式
$$x^3 + 4x^2 + 3x = 1$$

の正数解となるのであった．証明は直角3角形の相似を使えばすぐにできる．□

これでいいわけだが，前章の問題2を少し改変（bを取るときに向きを逆にする）して直接3次方程式
$$t^3 + t^2 = 2t + 1$$

の正数解を求める議論を展開することもできる．やってみよう．

課題1 5点 $P(1, 0)$, $O(0, 0)$, $A(0, a)$, $B(-b, a)$, $C(-b, a+c)$ を考える．いま，点Pからスタートした動点がy軸に向かって直線的に進み，y軸に到達すると方向を$-90°$回転し，さらに，直線$y = a$に到達すると方向をまた$-90°$回転して，点Cに到達したとする．このとき，動点が最初にy軸に到達した点のy座標をpとすると，$|p|$は3次方程式
$$x^3 + ax^2 = bx + c$$

の正数解となることを示せ．ただし，$a \geq 0$, $b \geq 0$, $c > 0$ とする．

動点が直線 $y=a$ と交わる点の x 座標を q とし，図1の3個の直角3角形の相似に注意すると，
$$|p|/1=|q|/(|p|+a)=c/(|q|-b)$$
となる．つまり，
$$|q|=|p|(|p|+a)$$
$$|p|(|q|-b)=c$$
これから $|q|$ を消去すると，
$$|p|(|p|(|p|+a)-b)=c$$
整理すると，
$$|p|^3+a|p|^2=b|p|+c$$
いいかえると，$|p|$ は3次方程式
$$x^3+ax^2=bx+c$$
の正数解となる．（この方程式はつねにただひとつの正数解をもつことに注意．） □

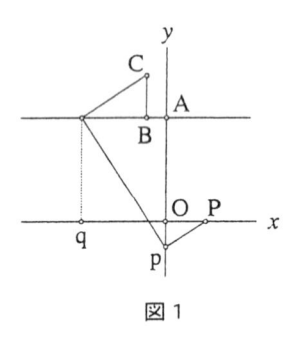

図1

前章の定理1とまったく同様にして，つぎの事実が確かめられる．

課題2　課題1と同じ記号の下で，点 P と点 C がそれぞれ直線 $x=-1$ と直線 $y=a-c$ の上にくるように（折り紙とみなした座標平面を）折って，直線を作れば，この直線と y 軸の交点の y 座標が p となることを示せ．

前章の定理1の証明がそのまま有効． □

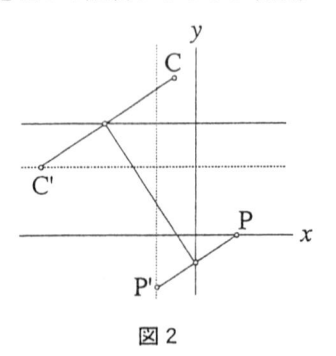

図2

これを使えば，3次方程式
$$t^3+t^2=2t+1$$
の正数解を「作図」できる．つまり，つぎの命題2に到達できる．

—— **命題2** ——
折り紙（座標平面とみなす）を，点 $P(0,1)$ と点 $C(-2,2)$ がそれぞれ直線 $x=-1$ と直線 $y=0$ 上にくるように折って，図3のように直線を作る．このとき，この直線と y 軸の交点の y 座標は $-2\cos(2\pi/7)$ となる．

［証明］　課題2の特殊な場合にすぎない．あとは，問題2の結果から，3次方程式
$$t^3+t^2=2t+1$$
の正数解というのは $2\cos(2\pi/7)$ にほかならないことに注意すればよい． □

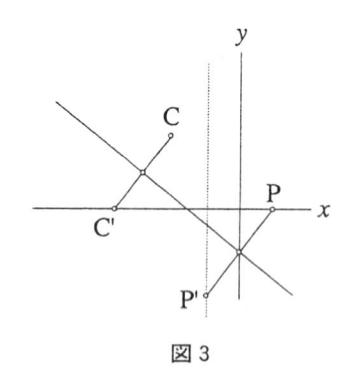

図3

こうしてつぎの定理1に到達できる．

—— **定理1** ——
正7角形は，折り紙によって「作図」可能である．

［証明］　単位の長さが与えられてさえいれば，命題2から $2\cos(2\pi/7)$ が「作図」可能なので，$\cos(2\pi/7)$ も「作図」可能となり，斜辺の長さが1で他の1辺の長さが $\cos(2\pi/7)$ となる直角3角形が「作図」できる．これは，$\sin(2\pi/7)$ が「作図」可能であることを意味している．複素平面上で考えれば，$\cos(2\pi/7)+i\sin(2\pi/7)$ が「作図」可能になる．したがって，正7角形は，折り紙によって「作図」可能である． □

ついでながら，有理数を係数とする3次方程式

$$t^3+at^2+bt+c=0$$
が有理数解をもたなければ，この方程式の解は，定規とコンパスによっては作図不能であるという事実に注意してほしい．ところで，有理数係数の3次方程式
$$t^3+t^2-2t-1=0$$
が有理数解 m/n（m, n は互いに素な整数）をもっているとすると，
$$(m/n)^3+(m/n)^2-2(m/n)-1=0$$
つまり，
$$m^3+m^2n-n^3=2mn^2$$
となるはずだが，$(m,n)=$（奇数，奇数），$(m,n)=$（奇数，偶数），$(m,n)=$（偶数，奇数）のいずれの場合にも，奇数＝偶数となって矛盾．（もちろん，仮定から $(m,n)=$（偶数，偶数）とはなりえない．）つまり，3次方程式
$$t^3+t^2-2t-1=0$$
は有理数解をもたないので，その解のひとつ $\cos(2\pi/7)$ は定規とコンパスによっては作図不能．いいかえると，正7角形は，定規とコンパスによっては，作図不能である．

こうして，正7角形は，折り紙によっては，「作図」可能であるが，定規とコンパスによっては，作図不能であることがわかる．スローガン的にいえば「定規とコンパスによっては2次方程式までしか解けないが，折り紙なら3次方程式も解ける」というわけだ！

2．正9角形の「作図」

つぎに，正9角形の「作図」について考えてみよう．

問題4 方程式 $z^9=1$ の解法は1個の1次方程式と2個の2次方程式と1個の3次方程式の解法に帰着できることを確かめよ．

まず
$$z^9-1=(z^3-1)(z^6+z^3+1)$$
$$=(z-1)(z^2+z+1)(z^6+z^3+1)$$
から，6次方程式
$$z^6+z^3+1=0$$
を解けばいい．両辺を z^3（$\neq 0$）で割って，
$$z^3+1+1/z^3=0$$
ここでも，

$$t=z+1/z$$
とおくと，問題1の場合と同様に，
$$z^3+1/z^3=t^3-3t$$
なので，もとの6次方程式を解くには
$$t^3-3t+1=0$$
を解けばよいことになる．

いいかえると，1個の1次方程式
$$z-1=0$$
と1個の2次方程式
$$z^2+z+1=0$$
と1個の3次方程式
$$t^3-3t+1=0$$
と1個の2次方程式
$$z^2-tz+1=0$$
の解法に帰着できる． □

いうまでもなく，6次方程式
$$z^6+z^3+1=0$$
の解法は，$t=z^3$ とおいて，2次方程式
$$t^2+t+1=0$$
と3次方程式
$$z^3=t$$
の解法に還元してもよい．問題4を解くだけならそれでもよいが，正9角形の「作図」について考えようとすると，虚数の3乗根の「作図」が必要になり，かえってややこしくなりそうだ．

ところで，折り紙によって正9角形を「作図」したければ，0と1からスタートして
$$\cos(2\pi/9)+i\sin(2\pi/9)$$
を「作図」できればよいが，そのためには，
$$2\cos(2\pi/9)$$
が「作図」できれば十分だ．正7角形の場合と同じようにして，つぎのことがいえる．

問題5 $2\cos(2\pi/9)$ を「作図」するには，3次方程式
$$t^3-3t+1=0$$
の（大きいほうの）正数解を「作図」すればよいことを示せ．

[証明]
$$c=\cos(2k\pi/9),\ s=\sin(2k\pi/9)$$
$$k=0,1,2,3,4,5,6,7,8$$
のとき，
$$1=\cos(2k\pi)+i\sin(2k\pi)=(c+is)^9$$

$$=256c^9-576c^7+432c^5-120c^3+9c+$$
$$i(256s^9-576s^7+432s^5-120s^3+9s)$$
の実部に注目すると，
$$256c^9-576c^7+432c^5-120c^3+9c-1=0$$
変形すると，
$$(2c)^9-9(2c)^7+27(2c)^5$$
$$-30(2c)^3+9(2c)-2=0$$
となる．ところで，この左辺を因数分解すると，
$$((2c)-2)((2c)+1)^2((2c)^3-3c+1)^2=0$$
がえられる．

つまり，
$$2\cos(2k\pi/9),\ k=0,1,2,3,4,5,6,7,8$$
は9次方程式
$$t^9-9t^7+27t^5-30t^3+9t-2=0$$
したがって，
$$(t-2)(t+1)^2(t^3-3t+1)^2=0$$
の9個の解になっている．

ここで，
$$2\cos(0\pi/9)=2$$
$$2\cos(2\pi/9)=2\cos(16\pi/9)>0$$
$$2\cos(4\pi/9)=2\cos(14\pi/9)>0$$
$$2\cos(6\pi/9)=2\cos(12\pi/9)=-1$$
$$2\cos(8\pi/9)=2\cos(10\pi/9)<0$$
に注意すると，単解が1個と重解が4個あることになる．とくに，3次方程式
$$t^3-3t+1=0$$
の正数解は$2\cos(2\pi/9)$と$2\cos(4\pi/9)$，負数解は$2\cos(8\pi/9)$だとわかる．明らかに
$$2\cos(2\pi/9)>2\cos(4\pi/9)>0$$
を「作図」するには，3次方程式
$$t^3-3t+1=0$$
の（大きいほうの）正数解を「作図」すればよいことがわかった． □

正数解が2個あるのは面白くないかもしれないが，正9角形の「作図」という目的のためには，どちらか一方の正数解さえ求まればよいことがすぐにわかる．また，1個しかない負数解に注目することもできる．詳しくは読者にまかせたい．したがって，つぎのようにまとめておこう．

――― 命題3 ―――

折り紙による正9角形の「作図」は，3次方程式
$$t^3-3t+1=0$$
のひとつの解の「作図」と同値である．ただし，0と1は与えられているものと仮定する．

[証明] 正9角形を作図するには，$2\cos(2\pi/9)$または$2\cos(4\pi/9)$または$2\cos(8\pi/9)$を「作図」すればよい．つまり，3次方程式
$$t^3-3t+1=0$$
のひとつの解を求めればよい． □

問題6 0と1から出発して，3次方程式
$$t^3-3t+1=0$$
の大きいほうの正数解を折り紙によって「作図」する方法を考えよ．

たとえば，$x=t-1$とおくと，3次方程式
$$t^3-3t+1=0$$
は
$$(x+1)^3-3(x+1)+1=0$$
つまり，
$$x^3+3x^2=1$$
となるが，
$$2\cos(2\pi/9)>1>2\cos(4\pi/9)>0$$
なので，xの方程式と見れば課題1と課題2の結果が使えるようになる． □

5点$P(1,0)$，$O(0,0)$，$A(0,3)$，$B(0,3)$，$C(0,4)$を考える．いま，点Pからスタートした動点がy軸に向かって直線的に進み，y軸に到達すると方向を$-90°$回転し，さらに，直線$y=3$に到達すると方向をまた$-90°$回転して，点Cに到達したとする．このとき，動点が最初にy軸に到達した点のy座標をpとすると，$|p|$は3次方程式
$$x^3+3x^2=1$$
の正数解となるというわけだ．したがって，つぎの命題4に到達できる．

――― 命題4 ―――

折り紙（座標平面とみなす）を，点$P(1,0)$と点$C(0,4)$がそれぞれ直線$x=-1$と直線$y=2$の上にくるように折って，直線を作る．このとき，この直線とy軸の交点のy座標は$1-2$

$\cos(2\pi/9)$ となる．

[証明] 課題 2 と $t=x+1$ からわかる． □

こうして定理 2 がえられる．

---- **定理 2** ----------

正 9 角形は，折り紙によって「作図」可能である．

[証明] 単位の長さが与えられてさえいれば，命題 4 から $1-2\cos(2\pi/9)$ が「作図」可能なので，$\cos(2\pi/9)$ も「作図」可能である．このとき，斜辺の長さが 1 で他の 1 辺の長さが $\cos(2\pi/9)$ となる直角 3 角形は「作図」できる．これは，$\sin(2\pi/9)$ が「作図」可能であることを意味している．複素平面上で考えれば，$\cos(2\pi/9)+i\sin(2\pi/9)$ が「作図」可能になる．したがって，正 9 角形は，折り紙によって「作図」可能である． □

また，3 次方程式
$$t^3-3t+1=0$$
が有理数解 m/n（m, n は互いに素な整数）をもっているとすると，
$$(m/n)^3-3(m/n)+1=0$$
つまり，
$$m^3+n^3=3mn^2$$
となるはるだが，$(m,n)=$(奇数, 奇数)，$(m,n)=$(奇数, 偶数)，$(m,n)=$(偶数, 奇数) のいずれの場合にも，奇数と偶数が一致することになって矛盾．(仮定から $(m,n)\neq$(偶数, 偶数) となっている．) つまり，3 次方程式
$$t^3-3t+1=0$$
は有理数解をもたないので，その解は定規とコンパスによっては作図不能．いいかえると，正 9 角形は，定規とコンパスによっては，作図不能であることもわかる．

V　初等幾何の香り

ウォーレスの定理

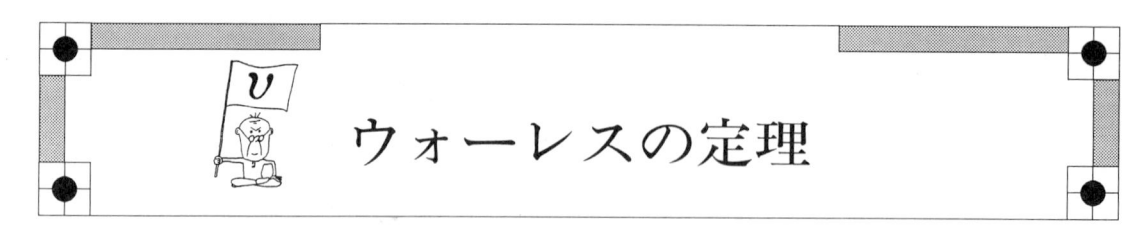

　数学には「ピタゴラスの定理」とか「プラトンの立体」とか「ガウス平面」などといった人名のついた定理や概念がいくつもある。こういう名前がついているからには、きっとその人が最初の発見者なんだろうと思いがちだが、多くの場合それは正しくない。

　「ピタゴラスの定理」はピタゴラス（ピュタゴラス）よりもはるか以前に知られていた（最初に証明を考えたのがピタゴラスだという説にも根拠がない）し、正多面体を「プラトンの立体」などというのはプラトンが正多面体を利用した「宇宙論」を展開して正多面体が有名になったためにすぎない。また、複素平面を「ガウス平面」と呼ぶのもガウスがそれを純粋数学の中心的なテーマと関連づけて活用をはじめたからにほかならない。どうも数学で定理や予想や概念に人名がつけられるのは、その人が最初の発見者だからというよりも、むしろその人がそれを有名にした「重要人物」だったからということが多いようだ。無名のだれかが発見したはずなのに、それが、そうするほうが「カッコイイ」とか「印象深い」というような理由で、別の有名な数学者の名前が付けられてしまうものらしい。もちろん、ほとんど重要性のない定理や概念になら無名の人物の名前が付けられることもあるが、重要なものとなると多くの数学者たちがアタックするのでどうしてもその中でもっとも有名な数学者の名前が「記念碑」のように残されるということかもしれない。

　でも、ときには、ほとんど何の貢献もない数学者の名前が使われてしまうこともある。今回顔を出すいわゆる「シムソンの定理」もその代表的なものだ。この定理に名を残すシムソン（Robert Simson, 1687-1768）はスコットランドの幾何学者（もともとは神学研究をめざしておりギリシア語やラテン語にも詳しかった）でユークリッドやアポロニオスの古典の紹介者として知られているが、「シムソンの定理」には何らの貢献もないという。なかなかのインテリだし、いかにもやっていそうだというので、だれかが誤解したのが原因らしい。その後、重要な幾何学の教科書などでこの名前が普及したので定着してしまったということのようだ。

　この定理の最初の発見者とされているのはシムソンが死んだ年（1768年）に生まれたこれもやはりスコットランドのウォーレス（William Wallace, 1768-1843）だという。ウォーレスは、製本職人となる修行のために12歳以後は学校教育を受けていないが、独学で数学を勉強して数学の教師となり、50歳をこえてからエジンバラ大学の教授となった。ちょっとアマチュア的な印象の強い仕事を残した数学者である。シムソンの方がはるかに学者学者している感じで、「優先権」を争うには、ウォーレスは不利な位置にいたということだろうか。

1. 放物線と三角形と焦点

　「シムソンの定理」＝ウォーレスの定理とその「起源」に触れる前に、入試問題としてはいささかオーソドックスかもしれないが、まず、つぎのような問題を解いてみよう。

問題1　座標平面上の原点をOとし、放物線 $y=x^2$ 上にOと異なる2点A, Bをとる。3点O, A, Bにおいて放物線 $y=x^2$ に接線を引く。これら3本の接線によって囲まれる三角形の外接円は、つねにある定点を通ることを示し、その定点の座標を求めよ。

［早稲田大］

　とりあえず外接円の方程式を求めてみればよい。まず、
$$A(a, a^2), B(b, b^2), ab \neq 0 \text{ かつ } a \neq b$$
とおくと、3点O, A, Bにおける接線は
$$y=0, \quad y=2ax-a^2, \quad y=2bx-b^2$$
となり、これらが囲む三角形の3頂点は

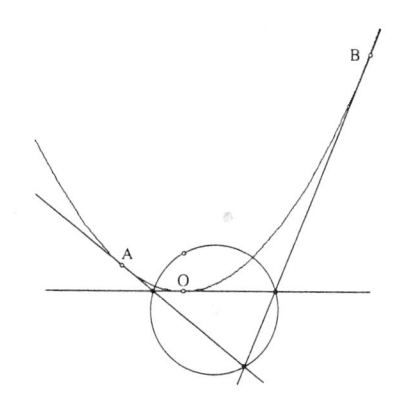

$(a/2, 0)$, $(b/2, 0)$, $((a+b)/2, ab)$
となる．この3頂点を通る円の方程式を
$$x^2+y^2+\alpha x+\beta y+\gamma=0$$
とすれば，
$$(a/2)^2+\alpha a/2+\gamma=0$$
$$(b/2)^2+\alpha b/2+\gamma=0$$
$$((a+b)/2)^2+(ab)^2+\alpha(a+b)/2+\beta ab+\gamma=0$$
これを解いて
$$\alpha=-(a+b)/2$$
$$\beta=-(ab+1/4)$$
$$\gamma=ab/4$$
つまり，3接線によって囲まれる三角形の外接円の方程式は
$$x^2+y^2-((a+b)/2)x-(ab+1/4)y+ab/4=0$$
$$\tag{1}$$
と書ける．これが任意の a, b ($ab \neq 0$ かつ $a \neq b$) で成立するためには，たとえば
$$(a, b)=(1, -1), (2, -2)$$
で成立することが必要．いいかえると，
$$x^2+y^2+(3/4)y-1/4=0$$
$$x^2+y^2+(15/4)y-1=0$$
となることが必要．つまり，$(x, y)=(0, 1/4)$ となることが必要．ところで，これは a, b にかかわらずに(1)が成立するための十分条件でもある．したがって，円(1)は定点 $(0, 1/4)$ を通り，他に通る定点は存在しないことがわかった． □

この問題に出会うとだれでも，まず，つぎのような問題を考えたくなるだろう．

問題2 放物線 $y=x^2$ 上に異なる3点A, B, Cをとり，3点A, B, Cにおいて放物線 $y=x^2$ に接線を引く．これら3本の接線によって囲まれる三角形の外接円も，つねにある定点を通るといえるかどうか考察せよ．

問題1の解法をまねて，まず，
$A(a, a^2)$, $B(b, b^2)$, $C(c, c^2)$,
$(a-b)(b-c)(c-a) \neq 0$
とおくと，3点A, B, Cにおける接線は
$$y=2ax-a^2, \quad y=2bx-b^2, \quad y=2cx-c^2$$
となり，これらが囲む三角形の3頂点は
$$((a+b)/2, ab)$$
$$((b+c)/2, bc)$$
$$((c+a)/2, ca)$$
となる．この3頂点を通る円の方程式を
$$x^2+y^2+\alpha x+\beta y+\gamma=0$$
とすれば，
$$((a+b)/2)^2+(ab)^2+\alpha(a+b)/2+\beta ab+\gamma=0$$
$$((b+c)/2)^2+(bc)^2+\alpha(b+c)/2+\beta bc+\gamma=0$$
$$((c+a)/2)^2+(ca)^2+\alpha(c+a)/2+\beta ca+\gamma=0$$
これを解いて（条件 $(a-b)(b-c)(c-a) \neq 0$ はこのときに使われる）
$$\alpha=(4abc-(a+b+c))/2$$
$$\beta=-(ab+bc+ca+1/4)$$
$$\gamma=(ab+bc+ca)/4$$
つまり，3接線によって囲まれる三角形の外接円の方程式は
$$x^2+y^2+((4abc-(a+b+c))/2)x-(ab+bc+ca+1/4)y+(ab+bc+ca)/4=0$$
と書ける．これが a, b, c によらずに定点 $(0, 1/4)$ を通り，それ以外に通る定点がないことはすぐにわかる． □

いうまでもないことだが，問題1と問題2の解答に出現する定点 $(0, 1/4)$ というのは，もとの放物線 $y=x^2$ の焦点にほかならない．つまり，つぎの命題1が予想される．

—— **命題1（ランベルト）** ——
放物線上の異なる3点における接線が作る三角形の外接円は，もとの放物線の焦点を通る．

[証明]
まず，任意の放物線は適当な回転と平行移動によって $4py=x^2$ ($p \neq 0$) と書け，そのとき焦点は $(0, p)$ となることに注意してほしい（問

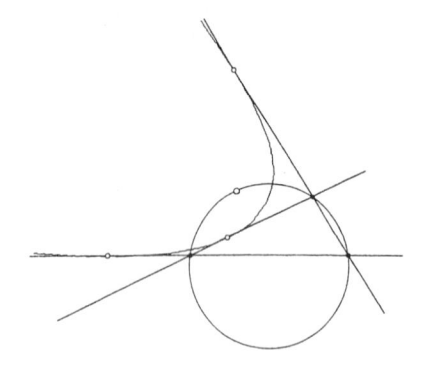

題3参照). この放物線 $4py=x^2$ 上の異なる3点を
$$A(a, a^2),\ B(b, b^2),\ C(c, c^2),$$
$$(a-b)(b-c)(c-a) \neq 0$$
とする. このとき計算によって, これらの点を通る接線が作る三角形の3頂点は
$$((a+b)/2,\ ab/(4p))$$
$$((b+c)/2,\ bc/(4p))$$
$$((c+a)/2,\ ca/(4p))$$
となり, 外接円の方程式は
$$x^2+y^2+\alpha x+\beta y+\gamma=0$$
ただし,
$$\alpha=(abc/p^2-4(a+b+c))/8$$
$$\beta=-((ab+bc+ca)/(4p)+p)$$
$$\gamma=(ab+bc+ca)/4$$
と書けることがわかる. この円が定点 $(0, p)$, つまり, もとの放物線の焦点を通ることは明らか. □

　この命題1はウォーレス以前にドイツの数学者ランベルト (Johann Heinrich Lambert, 1728-1777) によってえられており, ウォーレスはこれを証明するために, あとで述べる命題2を示したのだという. それはともかく, ランベルトもウォーレスと同じように12歳で学校を離れている. 貧困のせいで父の仕立業を手伝いはじめたのだ. 学校でラテン語とフランス語を少し学んだおかげで, 独学が可能になった. 仕事が終わってから時間を作って数学の独学に励んだという. ウォーレスにくらべるとアマチュア性は希薄で, π や e の無理数性の証明や地図のランベルト図法（正角円錐図法）が代表的な仕事らしい.

2. 一般の放物線

　あまり本質的な話ではないが, 計算だけによる処理がいかに大変かを実感してもらうために一般の位置にある放物線の方程式について少し考えてみよう.

問題3　xy 平面上の一般の位置にある放物線の方程式は, 焦点を (a, b), 準線を
$$x\cos\theta+y\sin\theta+c=0$$
とすると,
$$(x\sin\theta-y\cos\theta)^2-2(a+c\cos\theta)x$$
$$-2(b+c\sin\theta)y+a^2+b^2-c^2=0 \quad (2)$$
と書けることを示せ. ここで $a\cos\theta+b\sin\theta+c \neq 0$ とする.

　ここでは, 放物線というのはある定点（焦点）からの距離とこの定点を通らないある定直線（準線）までの距離が等しくなるような点の軌跡のことだと考えている. xy 平面上に放物線が与えられたとき, その焦点を (a, b), 準線を $x\cos\theta+y\sin\theta+c=0$ とすると,
$$a\cos\theta+b\sin\theta+c \neq 0$$
から, 焦点を準線上にない. このとき, 定義によって, 放物線の方程式は
$$|x\cos\theta+y\sin\theta+c|=\sqrt{(x-a)^2+(y-b)^2}$$
つまり
$$(x\cos\theta+y\sin\theta+c)^2=(x-a)^2+(y-b)^2$$
となる. これを展開すれば(2)がえられる.
　逆に, (2)を変形すれば,
$$|x\cos\theta+y\sin\theta+c|=\sqrt{(x-a)^2+(y-b)^2}$$
となり,
$$a\cos\theta+b\sin\theta+c \neq 0$$
と仮定すると, (2)が焦点を (a, b), 準線を $x\sin\theta+y\cos\theta+c=0$ とする放物線となることがわかる. □

問題4　問題3の放物線(2)を回転と平行移動によって, 標準形 $4py=x^2$ に変形せよ.

　(2)を原点を中心にして $(\pi/2-\theta)$ ラジアンだけ回転させれば準線の形から対称軸が y 軸に平行になるはずだ. これを見るためには, (2)の x と y をそれぞれ

$x\sin\theta + y\cos\theta$ と $-x\cos\theta + y\sin\theta$ に置き換えればよい．実行すると，
$$x^2 - 2\alpha x - 4\beta y + a^2 + b^2 - c^2 = 0$$
となる．これをさらに変形すると，
$$(x-\alpha)^2 - 4\beta y + \gamma = 0$$
つまり
$$4\beta(y - \gamma/(4\beta)) = (x-\alpha)^2$$
となる．ここで，
$$\alpha = a\sin\theta - b\cos\theta$$
$$\beta = (a\cos\theta + b\sin\theta + c)/2$$
$$\gamma = (a\cos\theta + b\sin\theta)^2 - c^2$$
とする．いいかえると，(2)は原点を中心にして $(\pi/2 - \theta)$ ラジアンだけ回転してから，ベクトル $(-\alpha, -\gamma/(4\beta))$ だけ平行移動すれば標準形 $4py = x^2$ になる．ただし，$p = \beta$ とする． □

3．ウォーレスの定理

一般の放物線の方程式はかなり複雑だとわかったので，回転と平行移動によって不変な性質に関する計算や議論は標準形の放物線について行なうのが自然だろう．ついでながら，放物線 $4py = x^2$ は y 方向に $4p$ 倍することでさらに簡単な $y = x^2$ に変形できるが，そこまで特殊化すると危ないこともあるので注意してほしい．直線やその交点，あるいは接線などの議論ならいいが，たとえば，円が直接関係するような場合にはこのような変形は許されない．それはそれとして，これまた「いかにも」という感じの問題を解いておこう．

問題 5 放物線 $4py = x^2$ $(p \neq 0)$ の焦点から接線に下ろした垂線の足は x 軸上にあることを示せ．

接点を $(t, t^2/(4p))$ とすると接線の方程式は
$$y = (t/(2p))x - t^2/(4p)$$
となる．焦点 $(0, p)$ からこの接線に下ろした垂線の足を
$$(u, (t/(2p))u - t^2/(4p))$$
とおくと，
$$\begin{pmatrix} u \\ (t/(2p))u - t^2/(4p) - p \end{pmatrix} \cdot \begin{pmatrix} 1 \\ t/(2p) \end{pmatrix} = 0$$
つまり，$u = t/2$ となる．このとき，垂線の足は $(t/2, 0)$ と書ける． □

問題 5 の結果をちょっと一般的な形で表現しておく．

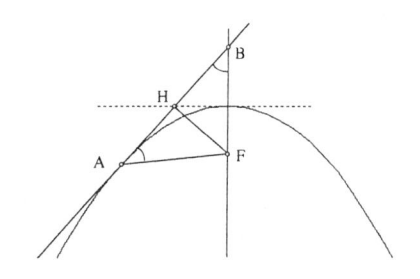

―― **命題 2（ウォーレス）** ――――

放物線の焦点 F から点 A での接線に下ろした垂線の足 H はこの放物線の頂点での接線上にある．また，接線と放物線の対称軸との交点を B とすると，直線 FH は線分 AB を垂直に 2 等分する．したがって，∠FAB = ∠FBA となる．

[証明]
問題 5 の計算結果から明らか． □

つぎに，放物線の性質の考察過程であきらかになった面白い定理を紹介しよう．これが今回のテーマ，ウォーレスの定理である．誤って「シムソンの定理」と呼ばれていることもあるが，シムソンがこれについて何の貢献もしていないということが100年以上も前に明らかになっているようなので，ここではウォーレスの定理と呼ぶことにする．この定理の歴史などについては，

Mackay, J. S., "The Wallace line and the Wallace point", Proceedings of the Edinburgh Mathematical Society 9 (1891) 83-91

に詳しく書かれている．著者マッケイはマニアックな面があって，「どうでもいいような定理」の歴史について詳細に調査することが好きだったようだ．これと同じエジンバラ数学会の雑誌の別の号にもいくつか面白い調査レポートが残されており，ぼくは密かに「愛読」している．

マッケイはこのレポートの中で，シムソンがこの定理に無関係だとすると「どうしてこの名前が付いたのか？」と自問し，それに答えている．この名前が最初に出現したのは1814年ごろでジェルゴンヌの雑誌に発表されたセルヴォアという人の論文においてだったという．セルヴ

ォアはこの定理はシムソンによるものだと思うと書いていただけだったが，フランスの有名な数学者ポンスレが1822年に出版された著書『図形の射影的性質の研究』の中で，セルヴォアがこの定理をシムソンによるものとしているなどと書いてしまい，それが誤解の増幅につながったようだと，マッケイは推察している．

それにしても，マッケイのレポートを読んでいると，なんということもないような「つまらない定理」にさえ，（いや「つまらない定理」だからこそ？）多くの無名の数学者や数学ファンたちの「涙と汗」が染み着いているものなんだという「空虚な感慨」に襲われてしまう．メランコリックな気分にならないうちにウォーレスの定理に興味を移動させてしまおう．

定理1（ウォーレス）

外接円上の点から三角形の3辺に下ろした垂線の足は同一直線上に存在する．

[証明]

命題1によると「放物線上の異なる3点における接線が作る三角形の外接円は放物線の焦点を通る」といい，命題2によると「放物線の焦点から接線に下ろした垂線の足はこの放物線の頂点での接線上にある」という．

ここで，最初に放物線があるのではなく，三角形（三角形を作る3本の直線）の方が先にあるとしてみよう．このとき，この三角形（3本の直線）に接する放物線を考えると，命題1から，この放物線の焦点は三角形の外接円上に存在している．とすると，命題2から，この焦点からもとの三角形（3本の直線）に下ろした垂線の足は放物線の頂点での接線上に存在するのだから，とくに，同一直線上に存在していることがわかる．（放物線を介在させると，「同一直線」の意味がクリアーになるところがうれしいのだが．）

これで何となく「証明」らしいものができたが，気になる点がある．それは，外接円上の任意の点（三角形の頂点は除く）を焦点とするような（そして三角形に接するような）放物線がつねに存在するかどうかが怪しいのだ．これを示すには，「三角形を任意に与えるとき，0でない実数pが存在して，放物線$4py=x^2$の3本の

接線が与えた三角形と合同な三角形となるようにできる」ことを示せばよい．そこで，これを証明しよう．

そのためには，与えられたものと相似な三角形が作れるような放物線$4py=x^2$の存在を示せばよい．というのは，任意の$q \neq 0$について，$4pqy=x^2$を考えれば，三角形をq倍に相似拡大（あるいは縮小）したものを与える放物線がえられるためだ．ところで，放物線$4py=x^2$上の点$(t, t^2/(4p))$における接線の傾きは$t/(2p)$だから，pが何であっても，与えられた三角形（どの辺もy軸には平行でないとする）の3辺の傾きに等しくなるようなtが存在する．三角形の向きが逆になるようなら，pの符号を逆にすればよい．

以上によって，三角形が与えられたとき，外心を通るどんな直線（三角形の辺と平行なものは除く）についても，それと平行な対称軸をもつ放物線で三角形の3辺に接するものが存在することがわかった．しかも，そのような放物線はただひとつしか存在しない．というのは，もし，2個以上あったとすると，異なる放物線が3本の共通接線をもつことになってしまうからだ．このとき，命題1から，その放物線の焦点は外接円上に存在する．ところで，ある方向の軸をもつ放物線があると，それよりもすこしだけ傾いた方向の放物線の焦点はもとの放物線の焦点とすこししか離れないだろう．ただし，もとの三角形の3辺と平行な方向の軸をもつ放物線は存在しないので，焦点が三角形の頂点に接近すると放物線はどんどん尖っていき，頂点を通過すると放物線の開く向きが逆転する．つまり，不連続な飛躍が発生するわけだが，合理的な処置としては，焦点が三角形の頂点にあるとき（つまり放物線の軸がその頂点の対辺に平行となるとき）は便宜的に放物線がその頂点を通って対辺に平行な（2重の）直線に「退化」したものと考えておけばよい．面白いのは，放物線の軸が半周すると焦点が1周することだ．（この動きについてはやがてさらに厳密に考察する．）

このようにして，三角形の3辺に接し，外接円上の任意の点（三角形の3頂点は除く）を焦点とする放物線がつねにただひとつだけ存在す

ることがわかる.　　　　　　　　　□

　ウォーレスはおそらくこのような考察とのかかわりで定理1に到達したのではないかと思う. うまい定理が発見されるときなんて案外こんなものなのかもしれない. いろいろな試行錯誤の末にきれいな定理に遭遇するなんていうことも, ときにはあるだろうが, 一見無関係な考察から出発してとんでもなくきれいな事実に出会うことのほうがもっとリアリティがありそうだ. きれいな定理の出現の「秘密」はこれだ！ なんて力説するつもりはないが,「定理の発見はその証明の発見よりも重要ではないか」という問題提起の例として見れば面白いはずだ. とはいえ, こんな「証明」のままでは不満な人も多いだろう. うれしいことに, この定理を抽出してしまえば, 放物線などは使わずにもっとエレガントな初等幾何学的証明が可能になる. 実際, 多くの人たちがさまざまな証明に成功している. その典型的な例を紹介しておこう.

[定理1のエレガントな証明]
　三角形ABCの外接円上の点をPとし, Pから3辺BC, CA, ABに下ろした垂線の足をD, E, Fとする. このとき, 四角形PABCは円に内接しているので, ∠PAB=∠PCD となる. この角度をαとしよう. また, 四角形PAFEとPDCEは円（それぞれPA, PCを直径する円）に内接するので, ∠PAF=∠PED=∠PCD=α となり, また ∠PEF=β とすると ∠PAF+∠PEF=$\alpha+\beta$=180° となっている. これは3点D, E, Fが同一直線上に存在することを意味している.　　　□

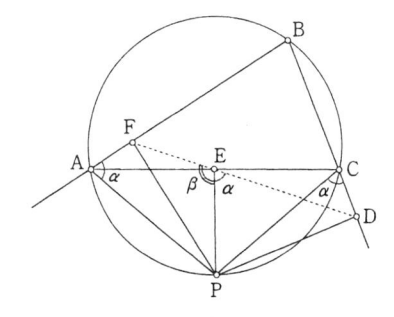

4．計算による証明

　初等幾何的な証明を見てしまうと, 強引な計算による証明なんてバカバカしいと思いたくなるが, いい点もある. そもそも初等幾何的な証明は, ある特殊な図に依存しがちで, 厳密性に欠ける感じがする. そこで, 単純な計算による証明を試みてみよう.

[定理1の計算による証明]
　一般性を失うことなく, 三角形ABCの外接円が単位円（原点を中心とする半径1の円）だと仮定していいので,
　　P($\cos\omega$, $\sin\omega$), A($\cos\alpha$, $\sin\alpha$),
　　B($\cos\beta$, $\sin\beta$), C($\cos\gamma$, $\sin\gamma$)
とおこう. このとき, 三角形の3辺は
　AB：$(\sin\alpha-\sin\beta)(x-\cos\alpha)$
　　　　$-(\cos\alpha-\cos\beta)(y-\sin\alpha)=0$
　BC：$(\sin\beta-\sin\gamma)(x-\cos\beta)$
　　　　$-(\cos\beta-\cos\gamma)(y-\sin\beta)=0$
　CA：$(\sin\gamma-\sin\alpha)(x-\cos\gamma)$
　　　　$-(\cos\gamma-\cos\alpha)(y-\sin\gamma)=0$
となる. また, Pからこれら3辺に下ろした垂線の足をF, D, Eとすると,
　PF：$(\cos\alpha-\cos\beta)(x-\cos\omega)$
　　　　$+(\sin\alpha-\sin\beta)(y-\sin\omega)=0$
　PD：$(\cos\beta-\cos\gamma)(x-\cos\omega)$
　　　　$+(\sin\beta-\sin\gamma)(y-\sin\omega)=0$
　PE：$(\cos\gamma-\cos\alpha)(x-\cos\omega)$
　　　　$+(\sin\gamma-\sin\alpha)(y-\sin\omega)=0$
となる. これらからD, E, Fの座標を計算すると,
　D $((\cos\beta+\cos\gamma+\cos\omega-\cos(\beta+\gamma-\omega))/2,$
　　　$(\sin\beta+\sin\gamma+\sin\omega-\sin(\beta+\gamma-\omega))/2)$
　E $((\cos\gamma+\cos\alpha+\cos\omega-\cos(\gamma+\alpha-\omega))/2,$
　　　$(\sin\gamma+\sin\alpha+\sin\omega-\sin(\gamma+\alpha-\omega))/2)$
　F $((\cos\alpha+\cos\beta+\cos\omega-\cos(\alpha+\beta-\omega))/2,$
　　　$(\sin\alpha+\sin\beta+\sin\omega-\sin(\alpha+\beta-\omega))/2)$
あとはベクトル$\overrightarrow{DE}$とベクトル$\overrightarrow{DF}$が平行であればよい. ところで,
　$4((\overrightarrow{DE}\text{の}x\text{成分})(\overrightarrow{DF}\text{の}y\text{成分})$
　　$-(\overrightarrow{DE}\text{の}y\text{成分})(\overrightarrow{DF}\text{の}x\text{成分}))$
　$=-\sin\alpha\cos\beta+\cos\alpha\sin\beta-\sin\beta\cos\gamma$
　　$+\cos\beta\sin\gamma-\sin\gamma\cos\alpha+\cos\gamma\sin\alpha$
　　$+\sin\alpha\cos(\alpha+\beta-\omega)-\cos\alpha\sin(\alpha+\beta-\omega)$
　　$-\sin\alpha\cos(\gamma+\alpha-\omega)+\cos\alpha\sin(\gamma+\alpha-\omega)$
　　$-\sin\beta\cos(\alpha+\beta-\omega)+\cos\beta\sin(\alpha+\beta-\omega)$

$$+\sin\beta\cos(\beta+\gamma-\omega)-\cos\beta\sin(\beta+\gamma-\omega)$$
$$+\sin\gamma\cos(\gamma+\alpha-\omega)-\cos\gamma\sin(\gamma+\alpha-\omega)$$
$$-\sin\gamma\cos(\beta+\gamma-\omega)+\cos\gamma\sin(\beta+\gamma-\omega)$$
$$+\sin(\alpha+\beta-\omega)\cos(\gamma+\alpha-\omega)$$
$$-\cos(\alpha+\beta-\omega)\sin(\gamma+\alpha-\omega)$$
$$+\sin(\beta+\gamma-\omega)\cos(\alpha+\beta-\omega)$$
$$-\cos(\beta+\gamma-\omega)\sin(\alpha+\beta-\omega)$$
$$+\sin(\gamma+\alpha-\omega)\cos(\beta+\gamma-\omega)$$
$$-\cos(\gamma+\alpha-\omega)\sin(\beta+\gamma-\omega)$$
$$=-\sin(\alpha-\beta)-\sin(\beta-\gamma)-\sin(\gamma-\alpha)$$
$$+\sin(\omega-\beta)-\sin(\omega-\gamma)-\sin(\omega-\alpha)$$
$$+\sin(\omega-\gamma)+\sin(\omega-\alpha)-\sin(\omega-\beta)$$
$$+\sin(\beta-\gamma)+\sin(\gamma-\alpha)+\sin(\alpha-\beta)$$
$$=0$$

なので，ベクトル $\overrightarrow{DE}$ とベクトル $\overrightarrow{DF}$ は平行．つまり，D，E，F は同一直線上に存在する． □

5．複素数を使う

計算による証明もやってみると悪くない感じだ．計算過程をチェックしてみると，サインとコサインの加法定理さえあればいいのだから，複素数
$$z=x+iy=r(\cos\theta+i\sin\theta)$$
に関する四則演算だけで証明ができるはず，上の証明を複素数の言葉で書き換えてみよう．

[定理1の複素数を使う証明]

点 P，A，B，C，D，E，F を複素数 p, a, b, c, d, e, f で表わすことにすると，
$$p=\cos\omega+i\sin\omega,\ a=\cos\alpha+i\sin\alpha,$$
$$b=\cos\beta+i\sin\beta,\ c=\cos\gamma+i\sin\gamma$$
と書ける．一般に，$z=r(\cos\theta+i\sin\theta)$ とき，
$$r\cos\theta=(z+z^*)/2,\ r\sin\theta=(z-z^*)/(2i)$$
となる（ここで z^* というのは z の共役複素数のことだとする）．これを使って三角形の3辺の方程式を書き換えよう．まず，AB の方程式
$$(\sin\alpha-\sin\beta)(x-\cos\alpha)$$
$$-(\cos\alpha-\cos\beta)(y-\sin\alpha)=0$$
については，$z=x+iy$ と書くことにすると，
$$(a-a^*-b+b^*)(z+z^*-a-a^*)$$
$$-(a+a^*-b-b^*)(z-z^*-a+a^*)=0$$
となり，整理して
$$(b^*-a^*)z+(a-b)z^*+a^*b-ab^*=0$$
ここで $a^*=1/a$, $b^*=1/b$ に注意すると，

$$z+abz^*=a+b$$

がえられる．あとの辺についても同じ計算によって，
$$AB: z+abz^*=a+b$$
$$BC: z+bcz^*=b+c$$
$$CA: z+caz^*=c+a$$
となることがわかる．これはなかなかシンプルでいい感じだ．また，P からこれら3辺に下ろした垂線の足を F，D，E とするとき，PF の方程式
$$(\cos\alpha-\cos\beta)(x-\cos\omega)$$
$$+(\sin\alpha-\sin\beta)(y-\sin\omega)=0$$
は
$$(a+a^*-b-b^*)(z+z^*-p-p^*)$$
$$-(a-a^*-b+b^*)(z-z^*-p+p^*)=0$$
と書ける．これを整理すると，
$$z-abz^*=p-ab/p$$
となる．あとの垂線についても同じ計算によって，
$$PF: z-abz^*=p-ab/p$$
$$PD: z-bcz^*=p-bc/p$$
$$PE: z-caz^*=p-ca/p$$
これらから複素数 d, e, f を計算すると，
$$2d=b+c+p-bc/p$$
$$2e=c+a+p-ca/p$$
$$2f=a+b+p-ab/p$$
したがって，
$$2(e-d)=(a-b)(1-c/p)$$
$$2(f-d)=(a-c)(1-b/p)$$
このとき，
$$g=(f-d)/(e-d)$$
$$=(a-c)(p-b)/((a-b)(p-c))$$
とおくと，
$$g^*=(a^*-c^*)(p^*-b^*)/((a^*-b^*)(p^*-c^*))$$
$$=(1/a-1/c)(1/p-1/b)/$$
$$((1/a-1/b)(1/p-1/c))$$
$$=(a-c)(p-b)/((a-b)(p-c))=g$$
となるので，g は実数．これは $f-d$ が $e-d$ の実数倍であること，つまり，d, e, f が同一直線上に存在することを示している． □

定理1の証明では，暗黙のうちに P，A，B，C はすべて異なっているものと仮定している．定理1の主張そのものもこの仮定がないとヤバ

イ．A，B，Cは三角形の頂点になっているのだからA，B，Cの3点が異なっているのは前提条件に入っていると解釈できるだろう．もし，Pが三角形の頂点のどれか（つまりA，B，Cのどれか）と一致してしまうと垂線を引くという操作そのものが危機に瀕する．とはいえ，そういう場合はPそのものが垂線の足なのだと考えればいいので深刻な問題は発生しない．あらかじめP，A，B，Cはすべて異なるものと仮定して計算を進め最後にそうでない場合の処理について考えておくのが礼儀正しいやり方であるのはいうまでもない．

ミケルの定理

数学にはときどき「ハッ」とするような定理が出現することがある．しかもそのような定理が，運のいいだれかの頭に突然ひらめいたのではなくて，まったく別の議論の中から偶然に副産物として生まれてしまうことさえある．というか，むしろそのほうが凄い定理だったりするから面白い．そして，いったん定理として抽出されてしまえば，その証明は案外簡単にできてしまったり，その定理が出現したもとの「環境」とはまったく無関係な方法でエレガントに証明できてしまったりするから不思議だ．実際，さまざまな角度から何通りもの証明ができてしまうような定理だってある．

歴史的に見ると，
1) 多面体に関するオイラーの定理（たとえば，凸多面体の場合だと「面の個数」−「辺の個数」＋「頂点の個数」＝2になるという定理）
2) 代数学の基本定理（複素数係数の方程式には解が存在するという定理）
3) 平方剰余の相互法則（2次の不定方程式の解法の基礎となる定理）

などが有名だ．

初等幾何にもそのような定理が存在している．とくに，三平方の定理などは，数え方にもよるが，100種類以上の証明方法が知られているとされる．そのような定理についてどういう証明方法があるのかとか，証明の方法がどれだけ見事かとか，証明のための補助線がどれだけ意外なものかなどを「鑑賞」するのも楽しいのだが，ときには定理自身の起源について考えなおしてみるのも悪くない．

たとえば，（ちょっといいかげんな表現になるが）「三角形の3辺に接する放物線の焦点はその三角形の外接円を描く」という定理の場合でも，結果を知っていればともかく，いろいろな図を描いてこの定理を「思いつく」なんてまず無理だろう．

ここでのメインテーマはこの定理からの副産物ともいうべきものだ．

1．ランベルトとウォーレス

われわれは前章の「ウォーレスの定理」でつぎのような事実を証明した．まず，

――― **ランベルトの定理** ―――――――――

放物線上の異なる3点における接線が作る三角形の外接円は，もとの放物線の焦点を通る．

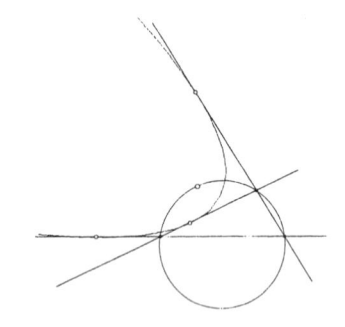

―――――――――――――――――

これは，なかなかいい定理だ．でも残念なことに，18世紀中期の独学の数学者ランベルトがこれをどのようにして発見したのかはわからない．ちょっと調べてみたが，文献をたどっていくと「歴史の闇」に消えてしまうようなのだ．そこで，われわれは，これが発見されたところから話をはじめることにした．

ウォーレスは「放物線の焦点から接線に下ろした垂線の足はこの放物線の頂点での接線上にある」という事実とこのランベルトの定理を合体させて，つぎのような有名な定理に到達したのである．

――― **ウォーレスの定理** ―――――――――

外接円上の点から三角形の3辺に下ろした垂線の足は同一直線上に存在する．

―――――――――――――――――

この定理はちょっとした誤解がもとで，「シム

ソンの定理」と呼ばれることもあるが，シムソンはこれについて何の貢献もないことがすでに明らかにされている．

2．ウォーレスの定理の逆

ついでながら，ウォーレスの定理は逆も成立する．証明しておこう．

---- **ウォーレスの定理の逆** ----------

三角形について，3辺に下ろした垂線の足が同一直線上に存在するような点はもとの三角形の外接円上の点にかぎる．

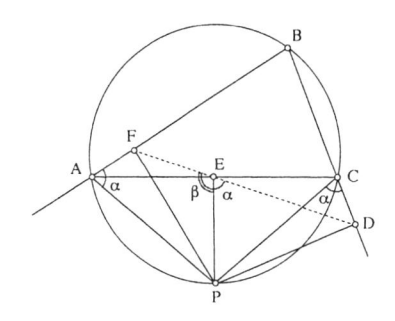

[証明]

平面上の任意の点をPとし，Pから3辺BC，CA，ABに下ろした垂線の足をD，E，Fとする．このとき，D，E，Fが同一直線上に存在することと四角形PAFEとPDCEが円（それぞれPA，PCを直径とする円）に内接することから，図で$\alpha+\beta=180°$に注意すると，$\angle PAF=\angle PED=\angle PCD(=\alpha)$がいえる．したがって，$\angle PAB+\angle PCB=180°$となり，四角形PABCは円に内接する．つまり，Pは三角形ABCの外接円上の点である．　□

初等幾何の気分からすると，これで一応よさそうなのだが，上の図のような都合のいい位置にD，E，Fがいてくれる保証がないのがちょっと怖い．厳密にいえば，どんな点Pから三角形の3辺に垂線を下ろしても，もし垂線の足が一直線上にあるのなら，上で使ったのと「同様」の図形が出現することを示す必要がある．でも，これはいかにもメンドウそうだ！

厳密性という点では，複素数を使って計算する方がいいだろう．やってみよう．

[複素数を使った証明]

三角形の外心を原点，外接円の半径は1だと仮定してよい．点P，A，B，C，D，E，Fを複素数p，a，b，c，d，e，fで表わし，複素数zの共役複素数をz^*と書く．また，p，a，b，cはどの2個も等しくないと仮定する．このとき，前章で書いたように，

AB：$z+abz^*=a+b$
BC：$z+bcz^*=b+c$
CA：$z+caz^*=c+a$

となる．かならずしも単位円周上の点とは仮定しない点Pからこれら3辺に下ろした垂線の足をF，D，Eとすると，

PF：$z-abz^*=p-abp^*$
PD：$z-bcz^*=p-bcp^*$
PE：$z-caz^*=p-cap^*$

これらから複素数d，e，fを計算すると，

$2d=b+c+p-bcp^*$
$2e=c+a+p-cap^*$
$2f=a+b+p-abp^*$

したがって，

$2(e-d)=(a-b)(1-cp^*)$
$2(f-d)=(a-c)(1-bp^*)$

このとき，

$$g=\frac{f-d}{e-d}=\frac{(a-c)(1-bp^*)}{(a-b)(1-cp^*)}$$

とおくと，D，E，Fが同一直線上に存在することから，

$g^*=g$

つまり，

$$\frac{(a^*-c^*)(1-b^*p)}{(a^*-b^*)(1-c^*p)}=\frac{(a-c)(1-bp^*)}{(a-b)(1-cp^*)}$$

となる．$a^*=\frac{1}{a}$，$b^*=\frac{1}{b}$，$c^*=\frac{1}{c}$を使って整理すると，

$$\frac{1-bp^*}{1-cp^*}=\frac{b-p}{c-p}$$

さらに整理すると，

$(b-c)(pp^*-1)=0$

したがって，$pp^*=|p|^2=1$．つまり，$|p|=1$．いいかえると，pは三角形ABCの外接円上の点となる．　□

3．動く放物線を描く

状況証拠はそろったが，実際に三角形を与え

て，それに接する（「傍接する」という感じだが）放物線の全体を自動的に描くプログラムが作れないとどうもスッキリしない．そこで，思いきって，三角形を与えたときに，その三角形に接する放物線を描く方法を（一般の放物線の方程式を使って）考えてみよう．

そのまえにまず，焦点を (a, b)，準線を
$$x\cos\theta + y\sin\theta + c = 0$$
とする放物線の方程式が
$$(x\sin\theta - y\cos\theta)^2 - 2(a + c\cos\theta)x$$
$$- 2(b + c\sin\theta)y + a^2 + b^2 - c^2 = 0$$
となることに注意しよう．これは，

点 (X, Y) が問題の放物線上にある
$\iff$ 点 (X, Y) から焦点と準線までの距離が等しい
$\iff (X-a)^2 + (Y-b)^2 = (X\cos\theta + Y\sin\theta + c)^2$

から出る．このとき，

問題1 xy 平面上の直線
$$x\cos\alpha + y\sin\alpha + p = 0 \qquad (1)$$
に，焦点を (a, b)，準線を
$$x\cos\theta + y\sin\theta + c = 0$$
とする放物線
$$(x\sin\theta - y\cos\theta)^2 - 2(a + c\cos\theta)x$$
$$- 2(b + c\sin\theta)y + a^2 + b^2 - c^2 = 0 \qquad (2)$$
が接するための必要十分条件を $a, b, c, p, \alpha, \theta$ によって表わせ．ここで
$$a\cos\theta + b\sin\theta + c \neq 0$$
とする．

最後の条件 ($a\cos\theta + b\sin\theta + c \neq 0$) は単に焦点が準線上にないことを保証しているだけの形式的なものにすぎない．

(1)と(2)から x を消去してえられる y の2次方程式，あるいは，(1)と(2)から y を消去してえられる x の2次方程式の判別式が0となることが直線(1)と放物線(2)が接するための必要十分条件となる．これを実際に計算すると（どちらの場合も）
$$a\cos(\theta - 2\alpha) - b\sin(\theta - 2\alpha) - c$$
$$+ 2p\cos(\theta - \alpha) = 0$$
となる（ここで $a\cos\theta + b\sin\theta + c \neq 0$ が使われたことに注意）． □

問題2 xy 平面上の3本の直線
$$x\cos\alpha + y\sin\alpha + p = 0$$
$$x\cos\beta + y\sin\beta + q = 0$$
$$x\cos\gamma + y\sin\gamma + r = 0$$
が三角形を作っているとする．このとき，この3本の直線に焦点を (a, b)，準線を
$$x\cos\theta + y\sin\theta + c = 0$$
とする放物線（問題1の(2)）が接するための必要十分条件を求め，その関係式を利用して，a, b, c を $p, q, r, \theta, \alpha, \beta, \gamma$ で表わす公式を作れ．ここで
$$a\cos\theta + b\sin\theta + c \neq 0$$
とする．

問題1の結果から，求める必要十分条件は
$$a\cos(\theta - 2\alpha) - b\sin(\theta - 2\alpha) - c$$
$$+ 2p\cos(\theta - \alpha) = 0$$
$$a\cos(\theta - 2\beta) - b\sin(\theta - 2\beta) - c$$
$$+ 2q\cos(\theta - \beta) = 0$$
$$a\cos(\theta - 2\gamma) - b\sin(\theta - 2\gamma) - c$$
$$+ 2r\cos(\theta - \gamma) = 0$$
を合体したものだとわかる．これを a, b, c について解けば，
$$a = (p\cos(\theta - \alpha)\cos(\theta - \beta - \gamma)\sin(\gamma - \beta)$$
$$+ q\cos(\theta - \beta)\cos(\theta - \gamma - \alpha)\sin(\alpha - \gamma)$$
$$+ r\cos(\theta - \gamma)\cos(\theta - \alpha - \beta)\sin(\beta - \alpha))$$
$$/ (\sin(\alpha - \beta)\sin(\beta - \gamma)\sin(\gamma - \alpha))$$
$$b = (p\cos(\theta - \alpha)\sin(\theta - \beta - \gamma)\sin(\gamma - \beta)$$
$$+ q\cos(\theta - \beta)\sin(\theta - \gamma - \alpha)\sin(\gamma - \alpha)$$
$$+ r\cos(\theta - \gamma)\sin(\theta - \alpha - \beta)\sin(\alpha - \beta))$$
$$/ (\sin(\alpha - \beta)\sin(\beta - \gamma)\sin(\gamma - \alpha))$$
$$c = (p\cos(\theta - \alpha)\cos(\beta - \gamma)\sin(\gamma - \beta)$$
$$+ q\cos(\theta - \beta)\cos(\gamma - \alpha)\sin(\alpha - \gamma)$$
$$+ r\cos(\theta - \gamma)\cos(\alpha - \beta)\sin(\beta - \alpha))$$
$$/ (\sin(\alpha - \beta)\sin(\beta - \gamma)\sin(\gamma - \alpha))$$
となるが，これが求める必要十分条件だといってもよい． □

問題3 xy 平面上の3本の直線
$$x\cos\alpha + y\sin\alpha + p = 0$$
$$x\cos\beta + y\sin\beta + q = 0$$
$$x\cos\gamma + y\sin\gamma + r = 0$$
が三角形を作っているとき，この三角形の外心の座標 (x_0, y_0) と外接円の半径 R を求めよ．

三角形の頂点を計算すると，
$$\left(\frac{p\sin\beta-q\sin\alpha}{\sin(\alpha-\beta)},\ \frac{q\cos\alpha-p\cos\beta}{\sin(\alpha-\beta)}\right)$$
$$\left(\frac{q\sin\gamma-r\sin\beta}{\sin(\beta-\gamma)},\ \frac{r\cos\beta-q\cos\gamma}{\sin(\beta-\gamma)}\right)$$
$$\left(\frac{r\sin\alpha-p\sin\gamma}{\sin(\gamma-\alpha)},\ \frac{p\cos\gamma-r\cos\alpha}{\sin(\gamma-\alpha)}\right)$$
となり，これらから等距離にある点を求めると外心がえられる．つまり，上の3頂点の座標を順に (c_1, c_2)，(a_1, a_2)，(b_1, b_2) と書くとき，方程式
$$(x-a_1)^2+(y-a_2)^2=(x-b_1)^2+(y-b_2)^2$$
$$=(x-c_1)^2+(y-c_2)^2$$
の解 (x, y) が外心の座標になる．

計算によって
$$x_0 = (p\cos(\alpha-\beta-\gamma)\sin(\gamma-\beta)$$
$$+q\cos(\beta-\gamma-\alpha)\sin(\alpha-\gamma)$$
$$+r\cos(\gamma-\alpha-\beta)\sin(\beta-\alpha))$$
$$/(2\sin(\alpha-\beta)\sin(\beta-\gamma)\sin(\gamma-\alpha))$$
$$y_0 = (p\sin(\alpha-\beta-\gamma)\sin(\beta-\gamma)$$
$$+q\sin(\beta-\gamma-\alpha)\sin(\gamma-\alpha)$$
$$+r\sin(\gamma-\alpha-\beta)\sin(\alpha-\beta))$$
$$/(2\sin(\alpha-\beta)\sin(\beta-\gamma)\sin(\gamma-\alpha))$$
とわかる．また，外接円の半径は外心と頂点の距離を求めて，
$$R = |(p\sin(\beta-\gamma)+q\sin(\gamma-\alpha)+r\sin(\alpha-\beta))$$
$$/(2\sin(\alpha-\beta)\sin(\beta-\gamma)\sin(\gamma-\alpha))|$$
となる． □

問題1，問題2，問題3の結果を定理1としてまとめておこう．これはランベルトの定理を精密化したものだ．

---- 定理1 ----
三角形の3辺に接する放物線の焦点はその三角形の外接円全体から三角形の3頂点を除いた部分を描く．

[証明]
三角形 ABC の3辺となる3本の直線を
  BC: $x\cos\alpha+y\sin\alpha+p=0$
  CA: $x\cos\beta+y\sin\beta+q=0$
  AB: $x\cos\gamma+y\sin\gamma+r=0$
とし，$0\leq\alpha<\beta<\gamma<\pi$ と仮定する（こうしても一般性は消えない）．これらに接する放物線の焦点を (a, b)，準線を

$$x\cos\theta+y\sin\theta+c=0$$
とすると問題2の結果から，
$$a = (p(\cos(2\theta-\alpha-\beta-\gamma)+\cos(\alpha-\beta-\gamma))$$
$$\sin(\gamma-\beta)$$
$$+q(\cos(2\theta-\alpha-\beta-\gamma)+\cos(\beta-\gamma-\alpha))$$
$$\sin(\alpha-\gamma)$$
$$+r(\cos(2\theta-\alpha-\beta-\gamma)+\cos(\gamma-\alpha-\beta))$$
$$\sin(\beta-\alpha))$$
$$/(2\sin(\alpha-\beta)\sin(\beta-\gamma)\sin(\gamma-\alpha))$$
$$b = (p(\sin(2\theta-\alpha-\beta-\gamma)+\sin(\alpha-\beta-\gamma))$$
$$\sin(\beta-\gamma)$$
$$+q(\sin(2\theta-\alpha-\beta-\gamma)+\sin(\beta-\gamma-\alpha))$$
$$\sin(\gamma-\alpha)$$
$$+r(\sin(2\theta-\alpha-\beta-\gamma)+\sin(\gamma-\alpha-\beta))$$
$$\sin(\alpha-\beta))$$
$$/(2\sin(\alpha-\beta)\sin(\beta-\gamma)\sin(\gamma-\alpha))$$
$$c = (p\cos(\theta-\alpha)\cos(\beta-\gamma)\sin(\gamma-\beta)$$
$$+q\cos(\theta-\beta)\cos(\gamma-\alpha)\sin(\alpha-\gamma)$$
$$+r\cos(\theta-\gamma)\cos(\alpha-\beta)\sin(\beta-\alpha))$$
$$/(\sin(\alpha-\beta)\sin(\beta-\gamma)\sin(\gamma-\alpha))$$
となることが必要十分．

α，β，γ の関係を図示しておこう．この図では，たとえば，ベクトル $(\cos\alpha, \sin\alpha)$ の方向を単に α と書いてあるので注意．

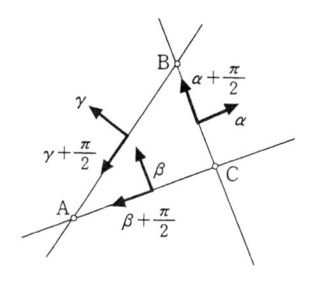

ところで，三角形 ABC の外心を (x_0, y_0)，外接円の半径を R とすると，問題3の結果から，
$$x_0 = (p\cos(\alpha-\beta-\gamma)\sin(\gamma-\beta)$$
$$+q\cos(\beta-\gamma-\alpha)\sin(\alpha-\gamma)$$
$$+r\cos(\gamma-\alpha-\beta)\sin(\beta-\alpha))$$
$$/(2\sin(\alpha-\beta)\sin(\beta-\gamma)\sin(\gamma-\alpha))$$
$$y_0 = (p\sin(\alpha-\beta-\gamma)\sin(\beta-\gamma)$$
$$+q\sin(\beta-\gamma-\alpha)\sin(\gamma-\alpha)$$
$$+r\sin(\gamma-\alpha-\beta)\sin(\alpha-\beta))$$
$$/(2\sin(\alpha-\beta)\sin(\beta-\gamma)\sin(\gamma-\alpha))$$
$$R = |(p\sin(\beta-\gamma)+q\sin(\gamma-\alpha)+r\sin(\alpha-\beta))$$
$$/(2\sin(\alpha-\beta)\sin(\beta-\gamma)\sin(\gamma-\alpha))|$$

となる．ここでは $0 \leq \alpha < \beta < \gamma < \pi$ と仮定したことから，
$$\sin(\alpha-\beta)\sin(\beta-\gamma)\sin(\gamma-\alpha) > 0$$
となっていること，さらに，
$$p\sin(\beta-\gamma) + q\sin(\gamma-\alpha) + r\sin(\alpha-\beta) > 0$$
と仮定できることに注意してほしい．（負になる場合もまったく同様にすればいい．）そうすると，
$$R = (p\sin(\beta-\gamma) + q\sin(\gamma-\alpha) + r\sin(\alpha-\beta))$$
$$/(2\sin(\alpha-\beta)\sin(\beta-\gamma)\sin(\gamma-\alpha))$$
と書けるわけだ．このとき，あきらかに
$$a = -R\cos(2\theta-\alpha-\beta-\gamma) - x_0$$
$$b = R\sin(2\theta-\alpha-\beta-\gamma) - y_0$$
となっている．つまり，θ が 0 から π まで連続に変化すると，焦点 (a, b) は点
$$(-R\cos(\alpha+\beta+\gamma) - x_0,$$
$$-R\sin(\alpha+\beta+\gamma) - y_0)$$
からスタートして三角形 ABC の外心 (x_0, y_0) のまわりを半径 R の円，つまり三角形 ABC の外接円，を描いて正の向きに 1 回転することがわかる．ただし，(a, b) が A，B，C に一致する場合，つまり，θ が $\alpha+\frac{\pi}{2}$，$\beta+\frac{\pi}{2}$，$\gamma+\frac{\pi}{2}$ となる場合（いいかえると「焦点」が A，B，C になる場合）は放物線がきまらないので，除いておく． □

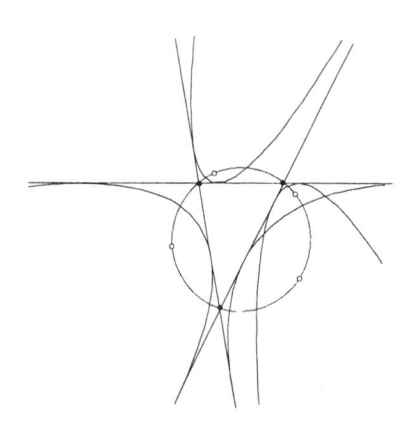

いままでに得られた具体的な計算結果を利用すれば三角形を与えてそれに接する放物線を描くプログラムを書くことができる．パラメータとしては θ を使うのがいいだろう．θ を与えるごとにベクトル $(\cos\theta, \sin\theta)$ に平行な軸をもち三角形に接する放物線が描けるというわけだ．そして，その放物線の焦点が三角形の外接円を描くことも確認できる．

ただし，このベクトルが三角形の 3 辺に平行な場合には放物線は存在しない．いいかえると，焦点の軌跡は外接円全体ではなく，外接円から三角形の頂点を除いた部分になる．そして，焦点が三角形の頂点に接近すると放物線が尖ってくることも見えるだろう．

つまり，θ が $\alpha+\frac{\pi}{2}$，$\beta+\frac{\pi}{2}$，$\gamma+\frac{\pi}{2}$ を「通過」すると，その前後で放物線の開く向き（放物線の「頂点」から焦点に向かうベクトルの方向）が「逆転」するように見えるはずだが，これはそれほど奇異な現象ではない．

焦点が三角形の頂点に接近すると，その頂点の対辺に「平行」な（頂点を端点とする 2 重の）半直線に限りなく接近し，焦点が三角形の頂点「一致」したときには，その頂点の対辺に「平行」な（2 重の）直線となり，焦点が三角形の同じ頂点に反対側から接近すると，その頂点の対辺に「平行」な（頂点を端点とする 2 重の）逆向きの半直線に限りなく接近するのだから，θ が $\alpha+\frac{\pi}{2}$，$\beta+\frac{\pi}{2}$，$\gamma+\frac{\pi}{2}$ になるときは，放物線が（対辺に「平行」な）2 重の直線に分解したものと考えればよい．

実際，たとえば，$\theta = \alpha+\frac{\pi}{2}$ とすると，「放物線」の方程式
$$(x\sin\theta - y\cos\theta)^2 - 2(a+c\cos\theta)x$$
$$-2(b+c\sin\theta)y + a^2 + b^2 - c^2 = 0$$
は，計算によって，
$$\left(x\cos\alpha + y\sin\alpha - \frac{r\sin(\alpha-\beta) + q\sin(\gamma-\alpha)}{\sin(\beta-\gamma)}\right)^2$$
$$= 0$$
となることが確認できる．これはまさしく，点 A を通る法線方向が $(\cos\alpha, \sin\alpha)$ の，つまり BC に平行な，（2 重の）直線にほかならない．

これは，2 重の直線を 3 か所に追加すれば，与えられた三角形に接する放物線全体の「空間」（モジュライ空間）が自然にコンパクト化できることを意味している．わかったことを定理 2 として整理しておこう．

──── 定理 2 ────

三角形の 3 辺に接する放物線全体の作る「空

4．四角形に接する放物線

つぎに，話を一般化して，四角形（4本の直線）に接する放物線について考えてみよう．その前にまず，平面上の放物線の自由度について考えておく．

放物線は焦点と準線を与えれば確定するのだが，焦点の与えかたの自由度は2，準線は焦点から下ろした垂線の足の位置をきめれば定まるので，（焦点をきめたとき）準線の与えかたの自由度は2となり，平面上の放物線の自由度は$2+2=4$となる．このことは，任意の放物線が$y=\lambda x^2$を適当に平行移動してから（放物線の頂点を中心として）適当に回転すればえられることからもわかる．象徴的に書けば，

　　放物線の自由度
　　　＝「λ」＋「平行移動」＋「回転」
　　　＝$1+2+1=4$

というわけだ．

つぎに，与えられた1本の直線に接する放物線の自由度を求めてみよう．焦点と接点をきめれば（焦点からの「光」を接点で反射させると軸に平行になることから）軸の方向がきまり，（焦点から接点に下ろした垂線の足は頂点での接線の上にあることから）放物線の頂点がきまる．つまり，焦点と接点を与えれば放物線がきまる．したがって，この場合，放物線の自由度は，焦点の自由度と（与えられた直線上の）接点の自由度，つまり，$2+1=3$となる．別の見方もしておこう．直線を1本与えるとき，それに平行な（1次元分の自由度をもつ）直線束を考えれば，（軸がこの直線と平行でない）任意の放物線はその直線束の中のちょうどただ1本とのみ接するはずだから，接する直線を指定すると放物線の自由度が1だけ減るということになる．つまり，与えられた1本の直線に接する放物線の自由度は$4-1=3$だとわかる．

また，2本の直線に接する放物線はそれぞれの直線上の接点を与えれば必ずひとつだけきまる（ちょっとメンドウかもしれないが，なぜか考えてほしい）ので，与えられた平行でない2本の直線に接する放物線の自由度は$1+1=2$だとわかる．別の見方（＝危ない見方）をすれば，

1本の直線に接する放物線のうちで，もう1本の直線にも接するものは（この直線と平行な直線束を考えればわかるように）自由度が1だけ減るはずだから，求める自由度は$3-1=2$となると考えられる．

さらに，与えられた三角形に接する放物線の焦点の軌跡が円周（から三角形の頂点を除いた部分）となること（定理1）から，与えられたどの2本も平行でない3本の直線に接する放物線の自由度は1（円周の次元は1）だとわかる．この場合も，接する直線が2本から3本になることで自由度が1だけ減るはずだから，求める自由度は$2-1=1$になると考えられることに注意してほしい．

まとめておこう．

---命題1---

与えられたn本の直線（一般の位置にあるものとする）に接する放物線の自由度は$4-n$となる．ただし，$n=0,1,2,3$とする．

もともと放物線の自由度は4で，接する直線を1本追加するごとに自由度が1ずつ減るとすれば，与えられた4本の直線に接する放物線の自由度は0だろうと推定される．自由度が0だというのは，自由度がない，つまり，ガチッと定まるという感じだ．つまり，どの2辺も平行でない四角形（正確にはどの3本も三角形を作る4本の直線）に接する放物線はちょうど1個だといえる可能性がでてきた．これについて考えてみよう．

問題4 どの3本も三角形を作る4本の直線が与えられたとすると，これらに接する放物線はつねにただひとつだけ存在するといえるか？

簡単のために，直線を1，2，3，4と呼ぶことにする．定理1によって，この4本のうち，（たとえば）直線1，2，3に接する放物線の焦点の軌跡は直線1，2，3が作る三角形の外接円（から三角形の頂点を除いたもの）になる．また，直線1，2，4に接する放物線の焦点の軌跡は直線1，2，4が作る三角形の外接円（から三角形の頂点を除いたもの）になる．と

ころで，これら2つの外接円は直線1，2の交点を共有しているから，これ以外にもうひとつの交点が存在する（4直線はどの2本も平行でないことに注意）．この交点は，直線1，2，3に接する放物線の焦点であると同時に直線1，2，4に接する放物線の焦点でもある．

ところで，放物線の焦点から接線に下ろした垂線の足は放物線の頂点における接線の上に存在する（ウォーレスの定理の直前の説明参照）ことから，直線1，2，3に接する放物線と直線1，2，4に接する放物線が焦点を共有していれば，（焦点と準線が一致することになり）放物線自身も一致することがわかる．つまり，直線1，2，3，4に接する放物線は必ずただひとつだけ存在する． □

この問題4の結果から，一般の四角形（つまり一般の位置にある4直線）に対して，それに接するただひとつの放物線がきまるのだから，とくに，その放物線の焦点がきまる．これを与えられた四角形（または4直線）のミケル点と呼ぶことにしよう．言葉をかえれば，一般の位置にある4本の直線が与えられたとき，そのミケル点というのは，4本の直線の中の3本ずつの直線が作る4個の三角形それぞれの外接円の交点だということになる．つまり，一般の位置にある4本の直線のミケル点の位置だけを知りたければ，放物線とかその焦点などといったものは必要ない．そういう「高級な道具」は使わずにミケル点を求めることができるからだ．いいかえると，うれしいことに，つぎの命題2が「初等的」に証明できてしまうのである．

——— 命題2 ———
どの3本も三角形を作る4本の直線1，2，3，4があるとき，4個の三角形234，134，124，123それぞれの外接円は1点（つまりミケル点）で交わる．ここで，三角形 ijk というのは3本の直線 i, j, k が作る三角形のことだとする．

[証明]
一般に直線 i と直線 j の交点を ij と書くことにし，A＝12，B＝13，C＝14，A′＝34，B′＝24，C′＝23 とおく．

このとき，円 ABC′ と円 A′B′C′ の C′ 以外の交点を P とすると，四角形 PBAC′ が円に内接することから
　　∠PBC＝∠PC′A
また，四角形 PA′B′C′ が円に内接することから
　　∠PA′C＝∠PC′B′＝∠PC′A
したがって，
　　∠PBC＝∠PA′C
つまり，円 A′BC は P を通る．同様にして，円 AB′C も P を通ることがわかるので，結局，4個の三角形234，134，124，123それぞれの外接円 A′B′C′，A′BC，AB′C，ABC は点 P で交わることがいえる． □

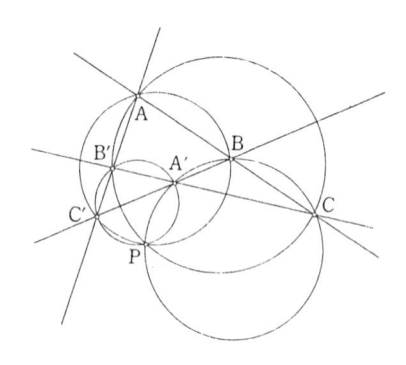

5．ミケルの定理

命題2は歴史的に見ると南フランスの町カストルの教師ミケル（Auguste Miquel）によって発見された．カストルといえば，フェルマの終焉の地として知られているが，ミケルがこの方面の仕事をするのはフェルマの死後173年もたってからのことにすぎず，ふたりの間には何の関係もないようだ．

いつだったか，ぼくは，この命題2の出現するミケルの論文を探したことがあるが，意外なほど簡単に発見できた．その論文のタイトルは「幾何学の定理」（Théorèmes de géométrie）というシンプルなもので，「純粋および応用数学の雑誌」（Journal de mathématiques pures et appliquées）という当時としては有名な雑誌の第3巻（1838年）の p. 485 - p. 487 に掲載されていた．わずか3ページの小さな論文だ．さっそく，コピーしたわけだが，愚かにも図をコピーするのを忘れてしまった．このころの雑誌の場合，図は論文ごとではなく，まとめて最後に集められているので注意が必要なのにすっかり忘

れていたのである．この雑誌は数学科や数理科学科のある大学ならほとんど存在しているはずだ．

それはともかく，この論文「幾何学の定理」には3個の定理が証明されている．われわれの命題2にあたるのは定理IIである．証明方法は上で紹介したものとはちょっと違っているが，なかなか面白い．ついでに紹介しておこう．

ミケルはまずつぎの定理Iを証明する．まわりくどい表現やまぎらわしい表現もなるべくそのままにし，記号もミケルの論文のままにして読んでみよう．

定理I． 3個の円A，O，Cが同一の点Iで交わるとする．このとき，円Aと円Oとの新しい交点をN，円Aと円Cとの新しい交点をRとする．円A上の点Fとこれらを結び，直線FNと円Oとの新しい交点をD，直線FRと円Cとの新しい交点をEとすると，DとEは円Oと円Cの第2の交点Mとともに同一直線上にあるだろう．

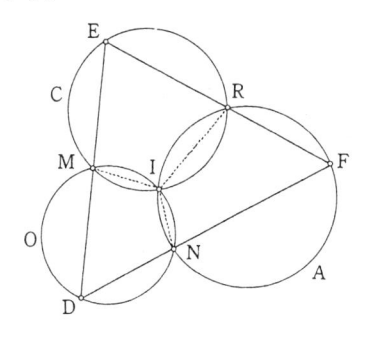

実際，線分MI，NI，RIと線分DM，EMを描こう．角F，D，Eはそれぞれ角NIR，MIN，MIRの補角になっていることから，
$$F+D+E=6d-(NIR+MIN+MIR)$$
となり，
$$F+D+E=2d$$
がいえる．

このことから，容易に図形FDMEが三角形となることがわかり，したがって，DMEは直線となる．

ミケルが「d」と書いているのは直角のこと．角を表わす記号「∠」は使われていないが意味はわかるだろう．証明の最後の部分がちょっと奇異な印象もあるが間違ってはいない．また，直線と線分とはほとんど同じ意味で使われていることにも注意してほしい．

ミケルはこのあと，1点で交わってさえいれば円はどんなものでもいいし，円A の上ならFはどこにあってもいいということに注意してから，この定理Iの「逆」にあたる主張をふたつ証明なしで並べている．読んでみよう．

逆I． 3個の円が同一の点Iで交わるとき，これらの円の中の2個の第2の交点をMとして，円Oとの交点がD，円Cとの交点がEとなるような直線DMEを引き，円O，Cと第3の円Aとの新しい交点をそれぞれN，Rとして，点D，Eと点N，Rを結ぶ．このとき，得られる直線DN，ERはこの第3の円A上の点Fで交わる．

逆II． 三角形DEFの辺DE，DF，EFそれぞれの上に点M，N，Rをとり，頂点とそれを含む辺上の（M，N，Rのうちの）2点を通る円を描こう．こうしてできる3個の円は同一の点Iで交わる．

念のために逆IIを証明しておこう．円DMNと円EMRのM以外の交点をIとするとき，
$$\angle NIR = 360° - (\angle MIN + \angle MIR)$$
$$= (180° - \angle MIN) + (180° - \angle MIR)$$
$$= \angle MDN + \angle MER$$
$$= 180° - \angle NFR$$
つまり
$$\angle NIR + \angle NFR = 180°$$
となり，4点F，N，I，Rが同一円上にあることになる．

ミケルの論文で逆IIのつぎに登場するのが定理II（つまりわれわれの命題2）である．ミケルはこの定理IIを証明するのに上の逆IIを利用している．命題2の図を使ってミケルによる定理IIの証明方法を説明しよう．

たとえば，三角形AB′Cに注目しよう．（これを逆IIの三角形DEFだと思えばよい．）このとき，点C′，A′，Bは辺AB′，B′C，CAの上に存在しているので（逆IIのM，N，RをこのC′，

A′, B と考えれば）逆 II によって，3 個の円 ABC′，A′B′C′，A′BC は同一の点 P で交わる．同じように，三角形 ABC′ とその辺上の点 C，A′，B′ に関して逆 II を適用すると，3 個の円 AB′C′，A′BC，A′B′C′ も点 P で交わることがわかる．つまり，4 個の円 A′B′C′，A′BC，AB′C，ABC は点 P で交わることになる．

ミケルの論文の最後に出てくる定理 III はなかなか興味深い．記号の趣味がどうもなじめないが原典を尊重してそのままにして紹介しておく．（ただし，文章はすこし意訳させてもらう．）証明の部分に「完全四辺形」という用語が出てくるが，これは，どの 2 本も平行でない 4 本の直線が作る「四辺形」のことだ．たとえば，「完全四辺形 IAGCKB」というのは，直線 IA，GC，KB と直線 IBC の 4 本の直線からなる「四辺形」を示している．また，逆 I を使うことになるが，その証明は読者にまかせたい．

定理 III. 任意の五角形 ABCDE について，図のように，それぞれの辺の交点を F，G，H，I，K とし，五角形の辺とそれに隣接した辺の延長が作る 5 個の三角形 IAB，KBC，FCD，GDE，HEA の外接円を描く．このとき，隣接する円の交点として得られる 5 個の新しい点 P，Q，M，N，R は同一円上に存在する．

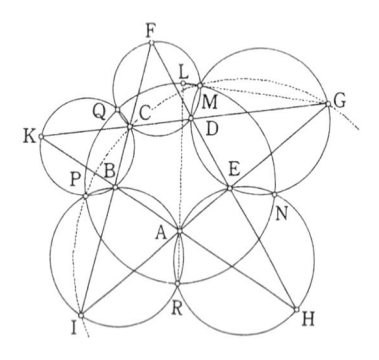

3 点 P，M，R を通る円を描き，点 N，Q がこの円上に存在することを示そう．

まず，N を通ることを示すために，三角形 ICG の外接円を描く．そして，2 個の完全四辺形 IAGCKB，GEICFD を考えると，定理 II によって，円 ICG は点 P，M を通る．

ところで，円 PMG，PMR，PAR は同一の点 P を通り，直線 IAG は円 PAR，PMG の交点 I を通る．いま，点 A，G をそれぞれ（この円 PAR，PMG と第 3 の円 PMR の交点）R，M と結ぶと，直線 RA，MG は円 PMR の上の点 L で交わる（逆 I より）．

このとき，3 点 R，M，E はそれぞれ三角形 ALG の辺の上に存在していることになるので，3 個の円 ARE，LRM，GME は同一の点で交わる（逆 II より）．したがって，円 PMR は円 HAE，GED の交点 N を通る．

同じようにして円 PMR が点 Q を通ることもいえる．したがって，5 点 P，Q，M，N，R は同一円上に存在する．これで証明が終わった．

このミケルの定理 III はつぎのように表現することもできる．証明はまったく同様にすればよい．

---- **定理 3（ミケルの定理）** ----

どの 3 本も三角形を作る 5 本の直線 1，2，3，4，5 が与えられたとき，順に 1 本ずつ除いて得られる 5 個の「四辺形」2345，1345，1245，1235，1234 のそれぞれからきまる合計 5 個のミケル点は同一円上に存在する．（この円はミケル円と呼ばれる．）

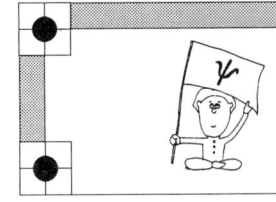

シュタイナーの定理

ことの起こりは「放物線の3本の接線が作る三角形の外接円は放物線の焦点を通る」という（おそらく）18世紀に発見された事実の特殊な場合をネタにして作られた入試問題だった。この問題を発想を逆転させることによって，「三角形に接する放物線の焦点の軌跡は外接円（から3頂点を除いたもの）になる」という事実に到達できた。また，「四角形に接する放物線は1個しか存在しない」ということもわかる。

さらに，このふたつの事実を合体させると，「平面上に4本の直線があると，4個の三角形ができ，したがって，外接円を描くことで，4個の円ができるが，これらは1点（ミケル点）で交わる」という新しい事実に到達できる。19世紀初頭のフランスの数学者ミケルはこれをさらに発展させて，「5本の直線があるとき4本の直線の組が5個できて5個のミケル点が作れるが，この5点は同一円（ミケル円）上に存在する」という事実を発見した。しかもこれらは，すでにで紹介したように，初等幾何的な議論だけで意外なほど簡単に証明できてしまう。それどころか，6本の直線があると5本ずつの組できまる6個の円が1点で交わり，7本の直線があると6本ずつの組できまる7個の点が同一円上に存在し，8本の直線があると7本ずつの組できまる8個の円が1点で交わり，……というように直線の本数の偶奇に応じて点と円が交互に定まっていくという面白い点と円の連鎖定理（クリフォードの定理）が成り立つことまでいえてしまう。

ここでは，このクリフォードの定理の話に入るための準備運動として，シュタイナー（Jacob Steiner, 1796-1863）とカントルによる結果について見てみよう。シュタイナーは，「4本の直線から4個の三角形ができ，4個の外接円ができこれが1点で交わる」というだけではなく，「4個の外接円の中心は同一円（シュタイナー円）上に存在する」ということに気づいたのだ。

そして，カントル（集合論の創始者で知られるゲオルク・カントルとは別人のモーリッツ・カントル）が，これを発展させて，「5本の直線があるとき4本の直線の組が5個できて5個のシュタイナー円が作れるが，この5円の中心は同一円（カントル円）上に存在する」ことを示した。そして，うれしいことに，この円の連鎖も無限に続くことがいえる。

こんなにうまい事実が成立しているとすれば，平面上の有限個の直線の集合には何かきれいな性質が潜んでいて，それがミケルやシュタイナーやカントルやクリフォードの一連の発見を支えているのではないかと考えたくなってくる。

ここでは，複素数を利用してこの「きれいな性質」の探索に成功したフランク・モーレー（1860-1937）が論文

Frank Morley, "On the metric geometry of the plane n-line",

Trans. Am. Math. Soc. 7 (1900) 97-115

の中で発表したアイデアを紹介しよう。モーレーは1900年前後に活躍したイギリス生まれのアメリカの数学者で「三角形の角のそれぞれの辺に近い三等分線どうしの3個の交点は正三角形を作る」という定理（モーレーの定理）の発見者として知られている。不思議なことに，このモーレーの定理も，その起源を探ればミケルとクリフォードの研究にその起源をもっていることがわかる。

1．モーレーかモーリーか？

ところで，数学者「Morley」の発音は「モーレー」よりもむしろ「モーリー」か「モーリ」のほうが「正解」に近いのではないかと思うが，すでに日本では「モーレー」という表記が流布しており，無用の混乱を避けるためにあえて変更しないことにする。ついでにいえば，最後の「ley」の発音のカタカナ表記に関しては「リー」説と「レー」説が拮抗しているようだ。た

とえば，カリフォルニアの大学町「Berkeley」は「バークレー」と書くことが多いのに，同じつづりでも哲学者「Berkeley」となると「バークリー」あるいは「バークリ」のほうが一般的だ．

さらに，「ケーリー・ハミルトンの定理」で知られたイギリスの数学者「Cayley」は「ケーリー」，乗り物の「trolley」は「トロリー」，小説家「Huxley」は「ハックスリー」と書くのに，谷「valley」は「バレー」，オールをもつ帆船「galley」は「ガレー」，テニスコートの「alley」は「アレー」，混合という意味の「medley」は「メドレー」と書く．となると，いまさら無理に「リー」なり「レー」なりに統一するのは無理だろう．まぁ，とりあえず，「どっちでもいい」という見解をとっておくことにしよう．

これもどうでもいいことかもしれないが，英語での「s」や「es」の発音も気になる．たとえば，「news」の「ニューズ」は「ニュース」，「salesman」の「セールズマン」は「セールスマン」，「Charles」の「チャールズ」は「チャールス」，「lesbian」の「レズビアン」は「レスビアン」と書かれることが多い．日本語には（ある条件下で）英語の「ズ」を「ス」に置き換える習性でもあるのだろうか？　だとすると，フェルマ予想を解決した数学者「Wiles」も「ワイルズ」よりも「ワイルス」と書くほうが「正解」なのかもしれない！

ことのついでに，もうひとつ．われわれはよく「v」と「b」の違いにこだわって，わざわざ「ヴ」と「ブ」などと区別するわけだが，「ズ」を「ス」と修正する日本流の表記を肯定するのなら，この区別もなくしてはどうかと思う．実際，谷「valley」は「バレー」，女王「Victoria」は「ビクトリア」，「video」は「ビデオ」，「venture」は「ベンチャー」，弁「valve」は「バルブ」と書く習慣になっている．「ヴィクトリア」はまだいいとしても，「ヴィデオ」や「ヴァルヴ」となるとまず落ち着かないだろう．

この「ヴ」と「ブ」については，最近出版された

清水達雄『文字と言葉の世界一周』東京図書

というユニークな本の12ページでも「日本語化した外来語でもb, vを区別しようというのは，米英追従主義だとおもう」「b⇄vの転換は，世界の言語によっては，それぞれにおこっている」と鋭く指摘されている．スペイン語などでは「v」が「b」の発音になることがあるし，逆に，ギリシア語では「b」が「v」の発音になることがあるという．そういえば，南フランスのオック語では，基本的に，「v」は「b」の発音になる．

2．直線全体を見る

思わず長くなってしまったが，そろそろ，モーレーのアイデアの話に入ろう．

xy 平面上の直線は，原点からの距離 $r \geq 0$ と単位法線ベクトル
$$(\cos\theta, \sin\theta), \quad 0 \leq \theta < 2\pi$$
ときめればつねにただひとつ確定する．2個の実数 θ, r ($0 \leq \theta < 2\pi$, $r \geq 0$) の対 (θ, r) と直線
$$x\cos\theta + y\sin\theta = r$$
を対応させると，この対応は1対1となる．ついでながら，直線の方程式を
$$ax + by + c = 0 \quad (a^2 + b^2 \neq 0, \ c \leq 0)$$
と書いても，ひとつの直線にひとつだけの方程式が対応するわけではないが，
$$\cos\theta = \frac{a}{\sqrt{a^2+b^2}}$$
$$\sin\theta = \frac{b}{\sqrt{a^2+b^2}}$$
となるただひとつの θ ($0 \leq \theta < 2\pi$) をとり，原点からの距離を
$$r = -\frac{c}{\sqrt{a^2+b^2}}$$
とすれば，
$$x\cos\theta + y\sin\theta = r$$
に変形できることに注意しよう．

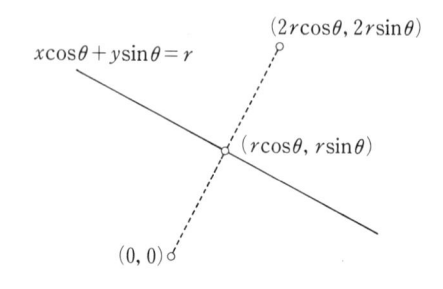

いいかえると，平面上の直線全体のなす「空

間」は，(r, θ) の作る「2次元空間」に一致する．法線ベクトル $(\cos\theta, \sin\theta)$ の全体は，θ が 2π にどんどん近づくとついに 0 にもどるとみなせることから，位相的に見ると「円周」にほかならないので，(r, θ) の作る「2次元空間」は位相的には「円周と閉半直線の直積」つまり「底面」のみがあり「高さ」が無限大の円柱の「側面」になっている．いいかえると，平面全体から開円板をひとつ取り除いた「2次元空間」（開円板の穴の開いた平面）になっているわけだ．この「2次元空間」の境界は円周（原点を通る直線全体の作る「1次元空間」）なのだが，この円周を除けば，残りの部分は平面から1点を除いた部分と（位相的には）同じになる．ということは，たとえば，複素平面から複素数 0（点 0）を除いた部分と平面上の（原点を通らない）直線の全体とは同じになるはずだ．

とまぁ，これはかえって話を混乱させてしまったかもしれないが，要するに，直線
$$x\cos\theta + y\sin\theta = r \quad (0 \leq \theta < 2\pi, \; r > 0)$$
に複素数
$$r(\cos\theta + i\sin\theta)$$
を対応させれば（原点を通らない）直線全体が 0 でない複素数全体と 1-1 に対応することさえわかればよい．これでもいいのだが，幾何的なイメージとあとで出現する方程式の形のよさを考慮すると，複素数
$$2r(\cos\theta + i\sin\theta)$$
を対応させるほうが都合がいいので，ここではモーレーをまねてこの対応を利用する．これは，いうまでもなく，原点を通らない直線に対して，その直線に関する原点の対称点にあたる複素数を対応させることにあたっている．

もちろん，複素数を使って平面（複素平面）上の直線を表わす方法は，ほかにもいくつか考えられる．たとえば，異なる2点（つまり，2個の複素数）を与えればそれらを通る直線が1本きまるが，これだとひとつの直線を定めるための2点の組が無数に存在してしまってうれしくないのだ．通る1点（1個の複素数）と方向（長さ1の複素数）を与えるという作戦でもまだムダが多い．

そこで，原点（複素数 0）を通らない直線だけに限定して，そのような直線と，その直線に関する原点の対称点とが1対1に対応することを利用しようというわけだ．これなら，原点を通らない直線全体と原点以外の点（0 でない複素数）全体がいかにも自然に対応づけられる感じがする．「原点を通る直線はどうしてくれる」という人もいるだろうが，ここではそれは気にしないことにする．というのも，ここで扱うのは平面上の有限個の直線の集まりにすぎないので，適当に平行移動して原点を通らない場合に還元できてしまうからだ．

3．直線のモーレー表示

まず，つぎの問題 1 からはじめよう．

問題 1 複素数 $0, z_1 (z_1 \neq 0)$ を結ぶ線分の垂直二等分線の方程式は
$$zt_1 + z^* = z_1 t_1$$
と書けることを示せ．ここで，z^* は z の共役複素数を表わすものとし，
$$t_1 = \frac{z_1{}^*}{z_1}$$
とする．

複素数 z について，z が求める直線上の点であるための必要十分条件は，
$$z - \frac{z_1}{2} = k(iz_1)$$
となる実数 k が存在すること．$z \neq 0$ の場合だけを考えればいいので，これは，
$$(z - z_1/2)/(iz_1)$$
が実数となることだといってもよい．つまり，
$$(z - z_1/2)/(iz_1) = ((z - z_1/2)/(iz_1))^*$$
だが，これは，
$$(z - z_1/2)/(iz_1) = (z^* - z_1{}^*/2)/(-iz_1{}^*)$$
を意味している．分母を払って整理すると，
$$z_1{}^* z + z_1 z^* = z_1 z_1{}^*$$
ここで，$z_1{}^* = z_1 t_1$ を代入して $z_1{}^*$ を消去し，両辺を z_1 で割ると，
$$zt_1 + z^* = z_1 t_1$$
がえられる．いいかえると，これが，z が複素数 $0, z_1 (z_1 \neq 0)$ を結ぶ線分の垂直二等分線上の点であるための必要十分条件にほかならない．

つまり，求める直線の方程式は
$$zt_1 + z^* = z_1 t_1$$

と書ける． □

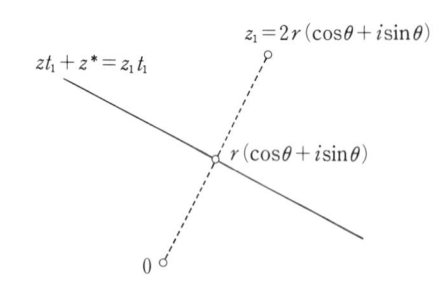

$$zt_1 + z^* = z_1 t_1$$
$$z_1 = 2r(\cos\theta + i\sin\theta)$$
$$r(\cos\theta + i\sin\theta)$$
$$0$$

ついでながら，
$$z_1^* z + z_1 z^* = z_1 z_1^*$$
において，両辺を $z_1 z_1^*$ で割って，
$$\frac{z}{z_1} + \frac{z^*}{z_1^*} = 1$$
と変形しておくと覚えやすそうだ．

問題1から，複素平面上の原点を通らない直線の方程式は適当な複素数 $z_1 (z_1 \neq 0)$ と $t_1 = \frac{z_1^*}{z_1}$ をもちいて
$$zt_1 + z^* = z_1 t_1$$
と書けることがわかる．もちろん，適当な複素数 $z_1 (z_1 \neq 0)$ をもちいて
$$\frac{z}{z_1} + \frac{z^*}{z_1^*} = 1$$
と書けるといっても同じことだが，ここでは，あとの都合で前者を利用し，直線
$$zt_1 + z^* = z_1 t_1$$
を「直線 z_1」と呼ぶことにする．また，定義から t_1 は単位円周上の点となること，つまり，$|t_1| = 1$ となることにも注意してほしい．

ところで，0でない複素数 z_1 が与えられればそれに対応して「直線 z_1」がきまるわけだが，逆に，点0を通らない任意の直線は，その直線に関する点0の対称点を z_1 とするとき「直線 z_1」に一致することもすぐにわかる．これはいうまでもなく，すでに述べた（原点を通らない）直線
$$x\cos\theta + y\sin\theta = r \quad (0 \leq \theta < 2\pi, \ r > 0)$$
と複素数
$$z_1 = 2r(\cos\theta + i\sin\theta)$$
とを対応させたことにあたっている．この場合
$$t_1 = \frac{\cos\theta - i\sin\theta}{\cos\theta + i\sin\theta}$$
$$= \cos(2\theta) - i\sin(2\theta)$$
となっている．

つぎに，0でない複素数 z_1 と z_2 に対応する「直線 z_1」と「直線 z_2」が一致せず平行でもない条件（つまり，1点のみを共有する条件）について考えてみよう．

問題2 原点0を通らない2本の直線
$$zt_1 + z^* = z_1 t_1$$
$$zt_2 + z^* = z_2 t_2$$
つまり，「直線 z_1」と「直線 z_2」が1点のみを共有するための条件を z_1, z_2 で表わせ．ここで，
$$z_1 \neq 0, \ z_2 \neq 0, \ t_1 = \frac{z_1^*}{z_1}, \ t_2 = \frac{z_2^*}{z_2}$$
とする．

「直線 z_1」と「直線 z_2」が一致するためには，$z_1 = z_2$（つまり $\frac{z_1}{z_2} = 1$）となることが必要十分．また，平行となるためには，$\frac{z_1}{z_2}$ が1以外の実数となることが必要十分．したがって，「直線 z_1」と「直線 z_2」が1点のみを共有するための必要十分条件は，$\frac{z_1}{z_2}$ が実数とならないことである． □

問題3 原点0を通らない2本の直線
$$zt_1 + z^* = z_1 t_1 \quad (1)$$
$$zt_2 + z^* = z_2 t_2 \quad (2)$$
つまり，「直線 z_1」と「直線 z_2」の交点を z_1, z_2, t_1, t_2 で表わせ．ここで，
$$z_1 \neq 0, \ z_2 \neq 0, \ \frac{z_1}{z_2} \neq \text{実数},$$
$$t_1 = \frac{z_1^*}{z_1}, \ t_2 = \frac{z_2^*}{z_2}$$
とする．

これは簡単．(1)から(2)を引いて z^* を消去すれば，
$$z(t_1 - t_2) = z_1 t_1 - z_2 t_2$$
つまり，求める交点 z_{12} は
$$z_{12} = \frac{z_1 t_1 - z_2 t_2}{t_1 - t_2}$$
となる．表現を変えると
$$z_{12} = \frac{z_1 t_1}{t_1 - t_2} + \frac{z_2 t_2}{t_2 - t_1}$$
とも書ける． □

えられた結果を命題1として整理しておこう．

――― 命題1 ―――

原点 O を通らない2本の直線
$$zt_1 + z^* = z_1 t_1$$
$$zt_2 + z^* = z_2 t_2$$
が共有点をひとつだけもつための必要十分条件は

$$\frac{z_1}{z_2} \neq 実数$$

であり，このとき，交点を z_{12} とすると，

$$z_{12} = \frac{z_1 t_1}{t_1 - t_2} + \frac{z_2 t_2}{t_2 - t_1}$$

[証明]
問題2と問題3から明らか． □

4．三角形と外接円

つぎに，どんな複素数 z_1, z_2, z_3 を与えると，それから三角形を作りうるような3本の直線がえられるのかについて考えてみよう．

問題4 複素数 z_1, z_2, z_3 について，「直線 z_1」と「直線 z_2」と「直線 z_3」が三角形を形成するための条件を z_1, z_2, z_3 を使って表わせ．

まず，「直線 z_1」「直線 z_2」「直線 z_3」がきまるためには「z_1, z_2, z_3 が 0 でない」ことが必要十分．

この条件下で，「直線 z_p」と「直線 z_q」が交わるためには「$\frac{z_p}{z_q} \neq 実数$」となることが必要十分．ここで $(p, q) = (1, 2), (1, 3), (2, 3)$ とする．

つぎに，「直線 z_1」と「直線 z_2」と「直線 z_3」が三角形を形成するための必要十分条件は，「この3本の直線がどの2本も交わるが3本全部が1点では交わらない」ことである．一方，どの2本も交わる3本の直線，「直線 z_1」「直線 z_2」「直線 z_3」が共通の1点で交わるための必要十分条件は，「直線 z_1」と「直線 z_2」の交点 z_{12} と「直線 z_1」と「直線 z_3」の交点 z_{13} が一致することだが，これは，

$$t_1 = \frac{z_1^*}{z_1}, \quad t_2 = \frac{z_2^*}{z_2}, \quad t_3 = \frac{z_3^*}{z_3}$$

とおくと，命題1から，

$$\frac{z_1 t_1 - z_2 t_2}{t_1 - t_2} = \frac{z_1 t_1 - z_3 t_3}{t_1 - t_3}$$

と書ける．変形すると，

$$\frac{(z_1 t_1 - z_2 t_2)(t_1 - t_3) - (z_1 t_1 - z_3 t_3)(t_1 - t_2)}{(t_1 - t_2)(t_1 - t_3)} = 0$$

つまり，求める条件は，

$$(z_1 t_1 - z_2 t_2)(t_1 - t_3) - (z_1 t_1 - z_3 t_3)(t_1 - t_2) = 0$$

となる．ここでは，さらに左辺を展開して z_1, z_2, z_3 の項ごとにまとめ，両辺を

$$(t_1 - t_2)(t_1 - t_3)(t_2 - t_3)$$

で割って整理し，

$$\frac{z_1 t_1}{(t_1 - t_2)(t_1 - t_3)} + \frac{z_2 t_2}{(t_2 - t_3)(t_2 - t_1)}$$
$$+ \frac{z_3 t_3}{(t_3 - t_1)(t_3 - t_2)} = 0 \qquad (3)$$

と変形しておこう．

以上によって，「直線 z_1」と「直線 z_2」と「直線 z_3」が三角形を形成するための必要十分条件は，z_1, z_2, z_3 のどれもが他の実数倍にならないことと(3)を否定した．

$$\frac{z_1 t_1}{(t_1 - t_2)(t_1 - t_3)} + \frac{z_2 t_2}{(t_2 - t_3)(t_2 - t_1)}$$
$$+ \frac{z_3 t_3}{(t_3 - t_1)(t_3 - t_2)} \neq 0$$

が成立することだとわかる． □

この結果を命題2として整理しておこう．

――― 命題2 ―――

どれもが他の実数倍にはならない複素数 z_1, z_2, z_3 について，「直線 z_1」と「直線 z_2」と「直線 z_3」が三角形を形成するためには，

$$\frac{z_1 t_1}{(t_1 - t_2)(t_1 - t_3)} + \frac{z_2 t_2}{(t_2 - t_3)(t_2 - t_1)}$$
$$+ \frac{z_3 t_3}{(t_3 - t_1)(t_3 - t_2)} \neq 0$$

となることが必要十分である．

[証明]
問題4の結果から明らか． □

つぎに，「直線 z_1」と「直線 z_2」と「直線 z_3」の作る三角形の外接円の中心と半径を求めてみよう．その前にまず円の方程式の話から．

問題5 a_1, a_2 を複素数（$a_2 \neq 0$）とし，t が 0 を中心とする半径1の円周（単位円周）上を一

周するとき，つまり，t が $|t|=1$ となる複素数全体を動くとき，
$$z = a_1 - a_2 t$$
の軌跡を求めよ．

$$|z-a_1| = |-a_2 t| = |a_2||t| = |a_2|$$
だから，z の軌跡が a_1 を中心とする半径 $|a_2|$ の円周上にあることは明らか．これが円周全体になることも念のためにたしかめておこう．まず，
$$t = \cos\theta + i\sin\theta, \quad 0 \leq \theta < 2\pi$$
$$-a_2 = |a_2|(\cos\alpha + i\sin\alpha)$$
とおけば，
$$\begin{aligned}z - a_1 &= -a_2 t\\&= |a_2|(\cos\alpha + i\sin\alpha)(\cos\theta + i\sin\theta)\\&= |a_2|(\cos(\alpha+\theta) + i\sin(\alpha+\theta))\end{aligned}$$
このとき，z は a_1 を中心とする半径 $|a_2|$ の円周全体を描く．したがって，求める軌跡は，
$$\text{円周}: |z-a_1| = |a_2|$$
となる． □

ここで，$z = a_1 + a_2 t$ のほうがよさそうなのに，わざわざ $z = a_1 - a_2 t$ としたのはあとの都合にすぎずあまり本質的なことではない．それから，円と円周という言葉は適当に混同して使う．円といっても円周を意味していることも多いが，とくに混乱はないだろう．

問題 6 z_1, z_2, z_3 をどれも他の実数倍にはならない複素数とし，「直線 z_1」と「直線 z_2」と「直線 z_3」が三角形を形成しているとする．このとき，t が単位円周上を一周するとすると，
$$z = \frac{z_1 t_1 (t_1 - t)}{(t_1 - t_2)(t_1 - t_3)} + \frac{z_2 t_2 (t_2 - t)}{(t_2 - t_3)(t_2 - t_1)}$$
$$+ \frac{z_3 t_3 (t_3 - t)}{(t_3 - t_1)(t_3 - t_2)} \qquad (4)$$
の軌跡が円周となることを示し，その中心と半径を求めよ．また，

「直線 z_1」と「直線 z_2」の交点 z_{12}
「直線 z_1」と「直線 z_3」の交点 z_{13}
「直線 z_2」と「直線 z_3」の交点 z_{23}

の 3 点がこの円周上に存在することを示せ．

まず，「z_1, z_2, z_3 がどれも他の実数倍にはならない」ということから，z_1, z_2, z_3 は 0 でなく互いに異なるので「直線 z_1」「直線 z_2」「直線 z_3」はたしかに存在し互いに異なっている．さらに，どの 2 本も平行ではないこともいえるので交点 z_{12}, z_{13}, z_{23} はたしかに存在することに注意しておこう．また，命題 2 によって，「直線 z_1」と「直線 z_2」と「直線 z_3」が三角形を形成していることから，
$$\frac{z_1 t_1}{(t_1 - t_2)(t_1 - t_3)} + \frac{z_2 t_2}{(t_2 - t_3)(t_2 - t_1)}$$
$$+ \frac{z_3 t_3}{(t_3 - t_1)(t_3 - t_2)} \neq 0$$
となってもいる．

ところで，(4) は，t に関する 1 次式にすぎない．つまり，
$$a_1 = \frac{z_1 t_1^2}{(t_1 - t_2)(t_1 - t_3)} + \frac{z_2 t_2^2}{(t_2 - t_3)(t_2 - t_1)}$$
$$+ \frac{z_3 t_3^2}{(t_3 - t_1)(t_3 - t_2)}$$
$$a_2 = \frac{z_1 t_1}{(t_1 - t_2)(t_1 - t_3)} + \frac{z_2 t_2}{(t_2 - t_3)(t_2 - t_1)}$$
$$+ \frac{z_3 t_3}{(t_3 - t_1)(t_3 - t_2)}$$
とおけば，(4) は
$$z = a_1 - a_2 t$$
と書け，問題 5 の結果から，求める軌跡は点 a_1 を中心とする半径 $|a_2|$ の円周となる．

つぎに，この円が 3 点 z_{12}, z_{13}, z_{23} を通ることを見よう．(4) の右辺を $f(t)$ と書くと，
$$f(t_1) = \frac{z_2 t_2 (t_2 - t_1)}{(t_2 - t_3)(t_2 - t_1)} + \frac{z_3 t_3 (t_3 - t_1)}{(t_3 - t_1)(t_3 - t_2)}$$
$$= \frac{z_2 t_2}{t_2 - t_3} + \frac{z_3 t_3}{t_3 - t_2}$$
$$f(t_2) = \frac{z_1 t_1 (t_1 - t_2)}{(t_1 - t_2)(t_1 - t_3)} + \frac{z_3 t_3 (t_3 - t_2)}{(t_3 - t_1)(t_3 - t_2)}$$
$$= \frac{z_1 t_1}{t_1 - t_3} + \frac{z_3 t_3}{t_3 - t_1}$$
$$f(t_3) = \frac{z_1 t_1 (t_1 - t_3)}{(t_1 - t_2)(t_1 - t_3)} + \frac{z_2 t_2 (t_2 - t_3)}{(t_2 - t_3)(t_2 - t_1)}$$
$$= \frac{z_1 t_1}{t_1 - t_2} + \frac{z_2 t_2}{t_2 - t_1}$$
となっているが，命題 1 によると，
$$z_{12} = \frac{z_1 t_1}{t_1 - t_2} + \frac{z_2 t_2}{t_2 - t_1}$$
$$z_{13} = \frac{z_1 t_1}{t_1 - t_3} + \frac{z_3 t_3}{t_3 - t_1}$$
$$z_{23} = \frac{z_2 t_2}{t_2 - t_3} + \frac{z_3 t_3}{t_3 - t_2}$$
だから，結局，
$$f(t_1) = z_{23}$$
$$f(t_2) = z_{13}$$

$$f(t_3) = z_{12}$$

となること，つまり，円周(4)は z_{12}, z_{13}, z_{23} を通ることがわかった． □

問題6の結果を命題3としてまとめておこう．

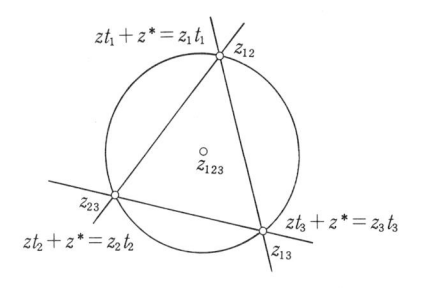

---- 命題 3 ----

「直線 z_1」と「直線 z_2」と「直線 z_3」が三角形を形成しているとき，この三角形の外接円は

$$z = \frac{z_1 t_1(t_1 - t)}{(t_1 - t_2)(t_1 - t_3)} + \frac{z_2 t_2(t_2 - t)}{(t_2 - t_3)(t_2 - t_1)} + \frac{z_3 t_3(t_3 - t)}{(t_3 - t_1)(t_3 - t_2)}$$

と書ける．

5．シュタイナーの定理

これでようやく，4本の直線に関するシュタイナーの定理を証明するための準備ができた．

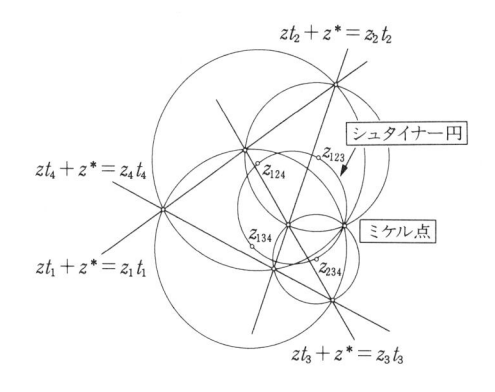

---- 定理（シュタイナー）----

どの3本も三角形を形成するような4本の直線について，3本ずつの直線が作る4個の三角形の外接円の中心は同一円上に存在する．（この円をシュタイナー円という．）

[証明]

4本の直線を「直線 z_1」「直線 z_2」「直線 z_3」「直線 z_4」とし，

$$f(t) = \frac{z_1 t_1^2 (t_1 - t)}{(t_1 - t_2)(t_1 - t_3)(t_1 - t_4)}$$
$$+ \frac{z_2 t_2^2 (t_2 - t)}{(t_2 - t_1)(t_2 - t_3)(t_2 - t_4)}$$
$$+ \frac{z_3 t_3^2 (t_3 - t)}{(t_3 - t_1)(t_3 - t_2)(t_3 - t_4)}$$
$$+ \frac{z_4 t_4^2 (t_4 - t)}{(t_4 - t_1)(t_4 - t_2)(t_4 - t_3)}$$

とおいて，円周

$$z = f(t), \quad |t| = 1$$

を考える．計算すればすぐにわかるように，

$$f(t_4) = \frac{z_1 t_1^2}{(t_1 - t_2)(t_1 - t_3)} + \frac{z_2 t_2^2}{(t_2 - t_3)(t_2 - t_1)}$$
$$+ \frac{z_3 t_3^2}{(t_3 - t_1)(t_3 - t_2)}$$

ところで，「直線 z_m」「直線 z_n」「直線 z_p」（$1 \leq m < n < p \leq 4$）が作る三角形の外接円の中心を z_{mnp} と書けば，問題6の結果から

$$z_{123} = f(t_4)$$

とわかる．同様に，

$$z_{124} = f(t_3), \quad z_{134} = f(t_2), \quad z_{234} = f(t_1)$$

したがって，3本ずつの直線が作る4個の三角形の外接円の中心は同一円上に存在する． □

最後に3つの課題を書いておこう．最初は命題2と類似の結果が成立するはずだという「信念」に基づくもの．

課題1 z_1, z_2, z_3, z_4 を複素数とするとき，「直線 z_1」「直線 z_2」「直線 z_3」「直線 z_4」がきまり，どの3直線からも三角形がえられるための必要十分条件を z_1, z_2, z_3, z_4, t_1, t_2, t_3, t_4 によって表わせ．

つぎの課題はシュタイナー円とミケル点の具体的な作図によって「発見」された予想外の「うれしい性質」に関するものである．

課題2 モーレーの論文には書かれていないようだが，いくつか作図してみると，どうもシュタイナー円がミケル点を通っているように見える．これをコンピュータを使った数値計算によってチェックせよ．また，正しいようなら，その証明を考えよ．

たとえば，

$$z_{12}=12+4i, \quad z_{13}=24+4i, \quad z_{14}=72+4i,$$
$$z_{23}=28+6i, \quad z_{24}=60+28i, \quad z_{34}=48+52i$$

とすると，
$$z_{123}=18+12i, \quad z_{124}=42+4i$$
$$z_{134}=48+22i, \quad z_{234}=38+32i$$

となる．また，この場合，ミケル点は$18+22i$，シュタイナー円は
$$|z-(33+17i)|=5\sqrt{10}$$
となり，たしかにミケル点はシュタイナー円の上に存在している．

最後は，ページ数の関係で削除せざるをえなくなったことについてである．

課題3 シュタイナーの定理の証明方法を形式的にまねれば，カントルの定理，つまり，「5本の直線があるとき4本の直線の組が5個できて5個のシュタイナー円が作れるが，この5円の中心は同一円（カントル円）上に存在する」ことも証明できる．さらに，この「円の連鎖」が無限に続くことも証明できる．これらについて考察せよ．

[ヒント]

5本の場合には，
$$f(t) = \frac{z_1 t_1^3 (t_1-t)}{(t_1-t_2)(t_1-t_3)(t_1-t_4)(t_1-t_5)} +$$
$$\frac{z_2 t_2^3 (t_2-t)}{(t_2-t_1)(t_2-t_3)(t_2-t_4)(t_2-t_5)} +$$
$$\frac{z_3 t_3^3 (t_3-t)}{(t_3-t_1)(t_3-t_2)(t_3-t_4)(t_3-t_5)} +$$
$$\frac{z_4 t_4^3 (t_4-t)}{(t_4-t_1)(t_4-t_2)(t_4-t_3)(t_4-t_5)} +$$
$$\frac{z_5 t_5^3 (t_5-t)}{(t_5-t_1)(t_5-t_2)(t_5-t_3)(t_5-t_4)}$$

を考えればよい．6本以上の場合も同様．

ミケルとメビウス (1)

　ランベルト，ウォーレス，シュタイナーによる3本あるいは4本の直線の性質に関する一連の研究は，結果的に見れば，ミケルによってエレガントな形でまとめられたことになるが，ミケルはこれを5本の直線へと拡張した．それだけではない．ミケルはさらに，直線のかわりに円を使っても類似の定理が成り立つことに気づいている．円の場合のミケルの発見は，直線の場合と簡単な「メビウス変換」によって結び付いていることがわかる．

1．おさらい

　与えられた3本の直線に接する放物線の焦点に関するランベルトの発見から，ウォーレスによる初等幾何の定理（誤って「シムソンの定理」と呼ばれているが，シムソンは何の関与もしておらず，ウォーレスの定理と呼ぶのが正解），さらに，4本の直線（完全四辺形）が作る4個の三角形の外接円の性質に関するウォーレスの発見（ウォーレス/ミケルの定理）が生まれた．「ミケルの定理」の命題2がそれだ．念のために，象徴的な形で書いておくと，

ウォーレス/ミケルの定理

　4本の直線があるとき，4個の三角形ができるが，それらの外接円は1点で交わる．

となる．この定理の証明を発表し，これに関連して，5本の直線がある場合についての興味深い定理（ミケルの定理）を発見し証明したミケルに敬意を表わすために，この点をミケル点と呼んだ．ミケルの定理も象徴的に書いておくと，

ミケルの定理

　5本の直線が与えられたとき，5個の四角形ができるが，それらのミケル点は同一円周上に存在する．

となる．前々章「ミケルの定理」の定理3のことだ．この円をミケル円と呼ぶのは妥当だろう．ただし，ミケル点については，ウォーレス点と呼ぶほうがいいかもしれない．ウォーレス/ミケルの定理については，シュタイナーによる関与も重要だ．

2．シュタイナーの関与

　4本の直線に関する定理はミケルが証明を発表したというだけで，さまざまな人によっておそらく独立に発見されていたらしい．完全四辺形（つまりどの3本も三角形を作るような4本の直線が作る図形）に「含まれる」4個の三角形の外接円が1点で交わることを主張する定理はけっこうみつかりやすいということかもしれない．

　イギリス（スコットランド）のウォーレス（1768-1843）は，1804年に「スコティカス」というペンネームでこの定理をある雑誌に問題として提出していたことが判明しているので，フランスのミケル（1838年に雑誌で発表）よりもかなり早くこの定理に気づいていたことになる．ただ，ペンネームによる「発表」ということでこの定理の名前をウォーレスの定理と呼ぶかどうかは判断のわかれるところだ．ぼくは「ウォーレス/ミケルの定理」と呼ぶことにしている．

　じつは，もうひとり発見者がいる．ドイツの有名な幾何学者シュタイナー（1796-1863）である．これはフランスの数学雑誌

　　Annales de mathématiques pures
　　　et appliquées

の第18巻（1827年-1828年）に「完全四辺形に関する定理」というタイトルで証明なしで「定理リスト」のような形で発表されたものだ．ところで，この定理を含むミケルの論文は同じフランスのもうひとつの数学雑誌（Annalesが Journalにかわっただけでそっくりの名前なので注意）

Journal de mathématiques pures et appliquées の第3巻（1838年）に発表されていることからすると，ミケルがシュタイナーの提出した問題から出発してさらに前進させたこともありうるが，そのあたりの事情はぼくにはよくわからない．

いずれにしても，この定理はウォーレス，シュタイナー，ミケルの中ではウォーレスがもっとも早く発見し，ミケルが証明を発表したということと，単に「ウォーレスの定理」と呼んだのではもうひとつのウォーレスの定理と混同しそうだということから，「ウォーレス/ミケルの定理」と呼ぶことにしているのだ．

シュタイナーの「定理リスト」にはこのウォーレス/ミケルの定理以外にも面白い定理が（やはり証明なしで）発表されている．短いので全部訳しておこう．

4本の直線 A, B, C, D は，2本ずつが（合計）6点で交差し，したがって同一平面上にあるものとする．

1° この4本の直線から3本ずつ選ぶと，4個の三角形ができるが，それらの外接円は同一の点 P を通る．

2° これら4個の円の中心 $\alpha, \beta, \gamma, \delta$ と点 P は第5の円周上にある．

3° 点 P から A, B, C, D に下ろした垂線の足は，同一の直線 R の上にある．また，この性質は点 P のみに特有のものである．

4° 4個の三角形 (1°) の頂点からその対辺に下ろした垂線が1点に交わる点［つまり垂心］は同一直線 R′ の上にある．

5° 直線 R と R′ は平行で，直線 R は点 P から R′ に下ろした垂線の中点を通る．

6° A, B, C, D によって作られる完全四辺形の対角線の中点は同一の直線 R″ の上にある（ニュートン）．

7° 直線 R″ は2本の直線 R, R′ に垂直である．

8° 4個の三角形 (1°) のそれぞれについて，1個の内接円と3個の傍接円があるので，全部で16個の円があるが，8個の新しい円を生み出すような仕方で，4個ずつの円の中心は同一の円周上にある．

9° この8個の新しい円は，一方のグループに属する円が，他方のグループに属する円のすべてと直角に交わるような4個ずつの2種類のグループに分かれる．そして，2種類のグループの円の中心全体は互いに直交する2本の直線の上にある．

10° 最後に，この2本の直線はすでに述べた点 P で交わっている．

ちょっと奇異な印象もあるが，言葉使いや記号はフンイキを出すためにそのままにしておいた．1° は前々章「ミケルの定理」の命題2にほかならない．この点 P をシュタイナー点と呼ぶ人もいるが，それよりはウォーレス点という名前のほうがいいだろう．2° は前章「シュタイナーの定理」の課題2そのものである！この主張はシュタイナーの定理と呼ばれているようだ．3° はウォーレスの定理とその逆からすぐに出る．6° は有名な定理で，ベクトルを使えば機械的に証明できる．4° と 5° と 7° はちっとメンドウそうだ．証明は今後の「課題」ということにして，ここでは，図だけを描いておこう．

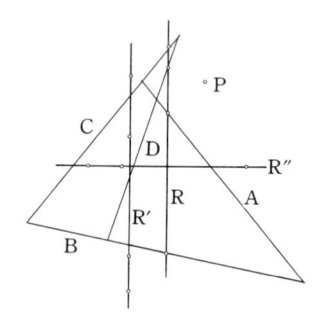

8° と 9° は証明はともかく，主張自身がわかりにくいかもしれない．8° は「4個の三角形のそれぞれについて，1個の内心と3個の傍心があり，合計16個の点がきまるが，この16個の点は適当な4個を選ぶと同一円周上に存在し，このような4点は全体で8組ある」といいたいようだ．たとえば，三角形 ABC と BCD の内心と三角形 ABD と ACD の（図のような）傍心の合計4点が同一円周上に存在し，三角形 ABD と ACD の内心と三角形 ABC と BCD の（図のよ

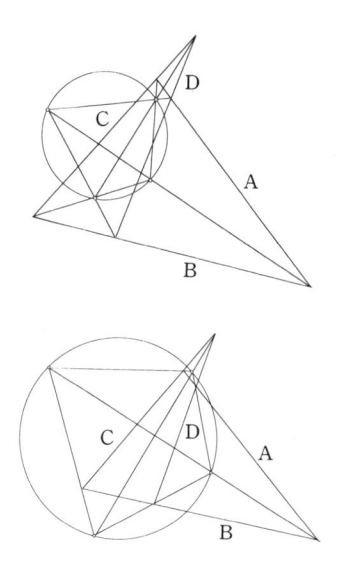

うな）傍心の合計4点が同一円周上に存在しているようすを描いておこう．これらは，内心が内角の二等分線3本の交点で傍心が外角の二等分線2本と内角の二等分線1本の交点となっていることに注目すれば，図から（角度だけの考察によって）すぐにわかる．シュタイナーによれば，こういう円が全部で8個ある．ここまではいいが，9°と10°によれば「合計8個の円の中心は，点Pで直交する2本の直線の上に4個ずつ存在して2種類のグループに分かれ，それぞれのグループの点を中心とする円どうしは直交する」というのはわかりにくいかもしれない．これも「課題」として残しておこう．

3．平行移動・回転・無限遠点

いままでわれわれは直線と円が作る「配置」についてあれこれ考えてきたわけだが，「直線と円は異質なものだ」という不動の信念が存在していた．平行移動，相似拡大（相似縮小），回転運動，点対称移動だけを使うかぎりでは，直線は直線にしかうつらないし，円は円にしかうつらない．つまり，ユークリッド幾何の世界に住んでいる限り，直線と円はまったく「異質」なものにすぎないわけだ．

そして，この平面ユークリッド幾何の世界は複素数をもちいて原理的に記述できてしまう．というのも，複素数を加える操作が平行移動に対応し，絶対値が1の複素数をかける操作が（原点を中心とする）回転に対応し，0でない実数をかける操作が（原点を中心とする）相似変換に対応し，とくに-1をかける操作が（原点を中心とする）点対称移動に対応しているからである．線対称移動についても，共役複素数をとる操作（実軸に関する線対称移動）も許せば処理できるようになる．

問題1 複素数 α, β ($\alpha \neq 0$) について，
 1) $z \to z + \beta$
 2) $z \to \alpha z$
はいずれも複素数平面上の円を円に変換し，直線を直線に変換することを示せ．

 1) 点 $z + \beta$ は点 z を複素数 β だけ平行移動した点だから，変換 $z \to z + \beta$ は β 方向への平行移動にすぎない．したがって，円は円に，直線は直線に変換される．

 2) $\alpha = r(\cos\theta + i\sin\theta)$, $r > 0$ とすると，αz は点 z を 0 のまわりに θ ラジアン回転させて，0 からの距離を r 倍した点になる．つまり，変換 $z \to \alpha z$ は，0 のまわりの回転と 0 に関する相似変換の合成にすぎない．したがって，円は円に，直線は直線に変換される． □

いうまでもないが，変換 $z \to z + \beta$ には逆変換 $z \to z - \beta$ が存在し，変換 $z \to \alpha z$ には（$\alpha \neq 0$ のとき）逆変換 $z \to z/\alpha$ が存在するので，これらの変換は，複素平面から複素平面の上への1対1の変換である．ふたつをまとめて，変換 $z \to \alpha z + \beta$ ($\alpha \neq 0$) が円を円にうつし，直線を直線にうつす複素平面から複素平面の上への1対1の変換だといってもよい．変換 $z \to \alpha z + \beta$ ($\alpha \neq 0$) の逆変換は $z \to (z - \beta)/\alpha$ となる．

通常のユークリッド幾何の世界は基本的に有限の世界にすぎないが，複素数による表現を利用すれば，ユークリッド幾何の世界に仮想的な「無限遠点」というものを追加して新しい幾何を作ることができる．ここでは「無限遠点」を「∞」という記号で表わすことにしよう．とりあえず，「$\infty = \alpha/0$」（$\alpha \neq 0$）と考えておこう（「$0/0$」は定義できないものとする）．∞ と通常の複素数との演算については，複素数 α, β ($\alpha \neq 0$) に対して，
 $$\infty + \beta = \beta + \infty = \infty$$

$\alpha\infty = \infty\alpha = \infty$
$\infty/\alpha = \infty$
$\beta/\infty = 0$

となるものと考える．また，0∞, $\infty 0$, $\infty/0$ は定義されていないとする．

問題2 複素数 α, β ($\alpha \neq 0$) について
 1) $z \to z + \beta$
 2) $z \to \alpha z$

はいずれも ∞ を ∞ 自身に変換するとみなせることを示せ．

 1) $\infty + \beta = \infty$ から明らか．つまり，点 ∞ は β だけ平行移動しても変化しない．
 2) $\alpha\infty = \infty$ から明らか．つまり，点 ∞ は原点を中心とする回転や相似拡大によって変化しない． □

ところで，「∞ の平行移動」を考えると，$z + \infty = \infty$ なので，平面上のすべての点が ∞ に「移動」してしまうことになり，「原点以外の ∞ 倍」を考えると，$\infty z = \infty$ ($z \neq 0$) なので，原点以外のすべての点が ∞ に「移動」してしまうことになって，感じが悪い．そこで，われわれは，「∞ の平行移動」や「∞ 倍」は考えないことにする．

4．メビウス変換 $z \to 1/z$

仮想的な無限遠点 ∞ を追加すると，「開いた」複素平面（したがってユークリッド平面）$\mathbb{C}$ を「閉じる」（コンパクト化する）ことができる．直線に沿ってどんどん進むとやがて（といっても有限時間とは限らないが）∞ を通過してもとの場所にもどってくるようになるといってもよい．このことはどの直線についてもいえることなので，まぁ，いってみれば，あらゆる直線が ∞ で交わっているということにもなる．また，平行線というのは，∞ だけで交わる直線にほかならない．そうすると，直線が円（円周）に似てくる．かつては，直線どうしはたかだか 1 点でしか交わらなかったわけだが，∞ を追加すれば，直線と直線が 2 点（通常の交点と ∞）で交わるようになる．2 本の平行線だって，本来は 2 点で交わるものが，その 2 点が 1 点（∞）に

合体したものだと考えれば問題なくなる．円と円だって接しているときには「交点」は 1 個しかない．つまり，∞ で接する 2 本の直線を有限の世界（∞ を除いた通常の世界）で見ると 2 本の平行線に見えるというわけだ．

これだけでは，いささか怪しい話にすぎないが，もっと厳密に論じることもできる．そのためには，議論を代数化して「複素射影化」というアイデアを導入すればいいことが知られている．これについては

　　山下純一『数学への旅(1), (2)』現代数学社

に異常なまでに詳しく解説されているので参照してほしい．とにかく複素平面を「複素射影化」すれば，無限遠点の定義も鮮明になってくるので安心してほしい．

じつは，∞ を導入すると，円と直線が似てくるというだけではなく，円と直線を入れ換える変換（特殊なメビウス変換）を考えることもできるようになる．その典型的な例として，変換 $z \to 1/z$ について考えてみよう．ところで，複素平面 $\mathbb{C}$ に点 ∞ を追加したもの $\mathbb{C} \cup \{\infty\}$ はリーマン球面とか複素射影直線と呼ばれる．変換 $z \to 1/z$ は，$\mathbb{C}$ だけで考えれば点 0 で定義できないことになるが，$\mathbb{C} \cup \{\infty\}$ で考えることにすれば，あらゆる点で定義できるようになってうれしい．

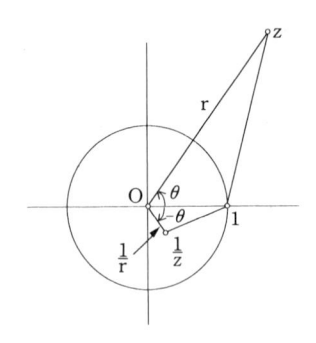

いま
$$z = r(\cos\theta + i\sin\theta), \quad r > 0$$
とすると
$$\begin{aligned}
1/z &= 1/(r(\cos\theta + i\sin\theta)) \\
&= (1/r)(1/(\cos\theta + i\sin\theta)) \\
&= (1/r)(\cos\theta - i\sin\theta) \\
&= (1/r)(\cos(-\theta) + i\sin(-\theta))
\end{aligned}$$

だから，変換 $z \to 1/z$ は，点 $z = r(\cos\theta + i\sin\theta)$ を，絶対値が逆数 $1/r$ で偏角が $(-\theta)$

の点 $(1/r)(\cos(-\theta)+i\sin(-\theta))$ にうつす変換である．この形から，変換 $z\to 1/z$ によって，点 0 を中心とする回転の「回転方向は逆転する」ことがわかる．また，無限遠点 ∞ を考慮しておけば，0 は ∞ に，∞ は 0 にうつされることになる．つまり，変換 $z\to 1/z$ は，原点 0 と無限遠点 ∞ を入れ換えるような変換なのである．それだけではない．たとえば，点 0 を中心とする半径 1 の円板の内部の点は外部に，外部の点は内部にうつり，この円板の周囲（つまり点 0 を中心とする半径 1 の円周）の点は周囲の点にうつることがすぐにわかる．

ところで，変換 $z\to 1/z^*$，つまり，点 $z=r(\cos\theta+i\sin\theta)$ を $(1/r)(\cos\theta+i\sin\theta)$ にうつす変換は反転とよばれる．（ここで，z^* は z の共役複素数を示すものとする．）変換 $z\to 1/z$ は反転 $z\to 1/z^*$ と（実軸に関する）線対称変換 $z\to z^*$ を合成したものなので，反転対称変換などど呼ばれたりもする．

5．メビウス変換と円

まず簡単な問題から．

問題 3 変換 $z\to 1/z$ によって，円 $|z-1|=1$ が直線にうつることを確かめよ．

円 $|z-1|=1$ を xy 座標を使って書けば
$$(x-1)^2+y^2=1$$
となり，$z=x+iy$ だから，
$$\begin{aligned}1/z &= 1/(x+iy)\\ &= (x-iy)/(x^2+y^2)\\ &= x/(x^2+y^2)-i(y/(x^2+y^2))\end{aligned}$$
ここで，$1/z$ を w と書き $w=u+iv$ と置くと，
$$u=x/(x^2+y^2)$$
$$v=-y/(x^2+y^2)$$
このとき，
$$u^2+v^2=1/(x^2+y^2)$$
なので，
$$x=u/(u^2+v^2)$$
$$y=-v/(u^2+v^2)$$
となる．これを円の方程式に代入すると，
$$(u/(u^2+v^2)-1)^2+(v/(u^2+v^2))^2=1$$
分母を払って，
$$(u-(u^2+v^2))^2+v^2=(u^2+v^2)^2$$

整理すると，
$$(u^2+v^2)(1-2u)=0$$
つまり，$u=1/2$ がえられる．

これは，円 $(x-1)^2+y^2=1$ を変換すると，直線 $x=1/2$ となることを示している．（原点は $z\to 1/z$ によって点 ∞ にうつることに注意．）□

もちろん，複素数のままで議論することもできる．この場合，円 $|z-1|=1$ が
$$(z-1)(z^*-1)=1$$
つまり，
$$zz^*-z-z^*=0$$
と書けることに注意すればよい．この式に $z=1/w$ を代入すると
$$(1/w)(1/w^*)-(1/w)-(1/w^*)=0$$
つまり，
$$w+w^*-1=0$$
がえられるが，これは点 0 と点 1 を結ぶ線分の垂直二等分線の方程式である

念のために直線の「複素数表示」について思い出しておこう．

問題 4 点 0 と点 α（$\alpha\neq 0$）を結ぶ線分の垂線二等分線の方程式は
$$\frac{z}{\alpha}+\frac{z^*}{\alpha^*}=1$$
と書けることを示せ．

垂直二等分線上の点を z とすると，ベクトル α を 90° 回転した $i\alpha$ はベクトル $z-\alpha/2$ に平行なので，
$$z-\alpha/2=k(i\alpha)$$
と書ける（ここで k は実数）．また，逆にこう書けるような点 z は原点 0 と点 α を結ぶ線分の垂直二等分線上に存在する．これは，
$$\frac{z-\alpha/2}{i\alpha}$$
が実数であること，つまり，
$$\frac{z-\alpha/2}{i\alpha}=\left(\frac{z-\alpha/2}{i\alpha}\right)^*$$
したがって
$$\frac{z-\alpha/2}{i\alpha}=\frac{z^*-\alpha^*/2}{i^*\alpha^*}$$
と同値．最後の式を整理すると，
$$\alpha^*z+\alpha z^*=\alpha\alpha^*$$

となる．つまり求める方程式は
$$\frac{z}{\alpha}+\frac{z^*}{\alpha^*}=1$$
である． □

もう少しだけ一般化してみる．

問題5 変換 $z\to 1/z$ によって，円 $|z-\alpha|=|\alpha|$ が直線にうつることを確かめよ．

$\alpha=p+iq$ （p,q は実数）として，円 $|z-\alpha|=|\alpha|$ を xy 座標を使って書けば
$$x^2+y^2-2px-2qy=0$$
となり（問題3）と同じ記号のもとで，
$$x=u/(u^2+v^2)$$
$$y=-v/(u^2+v^2)$$
となる．これを円の方程式に代入すると
$$(u/(u^2+v^2))^2+(v/(u^2+v^2))^2$$
$$-2pu/(u^2+v^2)+2qv/(u^2+v^2)=0$$
分母を払って，
$$(u^2+v^2)(1-2pu+2qv)=0$$
つまり，$2pu-2qv=1$ がえられる．これは，円
$$x^2+y^2-2px-2qy=0$$
を変換すると，直線
$$px-qy=1/2$$
となることを示している． □

複素数のままで議論しよう．円 $|z-\alpha|=|\alpha|$ は
$$(z-\alpha)(z^*-\alpha^*)=\alpha\alpha^*$$
つまり，
$$zz^*-\alpha^*z-\alpha z^*=0$$
と書けるので，これに，$z=1/w$ を代入して，
$$(1/w)(1/w^*)-\alpha^*(1/w)-\alpha(1/w^*)=0$$
つまり，
$$\alpha w+\alpha^*w^*=1$$
がえられるが，これは
$$w/(1/\alpha)+w^*/(1/\alpha^*)=1$$
と変形すれば，点 0 と点 $1/\alpha$ を結ぶ線分の垂直二等分線の方程式だとわかる．

原点を通る円が変換 $z\to 1/z$ によって直線にうつることはいいとして，逆に，原点を通らない直線は何にうつるのか？それは簡単だ．原点を通らない任意の直線は適当な点 α によって，点 0 と点 $1/\alpha$ を結ぶ線分の垂直二等分線とみなせるので，上の議論を逆にたどることによって，原点を通らない直線は原点 0 を通る円にうつることが確かめられる．

わかったことを命題1としてまとめておこう．

―― 命題1 ――

変換 $z\to 1/z$ によって，原点を通らない直線は原点を通る円にうつり，原点を通る円は原点を通らない直線にうつる．

もう少し詳しくいえば，「中心が点 α で原点を通る円は，原点と点 $1/\alpha$ を結ぶ線分の垂直二等分線にうつり，原点と点 α を結ぶ線分の垂直二等分線は中心が点 $1/\alpha$ で原点を通る円にうつる」ということになる．

原点を通らない直線と原点を通る円が変換 $z\to 1/z$ によって互いにうつりあうことはわかったが，それでは，原点を通る直線や原点を通らない円は何にうつるんだろう？

問題6 変換 $z\to 1/z$ によって，原点を通る直線は何にうつるか？

原点と点 $\alpha\neq 0$ を通る直線の方程式は
$$\alpha^*z=\alpha z^*$$
と書けることに注意しよう．この方程式に $z=1/w$ を代入すると，
$$\alpha w=(\alpha^*)w^*$$
つまり
$$(\alpha^*)^*w=(\alpha^*)w^*$$
となるが，これは原点と点 α^* を通る直線の方程式にほかならない．いいかえると，原点と点 α を通る直線は原点と点 α^* を通る直線にうつる． □

問題7 変換 $z\to 1/z$ によって，円 $|z-\alpha|=r$ は何にうつるか？ただし，$0<r\neq|\alpha|$ とする．

円 $|z-\alpha|=r$ は
$$(z-\alpha)(z^*-\alpha^*)=r^2$$
つまり，
$$zz^*-\alpha z^*-\alpha z^*+|\alpha|^2-r^2=0$$
と書けるが，これに，$z=1/w$ を代入すると，

$$(1/w)(1/w^*) - \alpha^*(1/w) - \alpha(1/w^*) + |\alpha|^2 - r^2 = 0$$

つまり,
$$(ww^*)(|\alpha|^2 - r^2) - \alpha w - \alpha^* w^* + 1 = 0$$

がえられるが, これは,
$$\left| w - \frac{\alpha^*}{|\alpha|^2 - r^2} \right| = \frac{r}{||\alpha|^2 - r^2|}$$

と変形できる. つまり, 円 $|z - \alpha| = r$ は円
$$\left| z - \frac{\alpha^*}{|\alpha|^2 - r^2} \right| = \frac{r}{||\alpha|^2 - r^2|}, \quad \text{つまり, 点}$$
$\dfrac{\alpha^*}{|\alpha|^2 - r^2}$ を中心とする半径 $\dfrac{r}{||\alpha|^2 - r^2|}$ の円にうつる. □

整理すると,

―― 命題 2 ――――――――――――
変換 $z \to 1/z$ によって, 原点を通る直線は原点を通る直線にうつり, 原点を通らない円は原点を通らない円にうつる.
――――――――――――――――――

詳しくいえば,「原点と点 α を通る直線は原点と点 α^* を通る直線にうつる」ことと「円 $|z - \alpha| = r$ は円
$$\left| z - \frac{\alpha^*}{|\alpha|^2 - r^2} \right| = \frac{r}{||\alpha|^2 - r^2|}$$
にうつる」こともわかった. また, 逆に「原点と点 α^* を通る直線は原点と点 α を通る直線にうつる」ことと「円
$$\left| z - \frac{\alpha^*}{|\alpha|^2 - r^2} \right| = \frac{r}{||\alpha|^2 - r^2|}$$
は円 $|z - \alpha| = r$ にうつる」ことも, 計算すればすぐにわかるが, これは, 変換 $z \to 1/z$ を 2 回行えば恒等変換 $z \to z$ になるのだから当然の話だ.

集合としての円 (正確には円周) が集合としての円にうつる場合, もし回転方向も込めてうつせば, 問題の変換は明らかに (原点以外の部分で) なめらかだから, 回転はうつった先でも回転になるはずだが, その回転方向は保存されるのか, それとも逆になるのか?

問題 8 原点を通らない円の回転方向は, 変換 $z \to 1/z$ によって保存されるのか? つぎの円について調べよ.

1) $|z - (2 + i)| = 3$
2) $|z - (1 + 2i)| = 3/2$

1) 問題 7 の結果を利用すると, 計算によって, この円は円
$$|z - (-2 + i)/4| = 3/4$$
にうつることがえられ, 図を描いてみると, 変換 $z \to 1/z$ の幾何学的性質 (たとえば, z が原点から見て, 左側にほんの少しだけ動いたとすると, $1/z$ は右側にほんの少しだけ動くことと, 点から遠い点ほど原点により近い点にうつること) から, 回転方向は逆になることがわかる. どちらの円も原点を含むことが本質的に重要だ.

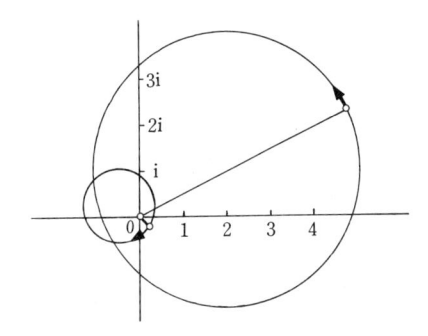

2) この円は円
$$|z - (4 - 8i)/11| = 6/11$$
にうつる. 図を描くことによって, この場合も, たとえば, z が原点から見て, 左側にほんの少しだけ動いたとすると, $1/z$ は右側にほんの少しだけ動くことと, 原点から遠い点ほど原点により近い点にうつることからではあるが, 回転方向は一致することがわかる. どちらの円も原点を含まないことで 1) の場合とは異なる結論がえられてしまう! □

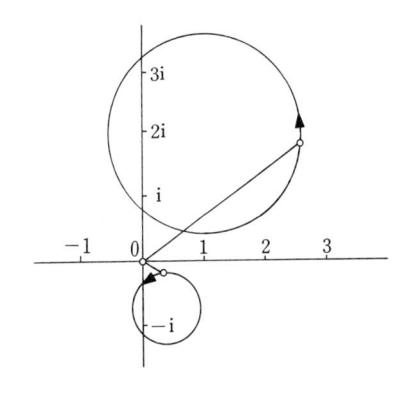

この結果からつぎの命題3が予想できる．

---- 命題 3 ----

変換 $z \to 1/z$ によって，原点を通らない円の回転方向は
  1) 円が原点を含むとき逆方向
  2) 円が原点を含まないときは同方向
となる．

[証明]
具体的な計算はメンドウだが，変換 $z \to 1/z$ の幾何学的性質に注目すれば，問題8と同じようにして，証明できる． □

ところで，有限の世界で円周だけを見ると，円が原点を含む場合，いかにも，回転方向が逆転するように見えるが，リーマン球面 $\mathbb{C} \cup \{\infty\}$ の上で考えれば，回転方向は同じままだと解釈するほうが合理的である．というのは，原点を含む円板（円周と内部の全体）を変換 $z \to 1/z$ でうつせば，（原点0が点∞にうつることから）もとの円周の内部は変換された円周の「外部」にうつっているからである．問題8の例でいえば，原点を含む円板

$|z-(2+i)| \leq 3$

は円板

$|z-(-2+i)/4| \leq 3/4$

にではなく，点∞を含む「円板」（有限の世界で見ると円板の外部と境界にしか見えない）

$|z-(-2+i)/4| \geq 3/4$

にうつっているのである！
一般の領域について，その境界の「向き」（つまり回転方向）を，もとの領域の「内部」を左に見ながら進む方向を「正の方向」と定義すれば，原点を含む円板は点∞を含む「円板」（つまり，うつった円周の「外部」）にうつるのだから，「正の方向」は「正の方向」にうつることになり，「回転方向の逆転」など発生していないと解釈できるのである．円周を原点から見て逆向きになったというだけで，点∞から見れば向きは変化していないというわけだ．

6．宿題

そもそもここでの目標は，メビウス変換を利用すると，円と直線の作る図形に関する主張と円だけの図式に関する主張が相互にうつりあうことを見たいということだったが，準備の段階でページが尽きてしまった．あとは次章ということにするが，最後に課題をひとつ残しておこう．

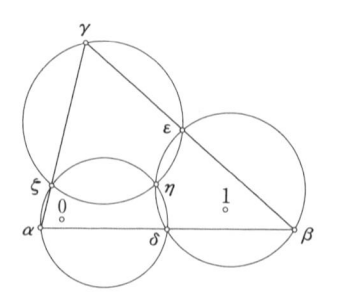

複素平面上に三角形 $\alpha\beta\gamma$ を作り，直線 $\alpha\beta$ 上に δ をとって，2点 β, δ を通る円を描き，この円と直接 $\beta\gamma$ の交点を ε とする．さらに，2点 ε, γ を通る円を描き，この円と直線 $\gamma\alpha$ との交点を ζ として，この円と円 $\beta\varepsilon\delta$ との交点を η とする．このとき，4点 $\alpha, \delta, \eta, \zeta$ は同一円上にあることを思い出してほしい（「ミケルの定理」の章参照）．

課題 1

1) こうしてえられる3本の直線（三角形）の3個の円を描いた例のひとつが上の図形だとする．この図形全体をメビウス変換 $z \to 1/z$ によって変換してえられる図形を描け．（ただし，点0と点1の位置は図の通りだとする．）
2) 変換後の図形を見て新しい定理を予想せよ．

ミケルとメビウス(2)

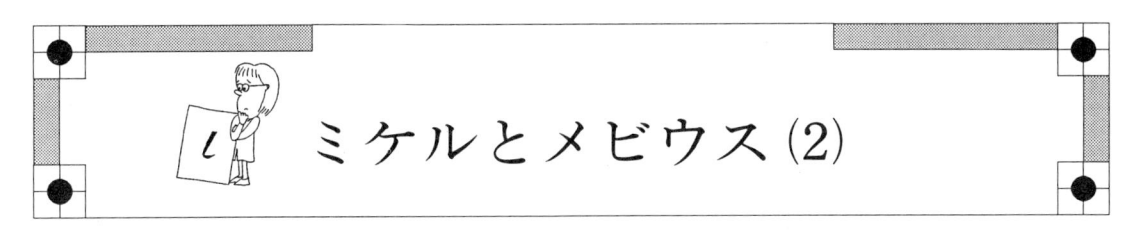

複素平面上の変換 $z \to 1/z$ は，直線と原点を通る円を入れ換えるという面白い性質をもっている．これを利用すると，ある種の円と直線に関する定理を円だけに関する定理に変換できてしまう．

1．ミケルの六円定理

前章の「宿題」は，3個の円と3本の直線が作る図1のような図形全体を変換 $z \to 1/z$ でうつすとどうなるかというものであった．原点 0 と点 1 の位置がわかっているので，定規とコンパスさえあれば，解答がえられるはずだ．いずれにしても，この図形内の3本の直線はすべて原点を通る円に変換され，3個の円は（原点を通っていないので）別の円に変換されることだけはたしかである．

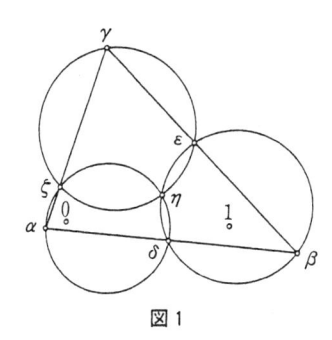

図1

実際に変換後の図形を描いてみると，図2のようになる．ここで，たとえば，α' というのは α の「行き先」を示しているものとする．つまり $\alpha' = 1/\alpha$ だとする．

はじめは「複素平面上に三角形 $\alpha\beta\gamma$ を作り，直線 $\alpha\beta$ 上に点 δ をとって，2点 β, δ を通る円を描き，この円と直線 $\beta\gamma$ の交点を ε とする．さらに，2点 ε, γ を通る円を描き，この円と直線 $\gamma\alpha$ との交点を ξ として，この円と円 $\beta\varepsilon\delta$ との交点を η とする．このとき，4点 α, δ, η, ξ は同一円上にある」という主張（ミケルによる）から出発したわけだが，この変換によって，

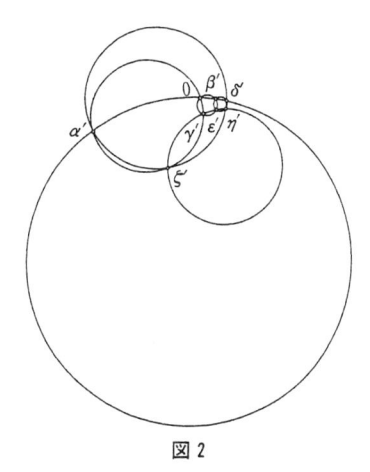

図2

ミケルの主張そのものが「複素平面上に（原点 0 を通る3個の円弧による）「三角形」$\alpha'\beta'\gamma'$ を作り，「直線」$\alpha'\beta'$ 上に点 δ' をとって，2点 β', δ' を通る円を描き，この円と「直線」$\beta'\gamma'$ の交点を ε' とする．さらに，2点 ε', γ' を通る円を描き，この円と「直線」$\gamma'\alpha'$ との交点を ξ' として，この円と円 $\beta'\varepsilon'\delta'$ との交点を η' とする．このとき，4点 α', δ', η', ξ' は同一円上にある」という主張に変換されることが予想されるだろう．なお図2では見にくくなるので点1を表示しなかったが，およその位置は原点 0 の少し右，β' と δ' の中間あたりになっていることに注意してほしい．

これで前章の課題1の解答が終了したことに

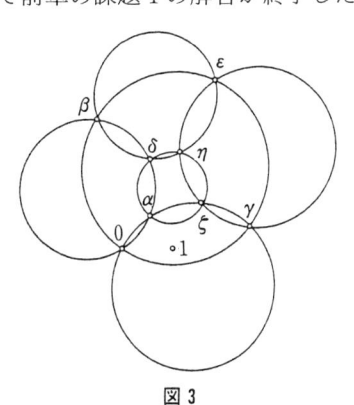

図3

なる。ただし、この図2では新しい定理のイメージがつかみにくいかもしれない。円の配置を少し変えて図3のようにしてみよう。交点の名前はミケルの主張に対応する形にしておく。

問題1 図3のような図形を変換 $z \to 1/z$ によって別の図形にうつせ。

もちろんこの場合にも「定規とコンパス」さえあれば作図できるはずだ。原点 0 が3個の円の交点になっているので、この3個の円は直線にうつり、残りの円はそのまま円にうつることは明らかである。「作図」を実行すると、図4がえられる。　□

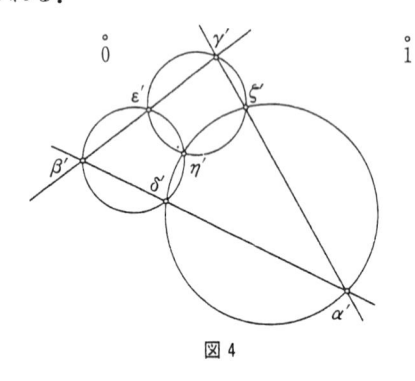

図4

この図4を見れば、なるほど図3は「ミケルの主張」を $z \to 1/z$ で「変換」してえられる定理の「説明図」になっていたことが了解できるだろう。念のために、この新しい定理をちょっと言葉と記号を変えて表現しておく。そして、6個の円に関するこの定理は、ミケルの1838年の論文「円周と球面の交わりに関する定理」に登場しているので「ミケルの六円定理」と呼ぶことにする。

── **ミケルの六円定理** ──────

4個の円が2個ずつ連なって図5のようなリング状の図形を作っているとする。このとき、交点 A_1, A_2, A_3, A_4 が同一円上に存在していれば、交点 B_1, B_2, B_3, B_4 も同一円上に存在する。

────────────────────

この六円定理は、ミケルの1838年のもうひとつの論文「幾何学の定理」にある定理Ⅰの系（「ミケルの定理」）を $z \to 1/z$ で「変換」した

ものにすぎない。したがって、証明はもう終わっているようなものだが、意外に簡単に証明できるし、複素数を利用したきれいな証明方法も知られているのでそれらを紹介しておこう。まず、ミケル自身による初等幾何的な証明から（これは、記号などが違っているだけで本質的にミケルの証明そのものである）。

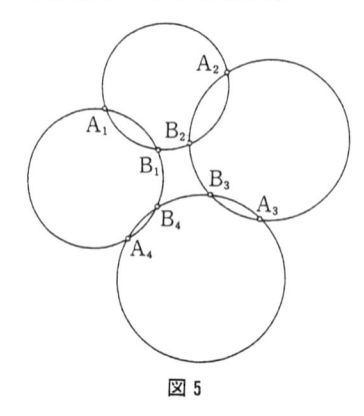

図5

[ミケルによる証明]

四角形 $A_1A_2B_2B_1$ と $A_2A_3B_3B_2$ が円に内接しているので、

$\angle B_1B_2A_2 = \pi - \angle B_1A_1A_2$

$\angle B_3B_2A_2 = \pi - \angle B_3A_3A_2$

となる。これらを加えて、

$2\pi - \angle B_1B_2B_3 = 2\pi - \angle B_1A_1A_2 - \angle B_3A_3A_2$

つまり、

$\angle B_1B_2B_3 = \angle B_1A_1A_2 + \angle B_3A_3A_2$

同様にして、

$\angle B_1B_4B_3 = \angle B_1A_1A_4 + \angle B_3A_3A_4$

最後の2式を加えると、

$\angle B_1B_2B_3 + \angle B_1B_4B_3 = \angle A_2A_1A_4 + \angle A_2A_3A_4$

ところが、この右辺は「A_1, A_2, A_3, A_4 が同一円上に存在している」という仮定から π に等しい。したがって、

$\angle B_1B_2B_3 + \angle B_1B_4B_3 = \pi$

つまり B_1, B_2, B_3, B_4 は同一円上に存在する。　□

2．複比

複素平面上の4個の異なる点 $\alpha, \beta, \gamma, \delta$ について、

$$[\alpha, \beta, \gamma, \delta] = \frac{(\alpha-\gamma)(\beta-\delta)}{(\beta-\gamma)(\alpha-\delta)}$$

と定め、これを $\alpha, \beta, \gamma, \delta$ の複比とか非調和比と呼ぶことにする。

$$[\alpha,\beta,\gamma,\delta]=\frac{(\alpha-\gamma)/(\beta-\gamma)}{(\alpha-\delta)/(\beta-\delta)}$$

といっても同じことだ．こう書くと，「比どうしの比」という印象が強まり複比という名前が納得しやすいかもしれない．この複比を利用すると，ミケルの六円定理の証明を単純な計算問題に還元することができる．それを述べる前にまず，複比の性質を調べておこう．

問題2 複素平面上で，4個の異なる点 $\alpha, \beta, \gamma, \delta$ が，同一円上に存在するための必要十分条件は，$[\alpha,\beta,\gamma,\delta]$ が実数となることである．これを示せ．

まず，$\alpha, \beta, \gamma, \delta$ が，同一円上に存在するための必要十分条件は，
$$\angle \alpha\gamma\beta = \angle \alpha\delta\beta$$
または，
$$\angle \alpha\gamma\beta + \angle \alpha\delta\beta = \pi$$
が成立することである．これを偏角の言葉で書けば，（2π を法として）

$(\alpha-\gamma)/(\beta-\gamma)$ の偏角
$\equiv (\alpha-\delta)/(\beta-\delta)$ の偏角

または

$(\alpha-\gamma)/(\beta-\gamma)$ の偏角
$+ (\beta-\delta)/(\alpha-\delta)$ の偏角 $\equiv \pi$

となる．ここで，0でない複素数 z の偏角というのは
$$z = r(\cos\theta + i\sin\theta), \quad r>0$$
と書いたときの θ のことだとする．（したがって，偏角には 2π だけの不定性がある．）

ところで，
$(\alpha-\gamma)/(\beta-\gamma)$ の偏角
$-(\alpha-\delta)/(\beta-\delta)$ の偏角
$= ((\alpha-\gamma)/(\beta-\gamma))/((\alpha-\delta)/(\beta-\delta))$ の偏角
$= [\alpha,\beta,\gamma,\delta]$ の偏角

かつ

$(\alpha-\gamma)/(\beta-\gamma)$ の偏角
$+ (\beta-\delta)/(\alpha-\delta)$ の偏角
$= ((\alpha-\gamma)/(\beta-\gamma))((\beta-\delta)/(\alpha-\delta))$ の偏角
$= [\alpha,\beta,\gamma,\delta]$ の偏角

なので，求める条件は，

$[\alpha,\beta,\gamma,\delta]$ の偏角 $\equiv 0$ または π

となる．いいかえると，

$[\alpha,\beta,\gamma,\delta]$ は実数

が求める条件だとわかる． □

[複比を使った「ミケルの六円定理」の証明]

点 A_k, B_k を表わす複素数をそれぞれ α_k, β_k と書く．このとき，題意より，

$$[\alpha_1,\beta_2,\alpha_2,\beta_1] = \frac{(\alpha_1-\alpha_2)(\beta_2-\beta_1)}{(\beta_2-\alpha_2)(\alpha_1-\beta_1)}$$

$$[\alpha_2,\beta_3,\alpha_3,\beta_2] = \frac{(\alpha_2-\alpha_3)(\beta_3-\beta_2)}{(\beta_3-\alpha_3)(\alpha_2-\beta_2)}$$

$$[\alpha_3,\beta_4,\alpha_4,\beta_3] = \frac{(\alpha_3-\alpha_4)(\beta_4-\beta_3)}{(\beta_4-\alpha_4)(\alpha_3-\beta_3)}$$

$$[\alpha_4,\beta_1,\alpha_1,\beta_4] = \frac{(\alpha_4-\alpha_1)(\beta_1-\beta_4)}{(\beta_1-\alpha_1)(\alpha_4-\beta_4)}$$

はすべて実数．ところで，

$$\frac{[\alpha_1,\beta_2,\alpha_2,\beta_1][\alpha_3,\beta_4,\alpha_4,\beta_3]}{[\alpha_2,\beta_3,\alpha_3,\beta_2][\alpha_4,\beta_1,\alpha_1,\beta_4]}$$
$$= \frac{(\alpha_1-\alpha_2)(\beta_2-\beta_1)(\alpha_3-\alpha_4)(\beta_4-\beta_3)(\beta_3-\alpha_3)}{(\beta_2-\alpha_2)(\alpha_1-\beta_1)(\beta_4-\alpha_4)(\alpha_3-\beta_3)(\alpha_2-\alpha_3)}$$
$$\cdot \frac{(\alpha_2-\beta_2)(\beta_1-\alpha_1)(\alpha_4-\beta_4)}{(\beta_3-\beta_2)(\alpha_4-\alpha_1)(\beta_1-\beta_4)}$$
$$= \frac{(\alpha_1-\alpha_2)(\beta_2-\beta_1)(\alpha_3-\alpha_4)(\beta_4-\beta_3)}{(\alpha_2-\alpha_3)(\beta_3-\beta_2)(\alpha_4-\alpha_1)(\beta_1-\beta_4)}$$
$$= \frac{(\alpha_1-\alpha_2)(\alpha_3-\alpha_4)}{(\alpha_3-\alpha_2)(\alpha_1-\alpha_4)} \cdot \frac{(\beta_1-\beta_2)(\beta_3-\beta_4)}{(\beta_3-\beta_2)(\beta_1-\beta_4)}$$
$$= [\alpha_1,\alpha_3,\alpha_2,\alpha_4][\beta_1,\beta_3,\beta_2,\beta_4]$$

に注意すると，左辺は実数なので，$[\alpha_1,\alpha_3,\alpha_2,\alpha_4]$ が実数であることと $[\beta_1,\beta_3,\beta_2,\beta_4]$ が実数であることは同値．いいかえると，点 A_1, A_2, A_3, A_4 が同一円上に存在していれば，点 B_1, B_2, B_3, B_4 も同一円上に存在する． □

複比を利用して，3点が1本の直線上に存在するための条件を求めてみよう．無限遠の彼方に想定された点 ∞ を活用する．

問題3 複素平面上で，3個の異なる点 α, β, γ が，同一直線上に存在するための必要十分条件は，$[\alpha,\beta,\gamma,\infty]$ が実数であることである．これを示せ．

異なる点 α, β, γ が，同一直線上に存在するための必要十分条件は $\alpha-\gamma$ が $\beta-\gamma$ の実数倍となることである．$\dfrac{\alpha-\gamma}{\beta-\gamma}$ が実数となることだ

といっても同じことだ．ところで，
$$[\alpha, \beta, \gamma, \infty] = \frac{(\alpha-\gamma)(\beta-\infty)}{(\beta-\gamma)(\alpha-\infty)} = \frac{\alpha-\gamma}{\beta-\gamma}$$
なので，$[\alpha, \beta, \gamma, \infty]$ が実数となることだといってもよい． □

この結果は，直線を点∞を通る円のことだと解釈しようという立場を支持してくれている．

3．複比とメビウス変換

変換 $z \to 1/z$ だけでなく，これと平行移動 $z \to z+\beta$ と相似変換 $z \to \alpha z$（$\alpha \neq 0$）を有限個合成したものもメビウス変換と呼ぶことにする．変換 $z \to 1/z$，平行移動 $z \to z+\beta$，相似変換 $z \to \alpha z$ について，$z \to 1/z$，$z \to z-\beta$，$z \to \alpha^{-1} z$ がそれぞれの逆変換を与えている．一般に，逆変換をもつ変換を有限個合成してえられる変換はつねに逆変換をもつことがすぐにわかるので，メビウス変換には逆変換が存在することになる．

問題 4 メビウス変換は $z \to \dfrac{az+b}{cz+d}$ と書けることを示せ．ここで，a, b, c, d は複素数とする．

変換 $z \to 1/z$ と平行移動と相似変換を有限回合成してえられる変換が $z \to \dfrac{az+b}{cz+d}$ の形になることをいえばいいわけだが，それは帰納法で簡単に示せる．まず，変換 $z \to 1/z$，平行移動，相似変換はいずれもこの形をしている．いま，合計 n 個の変換 $z \to 1/z$，平行移動，相似変換を合成した変換がこの形をしていると仮定すると，その変換にさらに変換 $z \to 1/z$，平行移動，相似変換のいずれかを合成してもその結果がまた同じ形をしていることはすぐにわかる．（たとえば，変換 $z \to \dfrac{az+b}{cz+d}$ のあとに変換 $z \to z+\beta$ を合成すると変換 $z \to \dfrac{(a+c\beta)z+(b+d\beta)}{cz+d}$ がえられるがこれも同じ形をしている．）つまり，帰納法が成立する． □

問題 5 逆に，$z \to \dfrac{az+b}{cz+d}$ の形の変換はつねにメビウス変換になっているのかどうか，つまり変換 $z \to 1/z$，平行移動，相似変換だけから合成できるのかどうか，について考えよ．

結論をいえば，「そうとは限らない」というのが正解．メビウス変換には逆変換が存在するはずだが，たとえば，(a,b,c,d) が $(2,2,1,1)$ の場合を考えれば，変換 $z \to 2$ がえられ，これには逆変換など存在しえない．したがって，$z \to \dfrac{az+b}{cz+d}$ の形の変換は必ずしもメビウス変換とは限らない． □

それでは，$z \to \dfrac{az+b}{cz+d}$ の形の変換にどういう条件を追加すれば，メビウス変換だといえるようになるのか？ それを探るために，機械的な計算をしてみよう．いま，
$$w = \frac{az+b}{cz+d}$$
と書くと，
$$z(cw-a) = -dw+b$$
となり，両辺を機械的に $cw-a$ で割ると，
$$z = \frac{-dw+b}{cw-a}$$
と書ける．ということは，いつでも逆変換が存在することになるのではないか？ どこかおかしい．計算してみよう．
$$-dw+b = -\frac{d(az+b)}{cz+d} + b$$
$$= -\frac{(ad-bc)z}{cz+d}$$
$$cw-a = \frac{c(az+b)}{cz+d} - a$$
$$= -\frac{ad-bc}{cz+d}$$
となるので，
$$z = \frac{-dw+b}{cw-a}$$
となるには，$ad-bc \neq 0$ となることが必要なのだ．

問題 6 $ad-bc \neq 0$ とすると，$z \to \dfrac{az+b}{cz+d}$ の形の変換はつねにメビウス変換になることを示せ．

まず，$c=0$ のときは（$d \neq 0$ となり），問題の変換は $z \to (a/d)z + (b/d)$ と書けるので，平

行移動と相似変換の合成，つまり，メビウス変換になっている．

つぎに，$c \neq 0$ のときは，
$$\frac{az+b}{cz+d} = \frac{a}{c} + \frac{(bc-ad)/c^2}{z+d/c}$$
と書ける．したがって，4個の変換
$$z \to z+(d/c)$$
$$z \to 1/z$$
$$z \to ((bc-ad)/c^2)z$$
$$z \to z+(a/c)$$
をこの順に合成すると，変換
$$z \to \frac{az+b}{cz+d}$$
がえられることになる．つまり，問題の変換は，合計4個の変換 $z \to 1/z$，平行移動，相似変換だけから合成できる．いいかえると，問題の変換はメビウス変換である． □

わかったことを命題1として整理しておこう．

—— 命題 1 ——
a, b, c, d を複素数とするとき，
$$z \to \frac{az+b}{cz+d}$$
がメビウス変換であるための必要十分条件は，$ad-bc \neq 0$ である．

いままでちょっとアヤフヤだったが，メビウス変換は複素平面から複素平面への変換だというだけではなく，リーマン球面（複素平面に点∞を追加したもの）からリーマン球面への変換にもなっていることに注意してほしい．

つぎに，4点の複比がメビウス変換によって変化しないことを確かめておこう．

問題 7 a, b, c, d を複素数で $ad-bc \neq 0$ とするとき，
$$f(z) = (az+b)/(cz+d)$$
と書けば，4個の異なる複素数（このうちのひとつは∞でもよい）$\alpha, \beta, \gamma, \delta$ に対して，
$$[f(\alpha), f(\beta), f(\gamma), f(\delta)] = [\alpha, \beta, \gamma, \delta]$$
となることを示せ．

変換 f はメビウス変換なので，変換 $z \to 1/z$，平行移動，相似変換から合成されている．したがって，とくに，f がこれらの変換の場合に
$$[f(\alpha), f(\beta), f(\gamma), f(\delta)] = [\alpha, \beta, \gamma, \delta]$$
となることを示せば十分である．

ところで，平行移動と相似変換のときは，これが成り立つのは複比の定義式から明らか．また，$f(z) = 1/z$ の場合にも，計算によって，
$$[f(\alpha), f(\beta), f(\gamma), f(\delta)]$$
$$= \left[\frac{1}{\alpha}, \frac{1}{\beta}, \frac{1}{\gamma}, \frac{1}{\delta}\right]$$
$$= \frac{\left(\frac{1}{\alpha} - \frac{1}{\gamma}\right)\left(\frac{1}{\beta} - \frac{1}{\delta}\right)}{\left(\frac{1}{\beta} - \frac{1}{\gamma}\right)\left(\frac{1}{\alpha} - \frac{1}{\delta}\right)}$$
$$= \frac{(\gamma-\alpha)(\delta-\beta)}{(\gamma-\beta)(\delta-\alpha)} = \frac{(\alpha-\gamma)(\beta-\delta)}{(\beta-\gamma)(\alpha-\delta)}$$
$$= [\alpha, \beta, \gamma, \delta]$$
となることが確認できる． □

—— 定理 1 ——
メビウス変換はリーマン球面上の4個の異なる点の複比を保存する．

［証明］
問題7の結果から明らか． □

4．メビウス変換の性質

ことのついでに，メビウス変換が「リーマン球面上の円を円にうつす」という性質（円円対応）や「微小部分で見れば角を変えない」という性質（等角性）をもっていることを確かめておこう．まず，「円円対応」をチェックするために，つぎの問題を解くことからはじめる．

問題 8 実数 k, p, q, r について
$$k(x^2+y^2) + 2px + 2qy + r = 0 \quad (1)$$
が円または直線を表すための必要十分条件を求めよ．

1) 円を表すための必要十分条件：まず $k \neq 0$ が必要．このとき(1)は，
$$\left(x+\frac{p}{k}\right)^2 + \left(y+\frac{q}{k}\right)^2 = \left(\frac{p}{k}\right)^2 + \left(\frac{q}{k}\right)^2 - \frac{r}{k}$$
となるので，円を表すためには
$$\left(\frac{p}{k}\right)^2 + \left(\frac{q}{k}\right)^2 > \frac{r}{k} \iff p^2+q^2 > kr$$
となることも必要．逆に，$k \neq 0$ かつ $p^2+q^2 >$

kr とすると，上の変形によって(1)が円を表していることがわかる．

2) 直線を表すための必要十分条件：まず $k=0$ が必要．このとき(1)は，
$$2px+2qy+r=0$$
となるが，これが直線を表すためには $p^2+q^2>0$（つまり，$(p,q)\not=(0,0)$）となることも必要．逆に，$k=0$ かつ $p^2+q^2>0$ とすると，(1)は直線を表している．

1)，2)をまとめて，

(1)が円または直線を表す $\iff p^2+q^2>kr$

となる．つまり，もとめる必要十分条件は $p^2+q^2>kr$ である． □

問題 9 変換 $z\to 1/z$ によって，複素平面上の「円または直線」は「円または直線」にうつることを示せ．

問題8の結果を使えば，あとは計算するだけだ．まず，
$$z=x+iy,\quad w=\frac{1}{z}=u+iv$$
とすると，
$$z=\frac{1}{w}=\frac{1}{u+iv}=\frac{u}{u^2+v^2}-\frac{iv}{u^2+v^2}$$
だから，
$$w=\frac{1}{z}\iff z=\frac{1}{w}$$
$$\iff x=\frac{u}{u^2+v^2},\quad y=\frac{-v}{u^2+v^2} \quad (2)$$

ところで，問題8の結果から，「円または直線」の方程式は実数 k,p,q,r をもちいて，
$$k(x^2+y^2)+2px+2qy+r=0,\quad p^2+q^2>kr \quad (3)$$
と書ける．

まず，(3)が点 $(0,0)$ を通らない円のとき（つまり $k\not=0$ かつ $r\not=0$ のとき）は，
$$k(x^2+y^2)+2px+2qy+r=0$$
$$\iff k\frac{u^2+v^2}{(u^2+v^2)^2}+\frac{2pu}{u^2+v^2}-\frac{2qv}{u^2+v^2}+r=0$$
$$\iff k+2pu-2qv+r(u^2+v^2)=0$$
なので，(3)は(2)によって
$$k+2pu-2qv+r(u^2+v^2)=0,\quad p^2+q^2>kr$$
つまり点 $(0,0)$ を通らない円にうつる．

つぎに，(3)が点 $(0,0)$ を通る円のとき（つまり，$k\not=0$ かつ $r=0$ のとき）は，この円から $(0,0)$ を除いた部分は，(2)によって，
$$k+2pu-2qv=0$$
つまり点 $(0,0)$ を通らない直線にうつる．点 $(0,0)$ は点 ∞ に飛ばされると考えておけばよい．

最後に，(3)が直線のとき（つまり，$k=0$ のとき）は，(2)は(1)によって，
$$2pu-2qv+r(u^2+v^2)=0$$
で表される曲線（$r\not=0$ のときは点 $(0,0)$ を通る円，$r=0$ のときは点 $(0,0)$ を通る直線）にうつる．

こうして，変換 $z\to 1/z$ によって，複素平面上の「円または直線」は「円または直線」にうつることがわかる． □

ここで出現した「複素平面上の「円または直線」」という表現は，話を複素平面に無限遠点を追加したリーマン球面上に広げれば「リーマン球面上の円」という表現に置き換えることができる．つまり，複素平面上での直線のことを「点 ∞ を通る円」だと解釈してしまえばいいわけだ．

―― 定理 2 ――
メビウス変換によって，リーマン球面上の円は円にうつる．

[証明]
メビウス変換は，変換 $z\to 1/z$ と平行移動 $z\to z+\beta$ と相似変換 $z\to\alpha z$（$\alpha\not=0$）を有限個合成したものにほかならないわけだから，これら3種類の変換について，リーマン球面上の円が円にうつることさえわかればよい．まず，平行移動や相似変換については，複素平面上の円が円に，直線が直線にうつることは明らか．つまり，平行移動や相似変換によってリーマン球面上の円は円にうつる．このとき，∞ の定義によって，$\infty+\beta=\infty$ かつ $\alpha\infty=\infty$ なので，点 ∞ は平行移動や相似変換による不動点になっていることもわかる．変換 $z\to 1/z$ については，問題9で証明済みだ． □

いままで単に「円」と書いたが，「円周」と書くほうが正確だったかもしれない．（日本語では円周も円板も円というので便利なのだが，混乱も起きてしまう．）いずれにせよ，「円が円にうつる」とはいっても，円の内部が別の円の内部

に変換されるというわけではない．もちろん，平行移動や相似変換については，たしかに，円の内部が別の円の内部にうつるのだが，変換 $z \to 1/z$ については，もし点 0 が円の内部にあるときはその円の内部は別の円の外部にうつっている．（点 0 が点 ∞ にうつることに注意．）また，円周に「向き」を追加すると，平行移動や相似変換ではその「向き」は保存されるが，変換 $z \to 1/z$ は円周上の「向き」を逆転させる．これは変換 $z \to 1/z$ の幾何学的な意味を考えればすぐにわかるはずだ．一般のメビウス変換

$$z \to \frac{az+b}{cz+d}, \quad ad-bc \neq 0$$

についていえば，つぎのようなことがわかる．

1) $c \neq 0$ のとき：点 $(-d/c)$ を外部に含む円周の向きは保たれるが，点 $(-d/c)$ を内部に含む円周の向きは逆転する．

2) $c=0$ のとき：このメビウス変換は平行移動と相似変換だけに分解できるので，円周の向きは保たれる．

メビウス変換の等角性についても考えておこう．

問題10 メビウス変換 f について，複素平面上の 3 点を p, p_1, p_2 とし，$f(p), f(p_1), f(p_2)$ を作るとき，$p_1 \to p$, $p_2 \to p$ とすると

1) $f(p_1) \to f(p)$, $f(p_2) \to f(p)$
2) $\angle f(p_1)f(p)f(p_2) \to \angle p_1 p p_2$

を示せ．ただし，点 p の近くで f は有限の値をとるものとする．

1) これはメビウス変換が連続写像であることから明らか．

2) メビウス変換を平行移動と相似変換と変換 $z \to 1/z$ に分解して，それぞれの部分について考えれば十分．

まず，$f(z) = z+\beta$ あるいは $f(z) = \alpha z$ ($\alpha \neq 0$) のときは，

$$\frac{f(p_2)-f(p)}{f(p_1)-f(p)} = \frac{p_2-p}{p_1-p}$$

だから，

$$\angle f(p_1)f(p)f(p_2)$$
$$= \frac{f(p_2)-f(p)}{f(p_1)-f(p)} \text{ の偏角}$$

$$= \frac{p_2-p}{p_1-p} \text{ の偏角} = \angle p_1 p p_2$$

となる．（ここでは「偏角」を 0 以上 2π 未満の範囲で考えることにする．）

また，$f(z) = 1/z$ のときは，

$$\frac{f(p_2)-f(p)}{f(p_1)-f(p)}$$
$$= \frac{\frac{1}{p_2}-\frac{1}{p}}{\frac{1}{p_1}-\frac{1}{p}} = \frac{(p_2-p)p_1}{(p_1-p)p_2}$$

なので，$p_1 \to p$, $p_2 \to p$ とすると，上と同様にして，

$$\angle f(p_1)f(p)f(p_2) \to \angle p_1 p p_2$$

となる．　□

こうして，メビウス変換は十分に小さな領域では角を保存することがわかる．つまり，十分に小さな三角形は相似な 3 角形に（裏返ることなく）変換されるというわけだ．このような性質をもった写像を等角写像といい，この性質を等角性という．メビウス変換 f は等角性をもつわけだから，複素平面上の点 p で交わるなめらかな 2 曲線 C_1 と C_2 について，これらを f でうつしてえられる曲線 $f(C_1)$ と $f(C_2)$ は $f(p)$ で交わるが，問題10の結果から，C_1, C_2 が p においてなす角は $f(C_1)$, $f(C_2)$ が $f(p)$ においてなす角に等しいことがすぐにわかる．

5．メビウス変換と六円定理

ミケルの六円定理に出現する図形は円とその交点だけから構成されているので，その図形をメビウス変換すると，一般には直線と円からなる図形がえられ，六円定理そのものがその新しい図形に関する類似の定理に変換されるはずだ．たとえば，6 個の円のうちの 3 個の円の交点が原点 0 になるように平行移動してから変換 $z \to 1/z$ によって，図形全体を変換すると，ミケルのもうひとつの定理（三角形と 3 個の円についての定理）が出現することになる．もとの図形にどのようなメビウス変換をおこなうかによって「6 個の円」が「5 個の円と 1 本の直線」になったり「3 個の円と 3 本の直線」になったりするわけだ．そして，それらの定理すべてが定理 1 （メビウス変換による複比の不変性）によって結びついており，問題 2 と問題 3 の結果か

ら，どれかひとつが証明できれば残りはメビウス変換によって「自動的」に証明できるというわけである．このような一連の定理は，リーマン球面上の円の言葉（「直線は∞を通る円だ」と考える立場）で整理すれば，ひとつの定理に統合できるはずだ．

課題 1 リーマン球面上の 6 個の円に関する「ミケルの六円定理」を作り，それを証明せよ．

[ヒント]
問題 2 と問題 3 を統合すれば，リーマン球面上で異なる 4 点が同一円上にあるための必要十分条件がえられるが，これを利用すれば，課題 1 の後半部分もすぐに解けるだろう．

6．メビウス変換とランベルトの定理

余裕があれば，円や直線以外の曲線のメビウス変換による像についても考えてほしい．円と直線のつぎに考えたくなる曲線となると，やっぱり円錐曲線だろう．ところで，われわれは，「ウォーレスの定理」からはじめてメビウス変換にまでたどり着いたわけだが，ランベルトの定理というのは，放物線と直線と円が登場する面白い定理だった．ということは，もし，放物線のメビウス変換による像がどうなるかわかれば，定理そのものを変換することによって，その像（曲線）と円または直線にまつわる面白い定理が作り出せるはずだ．（メビウス変換によって，「交わる」とか「接する」という性質は保存されることに注意！）ここでは，とりあえず，非常にわかりやすい例をひとつだけ書いておこう．

課題 2 ランベルトの定理によると，放物線 $y=x^2-1/4$ 上の異なる 3 点における接線が作る三角形の外接円は放物線の焦点（この場合は点 0）を通るわけだが，メビウス変換 $z \to 1/z$ による放物線 $y=x^2-1/4$ の像となる曲線について考え，その曲線に関するランベルトの定理の「類似品」の定理を作れ．さらに，その定理を単独で証明せよ．

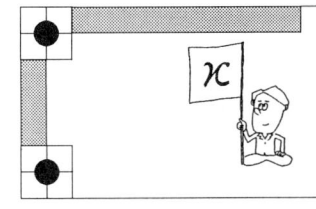

ランベルトの変身

すでに5章にわたって,「放物線の3本の接線が作る三角形の外接円が放物線の焦点を通ることを示せ」という入試問題を巡ってあれこれ考え続けている. いくら「入試問題からの旅立ち」だからとはいっても,ここまでくると,ちょっと「旅立ち」すぎではないか,という気もするが,つぎつぎと面白そうな「観光地」が目に入ってしまうのだからしかたがない.

ここで紹介する定理も,そうした「観光地」巡りの途中で,コンピュータを使って遊んでいて偶然みつけてしまったものだ. まだあまり調査したわけではないが,昔からある「観光地」ではなさそうだ. 証明もまぁ,別に難しくはないのだが,ぼく自身がみつけたかわった定理なのでぜひとも触れたくなってしまったのである.

それは,どんな定理なのか? 原点を焦点とする放物線を(複素平面上の)メビウス変換 $z \to 1/z$ によってうつすとカージオイドが出現するが,このことから,変換 $z \to 1/z$ によって放物線に関するランベルトの定理がカージオイドに関する類似の定理に変換できる. それだけではない. かならずしも原点を焦点とはしない一般の放物線を変換すれば,さらに一般的な類似の定理がえられる. ここで紹介するのは,そうしたいわば「ランベルトの変身」ともいうべき定理たちなのである.

1. 放物線の変身

まず,簡単な問題から.

問題1 メビウス変換 $z \to 1/z$ による放物線 $y = x^2 - 1/4$ の像を求めよ. ここで,$z = x + iy$ とする.

$1/z$ を w と書き $w = u + iv$ と置くと,
$$1/z = 1/(x+iy)$$
$$= (x-iy)/(x^2+y^2)$$
$$= x/(x^2+y^2) - i(y/(x^2+y^2))$$

だから,
$$u = x/(x^2+y^2)$$
$$v = -y/(x^2+y^2)$$
となり,
$$u^2 + v^2 = 1/(x^2+y^2)$$
に注意すると,
$$x = u/(u^2+v^2)$$
$$y = -v/(u^2+v^2)$$
となることがわかる. これを放物線の方程式 $y = x^2 - 1/4$ に代入すると,
$$-v/(u^2+v^2) = (u/(u^2+v^2))^2 - 1/4$$
分母を払って,
$$-v(u^2+v^2) = u^2 - (u^2+v^2)^2/4$$
整理すると,
$$(u^2+v^2)^2 - 4v(u^2+v^2) - 4u^2 = 0$$
したがって,求める答は,曲線
$$(x^2+y^2)^2 - 4y(x^2+y^2) - 4x^2 = 0$$
となる. □

これだけでは明らかに不満が残る. 代数的にはこれでいいのかもしれないが,どんな形状の曲線になるのかすぐにはわからないからだ. そこで,この曲線の概形について考えてみよう.

問題2 4次曲線 $(x^2+y^2)^2 - 4y(x^2+y^2) - 4x^2 = 0$ の概形を調べよ.

与えられた方程式を展開すると,
$$x^4 + 2(y^2-2y-2)x^2 + y^4 - 4y^3 = 0$$
となる. これを x^2 についての2次方程式とみて解くと,
$$x^2 = -y^2+2y+2 \pm \sqrt{(y^2-2y-2)^2 - y^4 + 4y^3}$$
$$= -y^2+2y+2 \pm 2\sqrt{1+2y}$$
したがって,
$$x = \pm\sqrt{2+2y-y^2 \pm 2\sqrt{1+2y}}$$
つまり,

$$x = \sqrt{2+2y-y^2+2\sqrt{1+2y}}$$
$$x = \sqrt{2+2y-y^2-2\sqrt{1+2y}}$$
$$x = -\sqrt{2+2y-y^2+2\sqrt{1+2y}}$$
$$x = -\sqrt{2+2y-y^2-2\sqrt{1+2y}}$$

と書ける．つまり，問題の曲線は，この4個の曲線を合体させたものとなっている．

ところで，
$$\sqrt{2+2y-y^2+2\sqrt{1+2y}}$$
が実数の世界で意味をもつためには，
$$1+2y \geq 0$$
$$2+2y-y^2+2\sqrt{1+2y} \geq 0$$
つまり，
$$-1/2 \leq y \leq 4$$
となることが必要十分．

また，
$$\sqrt{2+2y-y^2-2\sqrt{1+2y}}$$
が意味をもつためには，
$$1+2y \geq 0$$
$$2+2y-y^2-2\sqrt{1+2y} \geq 0$$
つまり，
$$-1/2 \leq y \leq 0$$
となることが必要十分．

さらに，問題の曲線は y 軸に関して対称．したがって，$x \geq 0$ の部分だけを調べれば十分．y を独立変数，x を従属変数と見て，$-1/2 \leq y \leq 0$ の範囲で
$$x = \sqrt{2+2y-y^2-2\sqrt{1+2y}}$$
の変化のようすを調べると，
$$\frac{dx}{dy} = \frac{1-y-1/\sqrt{1+2y}}{2+2y-y^2-2\sqrt{1+2y}}$$
だから，

y	$-1/2$	……	0
dx/dy	$(-\infty)$	$-$	(0)
x	$\sqrt{3}/2$	減少	0

となる．余裕があれば，d^2x/dy^2 も計算すると，下に凸であることもわかる．

つぎに，$-1/2 \leq y \leq 4$ の範囲で
$$x = \sqrt{2+2y-y^2+2\sqrt{1+2y}}$$
の変化のようすを調べると，
$$\frac{dx}{dy} = \frac{1-y+1/\sqrt{1+2y}}{2+2y-y^2+2\sqrt{1+2y}}$$

だから，

y	$-1/2$	……	$3/2$	……	4
dx/dy	$(+\infty)$	$+$	0	$-$	$(-\infty)$
x	$\sqrt{3}/2$	増加	$3\sqrt{3}/2$	減少	0

となる．d^2x/dy^2 も計算すると，上に凸であることもわかる．

したがって，求める4次曲線の $x \geq 0$ の部分の概形を描くと図1のようになる．

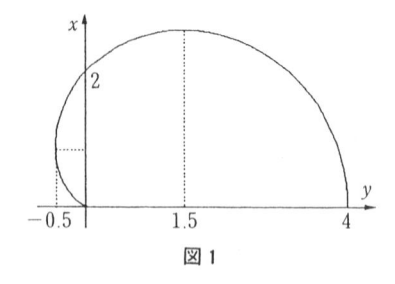

図 1

これに，これを y 軸について対称移動したものを合体させると求める曲線がえられる（図2）．この図では x 軸と y 軸を通常の位置にもどしておく． □

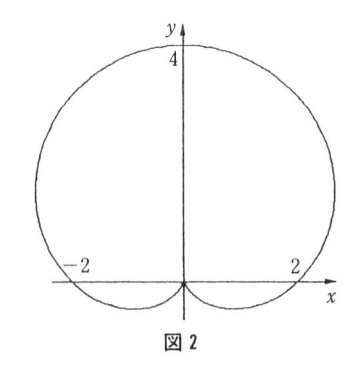

図 2

変換 $z \to 1/z$ による放物線 $y = x^2 - 1/4$ の像がおよそ図2のようになることだけなら，変換 $z \to 1/z$ の幾何学的な意味を考えてもほぼ推察できるだろう．

2．カージオイドの出現

図2の曲線はカージオイド（心臓形）にそっくりだが，じつは，カージオイドそのものであることが確かめられる．カージオイドというのは，固定した円の周りを接しながらすべらずに回転する同じ大きさの円の周上の1点が描く軌跡のことだ．この場合には，半径1の円の周り

を回転する半径1の円の周上の点の軌跡になっている感じがする．それをたしかめてみよう．

まず，簡単な計算練習から．

問題3
$$x = 2\sin\theta(1-\cos\theta)$$
$$y = -2\cos\theta(1-\cos\theta)$$
のとき，
$$(x^2+y^2)^2 - 4y(x^2+y^2) - 4x^2 = 0$$
となることを示せ．

代入して計算するだけだ．
$$x = 2\sin\theta(1-\cos\theta)$$
$$y = -2\cos\theta(1-\cos\theta)$$
なので，
$$x^2 = 4(1-(\cos\theta)^2)(1-\cos\theta)^2$$
$$x^2+y^2 = 4(1-\cos\theta)^2$$
となるが，$\cos\theta$ を c と書くことにして，これらを代入すると，
$$(x^2+y^2)^2 - 4y(x^2+y^2) - 4x^2$$
$$= 16(1-c)^4 + 32c(1-c)^3 - 16(1-c^2)(1-c)^2$$
$$= 16(1-c)^3((1-c) + 2c - (1+c))$$
$$= 0$$
がえられる． □

問題4 θ が 0 から 2π まで動くとき，点
$$P(2\sin\theta(1-\cos\theta), -2\cos\theta(1-\cos\theta))$$
は原点から出発して原点にもどる閉じた曲線を描くことを示せ．

いろいろな解答ができるだろうが，ここでは幾何学的なイメージを使う方法を利用する．まず，
$$2\sin\theta(1-\cos\theta) = 2\sin\theta - \sin 2\theta$$
$$-2\cos\theta(1-\cos\theta) = 1 - 2\cos\theta + \cos 2\theta$$
に注意すると，
$$\overrightarrow{OP} = \begin{pmatrix} 2\sin\theta - \sin 2\theta \\ 1 - 2\cos\theta + \cos 2\theta \end{pmatrix}$$
$$= \begin{pmatrix} 0 \\ 1 \end{pmatrix} + 2\begin{pmatrix} \sin\theta \\ -\cos\theta \end{pmatrix} + \begin{pmatrix} -\sin 2\theta \\ \cos 2\theta \end{pmatrix}$$
となっている．ところで，図3からわかるように，点 $(0, 1)$ を中心として長さ2の棒が（はじめ端点が点 $(0, 1)$ と点 $(0, -1)$ にあって）θ ラジアンだけ回転するときこの棒の端点 $(0, -1)$ は点 $(2\sin\theta, 1-2\cos\theta)$ に移動す

るが，この点を中心として長さ1の棒も（はじめ端点が原点Oと点 $(0, -1)$ にあって）独自で θ ラジアンだけ回転するようになっているような「クランク装置」の最端点を考えると，これが点Pにほかならない．言葉をかえると，点Pの軌跡がカージオイドであることを意味している．（カージオイドの定義に注意！）したがって，とくに，点Pは原点から出発して原点にもどる閉じた曲線を描くこともわかる． □

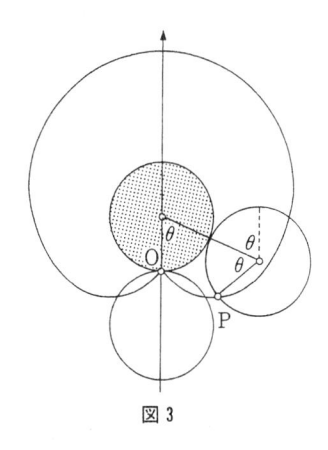

図3

問題5
$$x = 2\sin\theta(1-\cos\theta)$$
$$y = -2\cos\theta(1-\cos\theta)$$
は4次曲線
$$(x^2+y^2)^2 - 4y(x^2+y^2) - 4x^2 = 0$$
のパラメータ表示になっていることを示せ．

パラメータ θ が 0 から 2π まで動くとき，
$$x = 2\sin\theta(1-\cos\theta)$$
$$y = -2\cos\theta(1-\cos\theta)$$
は，問題4によって，原点から出て原点にもどる閉じた曲線（カージオイド）を描くことがわかっている．一方，問題3によれば，この曲線上の任意の点は4次曲線
$$(x^2+y^2)^2 - 4y(x^2+y^2) - 4x^2 = 0$$
上に存在している．しかも，問題2によると，この4次曲線もまた原点から出て原点にもどる閉じた曲線にほかならない．これは，
$$x = 2\sin\theta(1-\cos\theta)$$
$$y = -2\cos\theta(1-\cos\theta)$$
がこの4次曲線のパラメータ表示になっていることを意味している． □

3. ランベルトの変身

ランベルトの定理によると,「放物線 $y=x^2-1/4$ に接する 3 本の直線が作る三角形の外接円は原点を通る」わけだが,これは「放物線 $y=x^2-1/4$ に接する 3 本の直線からえられる 3 個の交点を通る円は原点を通る」ともいいかえられる.これに変換 $z\to 1/z$ を作用させると,放物線 $y=x^2-1/4$ はカージオイド $(x^2+y^2)^2-4y(x^2+y^2)-4x^2=0$ にうつり,放物線に接する直線はこのカージオイドに接する円にうつる.しかもこの円はすべて原点(一般にはカージオイドの尖った点つまりカスプ)を通っている.また,逆に,原点を通りカージオイド $(x^2+y^2)^2-4y(x^2+y^2)-4x^2=0$ に接する円はもとの放物線の接線の像になってもいる.さらに,原点を通る円は点 ∞ を通る円(つまり直線)にうつっている.

したがって,つぎのような定理が成立することになる.(これは前章の課題 2 の解答でもある.)これを証明しよう.

──── 定理 1 ────
カージオイドに接しカスプを通る 3 個の円が作る(カスプ以外の)3 個の交点は 1 直線上に存在する.

[証明]
カージオイドを $(x^2+y^2)^2-4y(x^2+y^2)-4x^2=0$ としても一般性は失われないので,以下ではこの場合を考える.したがってカスプは原点になる.また,「カージオイドに接しカスプを通る円」の方程式は,変換 $z\to 1/z$ の性質によって,放物線 $y=x^2-1/4$ の接線の方程式を変換すればえられることに注意してほしい.ところで,放物線 $y=x^2-1/4$ 上の点 $(a, a^2-1/4)$ における接線は
$$y-2ax+a^2+1/4=0$$
となるが,これを変換 $z\to 1/z$ によってうつすと,
$$y+2ax-(a^2+1/4)(x^2+y^2)=0$$
つまり,原点を通る円
$$(a^2+1/4)(x^2+y^2)-2ax-y=0$$
がえられる.

したがって,カージオイドに接し原点を通る

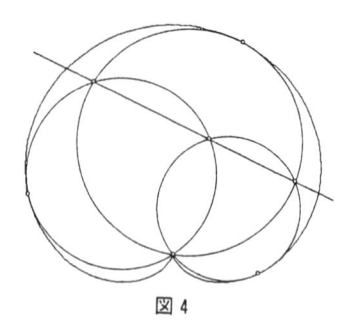

図 4

異なる 3 個の円はどの 2 個も等しくない 3 個の実数 a, b, c をもちいて
$$(a^2+1/4)(x^2+y^2)-2ax-y=0$$
$$(b^2+1/4)(x^2+y^2)-2bx-y=0$$
$$(c^2+1/4)(x^2+y^2)-2cx-y=0$$
と書ける.原点以外の 3 個の交点は計算によって
$$(8(a+b)/f(a, b),\ 4(1-4ab)/f(a, b))$$
$$(8(b+c)/f(b, c),\ 4(1-4bc)/f(b, c))$$
$$(8(c+a)/f(c, a),\ 4(1-4ca)/f(c, a))$$
となることがわかる.ここで,
$$f(a, b)=1+4(a^2+b^2)+16a^2b^2$$
$$f(b, c)=1+4(b^2+c^2)+16b^2c^2$$
$$f(c, a)=1+4(c^2+a^2)+16c^2a^2$$
とする.さらに,
$$4(a+b+c-4abc)(a+b)$$
$$+(1-4(ab+bc+ca))(1-4ab)$$
$$=f(a, b)$$
などに注意すれば,これら 3 個の交点が,直線
$$2(a+b+c-4abc)x$$
$$+(1-4(ab+bc+ca))y-4=0$$
上にあることも計算によってたしかめられる. □

これで証明が完成したわけだが,計算で強引に決着をつけたように見えて,実際には,変換 $z\to 1/z$ の性質を利用しているところが重要だ.もっと幾何学的な証明も考えられると思うが,それについては読者にまかせたい.

4. 焦点をずらす

つぎに,放物線の焦点がかならずしも原点にはない場合に,変換 $z\to 1/z$ による像について考えてみよう.

問題 6 放物線 $y=x^2-k$ のメビウス変換 $z \to 1/z$ による像を求めよ.

問題1のまねをすればいい. 同じ記号の下で,
$$x = u/(u^2+v^2)$$
$$y = -v/(u^2+v^2)$$
となることがわかる. これを放物線の方程式 $y=x^2-k$ に代入すると,
$$-v/(u^2+v^2) = (u/(u^2+v^2))^2 - k$$
整理すると,
$$k(u^2+v^2)^2 - v(u^2+v^2) - u^2 = 0$$
したがって, 求める像は, 曲線
$$k(x^2+y^2)^2 - y(x^2+y^2) - x^2 = 0$$
となる. □

この場合にも像のようすを調べてみたくなってくる.

問題 7 曲線 $k(x^2+y^2)^2 - y(x^2+y^2) - x^2 = 0$ の概形を調べよ.

いうまでもなく,「理論的考察」はあまりにもシンドイので, コンピュータを活用せざるをえない. k の値が 1, $1/4$, $1/2$, $3/4$, 0, $-1/4$, $-1/2$, $-3/4$, -1 の場合についてこの曲線の変化のようすを描くと図5がえられる. □

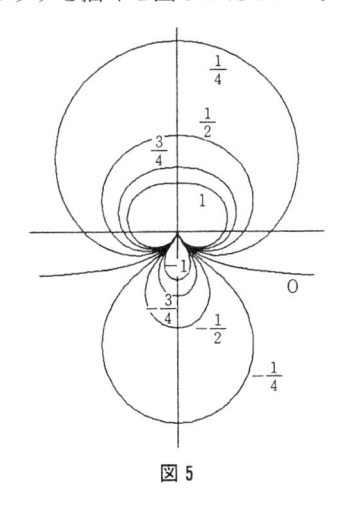

図 5

5. シッソイドの出現

ところで, $k=1/4$ のときはカージオイドという「有名な曲線」になったが, $k=0$ の場合に出現する3次曲線もおもしろい性質をもっており, そこそこ「有名な曲線」になる. これについて眺めておこう.

問題 8

1) 原点 O を通り直線 $L: y+1=0$ に接する円 $C: x^2+y^2+y=0$ と直線 $M: x+my=0$ を考える. このとき, M と3次曲線 $K: y(x^2+y^2)+x^2=0$ の交点を O と P, M と C の交点を O と Q, M と L の交点を R とすると, $OP = QR$ となることを示せ.
2) 逆に, 上と同じ直線 L, 直線 M, 円 C, 点 Q, 点 R があるとき, $\overrightarrow{OP} = \overrightarrow{QR}$ となる点 P の軌跡は上の3次曲線 K となることを示せ.

1) これはやさしい計算練習にすぎない. 順に計算すると,
$$P(m^3/(1+m^2), -m^2/(1+m^2))$$
$$Q(m/(1+m^2), -1/(1+m^2))$$
$$R(m, -1)$$
したがって,
$$OP = QR = m^2/\sqrt{1+m^2}$$

2) いうまでもなく,
$$Q(m/(1+m^2), -1/(1+m^2))$$
$$R(m, -1)$$
だが, このとき,
$$\overrightarrow{OP} = \overrightarrow{QR}$$
から, P の座標を (x, y) とすると,
$$x = m^3/(1+m^2)$$
$$y = -m^2/(1+m^2)$$
となる. これから m を消去すると,
$$y(x^2+y^2) + x^2 = 0$$
こうして, これが P の軌跡の方程式だとわかる. □

問題 9 原点 O を通る半径 r の円 $C: x^2+y^2+2ry=0$ と直線 $L: y+2r=0$ と直線 $M: x+my=0$ について, M と C の交点を O と Q, M と L の交点を R とする. このとき, $\overrightarrow{OP} = \overrightarrow{QR}$ となる点 P の軌跡を求めよ.

$$Q(2rm/(1+m^2), -2r/(1+m^2))$$
$$R(2rm, -2r)$$
$$\overrightarrow{OP} = \overrightarrow{QR}$$
から, P の座標を (x, y) とすると,

$$x = 2rm^3/(1+m^2)$$
$$y = -2rm^2/(1+m^2)$$
となる．これから m を消去すると，
$$(y/(2r))((x/(2r))^2+(y/(2r))^2)+(x/(2r))^2=0$$
つまり，
$$y(x^2+y^2)+2rx^2=0$$
これが P の軌跡の方程式である． □

ここで出現した3次曲線 $y(x^2+y^2)+2rx^2=0$ はディオクレスのシッソイド（疾走線）と呼ばれている．このような曲線がなんでまた「有名」なのかというと，これを使えば，古代ギリシアの「三大問題」のひとつともいわれた「立方体の倍積問題」（与えられた立方体の2倍の体積をもつ立方体を「作図」する問題），つまり，$v^3=2u^3$ を満たす正数 u, v を「作図」する問題を解決できるためである．というより，「立方体の倍積問題」を解くために仮想された曲線といったほうがいいのかもしれない．これについての詳しい議論は課題として残しておこう．

課題1 シッソイド $y(x^2+y^2)+2rx^2=0$, $r>0$ について，点 $(0, -2r)$ と点 $(r/2, -r)$ を結ぶ直線とこのシッソイドの交点を A とし，A を通って x 軸に平行な直線が円 C によって切り取られる線分（弦）の長さの半分を u とし，この弦に直交する直径のこの弦よりも下にある部分の長さを v とすると，$v^3=2u^3$ となることを示せ．

6．ランベルトの変身II

すでに，定理1において，カージオイドの場合（つまり，$k=1/4$ の場合）にランベルトの定理と類似の主張が成り立つことを見たが，同じような主張が $k \neq 1/4$ の場合にも成り立つことも見ておこう．k が0でも $1/4$ でもないときには「無名の4次曲線」でしかないようだが，この場合も $k=0$ の場合と合体させて議論することができる．

—— **定理2** ——
曲線 $K(k): k(x^2+y^2)^2-y(x^2+y^2)-x^2=0$ に接し原点を通る3個の円が作る（原点以外の）3個の交点を通る円は定点 $(0, 4/(4k-1))$ を通る．ただし，$k \neq 1/4$ とする．

[証明]
定理1の証明と同じようにして，この曲線 $K(k)$ に接し原点を通る異なる3個の円はどの2個も等しくないような3個の実数 a, b, c をもちいて
$$(a^2+k)(x^2+y^2)-2ax-y=0$$
$$(b^2+k)(x^2+y^2)-2bx-y=0$$
$$(c^2+k)(x^2+y^2)-2cx-y=0$$
と書ける．原点以外の3個の交点は
$$(2(a+b)/f(a,b),\ 4(k-ab)/f(a,b))$$
$$(2(b+c)/f(b,c),\ 4(k-bc)/f(b,c))$$
$$(2(c+a)/f(c,a),\ 4(k-ca)/f(c,a))$$
となる．ここで，
$$f(a,b)=(a+b)^2+4(k-ab)^2$$
$$f(b,c)=(b+c)^2+4(k-bc)^2$$
$$f(c,a)=(c+a)^2+4(k-ca)^2$$
とする．これらの3点を通る円の方程式を強引に計算すると，
$$\alpha(x^2+y^2)+\beta x+\gamma y-4=0$$
となることがわかる．ここで，
$$\alpha=(4k-1)(ab+bc+ca-k)$$
$$\beta=2(a+b+c-4abc)$$
$$\gamma=8k-1-4(ab+bc+ca)$$
とする．この円の方程式の左辺で
$$x=0,\quad y=4/(4k-1)$$
とすると，
$$\alpha(4/(4k-1))^2+\gamma(4/(4k-1))-4$$
$$=4(4(ab+bc+ca-k)+8k-1$$
$$\quad -4(ab+bc+ca))/(4k-1)-4$$
$$=0$$
となるので，この円は $(a, b, c$ によらずに) 定点 $(0, 4/(4k-1))$ を通る．□

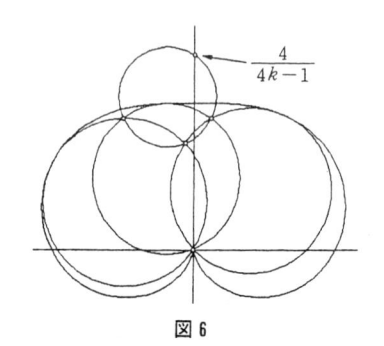

図6

イメージをつかんでもらうために，$k>0$ の場

合（図6），$k=0$ の場合（図7），$k<0$ の場合（図8）それぞれの状況を描いておく。$k\geqq 0$ の場合には，曲線 $K(k)$ 上の（原点以外の）任意の点について，その点で曲線 $K(k)$ に接しかつ原点を通るような円がただひとつしかに存在するが，$k<0$ の場合には，2点だけ例外が出現する（原点から曲線 $K(k)$ 自身に引いた2本の接線の接点がそれにあたる）。この場合には，その点で接しかつ原点を通るような円は存在しない。

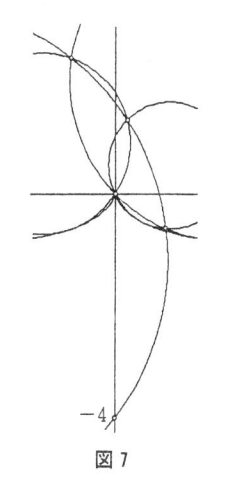

図7

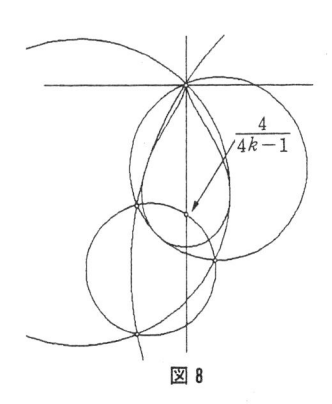

図8

式 $x^2-y^2=1$ の x, y のところに，
$$x/(x^2+y^2),\ -y/(x^2+y^2)$$
を代入して整理すると，求める曲線
$$(x^2+y^2)^2-x^2+y^2=0$$
がえられる。 □

最後の方程式を変形すると，
$$((x-1/\sqrt{2})^2+y^2)((x+1/\sqrt{2})^2+y^2)=1/4$$
となる。これは，この曲線が，2点 $(1/\sqrt{2}, 0)$, $(-1/\sqrt{2}, 0)$ からの距離の積が一定（= 1/2）な点の軌跡にほかならないことを意味している。この曲線はレムニスケート（連珠線）と呼ばれている。

課題2 レムニスケート $(x^2+y^2)^2-x^2+y^2=0$ の概形を調べよ。

「∞」のような形をしていることを確かめてほしい（図9）。強引に y を x で表わして変化を調べてもできるが，たとえば，
$$x=r\cos\theta$$
$$y=r\sin\theta$$
とおいて極座標に変換すると，方程式
$$r^2=\cos 2\theta$$
がえられる。こうしておくと概形を把握しやすくなるだろう。

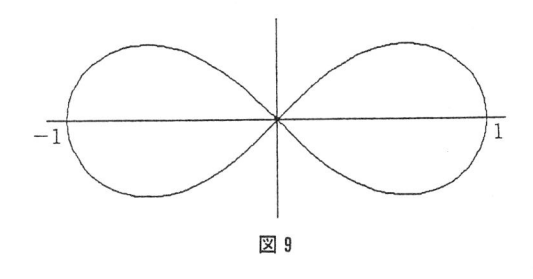

図9

7．双曲線の変身

最後に「おまけ」として，直角双曲線 $x^2-y^2=1$ の変換 $z\to 1/z$ による像について考えておこう。

問題10 双曲線 $x^2-y^2=1$ のメビウス変換 $z\to 1/z$ による像を求めよ。

これも問題1をまねればよい。双曲線の方程

VI　カタラン数と暗号

カタラン数とは？

ここでは，カタラン数とよばれる組合せ論的な数とその拡張について考えてみたい．

1．カタラン数

カタラン数の定義の前に，まず，入試問題から．

問題1 図1のような道があるとき，点Aから点Bに向かう最短経路の個数を求めよ．ただし，どの区間の長さも一定だとする．　　［日本大学］

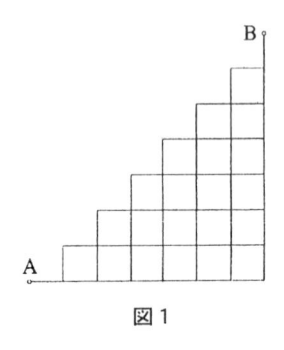

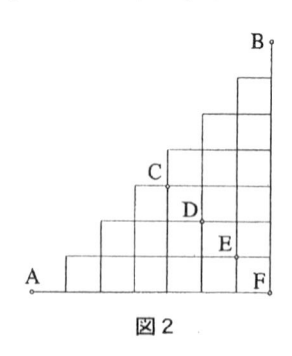

図1

点AとBの部分の枝はあってもなくても同じことだが，あとの都合で追加しておくことにした．完全なシラミ潰し作戦ではかなり大変そうだ．そこで，たとえば図2のように点C,D,E,Fを定めて，つぎのように考えてみよう．

図2

AからBに向かう最短経路はかならずC,D,E,Fのいずれかを1回だけ通過するから，求める個数はA→C→B，A→D→B，A→E→B，A→F→Bとなる最短経路の個数の和になる．ところで，たとえばA→Cの最短経路の個数は，C→Bの最短経路の個数に等しいので，

A→C→B の経路の個数
　　＝（A→C の最短経路の個数）^{2}

となるわけだが，数えてみると，

A→C の最短経路の個数＝14

なので，

A→C→B の経路の個数＝14^2

とわかる．同様にして，

A→D→B の経路の個数＝14^2
A→E→B の経路の個数＝6^2
A→F→B の経路の個数＝1^2

したがって，

A→C の最短経路の個数
　　＝$14^2+14^2+6^2+1^2$
　　＝196＋196＋36＋1＝429

となる．　　□

もっと「原始的」な数え方もある．それは直接AからBに向かう最短経路の本数を数えるだけなのだが，交差点ごとにそこを通る最短経路の個数を記入していくというアイデアである．いかにも素朴な方法ではあるが，これは意外に強力なのだ．問題1をこの方法で解いてみよう．そのために，まず，もとの図1の交差点（曲がり角と端点も含む）に数字を書く準備として大きな○印を用意する．つぎに，点Aに1と書き込んで，点Aのすぐ隣の交差点から順に，それぞれの交差点のすぐ右またはすぐ上の交差点にそこまでの最短経路の個数を記入して行く．こうして書いた結果が図3である．これを見ると，点Bの位置にある数は429．したがって，問題1の答は429だとわかる．もちろん，この方法と問題1の解答方法を合体させればさらに「改良」できることはいうまでもない．

問題1を見るとだれでもすぐに一般化してみたくなるだろう．問題1の状況を拡張して，つ

図3

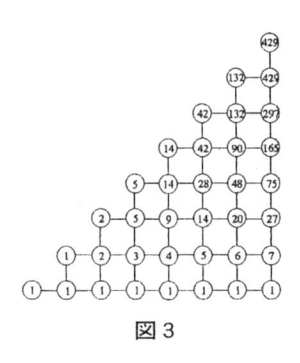

ぎにような言葉を用意する.

----- 定義1 -----
斜辺以外の1辺の長さが n の直角2等辺3角形状の幅1の格子道路（いい名前ではないが図1を一般化した図をイメージしてほしい）の2個の端点を結ぶ最短経路の個数を第 n カタラン数と呼び $f(n)$ と書く. $f(0)=1$ と考えておく.

普通カタラン数は C_n という記号で表されるが，2項係数の記号と似ていて紛わしいので，ここではあえて $f(n)$ と書くことにする．まず，計算のための準備から．

問題2 カタラン数 $f(n)$ を順に計算するための適当な漸化式を作れ．

問題1の解答のような方法では $f(n)$ に関する漸化式を作ることは困難だ．そこで，最短経路の全体を図4のように「分解」してみる．（こ

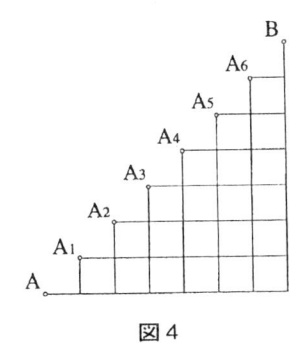

図4

こでは図1に対応する図を描くが一般化はやさしいだろう.）

A から B に向かう最短経路は，対角線上の交差点 A_1，A_2，$\cdots$，A_n を通るか通らないかのい

ずれかである．また，対角線上の交差点を通る最短経路の内で最初に A_k を通るものの個数は，A から対角線には触れずに A_k に到達する最短経路と A_k から B に向かう最短経路（対角線上の交差点を通るか通らないかは問わない）の個数の積に等しい．ところで，A から対角線には触れずに A_k に到達する最短経路の個数は $f(k-1)$ に等しく，A_k から B に向かう最短経路の個数は $f(n-k)$ に等しい．（$k=1, 2, \cdots, n-1$ の場合だけが問題になることに注意．）さらに，対角線上の交差点 A_1，A_2，$\cdots$，A_n を通らない最短経路の個数は $f(n-1)$ に等しい．

したがって，漸化式
$$f(n) = f(n-1) + f(1)f(n-2) + f(2)f(n-3) + \cdots + f(n-2)f(1) + f(n-1)$$
が成立する．ここで，$f(0)=1$ であることに注意すると，この漸化式は
$$f(n) = f(0)f(n-1) + f(1)f(n-2) + f(2)f(n-3) + \cdots + f(n-2)f(1) + f(n-1)f(0)$$
と書くことができる． □

問題2の結果を命題1として整理しておこう．

----- 命題1 -----
カタラン数 $f(n)$ について漸化式
$$f(n) = f(0)f(n-1) + f(1)f(n-2) + f(2)f(n-3) + \cdots + f(n-2)f(1) + f(n-1)f(0)$$
が成立する．ここで $n>0$ とする．

[証明] 問題2の解答から明らか． □

問題3 命題1によってカタラン数 $f(n)$ を計算せよ．ただし，n は20以下の正整数とする．

図3から
$$f(1)=1,\ f(2)=2,\ f(3)=5,\ f(4)=14,$$
$$f(5)=42,\ f(6)=132,\ f(7)=429$$
となることはわかっているのでその先を計算してみよう．まず，
$$f(8) = f(0)f(7) + f(1)f(6) + f(2)f(5) + f(3)f(4) + f(4)f(3) + f(5)f(2) + f(6)f(1) + f(7)f(0)$$

$=1430$

となる．どうも，この漸化式はあまり実用的でないなぁ，という印象だが，がんばって計算すると，

$f(9)=4862, \ f(10)=16796, \ f(11)=58786,$
$f(12)=208012, \ f(13)=742900,$
$f(14)=2674440, \ f(15)=9694845,$
$f(16)=35357670, \ f(17)=129644790,$
$f(18)=477638700, \ f(19)=1767263190,$
$f(20)=6564120420$

がえられる． □

計算結果をまとめておこう．

事実 カタラン数 $f(1), f(2), f(3), \cdots, f(20)$ は
1, 2, 5, 14, 42, 132, 429, 1430, 4862,
16796, 58786, 208012, 742900, 2674440,
9694845, 35357670, 129644790,
477638700, 1767263190, 6564120420
となる．

2．カタラン係数

問題3の程度なら図3をまねてコツコツと計算して行くことも可能だし，命題1の漸化式を使っても計算量はあまり変わらないかもしれない．命題1の漸化式が威力を発揮するのは母関数の計算を試みようとしたときなのだが，それについてはまた次章で書くことにして，その前に，交差点ごとに最短経路の個数を順に求めて行くという「素朴な」アイデアについてもう少しテイネイに見ておこう．つまり，「素朴な」計算プロセスを形式化してみよう．

カタラン数の定義に使った直角3角形状の道路網を座標平面に自然に埋め込むと，それぞれの交差点は格子点となり $n \geq m$ をみたす非負整数 n, m によって (n, m) のように書ける．

定義2

端点 A$(0,0)$ から交差点 (n, m) までの最短経路の個数を $g(n, m)$ と書き，カタラン係数と呼ぶ．（$m > n$ または $m < 0$ のときは $g(n, m) = 0$ と約束しておく．）

いうまでもなく，$f(n) = g(n, n)$ となってい

るから，カタラン係数はカタラン数を拡張したものだと考えられる．

問題4 カタラン係数 $g(n, m)$ に関する漸化式を作れ．

カタラン係数の定義から
$g(n, m) = g(n, m-1) + g(n-1, m)$
$g(0, 0) = 1$
となることが直ちにわかる． □

カタラン係数の漸化式（差分方程式）は通常の2項係数の漸化式とそっくりだ．ということは，運がよければカタラン係数を2項係数を使って表すことができるかもしれない．とりあえず，2項係数について復習しておこう．

問題5 2項係数 $_{n+m}C_m = (n+m)!/(n!\,m!)$ を $p(n, m)$ と書くとき，漸化式
$p(n, m) = p(n, m-1) + p(n-1, m)$
$p(0, 0) = 1$
をみたすことを示せ．ただし，$n < 0$ または $m < 0$ のとき $p(n, m) = 0$ とする．

定義から $0! = 1$ なので $p(0, 0) = 1$ は明らか．また，$n > 0$ かつ $m > 0$ のときは，
$p(n, m-1) + p(n-1, m)$
$= (n+m-1)!/(n!(m-1)!)$
$\quad + (n+m-1)!/((n-1)!\,m!)$
$= (n+m-1)!\,m/(n!\,m!)$
$\quad + (n+m-1)!\,n/(n!\,m!)$
$= (n+m)(n+m-1)!/(n!\,m!)$
$= (n+m)!/(n!\,m!) = p(n, m)$
となっている．さらに，$n \leq 0$ または $m \leq 0$ のときも（定義から）すぐに確かめられる． □

図5のような横と縦の長さが n と m の長方形状の間隔1の格子が作る道路網があるとき，外の長方形の対角線の両端 A，B を結ぶ最短経路の個数が，2項係数 $_{n+m}C_m$ に一致することは簡単にわかる．（図5は $n=7, m=5$ の場合にあたっている．詳しくは読者にまかせたい．）

この長方形状格子全体を A，B が $(0, 0)$，(n, m) となるように座標平面内に自然に埋め込む

図5

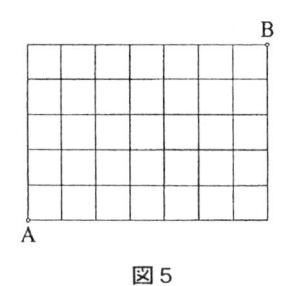

とき，Aから交差点つまり格子点 (x,y) までの最短経路の個数はいうまでもなく
$$p(x,y)=(x+y)!/(x!\,y!)$$
となっている．（$x<0$ または $y<0$ のときは $p(x,y)=0$ と考える．）したがって，図3と同じようにして交差点に数を配置して行けば，
$$p(n,m)=p(n,m-1)+p(n-1,m)$$
となることがわかる．これは見方を変えれば「パスカル3角形」の話にほかならない．

ここで，話を逆転させて，つぎの問題を考えてみよう．

問題6 漸化式（差分方程式）
$$p(n,m)=p(n,m-1)+p(n-1,m)$$
$$p(0,0)=1$$
$n<0$ または $m<0$ のとき $p(n,m)=0$
をみたす格子点状上の関数 $p(n,m)$ について，$n\geq 0$ かつ $m\geq 0$ のとき
$$p(n,m)=(n+m)!/(n!\,m!)$$
となることを示せ．

この漸化式によって（「パスカル3角形」を作るときのようにして），$n\geq 0$ かつ $m\geq 0$ のとき $p(n,m)$ の値は自動的に決まっていく．したがって，この漸化式の解 $p(n,m)$ は必ずただひとつだけ存在するはず．ところが，問題5の結果から $p(n,m)=(n+m)!/(n!\,m!)$ はこの漸化式の解のひとつになっている．つまり，これが求める解である．　　□

ところで，われわれが解きたかったのは次の問題である．

問題7 漸化式（差分方程式）
$$g(n,m)=g(n,m-1)+g(n-1,m)$$
$$g(0,0)=1$$

$m>n$ または $m<0$ のとき $g(n,m)=0$
をみたす格子点上の関数 $g(n,m)$ を求めよ．

まず，実験．たとえば，図3から，$n=4$ の場合のカタラン係数は
$$g(4,0)=1,\ g(4,1)=4,\ g(4,2)=9,$$
$$g(4,3)=14,\ g(4,4)=14$$
一方，$n=4$ の場合の2項係数は
$$p(4,0)=1,\ p(4,1)=5,\ p(4,2)=15,$$
$$p(4,3)=35,\ p(4,4)=70$$
となる．$g(4,m)/p(4,m)$ を考えると，うれしいことに，$m=0,1,2,3,4$ に応じて
$$5/5,\ 4/5,\ 3/5,\ 2/5,\ 1/5$$
となっている．いいかえると，
$$g(4,m)/p(4,m)=(5-m)/5$$
である．これから，一般に，$n\geq m\geq 0$ のとき，
$$g(n,m)/p(n,m)=(n+1-m)/(n+1)$$
つまり，
$$g(n,m)=((n-m+1)/(n+1))p(n,m)$$
ではないかと予想される．（ちょっと大胆な予想かな？）

これを証明するには，$n\geq m\geq 0$ のとき，この $g(n,m)$ が問題の漸化式をみたすことを示せばよい．（$n\geq m\geq 0$ のとき，解はただひとつしか存在しないことに注意．）ただし，
$$m>n\ \text{または}\ m<0\ \text{のとき}\ g(n,m)=0$$
と定義しておく．

計算してみよう．$n\geq m\geq 0$ のとき，
$g(n,m)-(g(n,m-1)+g(n-1,m))$
$=((n-m+1)/(n+1))p(n,m)$
　$-(((n-m+2)/(n+1))p(n,m-1)$
　$+((n-m)/n)p(n-1,m))$
$=((n-m+1)/(n+1))(p(n,m-1)$
　$+p(n-1,m))-(((n-m+2)/(n+1))$
　$p(n,m-1)+((n-m)/n)p(n-1,m))$
$=-(1/(n+1))p(n,m-1)$
　$+(m/(n(n+1)))p(n-1,m)$
$=(m/(n+1))\times$
　$(-p(n,m-1)/m+p(n-1,m)/n)$
$=(m/(n+1))\times$
　$(-(n+m-1)!/((n!)(m-1)!)/m$
　$+(n+m-1)!/((n-1)!(m!))/n)$
$=(m/(n+1))(-(n+m-1)!/(n!\,m!)$
　$+(n+m-1)!/(n!\,m!))$

$= 0$

したがって，
$$g(n, m) = g(n, m-1) + g(n-1, m)$$
となることが証明できた． □

わかったことを定理1として，整理しておこう．

---- **定理1** ----

カタラン係数
$$g(n, m) = ((n-m+1)/(n+1))\, {}_{n+m}C_m$$
カタラン数
$$f(n) = {}_{2n}C_n/(n+1)$$

[**証明**] 問題7の結果から，漸化式（差分方程式）
$$g(n, m) = g(n, m-1) + g(n-1, m)$$
$$g(0, 0) = 1$$
$m > n$ または $m < 0$ のとき $g(n, m) = 0$
をみたす格子点上の関数 $g(n, m)$，つまりカタラン係数は（$n \geq m \geq 0$ の範囲で）
$$g(n, m) = ((n-m+1)/(n+1))\, {}_{n+m}C_m$$
と書けることがわかる．また，とくに，カタラン数は
$$f(n) = g(n, n) = {}_{2n}C_n/(n+1)$$
と書ける． □

参考文献
[1] 清水達雄氏からの私信
[2] コフマン『めざせ数学オリンピック』現代数学社

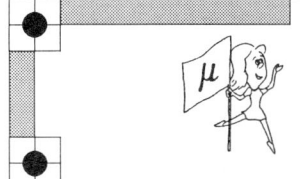

カタラン数の拡張

前章の復習をかねて，カタラン数とその性質についてまとめておこう．話の都合で定義を変更するが，ここでは，漸化式（差分方程式）
$$g(n,m) = g(n,m-1) + g(n-1,m)$$
$$g(0,0) = 1$$
$m > n$ または $m < 0$ のとき $g(n,m) = 0$
をみたす格子点上の関数 $g(n,m)$ をカタラン係数と呼び，とくに，
$$f(n) = g(n,n)$$
をカタラン数と呼ぶことにする．斜辺以外の1辺の長さが n の直角3角形状の幅1の格子道路（図1のような道路をイメージしてほしい）の2個の端点を結ぶ最短経路の個数がカタラン数 $f(n)$ にほかならない（$f(0) = 1$ と考えておく）．

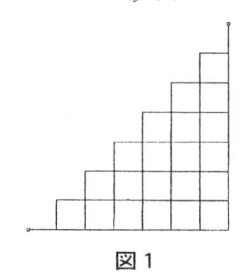

図1

定義によって根気よく計算すれば，カタラン数 $f(1), f(2), f(3), \cdots, f(20), \cdots$ は 1, 2, 5, 14, 42, 132, 429, 1430, 4862, 16796, 58786, 208012, 742900, 2674440, 9694845, 35357670, 129644790, 477638700, 1767263190, 6564120420, … となる．カタラン係数を一般的に求めるには，類似の漸化式
$$p(n,m) = p(n,m-1) + p(n-1,m)$$
$$p(0,0) = 1$$
$n < 0$ または $m < 0$ のとき $p(n,m) = 0$
をみたす格子点上の関数 $p(n,m)$ が2項係数 ${}_{n+m}C_m = (n+m)!/(n!m!)$ にほかならないことに注目すればよい．これによって，カタラン係数（とカタラン数）が定理1のように表せることがわかる．（証明は前章参照．）

定理1

カタラン係数
$$g(n,m) = ((n-m+1)/(n+1)){}_{n+m}C_m$$
カタラン数
$$f(n) = {}_{2n}C_n/(n+1)$$

---

1. カタラン数と母関数

これも前章で証明したことだが，カタラン数 $f(n)$ について
$$f(n) = f(0)f(n-1) + f(1)f(n-2)$$
$$+ f(2)f(n-3) + \cdots + f(n-2)f(1)$$
$$+ f(n-1)f(0)$$
となることがいえる（$n > 0$ とする）．これを使うと，カタラン数を計算するための面白い方法（母関数を使う方法）に到達できる．

x^n の係数が $f(n)$ となる形式的ベキ級数（つまりカタラン数の母関数）を $F(x)$ とする．つまり，
$$F(x) = f(0) + f(1)x + f(2)x^2 + f(3)x^3 + \cdots$$
とおく．このとき，

問題1 $f(n)$ についての漸化式を使って，形式的に
$$F(x) = (1 - \sqrt{1-4x})/(2x)$$
と書けることを示せ．

$F(x)^2$
$= (f(0) + f(1)x + f(2)x^2 + \cdots)^2$
$= f(0)^2 + (f(0)f(1) + f(1)f(0))x$
$\quad + (f(0)f(2) + f(1)f(1) + f(2)f(0))x^2$
$\quad + (f(0)f(3) + f(1)f(2) + f(2)f(1)$
$\qquad + f(3)f(0))x^3 + \cdots$
$= 1 + f(2)x + f(3)x^2 + f(4)x^3 + \cdots$
つまり，
$xF(x)^2$
$= x + f(2)x^2 + f(3)x^3 + f(4)x^4 + \cdots$
$= f(1)x + f(2)x^2 + f(3)x^3 + f(4)x^4 + \cdots$
$= F(x) - f(0)$

言葉をかえると,
$$xF(x)^2 - F(x) + 1 = 0$$
これを形式的に解くと,
$$F(x) = (1 \pm \sqrt{1-4x})/(2x)$$
ここで, $x \to 0$ のとき $F(x) \to 1$ であるべきだから, ±のうち+は採用できない. したがって,
$$f(x) = (1 - \sqrt{1-4x})/(2x)$$
と考えられる. □

収束の問題など気になるが, 問題1の結果を素直に信じれば, 定理1を
$$F(x) = (1 - \sqrt{1-4x})/(2x)$$
から導くことができる.

問題2 $(1 - \sqrt{1-4x})/(2x)$
を $x=0$ でテーラー展開して x^5 の項まで求めよ.

$$(1-\sqrt{1-4x})' = -2(2-4x)^{-1/2}$$
$$(1-\sqrt{1-4x})'' = -4(1-4x)^{-3/2}$$
$$(1-\sqrt{1-4x})''' = -24(1-4x)^{-5/2}$$
$$(1-\sqrt{1-4x})'''' = -240(1-4x)^{-7/2}$$
$$(1-\sqrt{1-4x})''''' = -3360(1-4x)^{-9/2}$$
$$(1-\sqrt{1-4x})'''''' = -60480(1-4x)^{-11/2}$$
$$\sqrt{1-4x}$$
$$= 1 - 2x - (4/2!)x^2 - (24/3!)x^3$$
$$\quad - (240/4!)x^4 - (3360/5!)x^5$$
$$\quad\quad - (60480/6!)x^6 - \cdots$$
$$= 1 - 2x - 2x^2 - 4x^3$$
$$\quad - 10x^4 - 28x^5 - 84x^6 - \cdots$$

を使うと,
$$(1-\sqrt{1-4x})/(2x)$$
$$= 1 + x + 2x^2 + 5x^3 + 14x^4 + 42x^5 + \cdots$$
となる. □

問題2の結果を見ると, すくなくとも x^5 の項までは, たしかに,
$$F(x) = (1 - \sqrt{1-4x})/(2x)$$
となっている. これをもっと厳密に証明したければ一般化された2項展開の公式を利用すればよい. ちょっとズルイがつぎのような方法もある.

問題3 $(\sqrt{1-4x})^{(n+1)}$
$$= -(2 \cdot (2n)!/n!)(1-4x)^{-2(n+1)/2}$$

となることを示せ. ただし, $n \geq 0$ とする.

n に関する数学的帰納法を使おう. まず, $n=0$ のときは
$$(\sqrt{1-4x})' = -2(1-4x)^{-1/2}$$
だから, たしかに成立している. いま, $n=k$ のとき
$$(\sqrt{1-4x})^{(k+1)}$$
$$= -(2 \cdot (2k)!/k!)(1-4x)^{-(2k+1)/2}$$
とすると,
$$(\sqrt{1-4x})^{(k+2)}$$
$$= ((\sqrt{1-4x})^{(k+1)})'$$
$$= -(2 \cdot (2k)!/k!)((1-4x)^{-(2k+1)/2})'$$
$$= -4 \cdot (2 \cdot (2k)!/k!)((2k+1)/2)$$
$$\quad\quad\quad (1-4x)^{-(2k+3)/2}$$
$$= -(2 \cdot (2(k+1))!/(k+1)!)$$
$$\quad\quad\quad (1-4x)^{-(2(k+1)+1)/2}$$
となり, $n=k+1$ でも成立. □

---- **定理2** ----
$$F(x) = ((1-\sqrt{1-4x})/(2x)$$

[証明]
問題3の結果から, $\sqrt{1-4x}$ の $x=0$ でのテーラー展開
$$\sqrt{1-4x}$$
$$= 1 - \sum_{n=0}^{\infty} (2 \cdot (2n)!/n!)(1/(n+1)!)x^{n+1}$$
がえられる. したがって,
$$(1-\sqrt{1-4x})/(2x)$$
$$= \sum ((2n)!/n!)(1/(n+1)!)x^n$$
$$= \sum (1/(n+1))((2n)!/(n!)^2)x^n$$
$$= \sum f(n)x^n$$
$$= F(x)$$
となる. □

2. カタラン数の起源

カタラン数という名前はブルージュ(ベルギー)生まれの19世紀の数学者カタラン(Eugène Catalan, 1814-1894)が1838年の論文でこの数を研究したことによっている. カタランの研究は, つぎのような問題に関連していたようだ.

問題4 下のそれぞれの(順序は固定した)積について, 2個ずつの積を「合成」して求める

場合の数を求めよ．
(1) 3個の文字 a, b, c の積
(2) 4個の文字 a, b, c, d の積
(3) 5個の文字 a, b, c, d, e の積

数え上げればよい．(1)については
$$(ab)c, \quad a(bc)$$
の2通り．(2)については
$$((ab)c)d, \ (ab)(cd), \ (a(bc))d,$$
$$a((bc)d), \ a(b(cd))$$
の5通り．(3)については
$(((ab)c)d)e, ((ab)(cd))e, ((ab)c)(de),$
$(ab)((cd)e), (ab)(c(de)), ((a(bc))d)e,$
$(a((bc)(d))e, (a(bc))(de), (((bc)d)e,$
$(a((bc)(de)), (a(b(cd)))e, (a(b(cd))e),$
$(a(b((cd)e)), a(b(c(de)))$
の14通りだとわかる． □

カタランはこの問題を一般化して，つぎの課題1のような問題を提起した．

課題1 n 個の文字の（順序は固定した）積について，2個ずつの積を「合成」して求める場合の数を求めよ．ここで，$n>1$ とする．

問題4の結果から予想できる(?)ように，答はカタラン数 $f(n-1)$ となる．詳しくは読者にまかせたい． □

カタラン数はこれ以外にも非常に多くの状況で出現する．じつは，カタランよりも80年以上も昔，1751年にオイラーは，「凸 n 角形を交わらない $(n-3)$ 本の対角線によって $(n-2)$ 個の3角形に分ける方法は何通りあるか？」（図2参照）という問題の答が
$$2 \cdot 6 \cdot 10 \cdots (4n-10)/(n-1)!$$

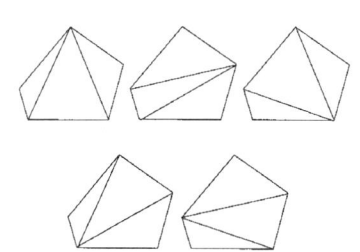

となることに気づいていたという．

問題5 $2 \cdot 6 \cdot 10 \cdots (4n-10)/(n-1)!$ はカタラン数に一致することを示せ．ここで，$n \geq 3$ とする．

$2/2! = 1$
$2 \cdot 6/3! = 2$
$2 \cdot 6 \cdot 10/4! = 5$
$2 \cdot 6 \cdot 10 \cdot 14/5! = 14$
$2 \cdot 6 \cdot 10 \cdot 14 \cdot 18/6! = 42$

となることから，
$$2 \cdot 6 \cdot 10 \cdots (4n-10)/(n-1)! = f(n-2)$$
つまり，
$$2 \cdot 6 \cdot 10 \cdots (4n-10)/(n-1)!$$
$$= (1/(n-1))(2(n-2))!/((n-2)!)^2$$
と予想される．分母をはらって整理すると，
$$2 \cdot 6 \cdot 10 \cdots (4n-10)(n-2)! = (2(n-2))!$$
これを n に関する帰納法で証明しよう．まず，$n=3$ のときは OK．いま，$n=k$ で成立したとすると，
$2 \cdot 6 \cdot 10 \cdots (4k-10)$
$\qquad (4(k+1)-10)((k+1)-2)!$
$= 2 \cdot 6 \cdot 10 \cdots (4k-10)(k-2)!(4k-6)(k-1)$
$= (2(k-2))!(4k-6)(k-1)$
$= (2(k-2))!(2k-3)(2k-2)$
$= (2(k-1))!$

つまり，$n=k+1$ でも成立． □

カッコを付ける場合の数（課題1）と凸多角形の分割の方法の数が等しいというだけならすぐに確かめられる．たとえば凸8角形 ABCDEFGH の分割（図3のようだとする）があると，AaBbCcDdEeFfGgH という文字の配置を考え，分割に使った対角線がどの2個の頂点を結ぶものかに応じて，図4のような

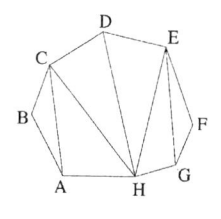

図3

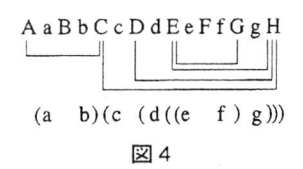

図4

図を描けば，これに対応する順序の決まった7

個の文字のカッコ付けの方法 $(ab)(c(d(ef)g)))$ がえられる．逆の対応も同様にすればよい．

3．カタラン係数の3次元化

カタラン数にはさまざまな特徴付けが考えられるわけだが，どの特徴付けを利用すれば，カタラン数の概念の的確な一般化（高次元化）がえられるのだろう？ 凸多角形を凸多面体に変えるとか，文字列に入れる積の種類を多くするとかの方向はどうもうまく行かないようだ．拡張への鍵はどうやら格子状の道路の最短経路の個数（つまり漸化式で定まるカタラン係数）に注目することにありそうだ．ここでは清水達雄さんによるカタラン係数の高次元へのアイデアを紹介しよう．ここでは簡単のために3次元の場合について述べるが何次元でも同じことである．

定義1

漸化式（差分方程式）
$$g(n,m,k) = g(n,m,k-1) + g(n,m-1,k) + g(n-1,m,k)$$
$$g(0,0,0) = 1$$
$n < m+k$ または $n < 0$ または $m < 0$ のとき $g(n,m,k) = 0$

をみたす3次元格子点上の関数 $g(n,m,k)$ を（3次元）カタラン係数と呼ぶ．

問題6 定義1から，3次元カタラン係数 $g(n,m,k)$ を求めよ．ここで，$0 \leq n \leq 4$，$m \geq 0$，$k \geq 0$，$n \geq m+k$ とする．

$n+m+k$ の小さいものから順に計算すればよい．

(0) $n+m+k=0$ の場合：
 $g(0,0,0)=1$
(1) $n+m+k=1$ の場合：
 $g(1,0,0)=1$
(2) $n+m+k=2$ の場合：
 $g(1,0,1)=1$，$g(1,1,0)=1$，$g(2,0,0)=1$
(3) $n+m+k=3$ の場合：
 $g(2,0,1)=2$，$g(2,1,0)=2$，$g(3,0,0)=1$
(4) $n+m+k=4$ の場合：
 $g(2,0,2)=2$，$g(2,1,1)=4$，$g(2,2,0)=2$，
 $g(3,0,1)=3$，$g(3,1,0)=3$，$g(4,0,0)=1$
(5) $n+m+k=5$ の場合：
 $g(3,0,2)=5$，$g(3,1,1)=10$，$g(3,2,0)=5$，
 $g(4,0,1)=4$，$g(4,1,0)=4$
(6) $n+m+k=6$ の場合：
 $g(3,0,3)=5$，$g(3,1,2)=15$，$g(3,2,1)=15$，
 $g(3,3,0)=5$，$g(4,0,2)=9$，$g(4,1,1)=18$，
 $g(4,2,0)=9$
(7) $n+m+k=7$ の場合：
 $g(4,0,3)=14$，$g(4,1,2)=42$，
 $g(4,2,1)=42$，$g(4,3,0)=14$
(8) $n+m+k=8$ の場合：
 $g(4,0,4)=14$，$g(4,1,2)=56$，
 $g(4,2,2)=84$，$g(4,3,1)=56$，
 $g(4,4,0)=14$ □

問題6の計算結果を，「パスカル3角形」のまねをして，$g(n,m,k)$ の値を点 (n,m,k) の位置に描いて，いわば「パスカル3角錐」のように並べると図5のようになる．

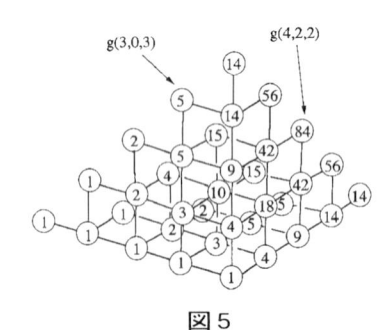

図5

課題2 問題6の結果から，3次元カタラン係数 $g(n,m,k)$ を n, m, k によって具体的に書き表す「公式」を推察せよ．ここで，$m \geq 0$，$k \geq 0$，$n \geq m+k$ とする．

前章では，カタラン係数 $g(n,m)$ と2項係数
$$p(n,m) = (n+m)!/(n!m!)$$
との比較が有効だった．それをまねて3次元カタラン係数 $g(n,m,k)$ と3項係数
$$p(n,m,k) = (n+m+k)!/(n!m!k!)$$
との比較を試みよう．たとえば，
 $g(4,0,1)=4$，$g(4,1,1)=18$，
 $g(4,2,1)=42$，$g(4,3,1)=56$
と

$p(4,0,1)=5$, $p(4,1,1)=30$,
$p(4,2,1)=105$, $p(4,3,1)=280$
の比 $g(4,m,2)/p(4,m,2)$ を考えると，順に
$$4/5,\ 3/5,\ 2/5,\ 1/5$$
となっている．さらに，比 $g(4,m,2)/p(4,m,2)$ を考えると，$m=0,1,2$ に応じて
$$3/5,\ 2/5,\ 1/5$$
となっていることがわかる．これだけの情報ではちょっと苦しいかもしれないが，もう少し実験を繰り返すことによって，一般に，
$$g(n,m,k)/p(n,m,k)$$
$$=(n+1-(m+k))/(n+1)$$
となるらしいと推察できる． □

—— 定理3（清水達雄）——

$m \geq 0$，$k \geq 0$，$n \geq m+k$ のとき，
$$g(n,m,k)=((n-m-k+1)/(n+1)) \times$$
$$((n+m+k)!/(n!\,m!\,k!))$$

[証明]

前章の方法をまねればよい．つまり，$m \geq 0$，$k \geq 0$，$n \geq m+k$ の範囲で，この $g(m,m,k)$ が漸化式
$$g(n,m,k)=g(n,m,k-1)$$
$$+g(n,m-1,k)+g(n-1,m,k)$$
$$g(0,0,0)=1$$
をみたすことを確かめれば十分である．まず，$g(0,0,0)=1$ は OK．$m=0$ または $k=0$ の場合は2次元のカタラン係数の場合に帰着できるので，$m>0$ かつ $k>0$ の場合を考えれば十分．このとき（帰納法の仮定から），

$g(n,m,k-1)+g(n,m-1,k)+g(n-1,m,k)$
$=((n-m-k+2)/(n+1)) \cdot$
$\qquad ((n+m+k-1)!/(n!\,m!\,(k-1)!))$
$\quad +((n-m-k+2)/(n+1)) \cdot$
$\qquad ((n+m-1+k)!/(n!\,(m-1)!\,k!))$
$\quad +((n-m-k)/n)((n-1+m+k)!$
$\qquad /((n-1)!\,m!\,k!))$
$=(k(n-m-k+2)/((n+m+k)(n+1))$
$\quad +m(n-m-k+2)/((n+m+k)(n+1))$
$\quad +n(n-m-k)/((n+m+k)) \cdot$
$\qquad ((n+m+k)!/(n!\,m!\,k!))$
$=((n-m-k+1)/(n+1)) \cdot$
$\qquad ((n+m+k)!/(n!\,m!\,k!))$
$=g(n,m,k)$

となる． □

2次元の場合と同じようにカタラン数も定義できないのだろうか？ たとえば，
$$f(m,k)=g(m+k,m,k)$$
を3次元の第 (m,k) カタラン数と呼ぶことも考えられる．また，これから母関数
$$F(x,y)=\sum f(m,k)x^m y^k$$
を定義し，2次元の場合と類似の議論ができるとうれしいのだが……．

4．もうひとつの3次元化

清水達雄さんはもうひとつのカタラン係数の高次元についても考察している．これについても，3次元の場合について，簡単に触れておこう．

漸化式（差分方程式）
$$h(n,m,k)=h(n,m,k-1)$$
$$+h(n,m-1,k)+h(n-1,m,k)$$
$$h(0,0,0)=1$$
$n<m$ または $n<k$ または $m<0$
$\qquad$ または $k<0$ のとき $h(n,m,k)=0$
をみたす3次元格子点上の関数 $h(n,m,k)$ を考える．

問題7 $h(n,m,k)$ を計算せよ．ただし，$0 \leq n \leq 3$，$0 \leq m \leq n$，$0 \leq k \leq n$ とする．

(0) $n+m+k=0$ の場合：
$\quad h(0,0,0)=1$
(1) $n+m+k=1$ の場合：
$\quad h(1,0,0)=1$
(2) $n+m+k=2$ の場合：
$\quad h(1,0,1)=1$, $h(1,1,0)=1$, $h(2,0,0)=1$
(3) $n+m+k=3$ の場合：
$\quad h(1,1,1)=2$, $h(2,0,1)=2$, $h(2,1,0)=2$,
$\quad h(3,0,0)=1$
(4) $n+m+k=4$ の場合：
$\quad h(2,0,2)=2$, $h(2,1,1)=6$, $h(2,0,0)=2$,
$\quad h(3,0,1)=3$, $h(3,1,0)=3$
(5) $n+m+k=5$ の場合：
$\quad h(2,1,2)=8$, $h(2,2,1)=8$, $h(3,0,2)=5$,
$\quad h(3,1,1)=12$, $h(3,2,0)=5$
(6) $n+m+k=6$ の場合：

$h(2,2,2)=16$, $h(3,0,3)=5$, $h(3,1,2)=25$,
$h(3,2,1)=25$, $h(3,3,0)=5$

(7) $n+m+k=7$ の場合：
$h(3,3,1)=30$, $h(3,2,2)=66$,
$h(3,1,3)=30$

(8) $n+m+k=8$ の場合：
$h(3,3,2)=96$, $h(3,2,3)=96$

(9) $n+m+k=9$ の場合：
$h(3,3,3)=192$ □

この $h(n,m,k)$ についてはカタラン係数 $g(n,m,k)$ の場合のような簡単な具体的表示はなさそうだが，3次元カタラン数と呼ぶべきものを $h(n,n,n)$ によって定義できる可能性がありそうだ．これについて実験してみよう．

問題 8 $h(n,n,n)$ を求め，それを素因数分解せよ．ただし，$0 \leq n \leq 10$ とする．

コンピュータを使ってしまおう．素因数分解は非常に簡単で，
$h(0,0,0)=1$
$h(1,1,1)=2$
$h(2,2,2)=16=2^4$
$h(3,3,3)=192=2^6 \cdot 3$
$h(4,4,4)=2816=2^8 \cdot 11$
$h(5,5,5)=46592=2^9 \cdot 7 \cdot 13$
$h(6,6,6)=835584=2^{14} \cdot 3 \cdot 17$
$h(7,7,7)=15876096=2^{14} \cdot 3 \cdot 17 \cdot 19$
$h(8,8,8)=315031552=2^{16} \cdot 11 \cdot 19 \cdot 23$
$h(9,9,9)=6466437120$
$\qquad =2^{17} \cdot 3 \cdot 5 \cdot 11 \cdot 13 \cdot 23$
$h(10,10,10)=136383037440$
$\qquad =2^{20} \cdot 3 \cdot 5 \cdot 13 \cdot 23 \cdot 29$
となることがすぐにわかる． □

一般に，$h(n,n,n)$ は「あまり大きな素因数を含まない」といえるのだろうか？

参考文献

[1] Simizu Tatuo, "Find Formula by Induction"
[2] 清水達雄「最短経路数の一般化と限局」大学への数学2000年3月号
[3] 清水達雄「パスカル漸化式の境界値問題再論」大学への数学2000年5月号
[4] 清水達雄「括弧の問題」『数学100の問題』日本評論社
[5] コフマン『めざせ数学オリンピック』現代数学社

カタラン数と遊ぶ(1)

前章ではカタラン数の「3次元化」について書いたが，その後，雑誌『マセマティカル・インテリジェンサー』のバックナンバーで面白い記事[1]をみつけてしまった．当然ながら，カタラン数にはさまざまな方向への拡張が考えられるが，この記事で紹介されていたのはもっとも「素朴」な，しかし，もっとも楽しめるタイプの拡張だった．きっちり証明するのはやっかいそうだけど，およそのアイデアを知るだけなら意外に単純だ．ということで，「厳密な証明」は[1]とその大量の参考文献を参照してもらうということにして，ここに書かれていた話をヒントにしてカタラン数と遊んでみよう．ということで，まずは普通のカタラン数そのものにまつわる話題から．

1. カタラン数

ここでは，カタラン数 $f(n)$ というのは
$$f(n) = {}_{2n}C_n/(n+1)$$
$$= ((2n)!/(n!)^2)/(n+1)$$
のことだとする．（n は正整数，$f(0)=1$ とする．）これがどういう意味をもっているのかを見るために，まず，つぎのような $f_1(n)$, $f_2(n)$, $f_3(n)$, $f_4(n)$ という4つの数を定義することからスタートしよう．

1) 座標平面上で格子点を交差点とする道幅1の正方格子状の道路網を考えるとき，点 $(0,0)$ から点 (n,n) までの最短経路のうち領域 $0 \leq y \leq x$ にあるものの個数 $f_1(n)$．

2) 凸 $(n+2)$ 角形をどの2本も交わらない $(n-1)$ 本の対角線で n 個の3角形に分ける分け方の数 $f_2(n)$．

3) $(n+1)$ 個の文字列に $(n-1)$ 組のカッコで n 回の「2項演算」を行うようにする組み合わせの数 $f_3(n)$．

4) n 個の2-分岐点と $(n+1)$ 個の終点をもつ木の個数 $f_4(n)$．

ここで，3)の2項演算というのは2個の文字をカッコでくくって1個の文字のように見なす操作のことだ．ただし，最後の演算用のカッコは省略する．また，4)の2-分岐点は黒丸●，終点（葉にあたる）は白丸○で示してある．木（ツリー）というのはいくつかの線分が互いの端点どうしで接合したグラフでループのないもののことだとする．2-分岐点のひとつから木が成長しているものと考える．あまり厳密な説明ではないが下の図をヒントにして何をいいたいのか考えてほしい．$n=3$ の場合についてこれらを描くと図1〜図4のようになる．

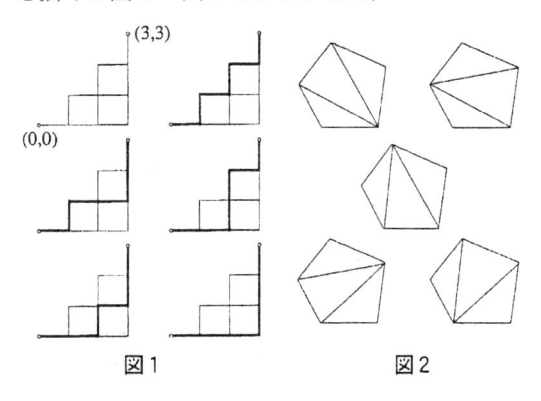

図1　　図2

a(b(cd))　　a((bc)d)

(ab)(cd)

(a(bc))d　　((ab)c)d

図3

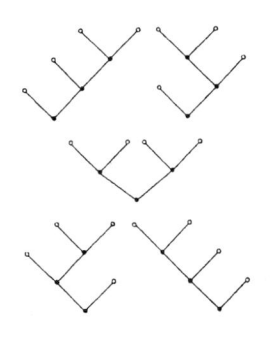

図4

定義から，
$$f_1(1)=f_2(1)=f_3(1)=f_4(1)=f(1)=1$$
$$f_1(2)=f_2(2)=f_3(2)=f_4(2)=f(2)=2$$
とわかるが，図1～図4を見れば，さらに，
$$f_1(3)=f_2(3)=f_3(3)=f_4(3)=f(3)=5$$
となっていることもいえる．こうなると，当然ながらつぎは $n=4$ の場合が気になる．

問題1 具体的に数えあげることによって，
$$f_1(4)=f_2(4)=f_3(4)=f_4(4)=f(4)=14$$
となることを確かめよ．

数えあげるだけとはいえ見落としがないことのチェックがちょっとメンドウだ．順番にやってみよう．

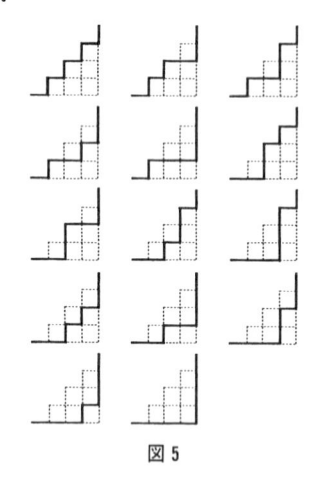

図5

1) 正方格子状道路網で点 $(0,0)$ から点 $(4,4)$ までの最短経路のうち領域 $0\leq y\leq x$ 内にあるものを並べあげてみよう．右に1進む移動（→）を0と書き上に1進む移動（↑）を1と書くことにする．このとき最初が0で最後が1となることは明らかだ．求める最短経路は4個の0と4個の1からなる列

　01010101, 01010011, 01001101,
　01001011, 01000111, 00110101,
　00110011, 00101101, 00011101,
　00101011, 00100111, 00011011,
　00010111, 00001111

に対応することがわかる．（図5参照）つまり，$f_1(4)=14$．配列順序を逆にしたいという衝動もあるが，あとの都合でこちらを採用する．

2) 凸6角形を3本の交わらない対角線で4個の3角形に分割し，それを適当な順序で並べればよい．そうすると，たとえば，図6のような結果がえられる．つまり，$f_2(4)=14$．ここでは，3) と 4) の「辞書式」順序に対応するように並べてある．

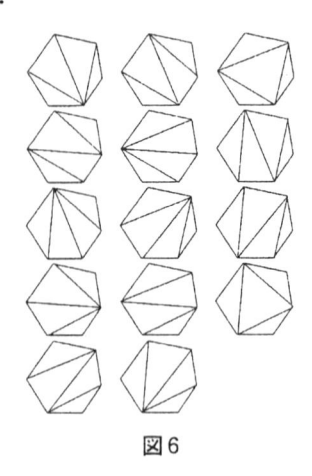

図6

3) 文字列 $abcde$ に3組のカッコを入れて4回の2項演算が行えるものを探せばよい．これも 2) や 4) の順序に対応させて並べると，

$a(b(c(de)))$, $a(b((cd)e))$, $a((bc)(de))$,
$a((b(cd))e)$, $a(((bc)d)e)$, $(ab)(c(de))$,
$(ab)((cd)e)$, $(a(bc))(de)$, $((ab)c)(de)$,
$(a(b(cd)))e$, $(a((bc)d))e$, $((ab)(cd))e$,
$((a(bc))d)e$, $(((ab)c)d)e$

がえられる．つまり，$f_3(4)=14$．

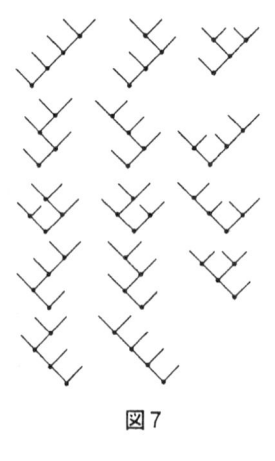

図7

4) 左側優先で木を「辞書式」順序で並べてみると，図7がえられる．つまり，$f_4(4)=14$．この図で，黒丸●は2-分岐点を示している．また，終点を示す白丸○は省略してあることに注意．

また
$$f(4) = (8\cdot 7\cdot 6\cdot 5/(4\cdot 3\cdot 2\cdot 1))/5 = 14$$
なので,
$$f_1(4) = f_2(4) = f_3(4) = f_4(4) = f(4) = 14$$
となることがわかった. □

さらに, $n=5, 6$ の図については
http://forum.swarthmore.edu/
advanced/robertd/catalan.html
に描かれているので眺めてほしい.

問題1の解答では, 凸6角形の分割, 5文字の2項演算の組み合わせ, 4個の2-分岐点をもつグラフを共通する一定の順序で配列した. それを簡単に説明しよう.

凸6角形の分割から5文字の2項演算の組み合わせを作るには, たとえば, 図8のようにすればよい. まず, 分割された凸6角形の「底辺」を選んで固定し, それ以外の辺に図8のように, a, b, c, d, e という名前をつける. 隣り合う2辺がひとつの3角形の2辺, たとえば a, b となっているときにはその3角形の残りの辺 (つまり対角線) に ab という名前をつける. 同じようにしてすべての対角線に名前をつけていく. 図

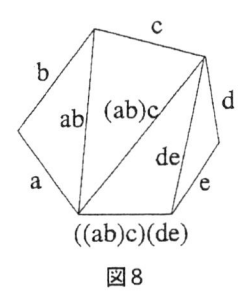

図8

8の場合には対角線に $ab, de, (ab)c$ という名前がつくことになる. こうすると, 最後に「底辺」を含む3角形に注目すると, その2辺は $(ab)c$, de となっているので,「底辺」に $((ab)c)(de)$ という名前をつける. こうして, 凸6角形の任意の分割に対して5文字の2項演算の組み合わせ方がひとつ定まる. 逆に, 5文字の2項演算の組み合わせがひとつ与えられると, 自然に凸6角形の分割が構成できる.

凸6角形の分割から4個の2-分岐点をもつ木を作るには, 図9のようにすればよい. まず, 分割された凸6角形の「底辺」を含む3角形の中に黒丸 A をとる. これを構成したい木の底点

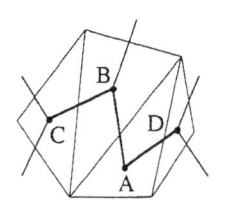

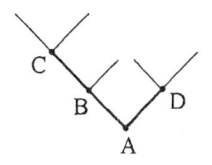

図9

A とする. つぎに, 分割された凸6角形の残り3個の3角形の中に図のように黒丸 B, C, D をとり, それぞれの黒丸を含む3角形が辺を共有している (つまり隣り合っている) ときは黒丸どうしを (太い) 線で結ぶ. また, 黒丸 B, C, D からもとの凸6角形の辺に向かう (細い) 線を引く. こうして木がひとつ構成できる. 逆に, 木から凸6角形の分割がひとつだけ構成できることもすぐにわかる. 図6と図7はこのような対応を守って描かれているので確かめてほしい.

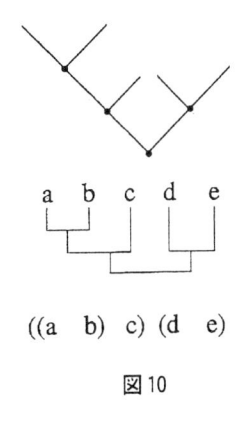

図10

最後に, 4個の2-分岐点をもつ木から5文字の2項演算の組み合わせ方を作るには, 図10のようにすればよい. まず, 木をちょっと変形して「トーナメント表」のようにする. そして, 左側から「トーナメント」の対戦者のところに5文字 a, b, c, d, e と書き込む. あとは2項演算と (トーナメント戦の) 対戦を同一視して対戦の組み合わせをカッコで表せばよいのである.

逆の対応も簡単に作れる．

課題1 いままでの $f_2(n)=f_3(n)=f_4(n)$ の説明は $n=4$ の場合についてのものだが，これを一般の n についての議論に拡張せよ．

きっちり書くのはやっかいだが，直観的には何となく納得できるだろう．とりあえずここではそれでいいことにしておこう．　□

2．カタラン数の意味

これはすでに証明したことだが，カタラン数については $f(n)=f_1(n)$ が成立し，さらに，

$$f(n)=f_1(n)=\sum_{v=0}^{n-1}f(v)f(n-v-1)$$

となる．ここで $f(0)=1$ と定義する．

うれしいことに，$f_k(n)$（ここで $k=2,3,4$）についてもこれと同様の関係式が成立することがわかる．

問題2 関係式

$$f_3(n)=\sum_{v=1}^{n}f_3(v-1)f_3(n-v)$$

が成立することを示せ．ここで，$f_3(0)=1$ と定義する．

$(n+1)$ 文字の「最後の演算」に注目すると，はじめの v 個の文字と後の $(n+1-v)$ 個の文字のブロックに分かれているはずだ．たとえば，$(a(bc)d))(ef)$ について見ると，はじめの4文字 a,b,c,d と後の2文字 e,f のブロックに分かれている．

それぞれのブロックには $f_3(v-1)$ 通り，$f_3(n-v)$ 通りのカッコのつけ方が存在しているので，$f_3(v-1)f_3(n-v)$ 通りの場合がある．これを v について加えれば $f_3(n)$ が計算できることになる．つまり，

$$f_3(n)=\sum_{v=1}^{n}f_3(v-1)f_3(n-v)$$

となることがわかる．（$1\leqq v\leqq n$ であることに注意．）　□

問題2では，$(n+1)$ 文字の2項演算の組み合わせについて考えたが，凸 $(n+2)$ 角形の分割や n 個の2-分岐点をもつ木についてもまったく同様の関係式を導くことができる．

この結果を利用すると，カタラン数のさまざまな特徴づけに関するつぎの定理1に到達できる．

---**定理1**---

$$f_1(n)=f_2(n)=f_3(n)=f_4(n)=f(n)$$

[証明]
問題2の関係式は $v-1$ をあらためて v と書けば

$$f_3(n)=\sum_{v=0}^{n-1}f_3(v)f_3(n-v-1)$$

となり，$f_1(n)$ についての関係式とまったく同じ形をしている．しかも，

$$f_3(0)=f_1(0)=1$$
$$f_3(1)=f_1(1)=1$$

だから，この関係式（漸化式）と n に関する帰納法によって，

$$f_3(n)=f_1(n)$$

となることが示される．これと課題1の結果と $f_1(n)=f(n)$（これは以前に証明済み）から

$$f_1(n)=f_2(n)=f_3(n)=f_4(n)=f(n)$$

となる．　□

ところで，課題1によると，
・凸 $(n+2)$ 角形の3角形分割
・$(n+1)$ 文字の2項演算の組み合わせ
・n 個の2-分岐点をもつ木

には自然な1対1の対応が存在する．これらと階段状の最短経路との対応はどうなっているのだろう？　たとえばつぎのようにすればよい．

---**定理2**---

点 $(0,0)$ から点 (n,n) までの最短経路のうち領域 $0\leqq y\leqq x$ 内にあるものと $(n+1)$ 文字の2項演算の組み合わせ方の間には自然な1対1の対応が存在する．

ここでは，問題2の関係式と $f_1(n)$ についての同様の関係式の作り方をヒントにして，つぎのように考えよう．（以下ではいちいち「領域 $0\leqq y\leqq x$ 内にあるもの」ということは書かない

が経路というときにはそういうもののみを考えているものとする.)

[定理2の証明]

n に関する帰納法で対応を構成すればよい. まず, $n=1$ のときは経路がひとつしかなく, 2文字に対する2項演算の組み合わせ方もひとつしかないので自明.

いま, $1 \leq p < n$ のとき点 $(0,0)$ から点 (p,p) までの最短経路と $(p+1)$ 文字のカッコのパターンの間に1対1の対応が構成できたと仮定する. 与えられた点 $(0,0)$ から点 (n,n) までの最短経路 S があって, この経路が点 $(0,0)$ のつぎに最初に対角線上の点に到達するのが点 (v,v) だったとすると $(0 < v \leq n)$, 経路 S は, 対角線に触れずに点 $(0,0)$ から点 (v,v) までの最短経路と点 (v,v) から点 (n,n) までの最短経路に分割できるわけだが, これは, 対角線上に触れない点 $(0,0)$ から点 (v,v) までの最短経路と点 $(0,0)$ から点 $(n-v, n-v)$ までの対角線に触れてもよい最短経路の合成だとも考えられる. (もちろん, $v=n$ の場合は後の経路は存在しない.) さらにこれは, 点 $(0,0)$ から点 $(v-1, v-1)$ までの対角線に触れてもよい最短経路と点 $(0,0)$ から点 $(n-v, n-v)$ までの対角線に触れてもよい最短経路の合成だとも考えられる. ところで, $v-1 < n$ かつ $n-v < n$ だから, 帰納法の仮定により, それぞれの経路には v 文字および $(n-v+1)$ 文字の適当な2項演算の組み合わせ方が対応しているはず. こうして帰納法が完成する.

逆の対応も同じようにすれば構成できる. □

注意：すぐにわかるように, $n=2$ の場合, $\rightarrow\uparrow\rightarrow\uparrow$ $(=0101)$ と $\rightarrow\rightarrow\uparrow\uparrow$ $(=0011)$ という2つの経路があるが, はじめのものは $\cdot(\cdot\cdot)$, あとのものは $(\cdot\cdot)\cdot$ に対応する.

問題3

(1) $n=5$ の場合の最短経路
$$\rightarrow\rightarrow\uparrow\rightarrow\uparrow\uparrow\rightarrow\rightarrow\uparrow\uparrow$$
に対応する6文字の2項演算の組み合わせ方を求めよ.

(2) 6文字の2項演算の組み合わせ方
$$(\cdot\cdot)(((\cdot\cdot)\cdot)\cdot)$$
に対応する $n=5$ の場合の最短経路を求めよ.

(1) この経路が最初に対角線に到達するのは点 $(3,3)$ である. そこで, 与えられた経路を点 $(3,3)$ で切断すると, $\rightarrow\rightarrow\uparrow\rightarrow\uparrow\uparrow$ と $\rightarrow\rightarrow\uparrow\uparrow$ に分割できる. 前の経路 $\rightarrow\rightarrow\uparrow\rightarrow\uparrow\uparrow$ は, 自明な両端の $\rightarrow$ と $\uparrow$ をカットして, $\rightarrow\uparrow\rightarrow\uparrow$ とみなすと, $\cdot(\cdot\cdot)$ に対応する. また, 後の経路 $\rightarrow\rightarrow\uparrow\uparrow$ は $(\cdot\cdot)\cdot$ に対応する. したがって, 求める組み合わせ方は, $(\cdot(\cdot\cdot))((\cdot\cdot)\cdot)$ となる.

(2) まず, 最後の演算は2文字のブロックと4文字のブロックからなることから, 最初に対角線と交わるのは点 $(2,2)$ とわかり, 未知の部分を $*$ と書くと, 求める経路は
$$\rightarrow\rightarrow\uparrow\uparrow******$$
の形をしていることになる. 後の4文字のブロックだけに注目すると, 3文字と1文字のブロックに分かれることから, 対角線とは(両端以外では)交わらない. したがって,
$$\rightarrow\rightarrow\uparrow\uparrow\rightarrow****\uparrow$$
となる. さらに3文字のブロックは2文字と1文字に分かれているので, $****$ の部分は $\rightarrow\rightarrow\uparrow\uparrow$ となり, 全体として, 求める経路は
$$\rightarrow\rightarrow\uparrow\uparrow\rightarrow\rightarrow\rightarrow\uparrow\uparrow\uparrow$$
となる. □

いうまでもなく, 定理2の結果を利用すると, 定理1の別証がえられる.

ところで, ここでは4つの例しかあげなかったが, ほかにもカタラン数が出現するケースはイヤというほど存在している. たとえば,

http://www.seanet.com/~ksbrown/
kmath322.htm

などにもいくつか書かれているが, 何といっても, スタンリーの本[2]がすごい！とにかく, 66種類もの「意味」が書かれているのだから.

ページ数の都合で今回はここまで. [1]にあるカタラン数の拡張については次章で触れたい.

参考文献

[1] Hilton, P./Pedersen, J., "Catalan Numbers, their generalization, and their uses", The Mathematical Intelligencer 13(2) 1991

[2] Stanley, R., Enumerative Combinatorics (2), Cambridge University Press

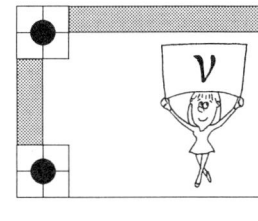

カタラン数と遊ぶ(2)

前章ではカタラン数についてあらためて解説しなおしたが，これは，カタラン数とその周辺を一般化するための準備のつもりだった．といっても，この一般化についてあまり詳しく書くのは大変なので，ここでは具体的な例を中心にして，基本的なアイデアだけを紹介することにしたい．

0．カタラン数の復習

カタラン数 $f(n)$ を
$$f(n) = {}_{2n}C_n/(n+1) = ((2n)!/(n!)^2)/(n+1)$$
によって定義し，さらに，つぎのようにして，$f_1(n)$, $f_2(n)$, $f_3(n)$, $f_4(n)$ を定義する．

1) $f_1(n)$＝座標平面上で格子点を交差点とする道幅1の正方格子状の道路網を考えるとき，点 $(0,0)$ から点 (n,n) までの最短経路のうち領域 $0 \leq y \leq x$ 内にあるものの個数
2) $f_2(n)$＝凸 $(n+2)$ 角形をどの2本も交わらない $(n-1)$ 本の対角線で n 個の3角形に分ける分け方の数
3) $f_3(n)$＝$(n+1)$ 個の文字列に $(n-1)$ 組のカッコで n 回の「2項演算」を行うようにする組み合わせの数
4) $f_4(n)$＝n 個の2-分岐点と $(n+1)$ 個の終点をもつ木の個数

このとき，つぎの定理1が成立する．

定理1
$$f_1(n) = f_2(n) = f_3(n) = f_4(n) = f(n)$$

数値として一致するだけではない．ある意味で「自然な1-1対応」も存在するのであった．詳しいことは前章「カタラン数と遊ぶ(1)」を見てほしい．

1．3角形から4角形へ

以上の話を一般化するわけだが，まず，もっとも考えやすい2)の一般化について考えてみよう．「凸多角形をどの2本も交わらない対角線で3角形に分ける分け方の数」を一般化するとなると，考えられるのは，多分，つぎのふたつの方向だろう．

方向1：凸多角形のかわりに凸多面体にする
（でも，何で何に分けるのか？）
方向2：凸多角形を3角形に分けるかわりに4角形や5角形に分ける

このうち，方向1については「3次元化」の方向ということですでに部分的に観察済みなのだが，かなり大変な印象がある．そこで，ここでは方向2についてのみ考えてみよう．

問題1 凸 N 角形が交わらない対角線によって n 個の4角形に分けられるための必要十分条件を求めよ．ここで，$n \geq 1$ とする．

凸 N 角形が n 個の4角形に分けられたとする．もし $N=4$ でなければ（つまり $N>4$ だとすると），もとの凸 N 角形の連続する3辺と1本の対角線からなる4角形が少なくともひとつ存在するが，この4角形を構成する（凸 N 角形の連続する）3辺を消し去ることによって，凸 $(N-2)$ 角形ができる．このとき，もし $(N-2)>4$ であればさらに同じ操作を繰り返す．こうすると，$(n-1)$ 回の操作で凸4角形がひとつのこることになる．つまり，
$$N - 2(n-1) = 4$$
となる．いいかえると，凸 N 角形が n 個の4角形に分けられたとすると，$N = 2n+2$ となることが必要．このとき，$(n-1)$ 回の操作を行ったのだから，ちょうど $(n-1)$ 本の対角線が存在していたことになる．

逆に，$N = 2n+2$ とすると，（帰納的に考え

て）互いに交わらない $(n-1)$ 本の対角線によって凸 N 角形が n 個の 4 角形に分けられることもわかる.

したがって，求める必要十分条件は $N=2n+2$ となる. □

　ということで，カタラン数の場合に顔を出した「凸 $(n+2)$ 角形をどの 2 本も交わらない $(n-1)$ 本の対角線で n 個の 3 角形に分ける分け方の数」をとりあえず「凸 $(2n+2)$ 角形をどの 2 本も交わらない $(n-1)$ 本の対角線によって n 個の 4 角形に分ける分け方の数」に一般化し，これを記号で $F_2(n)$ と書くことにしよう. ($F_2(1)=1$ と考える.)

問題 2 $F_2(2)$, $F_2(3)$, $F_2(4)$ の値を求めよ.

　$F_2(2)$ は「凸 6 角形をどの 2 本も交わらない 1 本の対角線によって 2 個の 4 角形に分ける分け方の数」だから，明らかに 3 に等しい．また，$F_2(3)$ は「凸 8 角形をどの 2 本も交わらない 2 本の対角線によって 3 個の 4 角形に分ける分け方の数」だから，図を描いてみればわかるように，12 に等しい（図 1）．

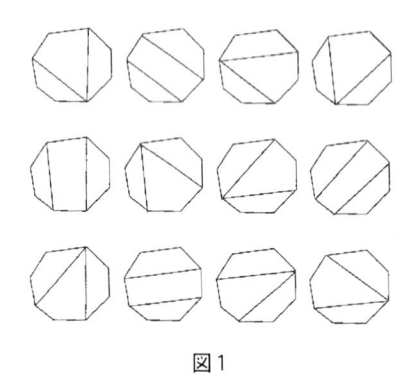

図 1

　さらに，$F_2(4)$ は「凸 10 角形をどの 2 本も交わらない 3 本の対角線によって 4 個の 4 角形に分ける分け方の数」だから，(図は省略するが) 55 に等しいことがわかる．つまり，

$$F_2(2)=3, \quad F_2(3)=12, \quad F_2(4)=55$$

となる． □

2．2 項演算から 3 項演算へ

　つぎに，3) つまり，「$(n+1)$ 個の文字列に $(n-1)$ 組のカッコで n 回の 2 項演算を行うようにする組み合わせ方の数」の拡張について考えてみよう．これを本来のカタラン数の場合と同じように凸多角形の分割の話と「折り合い」をよくするには，2 項演算を 3 項演算に拡張するのが自然だ．3 項演算といってもピンとこないだろうが，「隣り合う 3 文字ずつをひとつの文字とみなす演算」のことだとあくまで抽象的に考えてしまえばよい．

問題 3 N 個の文字列にカッコをつけて n 回の 3 項演算を行うようにできるための必要十分条件を求めよ．ここで，$n \geq 1$ とする.

　3 項演算があるごとに（それを新しいひとつの文字とみなして）「内側」から 1 組ずつ潰していけば，2 文字ずつ減少して，最後にはひとつの文字だけになるはず，合計 n 回の 3 項演算があるとすると

$$N=2n+1$$

でなければならない．もっとも外側のカッコは省略することにすると，全部で $(n-1)$ 組のカッコが出現することになる.

　逆に，$N=2n+1$ であれば，N 個の文字列にカッコをつけて n 回の 3 項演算が可能になることが，n に関する帰納法によってわかる．

　したがって，求める必要十分条件は $N=2n+1$ となる． □

　このことから，カタラン数の場合に顔を出した「$(n+1)$ 個の文字列に $(n-1)$ 組のカッコで n 回の 2 項演算を行うようにする組み合わせ方の数」を，「$(2n+1)$ 個の文字列に $(n-1)$ 組のカッコをつけて n 回の 3 項演算を行うようにる組み合わせ方の数」に一般化し，これを記号で $F_3(n)$ と書くことにしよう．($F_3(1)=1$ と考える.)

問題 4 $F_3(2)$, $F_3(3)$, $F_3(4)$ の値を求めよ.

　「5 個の文字列に 1 組のカッコをつけて 2 回の 3 項演算を行うようにする組み合わせ方」が，

・・(・・・)

・(・・・)・

の3通りであることから，$F_3(2)=3$ となる．

また，「7個の文字列に2組のカッコをつけて3回の3項演算を行うようにする組み合わせ方」が，

・・(・・(・・・))　・・(・(・・・)・)
・((・・・)・・)・　・(・(・・・)・・)
・(・(・・・)・)・　・((・・・)・・)・
・(・(・・・))・・　(・(・・・)・)・・
((・・・)・・)・・　(・(・・・))・(・・・)
(・・・)・(・・・)・　(・・・)(・・・)・

の12通りであることから，$F_3(3)=12$ となる．

さらに，「9個の文字列に3組のカッコをつけて4回の3項演算を行うようにする組み合わせ方」は，最後の演算がどういう形になるかで分類すると，7文字のブロックと2文字に分離する場合は

・・(7文字)　・(7文字)・　(7文字)・・

のような3通りがあり，それぞれが $F_3(3)=12$ 通りの場合があるので，合計36通り．5文字のブロックと4文字に分離する場合は

・(・・・)(5文字)　(・・・)・(5文字)
・(5文字)(・・・)　(・・・)(5文字)・
(5文字)・(・・・)　(5文字)(・・・)・

のような6通りがあり，それぞれが $F_3(2)=3$ 通りの場合があるので，合計18通り．3文字のブロックが3個に分離する場合は

(・・・)(・・・)(・・・)

のような1通り．これ以外の場合はない．したがって，全体として，$36+18+1=55$ 通りの組み合わせ方があることがわかる．

以上により，
$$F_3(2)=3, \quad F_3(3)=12, \quad F_3(4)=55$$
となる． □

3．2-分岐点から3-分岐点へ

さらに，4)つまり，「n 個の2-分岐点と $(n+1)$ 個の終点をもつ木の個数」の拡張について考えてみよう．これも本来のカタラン数の場合と同じように凸多角形の分割の話やカッコの付け方の話と「折り合い」をよくするには，2-分岐点を3-分岐点に拡張するのがよい．3-分岐点というのは3本の枝分かれのある分岐という意味だ．

問題5 n 個の3-分岐点と N 個の終点をもつ木が存在するための必要十分条件を求めよ．ここで，$n \geq 1$ とする．

木の「一番下」の部分は1点からなっており，これは終点とは呼ばず分岐点と呼ぶこと，そして，もちろんその他の分岐点も終点とは呼ばないことに注意しよう．分岐（3-分岐点）が生じるごとに終点が1個消えて新しい終点が3個生まれるのだから分岐が n 個あれば $2n$ 個の終点が生まれることになる．これと最初の1個（つまり「一番下の点」）を加えたものが終点の個数 N にほかならない．つまり，$N=2n+1$ となる．

逆に，$N=2n+1$ のとき，n 個の3-分岐点と N 個の終点をもつ木が存在することも，n についての帰納法によってわかる．

したがって，求める必要十分条件は $N=2n+1$ となる． □

このことから，カタラン数の場合に顔を出した「n 個の2-分岐点と $(n+1)$ 個の終点をもつ木の個数」を，「n 個の3-分岐点と $(2n+1)$ 個の終点をもつ木の個数」に一般化し，これを記号で $F_4(n)$ と書くことにしよう．

問題6 $F_4(1)$, $F_4(2)$, $F_4(3)$, $F_4(4)$ の値を求めよ．

まず，$F_4(1)=1$ は明らか．また，「2個の3-分岐点と5個の終点をもつ木」は3個ある（図

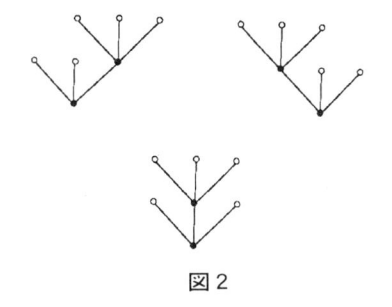

図2

2：終点を○，分岐点を●で表してある）ので $F_4(2)=3$ となる．図2の木が（左上，中央下，右上の順に）3項演算のカッコの付け方

・・(・・・)
・(・・・)・

(・・・)・・ にそれぞれ対応していることは見やすい．

さらに，「3個の3-分岐点と7個の終点をもつ木」は12個ある（図3：分岐点は●で表し，終点は省略してある）ので $F_4(3)=12$ となる．この場合にも木と7個の文字列の3項演算の組み合わせ方との対応を同じ図3に書き入れておいた．

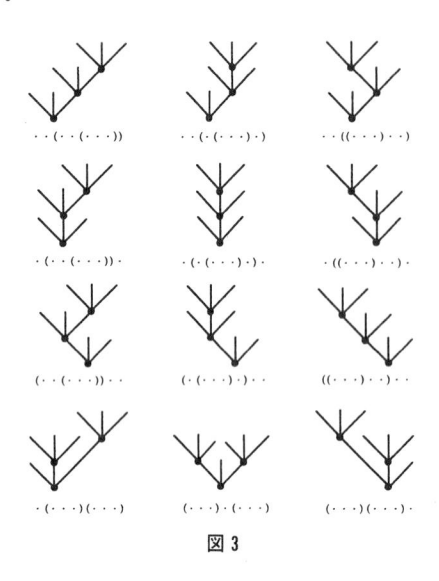

図3

最後に，「4個の3-分岐点と9個の終点をもつ木」は「9個の文字列に3組のカッコをつけて4回の3項演算を行うようにする組み合わせ方」と1対1に対応している（なぜか考えてほしい）ので合計55個あり，$F_4(4)=55$ となる．

以上により，
$F_4(1)=1$，$F_4(2)=3$，$F_4(3)=12$，$F_4(4)=55$
となる． □

問題2，問題4，問題6の結果から，かなり強引だとはいうものの，つぎの予想1に到達できるだろう．

予想1 任意の正整数 n について
$F_2(n)=F_3(n)=F_4(n)$ となる？

この予想1を証明するには，「凸 $(2n+2)$ 角形をどの2本も交わらない $(n-1)$ 本の対角線によって n 個の4角形に分ける分け方」と「$(2n+1)$ 個の文字列に $(n-1)$ 組のカッコをつけて n 回の3項演算を行うようにする組み合わせ方」と「n 個の3-分岐点と $(2n+1)$ 個の終点をもつ木」の間に1対1の対応が存在することを示せばよい．ところで，「凸 $(2n+2)$ 角形をどの2本も交わらない $(n-1)$ 本の対角線によって n 個の4角形に分ける分け方」があれば自然に「$(2n+1)$ 個の文字列に $(n-1)$ 組のカッコをつけて n 回の3項演算を行うようにする組み合わせ方」がひとつ構成できる．また，これらと「n 個の3-分岐点と $(2n+1)$ 個の終点をもつ木」との1対1の対応も自然に構成できる．これは前章で述べた方法を拡張するだけのことだ．直観的な理解としては図4と図5で十分だろう． □

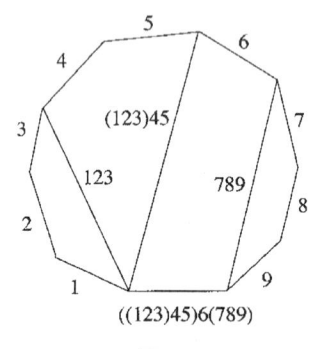

図4

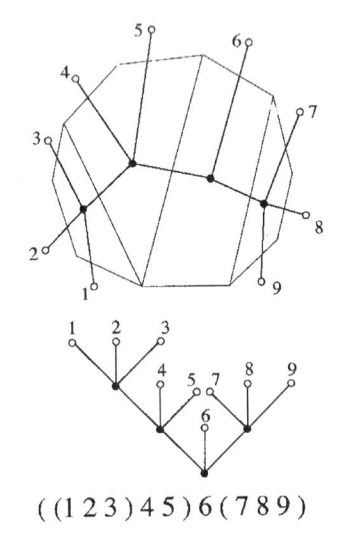

図5

とまぁ，これだけではかなりいいかげんだが，詳しい議論は読者にまかせて，先を急ごう．
$F_2(n)=F_3(n)=F_4(n)$ となることはいいとしても，それを具体的に求めたいという問題が残

る．これについても前章までに説明した「数え方」をまねればOKだ．結果だけを書くと，たとえば，
$$F_4(n) = {}_{3n}C_n/(2n+1)$$
となることが示せる．したがって，
$$F(n) = {}_{3n}C_n/(2n+1)$$
と定義すれば，つぎの命題1がえられたことになる．

---- 命題1 ----
任意の正整数 n について，$F_2(n) = F_3(n) = F_4(n) = F(n)$ となる．

[証明] すでに終わっている． □

4．領域 $0 \leq y \leq x$ から領域 $0 \leq y \leq 2x$ へ

おっと，ひとつ忘れていた．本来のカタラン数は，「座標平面上で格子点を交差点とする道幅1の正方格子状の道路網を考えるとき，点$(0,0)$から点(n,n)までの最短経路のうち領域$0 \leq y \leq x$内にあるものの個数」（つまり $f_1(n)$）とみなすこともできた．これについてもうまく拡張できるのだろうか？ ラッキーなことに，これも可能なのである．「座標平面上で格子点を交差点とする道幅1の正方格子状の道路網を考えるとき，点$(0,0)$から点$(n,2n)$までの最短経路のうち領域$0 \leq y \leq 2x$内にあるものの個数」を $F_1(n)$ とおくと，うれしいことに，$F_1(n) = F(n)$ となる！ 証明については[1]を参照してもらうことにして，ここでは，とりあえずの「実験」だけを．

問題7 $F_1(1), F_1(2), F_1(3), F_1(4)$ を求めよ．

領域 $0 \leq y \leq 2x$ 内のそれぞれの「交差点」について，そこまでの最短経路の個数を順に求めて行けばよい．そうすると，図6がえられる．したがって，
$$F_1(1) = 1, \quad F_1(2) = 3,$$
$$F_1(3) = 12, \quad F_1(4) = 55$$
となることがわかる． □

5．最終結果

こうした「実験」の結果として，つぎのような，拡張されたカタラン数についての自然な結果に到達できる．

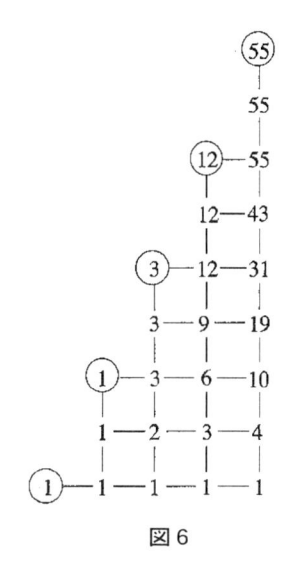

---- 定理2 ----
任意の正整数 n について，$F_1(n) = F_2(n) = F_3(n) = F_4(n)$ となる．

ページ数の関係で先を急ごう．定理1と定理2を見ると，だれでもつぎのような「自然な拡張」について考えたくなるだろう．つまり，凸多角形の分割でいえば，3角形，4角形への分割とくれば，当然，p角形への分割について観察したくなるだろうし，2項演算，3項演算とくれば，一般の $(p-1)$ 項演算について考えたくなるだろう．また，2-分岐点，3-分岐点とくればこれまた当然にも，$(p-1)$-分岐点のみをもつ木について調べたくなるはずだ．最短経路についても，領域 $0 \leq y \leq x$, 領域 $0 \leq y \leq 2x$ とくれば領域 $0 \leq y \leq (p-2)x$ の範囲でその個数をチェックしたくなるに違いない．カタラン数の定義も，
$${}_{2n}C_n/(n+1), \quad {}_{3n}C_n/(2n+1)$$
の形からして
$${}_{(p-1)n}C_n/((p-2)n+1)$$
としたくなるだろう．通常はそこまで機械的にというか都合よくうまくいかないはずだが，ラッキーなことに，今回はすべてがうまくいってしまう！ 結果だけを紹介しておこう．p を3以上の整数として，

図6

$F(p\,;\,n) = {}_{(p-1)n}C_n / ((p-2)n+1)$
$\qquad\qquad = ((p-1)n)! / ((p-2)n+1)!\,n!)$

$F_1(p\,;\,n) =$ 座標平面上で格子点を交差点とする道幅 1 の正方格子状の道路網を考え，点 $(0,0)$ から点 $(n,(p-2)n)$ までの最短経路のうち領域 $0 \leq y \leq (p-2)x$ 内にあるものの個数

$F_2(p\,;\,n) =$ 凸 $((p-2)n+2)$ 角形をどの 2 本も交わらない $(n-1)$ 本の対角線によって n 個の p 角形に分ける分け方の数

$F_3(p\,;\,n) = ((p-2)n+1)$ 個の文字列に $(n-1)$ 組のカッコをつけて n 回の $(p-1)$ 項演算を行うようにする組み合わせ方の数

$F_4(p\,;\,n) = n$ 個の $(p-1)$-分岐点と $((p-2)n+1)$ 個の終点をもつ木の個数

と定義する．とくに，

$\qquad F(3\,;\,n) = f(n),\ F_k(3\,;\,n) = f_k(n)$
$\qquad F(4\,;\,n) = F(n),\ F_k(4\,;\,n) = F_k(n)$
$\qquad k = 1, 2, 3, 4$

となっていることに注意してほしい．このとき，つぎの定理 3 が成立する．

定理 3

任意の正整数 n について，$F_k(p\,;\,n) = F(p\,;\,n)$ となる．ここで，$k = 1, 2, 3, 4$ とし，p は 3 以上の整数とする．

証明など詳しいことは雑誌『マセマティカル・インテリジェンサー』の記事[1]を参考にしてほしい．

参考文献

[1] Hilton, P./Pedersen, J., "Catalan Numbers, their generalization, and their uses", The Mathematical Intelligencer 13(2) 1991

＊清水達雄さんからの手紙によると，2000年12月に n 次元のカタラン数の「計算公式」がえられたとのこと．

暗号と数論

16歳で新しい暗号システムを考察してしまったアイルランドの少女がいる．ここでは，この少女のレポート「暗号学：新しいアルゴリズム vs RSA の研究」を読むための準備をおこなう．

0．入試問題とニュース

問題1 互いに素な整数 a, m について，
$$ax + my = 1$$
となる整数 x, y が存在することを示せ．

［類題・大阪大学など］

x, y を整数の範囲で動かしたとき，$ax + my > 0$ となる $ax + my$ のうちで最小値を与える1組の x, y を x_0, y_0 とし
$$ax_0 + my_0 = c_0$$
とする．いま，$c_0 > 1$ とし，$ax + my$ の形の任意の整数を c として
$$ax + my = c$$
と仮定する．このとき，c は c_0 の倍数となる．というのは，もし，そうではなくて
$$c = gc_0 + h, \quad 0 < h < c_0$$
と書けたとすると，
$$h = c - gc_0 = a(x - gx_0) + m(y - gy_0)$$
となり，c_0 よりも小さな正整数 h が $ax + my$ の形で書けることになるからである．したがって，c は c_0 の倍数になっている．とくに，$x = 1$, $y = 0$ の場合を考えると，$c = a$ となり，a は c_0 の倍数になる．同様に，m も c_0 の倍数になる．ところが，これは，a と m が互いに素であることに反する．したがって，$c_0 > 1$ ではありえない．つまり，$c_0 = 1$ でなければならない．いいかえると，
$$ax + my = 1$$
となる整数 x, y が存在する． □

問題1で a, b とせずに a, m としたのはあとの都合にすぎない．一般に，整数 s, t, u について，

$s - t = u$ の倍数

となるとき，
$$s \equiv t \bmod u$$
と書くことにすると，この問題1の解答は合同式
$$ax \equiv 1 \bmod m$$
が整数解 x をもつことの証明と同じことになる．というのは，

$ax + my = 1$ となる整数 x, y がある
$\iff ax - 1 = -my$ となる整数 x, y がある．
$\iff ax \equiv 1 \bmod m$ となる整数 x がある

となるからだ．この方向からの議論についてはあとの命題1を参照してほしい．

清水知子さんから教わったところでは，まもなくアイルランドの少女サラ・フラネリー (Sarah Flannery) の本『In Code : A Mathematical Journey』(『暗号で数学旅行』という感じか？) の日本語訳が出るらしい（セアラ・フラナリー『16歳のセアラが挑んだ世界最強の暗号』として出版された．）．調べてみると，原著はすでに2000年4月にイギリスで出版されている．手元にこの本がないのが残念だが，イギリスでの紹介文

　　http://www.profilebooks.co.uk/
　　　　procat/2000/flannery_01.htm

によると，「サラ・フラネリーはすでに世界的に評価された暗号学者（クリプトグラファー）かつ数学者だ．彼女はまたコーク県（アイルランド）に住むスポーツ好きのティーンエイジャーでもある．この素晴らしい本には，彼女の生活，数学の暗号作り，そして発見の日々について書かれている」という．科学雑誌『ネイチャー』にも「サラの物語はすべての若い人たち，とりわけ数学を志そうとする少女たちにインスピレーションを与えるに違いない」と書かれている．面白そうな本なのだ．サラが新しい暗号システムを発見したことだけなら，すでに，さまざま

なメディアで世界に流されている．（ぼくは記憶にないのだが，日本の新聞や雑誌でも話題になっていたかもしれない．）たとえば，イギリスのBBCオンラインの1999年1月13日の「記事」
　　http://news.bbc.co.uk/1/hi/sci/tech/
　　　　　　　　　　　254236.stm
などを読むと，つぎのようなことがわかる．

(1) サラは，父親（アイルランドのコーク工科大学講師）から数学を習った．
(2) サラは，必要な数学的原理をよく理解しているが，天才でも神童でもなく，彼女自身そういわれるのを嫌っている．（父親の見解）
(3) サラは，バスケットボールが好きで友達と出かけるのも好きな普通の少女である．
(4) サラは，インターネットによる暗号化された通信のためのまったく新しい数学的方法を考案した．
(5) サラの方法は，公開鍵暗号の一種で，2×2行列を使っており「ケーリー・パーサー暗号」と呼ばれている．
(6) サラの方法は，現在普及しているRSA暗号よりもかなり処理速度が速い．

　また，「この発見で特許を取れば大金持ちになれるかも」というような誘いには乗らず，自分のやったことをだれにでも読めるように解説した本を書きたいと語っていたという．こうして1年以上かけて（父親にも助けてもらって）完成したのが『In Code : A Mathematical Journey』だったわけだ．それにしても，大学受験に忙しくしているはずの時期に「自叙伝」的作品を執筆するなんて何という余裕だ！　今回の業績によってMIT（マサチューセッツ工科大学）への留学が決まったとか書いてあったから，まぁいいということなのか？　イギリスでは12歳や13歳で大学に入学する早熟の天才数学少女が出現しているが，いずれも成長の過程で問題が発生しており，早熟な天才をどう扱えばいいかが問題になっているようだ．父親がサラのことを「天才でも神童でもない」と主張しているのはそうしたイギリスでの問題を意識してのことかもしれない．

　ついでながら，インターネット上でサラの顔を見たいと思う人は，たとえば，
　　　http://www.amazon.co.jp/
で，この本を検索すればよい．原著の表紙がサラの写真なのだ．ほかに，
　http://www.diva.ie/new_cred/itsarah.html
などにも写真がある．16歳のときの幼い顔の写真は
　　　http://www.ams.org/notices/
　　　　　　　　　　　199809/people.pdf
で見れる．どの顔を見てもとくに「天才少女」という印象はない．（どんな顔なら「天才少女」なのかといわれても困るのだが……．）

1．RSA暗号とは？

　RSA暗号の「RSA」というのは，1977年にこれを発明したMITの3人の名前リベスト（Rivest），シャミル（Shamir），アドルマン（Adleman）の頭文字を並べたものだ．この3人のうちリベスト（リヴェストと書く人は少ない）以外の名前のカタカナ表記はいろいろある．シャミルはシャミア，シャミール，シャミーア，シャーミル，シャーミアなどと書かれる．また，アドルマンはアードルマン，エードルマン，エイドルマンなどとも書かれる．どれが正解なのか？　そもそも正解なんてあるのかどうかもわからないが，まぁ，いいことにしておこう．（音声で聞くと，リヴェスト，シャーミル，アードマンのように聞こえた．）ことのついでに書くと，Sarahの発音も3種類ほどあるようだ．普通はサラだろうが（サランラップのサラでもある），セェアラが「正解」に近そうだ．でも，セェアラにはなじみにくい．「少公女セーラ（A Little Princess）」のセーラ（Sara＝Sarah）でもあるのでセーラとしたくならなくもないが，ここはサラとしておいた．

　余計なことを長々と書いてしまったが，さっそくRSA暗号の数学的側面について紹介しよう．ここでは，文章（平文）というのは普通の文章を適当に「10進数」化したもののことだとする．たとえば，「あ，い，う，え，お，…，の，…」をそれぞれ「01, 02, 03, 04, 05, …, 25, …」と変換して，たとえば「あおいのうえ（＝葵上）」なら「010502250304」とすればいいから，

はじめから平文というのは適当な「10進数」のことだと考えてしまおうというわけだ．もちろん，こんな素朴なものではすぐに解読されてしまうので，これをさらに暗号化して暗号文を作るのである．

RSA暗号はいわゆる公開鍵暗号の一種なので，公開鍵（2個の正整数）と秘密鍵（2個の正整数）というものが必要になる．公開鍵は平文を暗号文にするための鍵，秘密鍵は暗号文をもとにもどす（復号化する）ための鍵だと思えばよい．公開鍵は暗号文と一緒に公開されているので，だれでも見ることができる（つまりだれでも暗号文を作ることはできる）が，秘密鍵は暗号文の受信者しかもっていないと思ってほしい．たとえば，インターネットでクレジットカードの番号を送信するような場合，送信側は暗号化さえできればよく，受信側だけが解読できれば十分なので公開鍵番号が利用されている．

RSA暗号の場合，公開鍵と秘密鍵の作り方は意外なほど単純だ．

公開鍵と秘密鍵の作り方 ▸
1. 素数 p, q $(p \neq q)$ を選ぶ．
2. $n = pq$ を求める．
3. $r = (p-1)(q-1)$ を求める．
4. r と互いに素で r より小さな正整数 e を選ぶ．
5. (e, n) を公開鍵とする．
6. $de \equiv 1 \bmod r$ となる正整数 d を求める．
7. (d, n) を秘密鍵とする．

暗号化

公開鍵 (e, n) を使って，平文 P（n よりも小さな正整数とする）を暗号に変換することを P の暗号化というわけだが，この変換は P に「P の e 乗を n で割った余り」C を対応させる操作のことだとする．同じことだが，平文 P に
$$P^e \equiv C \bmod n$$
$$0 \leq C < n$$
となる C（暗号文）を対応させる操作だといってもよい．

復号化（暗号解読）

暗号文 C の d 乗を n で割った余りがもとの平文 P となる．つまり，
$$C^d \equiv P \bmod n$$
$$0 \leq P < n$$
となる．

復号化がなぜうまくいくのかについては，証明が必要であることはいうまでもないが，とりあえず，RSA暗号のカラクリに慣れてもらうために，簡単な問題を解いてみよう．証明はそのあとだ．

問題 2 $p = 7$, $q = 11$ として，公開鍵と秘密鍵の例をひとつ作れ．また，これらの鍵を使って，平文 $P = 53$ の暗号文 C を求めよ．また，この暗号文 C の d 乗を n で割った余りが平文 P になることを確かめよ．

順に計算すると，$n = 77$, $r = 6 \cdot 10 = 60$ なので，いま，たとえば，$e = 13$ としよう．このとき，公開鍵は $(13, 77)$ となる．また，
$$37 \cdot 13 - 8 \cdot 60 = 481 - 480 = 1$$
だから，$37 \cdot 13 \equiv 1 \bmod 60$ となり，$d = 37$ とわかる．したがって，秘密鍵は $(37, 77)$ となる．P を順に1乗，2乗，3乗，…，13乗していくと，

```
                      53
                    2809
                  148877
                 7890481
               418195493
             22164361129
           1174711139837
          62259690411361
        3299763591802133
      174887470365513049
     9269035929372191597
   491258904256726154641
 26036721925606486195973
```

となる．つまり，
$$53^{13} = 26036721925606486195973$$
である．このとき，
$$26036721925606486195973$$
$$= 338139245787097223324 \cdot 77 + 25$$
から，77で割った余りは25となる．

でも，いくらなんでも，これではあまりにもやっかいだ．最終的に求めたいのが77で割った余りだけなのだから，はじめから，77で割った余りの世界，つまり，mod 77 の世界で考えて，順に計算していけばよい．やってみよう．

$$53^2 = 2809 = 33 \cdot 77 + 37 \equiv 37$$
$$53^3 = 53^2 \cdot 53 \equiv 37 \cdot 53$$
$$= 1961 = 25 \cdot 77 + 36 \equiv 36$$
$$53^4 = 53^2 \cdot 53^2 \equiv 37 \cdot 37$$
$$= 1369 = 17 \cdot 77 + 60 \equiv 60$$
$$53^8 = 53^4 \cdot 53^4 \equiv 60 \cdot 60$$
$$= 3600 = 46 \cdot 77 + 58 \equiv 58$$
$$53^{12} = 53^4 \cdot 53^8 \equiv 60 \cdot 58$$
$$= 3480 = 45 \cdot 77 + 15 \equiv 15$$
$$53^{13} = 53^{12} \cdot 53 \equiv 15 \cdot 53$$
$$= 795 = 10 \cdot 77 + 25 \equiv 25$$

がえられる．つまり，暗号文 $C=25$ となる．最後に，この25の37乗を77で割った余りを求めよう．途中の計算は省略するが，順に，mod 77 で計算して，

$$25^2 \equiv 9$$
$$25^4 \equiv 9^2 \equiv 4$$
$$25^8 \equiv 4^2 \equiv 16$$
$$25^{16} \equiv 16^2 \equiv 25$$
$$25^{32} \equiv 25^2 \equiv 9$$
$$25^{36} \equiv 9 \cdot 4 \equiv 36$$
$$25^{37} \equiv 36 \cdot 25 \equiv 53$$

つまり，25^{37} を77で割った余りは53となることがわかった． □

公開鍵が $(13,77)$ だとわかれば，77を素因数分解して p,q がえられ r もすぐにわかるから，結局，秘密鍵がバレてしまう！ こんな暗号はすぐに解読されそうだと思うかもしれない．でも，上の例は桁が小さかったからそう見えるだけにすぎない．桁数をちょっと上げてみれば解読に時間がかかることが見えてくるだろう．試しにつぎの問題を解いてほしい．（実際にはもっとはるかに大きな桁の数が出現するのだが．）

問題3 暗号文 $C=14538165873$
公開鍵 $= (11111111111, 121933417163)$
のとき，秘密鍵を発見して，この暗号文を解読せよ．

やることは単純．まず，公開鍵にある $n= 121933417163$ を素因数分解して p,q を求め，それを使って秘密鍵を作ればよい．

とはいうものの，121933417163の素因数分解はやっかいだ．

$$\sqrt{121933417163} \fallingdotseq 350000$$

だから，2 から350000までの素数で割り算をしてみればいいはずだが，素数は約30000個ある．それでも，1回の割り算を1秒でやれば9時間たらずでできるはずだ．コンピュータさえ使えばもっと速く解読できてしまう．

ということでわれわれもコンピュータのお世話になろう．そうすると，

$$(p,q) = (123457, 987659)$$

または

$$(p,q) = (987659, 123457)$$

とわかり，

$$r = 123456 \cdot 987658$$
$$= 121932306048$$

となる．公開鍵から

$$e = 11111111111$$

がわかっているので，あとは，

$$de \equiv 1 \bmod r$$

となる正整数 d を求めるだけだ．というとやさしそうに見えるが，具体的に書くと

$$11111111111d \equiv 1 \bmod 121932306048$$

をみたす121932306048より小さな正整数 d を求めることになるので，人間には「絶望的」かもしれない．ところが意外にも，そうでないことがわかり（詳しくは問題8参照），$d = 28856444663$ がえられる．もちろん，コンピュータの力にすがったほうが速いし正確だが……．

これで秘密鍵が

$$(28856444663, 121933417163)$$

だとわかった．C の d 乗を n で割った余りがもとの文章 P となるはず．つまり「145億3816万5873の288億5644万4663乗を1219億3341万7163で割った余り」が P となるはずだ．これはもうコンピュータなしではやる気がしない．計算させてみると，

$$P = 10502250304$$

とわかる． □

ついでにいえば，文章10502250304は，すでに

述べた素朴な「符号化」の例では「あおいのうえ」を意味している．

2．RSA暗号の数学

念のためにRSA暗号の原理の数学的な中心部分だけを定理1として抽出しておこう．

―― 定理1 ――
素数 p, q ($p \neq q$) について，
$$n = pq, \quad r = (p-1)(q-1)$$
とし，e を「r と互いに素で r より小さな正整数」，d を「$\mod r$ での e の逆数」とするとき，
$$P^e \equiv C \bmod n \Longleftrightarrow C^d \equiv P \bmod n$$
が成立する．ここで，P, C は整数とする．

ここで，e について重要なのは「r と互いに素な整数」というだけで，「r より小さな正整数」という条件は本質的なものではない．また，「$\mod r$ での e の逆数」というものは，
$$de \equiv 1 \bmod r$$
となる「r より小さな正整数」d のことだとする．ただし，この d は整数だというところだけが重要で，「r より小さな正整数」などという条件は本質的なものではない．

定理1の証明はそれほど難しくない．というのは，条件にあう e, d が存在しさえすれば，
$$P^e \equiv C \bmod n$$
$$\Longrightarrow C^d \equiv (P^e)^d \bmod n$$
$$\Longrightarrow C^d \equiv P^{de} \bmod n$$
$$\Longrightarrow C^d \equiv P \bmod n$$
また逆に，
$$C^d \equiv P \bmod n$$
$$\Longrightarrow P^e \equiv C^{de} \bmod n$$
$$\Longrightarrow P^e \equiv C \bmod n$$
となるからだ．ここで，任意の整数 A について $A^{de} \equiv A \bmod n$ となることに注意してほしい（命題2）．結局，つぎの命題1，命題2が証明できればよいことになる．（命題1は問題1の結果を拡張したものになっている．）

―― 命題1 ――
互いに素な整数 a, m と整数 b について，$ax \equiv b \bmod m$ となる整数 x が存在する．

[証明]
整数を m で割ったときの余り全体は
$$\{0, 1, 2, \cdots, m-1\}$$
となるが，この成分のひとつひとつを a 倍して，
$$\{0, a, 2a, \cdots, (m-1)a\}$$
を作り，整数 v を m で割った余りを，あまりいい記号ではないがここだけで臨時に，$[v]$ と書くことにすると，集合として（つまり順序は無視して）
$$\{[0], [a], [2a], \cdots, [(m-1)a]\}$$
$$= \{0, 1, 2, \cdots, m-1\}$$
となる（なぜか考えてほしい）．したがって，
$$\{[0], [a], [2a], \cdots, [(m-1)a]\}$$
の成分には b を m で割った余り $[b]$ に等しいものがつねにただひとつだけ存在するが，それを $[ka]$ としよう．このとき，
$$[ak] = [ka] = [b]$$
となっている．これは k が
$$ax \equiv b \bmod m$$
の整数解 x （のひとつ）であることを意味している．ついでにいえば，任意の整数解は
$$x \equiv k \bmod m$$
と書ける． □

注意：RSA暗号の場合には，命題1で，とくに $a = e$, $m = r$, $b = 1$ とすれば，d の存在がいえる．これが問題1の解答にもなっていることはすでに触れておいた．

―― 命題2 ――
素数 p, q ($p \neq q$) について，
$$n = pq$$
$$r = (p-1)(q-1)$$
$$f \equiv 1 \bmod r$$
とするとき，任意の整数 A について
$$A^f \equiv A \bmod n$$

$$f \equiv 1 \bmod r$$
$$\Longleftrightarrow 整数 k があって f = 1 + kr$$
だから，
$$A^f = A^{1+kr}$$
となっている．いま，p の倍数でない整数 a について，
$$a^{p-1} \equiv 1 \bmod p$$

だから（問題4参照），
$$a^{kr+1} \equiv (a^{k(q-1)})^{p-1}a$$
に注意すると，
$$a^{kr+1} \equiv a \bmod p$$
いいかえると，（p の倍数 a についてもこれは自明に成立するので）任意の整数 A について
$$A^r \equiv A \bmod p$$
まったく同様にして，
$$A^r \equiv A \bmod q$$
ここで，p と p は互い素だから，
$$A^r \equiv A \bmod pq$$
（これについては問題5参照）つまり
$$A^r \equiv A \bmod n$$
となる． □

問題4 素数 p と，p の倍数でない整数 a について
$$a^{p-1} \equiv 1 \bmod p$$
となることを示せ．

p の倍数でない整数を p で割ったときの余り全体
$$\{1, 2, \cdots, p-1\}$$
のそれぞれの成分を a 倍して，
$$\{a, 2a, \cdots, (p-1)a\}$$
とし，
$$\{[a], [2a], \cdots, [(p-1)a]\}$$
を考えると，
$$\{[a], [2a], \cdots, [(p-1)a]\} = \{1, 2, \cdots, p-1\}$$
となる（$[k]$は k を p で割った余りとする）．したがって，両方の集合について成分をかけ合わせたものどうしは等しくなる．つまり，
$$[a][2a]\cdots[(p-1)a] = 1 \cdot 2 \cdots (p-1)$$
言葉をかえると，
$$(p-1)! \, a^{p-1} \equiv (p-1)! \bmod p$$
ここで，p と $(p-1)!$ が互いに素であることに注意すると，
$$a^{p-1} \equiv 1 \bmod p$$
がえられる． □

命題2の証明の最後の部分を確認しておこう．（つぎの問題5でとくに $\alpha = A^r - A$ の場合を考えればよい．）

問題5 素数 p, q ($p \neq q$) と整数 α について
$$\alpha \equiv 0 \bmod p \text{ かつ } \alpha \equiv 0 \bmod q$$
$$\Longrightarrow \alpha \equiv 0 \bmod pq$$
を示せ．

$\alpha \equiv 0 \bmod p$ かつ $\alpha \equiv 0 \bmod q$ にもかかわらず，もし，
$$\alpha \equiv 0 \bmod pq$$
でないとすると，
$$\alpha = kpq + h$$
（ここで，k と h は整数で $0 < h < pq$ とする）と書ける．ところが，
$$\alpha \equiv 0 \bmod p$$
なのだから，h は p の倍数となる．同様に h は q の倍数にもなる．これは h が pq の倍数であることを意味しており矛盾． □

命題1は存在を主張しているだけで，この証明のようなやり方でそれを求めようとしても，桁が大きくなると，実用的ではない．実用性も考慮すると「ユークリッド互除法」（これについては文献[2]を参照）を利用する方がよい．やってみよう．

問題6
(1) 方程式 $29x + 83y = 1$ の整数解 x, y を求めよ．
(2) 合同式 $29x \equiv 1 \bmod 83$ をみたす整数 x を求めよ．

(1) 1次の係数29と83に対してユークリッド互除法を実行すると，
$$83 = 2 \cdot 29 + 25$$
$$29 = 1 \cdot 25 + 4$$
$$25 = 6 \cdot 4 + 1$$
つまり，順序を逆にして書き方を変えると，
$$1 = 25 - 6 \cdot 4$$
$$4 = 29 - 1 \cdot 25$$
$$25 = 83 - 2 \cdot 29$$
したがって，
$$1 = 25 - 6 \cdot 4$$
$$= 25 - 6 \cdot (29 - 1 \cdot 25)$$
$$= 7 \cdot 25 - 6 \cdot 29$$
$$= 7 \cdot (83 - 2 \cdot 29) - 6 \cdot 29$$
$$= 7 \cdot 83 - 20 \cdot 29$$

$= 29 \cdot (-20) + 83 \cdot 7$

いいかえると，
$$29 \cdot (-20) + 83 \cdot 7 = 1$$
となる．つまり，方程式
$$29x + 83y = 1$$
の整数解のひとつ $(x, y) = (-20, 7)$ がえられた．一般解をえるには，もとの方程式から
$$29 \cdot (-20) + 83 \cdot 7 = 1$$
を引いて
$$29(x+20) + 83(y-7) = 0$$
とし，29と83が互いに素であることから，この解が
$$x + 20 = 83k$$
$$y - 7 = -29k$$
ここで k は任意の整数

と書けることを使えばよい．結局，求める一般解は
$$(x, y) = (-20 + 83k, \ 7 - 29k)$$
ここで k は任意の整数

だとわかる．

(2) これはつぎの事実に注目すればよい．

整数 x について $29x \equiv 1 \bmod 83$
$\iff$ 整数 x について $29x + 83y = 1$ となる整数 y がある
$\iff$ 整数 x, y が $29x + 83y = 1$ をみたす
$\iff (x, y) = (-20 + 83k, \ 7 - 2k)$，ここで k は整数

だから，求める整数解は
$$x \equiv -20 \bmod 83$$
となる．$x \equiv 63$ といっても同じことだ． □

やさしい練習が終わったところで，ややマニアックな問題に挑戦してみよう．

問題7 $11111111111x + 121932306048y = 1$ の整数解 x, y を求めよ．

問題6の解答をまねればいいだけだ．まず，ユークリッド互除法の結果はつぎのようになる．
$121932306048 = 10 \cdot 11111111111 + 10821194938$
$11111111111 = 1 \cdot 10821194938 + 28991673$
$10821194938 = 37 \cdot 289916173 + 94296537$
$289916173 = 3 \cdot 94296537 + 7026562$
$94296537 = 13 \cdot 7026562 + 2951231$
$7026562 = 2 \cdot 2951231 + 1124100$
$2951231 = 2 \cdot 1124100 + 703031$
$1124100 = 1 \cdot 703031 + 421069$
$703031 = 1 \cdot 421069 + 281962$
$421069 = 1 \cdot 281962 + 139107$
$281962 = 2 \cdot 139107 + 3748$
$139107 = 37 \cdot 3748 + 431$
$3748 = 8 \cdot 431 + 300$
$431 = 1 \cdot 300 + 131$
$300 = 2 \cdot 131 + 38$
$131 = 3 \cdot 38 + 17$
$38 = 2 \cdot 17 + 4$
$17 = 4 \cdot 4 + 1$

このあとも機械的な作業をするだけだが，このままではかなりキツイ．そこで，記号を導入しておく．まず，互除法の出発点を
$$v_1 = 121932306048$$
$$v_2 = 11111111111$$
とし，以後，v_k を v_{k+1} で割った余りを v_{k+2} と書くことにすると，上の結果は，
$v_3 = v_1 - 10 \cdot v_2$
$v_4 = v_2 - 1 \cdot v_3$
$v_5 = v_3 - 37 \cdot v_4$
$v_6 = v_4 - 3 \cdot v_5$
$v_7 = v_5 - 13 \cdot v_6$
$v_8 = v_6 - 2 \cdot v_7$
$v_9 = v_7 - 2 \cdot v_8$
$v_{10} = v_8 - 1 \cdot v_9$
$v_{11} = v_9 - 1 \cdot v_{10}$
$v_{12} = v_{10} - 1 \cdot v_{11}$
$v_{13} = v_{12} - 2 \cdot v_{12}$
$v_{14} = v_{12} - 37 \cdot v_{13}$
$v_{15} = v_{13} - 8 \cdot v_{14}$
$v_{16} = v_{14} - 1 \cdot v_{15}$
$v_{17} = v_{15} - 2 \cdot v_{16}$
$v_{18} = v_{16} - 3 \cdot v_{17}$
$v_{19} = v_{17} - 2 \cdot v_{18}$
$1 = v_{18} - 4 \cdot v_{19}$

と書ける．これを連立方程式とみて $v_3, v_4, v_5, \cdots, v_{19}$ を消去すれば，v_1 と v_2 に関する1次がえられるはずだ．消去はいたって簡単．たとえば，
$$1 = -4 \cdot v_{19} + v_{18}$$
からスタートして，右辺に順に，$v_{19}, v_{18}, v_{17}, \cdots, v_3$ を代入していけばよい．やってみよう

$$\begin{aligned}
1 &= 9v_{18} - 4v_{17}\\
&= 9v_{16} - 31v_{17}\\
&= 71v_{16} - 31v_{15}\\
&= 71v_{14} - 102v_{15}\\
&= 887v_{14} - 102v_{13}\\
&= 887v_{12} - 32921v_{13}\\
&= 66729v_{12} - 32921v_{11}\\
&= 66729v_{10} - 99650v_{11}\\
&= 166379v_{10} - 99650v_{9}\\
&= 166379v_{8} - 266029v_{9}\\
&= 698437v_{8} - 266029v_{7}\\
&= 698437v_{6} - 1662903v_{7}\\
&= 22316176v_{6} - 1662903v_{5}\\
&= 22316176v_{4} - 68611431v_{5}\\
&= 2560939123v_{4} - 68611431v_{3}\\
&= 2560939123v_{2} - 2629550554v_{3}\\
&= 28856444663v_{2} - 2629550554v_{1}
\end{aligned}$$

つまり,
$$11111111111 \cdot 28856444663$$
$$+ 121932306048 \cdot (-2629550554) = 1$$
がえられる．言葉をかえると，
$$x = 28856444663$$
$$y = -2629550554$$
が方程式
$$11111111111x + 121932306048y = 1$$
の整数解のひとつになっている．

したがって，（問題6と同様にして）一般解は
$$x = 28856444663 + 121932306048k$$
$$y = -2629550554 - 11111111111k$$

ここで，k は任意の整数

となる． □

問題 8 $11111111111d \equiv 1 \bmod 121932306048$
をみたす121932306048よりも小さな正整数 d を求めよ．

問題7の結果を使えば簡単．求める正整数 d は $d = 28856444663$ だけだとわかる． □

参考文献

[1] Sarah Flannery, "Cryptography : An Investigation of a New Algorithm vs. the RSA",
http://www.cayley-purser.ie/

[2] 数論，整数論，初等数論，初等整数論などのタイトルの適当な入門書（どれもみな，はじめの部分には，似たようなことが書かれているようだ．かつては，高木貞治の『初等整数論講義』が標準的なテキストとされていたが，コンピュータのない時代に書かれたものだけに気になる部分もある．）

少女と暗号

16歳で新しい暗号システムを考察してしまったアイルランドの少女サラ・フラネリーのアイデアについて紹介する．

0．RSA暗号

現在利用されている暗号（RSA暗号）について簡単におさらいしておこう．RSA暗号には公開鍵と秘密鍵が必要であった．公開鍵は平文（正整数）を暗号文（正整数）に変換するための鍵，秘密鍵は暗号文をもとにもどすための鍵だ．公開鍵は暗号文と一緒に公開されるので，だれでも見れ，したがって，だれでも暗号文を作ることはできるが，秘密鍵は暗号文の受信者しかもっていないことにする．公開鍵と秘密鍵の作り方はつぎのようであった．

公開鍵と秘密鍵の作り方

1. 素数 p, q（$p \neq q$）を選ぶ．
2. $n = pq$ を求める．
3. $r = (p-1)(q-1)$ を求める．
4. r と互いに素で r より小さな正整数 e を選ぶ．
5. (e, n) を公開鍵とする．
6. $de \equiv 1 \bmod r$ となる正整数 d を求める．
7. (d, n) を秘密鍵とする．

暗号化

公開鍵 (c, n) を使って，平文 P（n よりも小さな正整数とする）を暗号文に変換することを P の暗号化というわけだが，この変換は P に「P の e 乗を n で割った余り」C を対応させる操作のことだとする．同じことだが，平文 P に

$$P^e \equiv C \bmod n$$
$$0 \leq C < n$$

となる C（暗号文）を対応させる操作だといってもよい．

復号化（暗号解読）

暗号文 C の d 乗を n で割った余りがもとの平文 P となる．つまり，

$$C^d \equiv P \bmod n$$
$$0 \leq P < n$$

となる．

サラの暗号も，このRSA暗号のように公開鍵と秘密鍵を使って平文の暗号化と暗号文の解読を行う点では同じだ．サラの場合，単なる整数ではなく，2×2行列を使うところが面白い．サラ自身はそれをケーリー・パーサー（Cayley-Purser）暗号と呼んでいる．ケーリー（Arthur Cayley）は行列の先駆的研究者として知られる19世紀イギリスの数学者で，パーサー（Michael Purser）はサラに行列を使う暗号のアイデアのヒントを教えてくれた暗号学者だ．

1．2×2行列から

サラが利用した2×2行列を簡単に説明しよう．そのためにはちょっと準備が必要になる．まず，正整数 n について，整数を n で割った余りの全体を Z_n と書く．つまり，

$$Z_n = \{0, 1, 2, \cdots, n-1\}$$

である．この Z_n には自然な和と積が定義できる（それも含めてこの記号を使うことにする）．余りどうしの和や積を，普通に和や積をとったものを n で割った余りだと考えればいいわけだ．もちろん，差も自然に定義できるが，（0以外によるものでも）商は定義できるとはかぎらない．n が素数の場合だけは，0以外による商も定義できて余りの全体は「体（たい）」になることがいえるが，サラの暗号で使われるのは n が2個の素数の積になっている場合なので，商が定義できるとはかぎらない．

問題1 Z_5 と Z_6 の和と積について調べよ．

Z_5 の場合，たとえば，2+4 は（普通に計算すると 6 だから 5 で割った余りにして）1 となる．また，3·4 は（普通に計算すると 12 だから 5 で割った余りにして）2 となる．このようにして，まず，Z_5 の元どうしの和の表を作ると，

+	0	1	2	3	4
0	0	1	2	3	4
1	1	2	3	4	0
2	2	3	4	0	1
3	3	4	0	1	2
4	4	0	1	2	3

となることがわかる．この表からわかるように，Z_5 の元には和の意味の逆元，つまり和をとったときに 0 となる元，がかならずひとつだけ存在する．また，積の表は，

×	0	1	2	3	4
0	0	0	0	0	0
1	0	1	2	3	4
2	0	2	4	1	3
3	0	3	1	4	2
4	0	4	3	2	1

となる．この表から，Z_5 の 0 以外の元には積の意味の逆元，つまり積をとると 1 になる元がかならずただひとつだけ存在することがわかる．つまり，Z_5 は体の構造をもっている．つぎに，Z_6 の元どうしの和の表は，

+	0	1	2	3	4	5
0	0	1	2	3	4	5
1	1	2	3	4	5	0
2	2	3	4	5	0	1
3	3	4	5	0	1	2
4	4	5	0	1	2	3
5	5	0	1	2	3	4

となる．和の意味の逆元の存在はすぐにわかる．また，積の表は，

×	0	1	2	3	4	5
0	0	0	0	0	0	0
1	0	1	2	3	4	5
2	0	2	4	0	2	4
3	0	3	0	3	0	3
4	0	4	2	0	4	2
5	0	5	4	3	2	1

となる．これを見ると積の意味では，1 と 5 には逆元（自分自身）が存在するが（0 と）2, 3, 4 には逆元が存在しないことがわかる．つまり，Z_6 は体にはなっていない． □

Z_n の元を成分とする 2×2 行列の全体を $M(Z_n)$ と書き，$M(Z_n)$ の元で行列の積に関して逆元をもつものの全体を $GL(Z_n)$ という記号で表すことにしよう．$GL(Z_n)$ が行列の積に関して閉じていることはいうまでもない．ここで，$M(Z_n)$ の成分どうしの積というのは，普通の行列としての積をとってからそれぞれの成分を n で割った余りに置き換えたもののことだとする．整数行列を $\bmod n$ で考えたものだといっても同じことだ．

問題 2 $GL(Z_2)$ の元をすべて求め，それらどうしの積の表を作れ．

一般に $A \in M(Z_n)$ のとき，
$A \in GL(Z_n) \Longleftrightarrow \det(A) \in Z_n$ が逆元をもつ
となることに注意しよう．（ヒント：通常の逆行列の公式を思い出せばわかる．）つまり，$M(Z_2)$ の 16 個の元

$$\begin{pmatrix} 0 & 0 \\ 0 & 0 \end{pmatrix}, \begin{pmatrix} 0 & 0 \\ 0 & 1 \end{pmatrix}, \begin{pmatrix} 0 & 0 \\ 1 & 0 \end{pmatrix}, \begin{pmatrix} 0 & 0 \\ 1 & 1 \end{pmatrix},$$

$$\begin{pmatrix} 0 & 1 \\ 0 & 0 \end{pmatrix}, \begin{pmatrix} 0 & 1 \\ 0 & 1 \end{pmatrix}, \begin{pmatrix} 0 & 1 \\ 1 & 0 \end{pmatrix}, \begin{pmatrix} 0 & 1 \\ 1 & 1 \end{pmatrix},$$

$$\begin{pmatrix} 1 & 0 \\ 0 & 0 \end{pmatrix}, \begin{pmatrix} 1 & 0 \\ 0 & 1 \end{pmatrix}, \begin{pmatrix} 1 & 0 \\ 1 & 0 \end{pmatrix}, \begin{pmatrix} 1 & 0 \\ 1 & 1 \end{pmatrix},$$

$$\begin{pmatrix} 1 & 1 \\ 0 & 0 \end{pmatrix}, \begin{pmatrix} 1 & 1 \\ 0 & 1 \end{pmatrix}, \begin{pmatrix} 1 & 1 \\ 1 & 0 \end{pmatrix}, \begin{pmatrix} 1 & 1 \\ 1 & 1 \end{pmatrix}$$

のうちで，逆元をもつものは，

$$\begin{pmatrix} 0 & 1 \\ 1 & 0 \end{pmatrix}, \begin{pmatrix} 0 & 1 \\ 1 & 1 \end{pmatrix}, \begin{pmatrix} 1 & 0 \\ 0 & 1 \end{pmatrix}, \begin{pmatrix} 1 & 0 \\ 1 & 1 \end{pmatrix},$$

$$\begin{pmatrix} 1 & 1 \\ 0 & 1 \end{pmatrix}, \begin{pmatrix} 1 & 1 \\ 1 & 0 \end{pmatrix}$$

の 6 個である．（Z_2 においては「$-1=1$」であることに注意してほしい．）これらを順に，A, B, C, D, E, F と書くと，積の表は，

	A	B	C	D	E	F
A	C	E	A	F	B	D
B	D	F	B	E	A	C
C	A	B	C	D	E	F
D	B	A	D	C	F	E
E	F	D	E	B	C	A
F	E	C	F	A	D	B

となる．この表は，たとえば，$B \cdot E = A$，$E \cdot B = D$ などのように見るものとする．したがって，$GL(Z_2)$ は 6 個の元からなる積（単位元は C で一般に積は交換可能でない）について閉じた集合でどの元も逆元をもっていることがわかる．さらに，行列なので積についての結合律もなりたっている（つまり群となっている）．

$GL(Z_3)$，$GL(Z_5)$ などについても同じようにやってみたいところだが，それは読者にまかせて，あとで，その元の個数だけを求めておこう．その前に n が素数の場合とそうでない場合との違いについて見ておく．

問題 3 $GL(Z_6)$ の元
$$\begin{pmatrix} 3 & 2 \\ 2 & 5 \end{pmatrix}$$
の逆元があればそれを求めよ．

$$\begin{pmatrix} 3 & 2 \\ 2 & 5 \end{pmatrix} \begin{pmatrix} x & y \\ z & w \end{pmatrix} = \begin{pmatrix} 1 & 0 \\ 0 & 1 \end{pmatrix}$$

つまり，連立方程式
$$3x + 2z = 1$$
$$3y + 2w = 0$$
$$2x + 5z = 0$$
$$2y + 5w = 1$$
を Z_6 内で解いて
$$x = 1, \ y = 2, \ z = 2, \ w = 3$$
したがって，逆元は存在して，
$$\begin{pmatrix} 1 & 2 \\ 2 & 3 \end{pmatrix}$$
だとわかる． □

ついでながら，
$$\begin{pmatrix} 1 & 2 \\ 2 & 3 \end{pmatrix} \begin{pmatrix} 3 & 2 \\ 2 & 5 \end{pmatrix} = \begin{pmatrix} 1 & 0 \\ 0 & 1 \end{pmatrix}$$

でもあることにも注意しておこう．一般に，Z_n を係数とする行列
$$\begin{pmatrix} a & b \\ c & d \end{pmatrix}$$
が逆元をもつためには，その行列式 $ad - bc$ が逆数 $(ad-bc)^{-1}$ をもつことが必要十分な条件となり，そのとき，もとの行列の逆元は
$$\begin{pmatrix} d(ad-bc)^{-1} & -b(ad-bc)^{-1} \\ -c(ad-bc)^{-1} & a(ad-bc)^{-1} \end{pmatrix}$$
と書ける．問題 3 の場合，行列式は $3 \cdot 5 - 2 \cdot 2 = -1 = 5$ なので，$5^{-1} = 5$ となっていることから，逆元は存在して，
$$\begin{pmatrix} 1 & 2 \\ 2 & 3 \end{pmatrix}$$
だとわかる．

問題 4 p を素数とするとき，$GL(Z_p)$ の元の個数を求めよ．

$$\begin{pmatrix} a & b \\ c & d \end{pmatrix}$$
が $GL(Z_p)$ の元であるための必要十分条件は「$a, b, c, d \in Z_n$ かつ $ad - bc \in Z_n$ が 0 でない」ことだ．任意の $(a, b) \neq (0, 0)$ に対して，$a \neq 0$ ならば c を任意に選ぶことができ，このとき $ad - bc = 0$ となるような d は 1 個しかない．また $a = 0$ ならば d を任意に選ぶことができ，$ad - bc = 0$ となるような c は 1 個（$c = 0$）しかない．したがって，とりうる場合の数は $(p^2 - 1)p(p-1)$，つまり，$p(p+1)(p-1)^2$ となる．いいかえると，$GL(Z_p)$ の元の個数は $p(p+1)(p-1)^2$ 個だとわかる． □

サラの暗号で利用されるのは，$n = pq$（ここで p, q は異なる素数とする）のときの一般線形群 $GL(Z_n)$ である．この $GL(Z_n)$ の元の個数についても考えてみてほしい．

課題 1 p, q を異なる素数とし，$n = pq$ とするとき，$GL(Z_n)$ の元の個数を求めよ．

自然な方法で，$GL(Z_n)$ の元から $GL(Z_p)$ と $GL(Z_q)$ の元を定めることができ，逆に，$GL(Z_p)$

と $GL(Z_q)$ の元から $GL(Z_n)$ の元を定めることができるので，
$$pq(p+1)(q+1)(p-1)^2(q-1)^2$$
となる． □

2．サラのアイデア

形式的にサラの暗号について整理すると，つぎのようになる．

公開鍵と秘密鍵

1．素数 p, q $(p \neq q)$ を選ぶ．
2．$n = pq$ を求める．
3．$C \neq ACA$ となる $C, A \in GL(Z_n)$ を選ぶ．
4．$B = C^{-1}A^{-1}C$ を求める．
5．正整数 r を任意に選んで $G = C^r$ を求める．
6．(A, B, G, n) を公開鍵とする．
7．正整数 s を任意に選んで $D = G^s$ を求める．
8．$E = D^{-1}AD$ と $K = D^{-1}BD$ を求める．
9．C を秘密鍵とする．

暗号化

公開鍵 (A, B, G, n) と勝手に選んだ正整数 s から K を作り，平文 $P \in GL(Z_n)$ を暗号文に変換することを P の暗号化というわけだが，この変換は P に $P' = KPK$ を対応させる操作のことだとする．この暗号文は E と一緒に送信する．E, K は公開鍵からすぐに作れることに注意してほしい．

復号化（暗号解読）

暗号文 P' と E を受信すると，まず，$L = C^{-1}EC$ を求める．このとき，$LP'L = P$（平文）となる．

問題5 $p = 3$，$q = 5$ として，公開鍵と秘密鍵の例をひとつ作れ．また，これらの鍵を使って，平文 $P = \begin{pmatrix} 7 & 9 \\ 11 & 13 \end{pmatrix}$ を暗号化せよ．また，この暗号文を P' と書くとき，$LP'L = P$ となることを確かめよ．

$C \neq ACA$ となる $C, A \in GL(Z_{15})$ を選ぶところは自由度がありすぎかえってとまどうが，適当にきめて $C \neq ACA$ となっていることを見れば十分だ．たとえば，C, A として，
$$\begin{pmatrix} 5 & 6 \\ 7 & 8 \end{pmatrix}, \begin{pmatrix} 5 & 7 \\ 9 & 10 \end{pmatrix}$$
を選んでみよう．このとき，たしかに，
$$\begin{pmatrix} 5 & 7 \\ 9 & 10 \end{pmatrix}\begin{pmatrix} 5 & 6 \\ 7 & 8 \end{pmatrix} = \begin{pmatrix} 14 & 11 \\ 10 & 14 \end{pmatrix}$$
だから，
$$\begin{pmatrix} 5 & 7 \\ 9 & 10 \end{pmatrix}\begin{pmatrix} 5 & 6 \\ 7 & 8 \end{pmatrix}\begin{pmatrix} 5 & 7 \\ 9 & 10 \end{pmatrix}$$
$$= \begin{pmatrix} 14 & 11 \\ 10 & 14 \end{pmatrix}\begin{pmatrix} 5 & 7 \\ 9 & 10 \end{pmatrix}$$
$$= \begin{pmatrix} 4 & 13 \\ 11 & 0 \end{pmatrix}$$
となって C とは等しくない．また，C の行列式$=13$ だから（C の行列式）$^{-1}=7$ となり，C^{-1} は，
$$\begin{pmatrix} 8 \cdot 7 & -6 \cdot 7 \\ -7 \cdot 7 & 5 \cdot 7 \end{pmatrix} = \begin{pmatrix} 11 & 3 \\ 11 & 5 \end{pmatrix}$$
となる．さらに，A の行列式$=2$ だから（A の行列式）$^{-1}=8$ となり，A^{-1} は，
$$\begin{pmatrix} 10 \cdot 8 & -7 \cdot 8 \\ -9 \cdot 8 & 5 \cdot 8 \end{pmatrix} = \begin{pmatrix} 5 & 4 \\ 3 & 10 \end{pmatrix}$$
となる．これらから，B は
$$\begin{pmatrix} 11 & 3 \\ 11 & 5 \end{pmatrix}\begin{pmatrix} 5 & 4 \\ 3 & 10 \end{pmatrix}\begin{pmatrix} 5 & 6 \\ 7 & 8 \end{pmatrix}$$
つまり，
$$\begin{pmatrix} 13 & 1 \\ 3 & 2 \end{pmatrix}$$
だとわかる．$r = 3$ として，$G = C^3$，つまり，
$$\begin{pmatrix} 11 & 6 \\ 12 & 14 \end{pmatrix}$$
とし，公開鍵を作る，

今度は，$s = 2$ として，$D = G^2$，つまり，
$$\begin{pmatrix} 13 & 0 \\ 0 & 13 \end{pmatrix}$$
とする．このとき，D^{-1} は
$$\begin{pmatrix} 7 & 0 \\ 0 & 7 \end{pmatrix}$$
となるので，$E = D^{-1}AD$ と $K = D^{-1}BD$ はそれぞれ，

$$\begin{pmatrix} 5 & 7 \\ 9 & 10 \end{pmatrix}, \begin{pmatrix} 13 & 1 \\ 3 & 2 \end{pmatrix}$$

となる．最後に，$L = C^{-1}EC$ を求めると，
$$\begin{pmatrix} 4 & 13 \\ 9 & 11 \end{pmatrix}$$

したがって，$P' = KPK$ は
$$\begin{pmatrix} 6 & 2 \\ 13 & 14 \end{pmatrix}$$

ということになる．さらに，$LP'L$ を求めると，
$$\begin{pmatrix} 7 & 9 \\ 11 & 13 \end{pmatrix}$$

つまり，P にもどることが確かめられる．つまり，暗号解読が成功した． □

数値的な例を作って計算するのは意外に疲れる．証明だけでよければ，はじめから一般的に考察してしまえばよい．

問題 6 サラによる暗号化と暗号解読がうまく機能することを確かめよ．

定義によって，
$$\begin{aligned} L &= C^{-1}EC \\ &= C^{-1}(D^{-1}AD)C \\ &= (C^{-1}D^{-1})A(DC) \end{aligned}$$
ここで，$CD = DC$ であることに注意すると，
$$\begin{aligned} &= (D^{-1}C^{-1})A(CD) \\ &= D^{-1}(C^{-1}AC)D \\ &= D^{-1}(C^{-1}A^{-1}C)^{-1}D \end{aligned}$$
ここで，$B = C^{-1}A^{-1}C$ から，
$$\begin{aligned} &= D^{-1}B^{-1}D \\ &= (D^{-1}BD)^{-1} \\ &= K^{-1} \end{aligned}$$
つまり，
$$L = K^{-1}$$
となることがわかった．
したがって，
$$\begin{aligned} LP'L &= L(KPK)L = (LK)P(KL) \\ &= (K^{-1}K)P(KK^{-1}) = P \end{aligned}$$
となることが確かめられた． □

これを見ればわかるように，サラの暗号の場合には $n = pq$（p, q は異なる素数）という条件は暗号化と解読そのものにとっては必ずしも必要ではない．そこに登場する行列がそこで指定されている関係さえみたしていればそれでいいわけだが，暗号としての実用性ということになると $n = pq$（p, q は異なる素数）の場合を考えるのが適当だということだろう．

問題 7 公開鍵の $n = 15$，かつ，A, B, G がそれぞれ
$$\begin{pmatrix} 5 & 9 \\ 12 & 14 \end{pmatrix}, \begin{pmatrix} 2 & 12 \\ 6 & 5 \end{pmatrix}, \begin{pmatrix} 8 & 7 \\ 14 & 3 \end{pmatrix}$$
のとき，暗号文と E がそれぞれ
$$\begin{pmatrix} 1 & 12 \\ 11 & 2 \end{pmatrix}, \begin{pmatrix} 5 & 9 \\ 12 & 14 \end{pmatrix}$$
であったとして，これらの情報だけでこの暗号を解読せよ．

秘密鍵 C さえわかればいいわけだが，そのためには，A, B, G のみの情報から，
$$B = C^{-1}A^{-1}C$$
つまり，
$$ACB = C$$
$$G = C^r$$
となる C と正整数 r を発見すればよい．このためには，C を
$$\begin{pmatrix} x & y \\ z & w \end{pmatrix}$$
とおいて，x, y, z, w に関する連立1次方程式
$$\begin{pmatrix} 5 & 9 \\ 12 & 14 \end{pmatrix} \begin{pmatrix} x & y \\ z & w \end{pmatrix} \begin{pmatrix} 2 & 12 \\ 6 & 5 \end{pmatrix} = \begin{pmatrix} x & y \\ z & w \end{pmatrix}$$
つまり，
$$\begin{aligned} 9x \quad\quad + 3z + 9w &= 0 \\ 9y + 3z \quad\quad &= 0 \\ 9x + 12y + 12z + 9w &= 0 \\ 9x \quad\quad + 3z + 9w &= 0 \end{aligned}$$
を Z_{15} の中で解けばよい．ところが，この方程式には（$n = 15$ などという簡単な場合にもかかわらず）2025個もの解が存在するのである．課題1の結果によると，$GL(Z_{15})$ の元の個数は23040だから，その中の10%近くが可能性をもつことになる．その解のひとつひとつについて，適当な正整数 r があって，
$$G = C^r$$

となるかどうかをチェックしなければならないのだから，その作業はかなり大変だ！ n が十分に大きい場合には n の素因数分解も困難なら，C の計算も絶望的だと思われる．そして，このことがサラの暗号を強力なものにしているのだ！ 一応，答だけを書いておくと，この場合，C は

$$\begin{pmatrix} 13 & 11 \\ 7 & 3 \end{pmatrix}$$

そして $r=4$ となることがわかる．こうして，$L=C^{-1}EC$ は

$$\begin{pmatrix} 5 & 6 \\ 3 & 14 \end{pmatrix}$$

となり，求める平文は

$$\begin{pmatrix} 5 & 6 \\ 3 & 14 \end{pmatrix} \begin{pmatrix} 1 & 12 \\ 11 & 2 \end{pmatrix} \begin{pmatrix} 5 & 6 \\ 3 & 14 \end{pmatrix}$$

を計算して，

$$\begin{pmatrix} 1 & 9 \\ 2 & 8 \end{pmatrix}$$

だとわかる． □

　サラのレポートにはRSA暗号とサラ自身のCP暗号（ケーリー・パーサー暗号）の実験的な性能の比較結果が書かれている．それによると，n を10200桁（p,q とも100桁以上の素数）の正整数にし，アルファベットで1769文字の文章（マックス・エールマンの詩「デシデラータ」）を数字列化したものを暗号化・復号化してその時間を測定したところ，RSA アルゴリズムによる暗号化には42秒，復号化には41秒程度かかったのに，CP アルゴリズムの場合にはそれぞれ2秒もかからなかったという．文字数を増やしても同じようなものらしいので，RSA よりも CP の方がはるかに効率的であることを示している．

　もちろん，暗号化と復号化の速度が速いだけではダメだ．公開鍵だけで暗号を解読するために必要な時間が絶望的なほどに長くなければ意味がない．この点でもサラの暗号は RSA 暗号よりも（現時点では）すぐれている．とはいうものの，しばらく時間をかけてみなければ危なくて実用化はできないらしい．というのも，ひょっとすると，サラの暗号をパッと解いてしまう画期的なアイデアが出現しないとも限らないからだ．

参考文献

Sara Flannery, "Cypto graphy : An Investigation of a New Algorithm vs. the RSA",
　　http://www.cayley-purser.ie/ および
　　http://cryptome.org/flannery-cp.htm
前者にはミスプリがいくつかあるが後者ではそれが訂正されている．また，前者には「!=」という見慣れない記号が出てくる．後者では「/＝」に変更されているがこれもわかりにくい．いずれも「≠」を意味している．

VII 曲面の顔

連立高次方程式

単に「連立方程式」といえば，まぁ，普通は「連立1次方程式」のことだろうが，ここでは必ずしも1次とは限らない方程式からなるある具体的な3元連立方程式について考えてみたい．2元連立方程式の場合だと曲線と曲線の交点を求める問題にほかならないが，3元の場合には曲面の交わりを求める問題になるので議論がちょっとやっかいだ．それでもガンバっていると曲面についての面白い情報がえられてしまう．

1．キックオフ

まず，過去の入試問題から．

問題1 3つの実数 x, y, z が $x+y+z=3$, $x^2+y^2+z^2=9$, $x^3+y^3+z^3=21$ をみたす．ただし，$x \leq y \leq z$ とする．
 1) xyz の値を求めよ．
 2) x, y, z の値を求めよ．

[同志社大学]

 1) 恒等式
$$(x+y+z)^3 = x^3+y^3+z^3 + 3(x^2y+xy^2+y^2z+yz^2+z^2x+zx^2)+6xyz$$
$$(x+y+z)(x^2+y^2+z^2)-(x^3+y^3+z^3)$$
$$= x^2y+xy^2+y^2z+yz^2+z^2x+zx^2$$
から，
$$6xyz = (x+y+z)^3-(x^3+y^3+z^3)-$$
$$3((x+y+z)(x^2+y^2+z^2)-(x^3+y^3+z^3))$$
$$=(x+y+z)^3-3(x+y+z)(x^2+y^2+z^2)+2(x^3+y^3+z^3)$$
$$=3^3-3\cdot3\cdot9+2\cdot21=-12$$
つまり，$xyz=-2$ となる．
 2) 恒等式
$$(x+y+z)^2 = x^2+y^2+z^2+2(xy+yz+zx)$$
から
$$xy+yz+zx = ((x+y+z)^2 - (x^2+y^2+z^2))/2 = 0$$
したがって
$$x+y+z=3$$
$$xy+yz+zx=0$$
$$xyz=-2$$
いいかえると，x, y, z は3次方程式
$$t^3-3t^2+2=(t-1)(t^2-2t-2)=0$$
の解．これを解くと
$$t=1,\ 1\pm\sqrt{3}$$
したがって
$$x=1-\sqrt{3},\ y=1,\ z=1+\sqrt{3}$$
となる． □

これとまったく同じようにして，つぎの問題2を解くことができる．

問題2 つぎの連立方程式を解け．
$$x+y+z=3$$
$$x^2+y^2+z^2=9$$
$$x^3+y^3+z^3=21$$

問題1の解答はどこにも x, y, z が実数だという条件を使っていないので，この問題2の解答にもなっている．この連立方程式は実解しかもたないことがわかったわけだ．ただし，ここでは，$x \leq y \leq z$ という条件はないので，求める解 (x, y, z) は
$(1-\sqrt{3}, 1, 1+\sqrt{3})$, $(1-\sqrt{3}, 1+\sqrt{3}, 1)$,
$(1, 1-\sqrt{3}, 1+\sqrt{3})$, $(1, 1+\sqrt{3}, 1-\sqrt{3})$,
$(1+\sqrt{3}, 1-\sqrt{3}, 1)$, $(1+\sqrt{3}, 1, 1-\sqrt{3})$
の合計6個となる． □

ところで，連立1次方程式を解くときには，未知数をつぎつぎと消去していけば機械的に解くことができた．いわゆる「消去法」というヤツだ．問題2のような連立高次方程式の場合にも「消去法」のような解答が可能なのか？

2．消去法を試す

「消去法」といっても連立1次方程式の場合

とはちがって，与えられた方程式を何倍かして加えるというような操作だけではうまくいかない．もっと強引な方法を考えてみよう．

問題 3 つぎの連立方程式を消去法によって解け．
$$x+y+z=3$$
$$x^2+y^2+z^2=9$$
$$x^3+y^3+z^3=21$$

第 1 式から
$$z=3-x-y \tag{1}$$
となるが，これを第 2 式に代入して整理すると，
$$x^2+xy+y^2-3x-3y=0 \tag{2}$$
また，第 3 式に代入して整理すると，
$$x^2y+xy^2-3x^2-6xy-3y^2+9x+9y-2=0 \tag{3}$$
となる．(2) を y の方程式と見て解くと，
$$y=(3-x\pm\sqrt{3}\sqrt{3+2x-x^2})/2 \tag{4}$$
これを (3) に代入すると，
$$x^3-3x^2+2=0$$
がえられる．これを解いて，
$$x=1, 1+\sqrt{3}, 1-\sqrt{3}$$
これらを (4) に代入すると y がきまり，さらにこうしてえられた x,y を (1) に代入すると z もきまる．こうして，すでに問題 2 で計算ずみの 6 組の解がえられる． □

問題 1 の解答のように基本対称式を利用するほうがエレガントかもしれない．でも，もとの方程式が対称式の形になっていない場合にはお手上げになる．したがって，問題 3 のような強引な解法のほうが「普遍的」だともいえる．当然ながら，最終的に解くべき方程式の形が同じになることにも注意してほしい．

中途半端な方法かもしれないが，(2) と (3) のかわりにそれらを変形した
$$(x+y)^2-xy-3(x+y)=0 \tag{5}$$
$$xy(x+y)-3(x+y)^2+9(x+y)-2=0 \tag{6}$$
を解く方法も考えられる．(5)×$(x+y)$+(6) として xy を消去し，
$$(x+y)^3-6(x+y)^2+9(x+y)-2=0$$
を解いて
$$x+y=2, 2+\sqrt{3}, 2-\sqrt{3}$$

あとは (5) を使って（順に）
$$xy=-2, 1+\sqrt{3}, 1-\sqrt{3}$$
として，3 個の方程式
$$t^2-2t-2=0$$
$$t^2-(2+\sqrt{3})t+1+\sqrt{3}=0$$
$$t^2-(2-\sqrt{3})t+1-\sqrt{3}=0$$
を解いて，合計 6 組の (x,y)，したがって，求める 6 組の (x,y,z) がえられる．

3．幾何学的に考える

2 元連立 1 次方程式の場合には 2 本の直線の共通点が解を与え，3 元連立 1 次方程式の場合には 3 個の平面の共通点が解を与えるわけだが，2 次以上の方程式が顔を出しても同じことだ．ただ，その場合，直線や平面のかわりに曲線や曲面が出現することになるので直観的なイメージはかなりつかみにくくなるかもしれない．

問題 4 つぎの連立方程式を解け．
$$x+y+z=3$$
$$x^2+y^2+z^2=9$$

「解け」といわれても，通常の連立方程式のように有限個の解がきまるわけではない．図形的に考えれば，これは，平面 $x+y+z=3$ と球面 $x^2+y^2+z^2=9$ の交線（円周）を求める問題にほかならない．どう書けば「解答」だといえるのかは不明だが，たとえば，連立方程式
$$z=\sqrt{3}$$
$$x^2+y^2+z^2=9$$
の解（平面 $z=\sqrt{3}$ 上の半径 $\sqrt{6}$ の円周）はパラメータ θ を使って
$$(x,y,z)=(\sqrt{6}\cos\theta, \sqrt{6}\sin\theta, \sqrt{3}),$$
$$0\leq\theta<2\pi \tag{6}$$
と書けることがすぐにわかる．これをまねて，この場合の円周についてもパラメータで表示することを試みよう．

問題の平面と球面の交線が，点 $(1,1,1)$ を中心とする（平面 $x+y+z=3$ 上の）半径 $\sqrt{6}$ の円周であることはすぐにわかるが，これを適当なパラメータを使って表わすのはちょっとメンドウかもしれない．しかし，円周 (6) を，まず x 軸を回転軸として適当に回転（回転角を α とする）し，つぎに z 軸を回転軸として適当に回転

（回転角を β とする）すれば，求める円周がえられるはず．そこで，α と β をどのように選べばいいかを考えよう．回転によって点 $(0, 0, \sqrt{3})$ を点 $(1, 1, 1)$ に重ねればいいわけだ．

ところで，点 $(0, 0, \sqrt{3})$ を x 軸のまわりに α だけ回転（y 軸の正の方向から z 軸の正の方向に向かう回転方向を正とする）すると，
$$点 \ (0, -\sqrt{3}\sin\alpha, \sqrt{3}\cos\alpha)$$
となり，これをさらに z 軸のまわりに β だけ回転（x 軸の方向から y 軸の正の方向に向かう回転方向を正とする）すると，
$$点 \ (\sqrt{3}\sin\alpha\sin\beta, -\sqrt{3}\sin\alpha\cos\beta, \sqrt{3}\cos\alpha)$$
となることが（地球儀における緯度と経度のアイデアをまねて図示することによって）わかる．これが，点 $(1, 1, 1)$ になってほしいのだから，
$$\sqrt{3}\sin\alpha\sin\beta = 1$$
$$\sqrt{3}\sin\alpha\cos\beta = -1$$
$$\sqrt{3}\cos\alpha = 1$$
となるようにすればよい．つまり，たとえば，
$$\cos\alpha = 1/\sqrt{3}$$
$$\sin\alpha = -\sqrt{2}/\sqrt{3}$$
$$\cos\beta = 1/\sqrt{2}$$
$$\sin\beta = -1/\sqrt{2}$$
となるようにすればいいわけだ．

ところで，円周(6)上の
$$点 \ (\sqrt{6}\cos\theta, \sqrt{6}\sin\theta, \sqrt{3})$$
を x 軸のまわりに α だけ回転すると，
$$点 \ (\sqrt{6}\cos\theta, \sqrt{6}\cos\alpha\sin\theta - \sqrt{3}\sin\alpha, \sqrt{6}\sin\alpha\sin\theta + \sqrt{3}\cos\alpha)$$

つまり，
$$点 \ (\sqrt{6}\cos\theta, \sqrt{2} + \sqrt{2}\sin\theta, 1 - 2\sin\theta)$$
となる．この点を，さらに z 軸のまわりに β だけ回転すると
$$点 \ (\sqrt{6}\cos\beta\cos\theta - \sqrt{2}\sin\beta - \sqrt{2}\sin\beta\sin\theta,$$
$$\sqrt{6}\sin\beta\cos\theta + \sqrt{2}\cos\beta + \sqrt{2}\cos\beta\sin\theta, 1 - 2\sin\theta)$$

つまり，
$$点 \ (1 + \sqrt{3}\cos\theta + \sin\theta,$$
$$1 - \sqrt{3}\cos\theta + \sin\theta, 1 - 2\sin\theta)$$
になる．いいかえると，求める円周はパラメータ θ（$0 \leq \theta < 2\pi$）をもちいて
$$x = 1 + \sqrt{3}\cos\theta + \sin\theta$$
$$y = 1 - \sqrt{3}\cos\theta + \sin\theta$$
$$z = 1 - 2\sin\theta$$
と書けることがわかった．これは問題4の連立方程式の解だとみなせる．　　□

わかったことを命題の形にまとめておこう．

―― 命題1 ――――――――――――――――
連立方程式
$$x + y + z = 3$$
$$x^2 + y^2 + z^2 = 9$$
の解はパラメータ θ（$0 \leq \theta < 2\pi$）をもちいて
$$x = 1 + \sqrt{3}\cos\theta + \sin\theta$$
$$y = 1 - \sqrt{3}\cos\theta + \sin\theta$$
$$z = 1 - 2\sin\theta$$
と書ける．
―――――――――――――――――――――

[証明]
　問題4の結果を書き直しただけだ．　　□

4．解のイメージをつかむ

つぎに，命題1を利用してはじめの連立方程式を解いてみよう．まず，準備の計算から．

問題5　$x = 1 + \sqrt{3}\cos\theta + \sin\theta$
$$y = 1 - \sqrt{3}\cos\theta + \sin\theta$$
$$z = 1 - 2\sin\theta$$
のとき
$$x^3 + y^3 + z^3 = 21$$
となる θ をすべて求めよ．ここで，$0 \leq \theta < 2\pi$ とする．

とにかく強引に計算してみると……
$$(1 \pm \sqrt{3}\cos\theta + \sin\theta)^3$$
$$= 1 \pm 3\sqrt{3}c + 9c^2 \pm 3\sqrt{3}c^3 + 3s \pm 6\sqrt{3}cs$$
$$\quad + 9c^2s + 3s^2 \pm 3\sqrt{3}cs^2 + s^3$$
$$(1 - 2\sin\theta)^3 = 1 - 6s + 12s^2 - 8s^3$$
となる（ここで $\sin\theta$, $\cos\theta$ をそれぞれ s, c と略記した）ので，
$$x^3 + y^3 + z^3 - 21$$
$$= 2 + 18c^2 + 6s + 18c^2s + 6s^2 + 2s^3 + 1 - 6s +$$
$$\quad 12s^2 - 8s^3 - 21$$
$$= -18 + 18(1 - s^2) + 18(1 - s^2)s + 18s^2 - 6s^3$$
$$= 6(3s - 4s^3)$$
$$= 6\sin 3\theta$$
つまり，

$x^3+y^3+z^3=21 \iff \sin 3\theta = 0$

したがって，求める θ は

$$\theta = \frac{k\pi}{3}, \quad k=0,1,2,3,4,5$$

となる． □

θ が，$0, \frac{\pi}{3}, \frac{2\pi}{3}, \pi, \frac{4\pi}{3}, \frac{5\pi}{3}$ のそれぞれの場合に (x,y,z) を計算すると，順に，
$P_0(1+\sqrt{3}, 1-\sqrt{3}, 1)$, $P_1(1+\sqrt{3}, 1, 1-\sqrt{3})$,
$P_2(1, 1+\sqrt{3}, 1-\sqrt{3})$, $P_3(1-\sqrt{3}, 1+\sqrt{3}, 1)$,
$P_4(1-\sqrt{3}, 1, 1+\sqrt{3})$, $P_5(1, 1-\sqrt{3}, 1+\sqrt{3})$
となることが確認できる．この 6 点の位置についてもチェックしておこう．

問題 6 6 点 $P_0, P_1, P_2, P_3, P_4, P_5$ が正六角形の頂点になっていることを示せ．

パラメータ θ のとりかたと P_k の作り方から明らかではあるが，念のためにチェックしたければ，まず，この 6 点が平面 ($x+y+z=3$) 上にあり，この平面上の点 $A(1,1,1)$ を選ぶと，

$$P_kA = \sqrt{(\sqrt{3})^2 + (-\sqrt{3})^2 + 0^2} = \sqrt{6}$$

となっていること，そして，

$$P_0P_1 = P_1P_2 = P_2P_3 = P_3P_4 = P_4P_5 = P_5P_0$$
$$= \sqrt{6}$$

となっていることを確かめればよい． □

ことのついでに，この 6 点を描いてみよう．

問題 7 平面 $x+y+z=3$ と球面 $x^2+y^2+z^2=9$ を描きその交線上に 6 点 $P_0, P_1, P_2, P_3, P_4, P_5$ をプロットせよ．

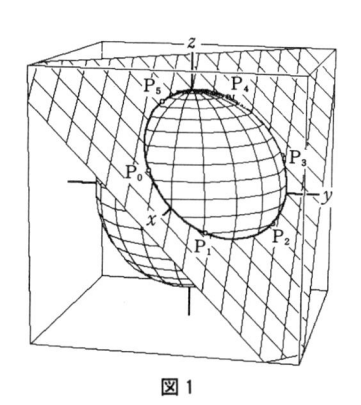

図 1

これはもうコンピュータを使うしかない（図 1）． □

5．曲面 $x^3+y^3+z^3=21$ を描く

曲面 $x^3+y^3+z^3=21$ の形がわからなくてももとの連立方程式の解は計算できるし，空間的な位置も把握できてしまうので，「解く」という立場からすれば，ここで終わってもいいわけだが，やはりここまで来ると，曲面 $x^3+y^3+z^3=21$ の形状についても調べたくなってくる．

問題 8 立方体 $|x| \leq 4, |y| \leq 4, |z| \leq 4$ の内部で曲面 $x^3+y^3+z^3=21$ の概形をイメージせよ．

曲面の形状を調べるために，ここでは，平面 $z=p$ との交線

$$x^3 + y^3 = 21 - p^3$$

のようすを調べてみる．つまり，この曲面の「等高線」を描いてみる．そうすると，図 2 のような結果がえられる．

図 2

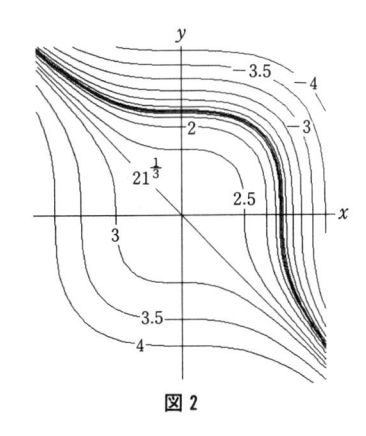

図 2 にある数値は「高さ」（z 座標の値）を示し，-4 から 4 までの 0.5 きざみの「等高線」が描いてある．描いた範囲は $-4 \leq x \leq 4$，$-4 \leq y \leq 4$ である．「高さ」が $\sqrt[3]{21} = 2.7589\cdots$ の「等高線」がちょうど直線 $x+y=0$ になっているので参考までにこれも描いておいた．このあたりでは左下から右上にかけてなだらかに降下している．「高さ」が 2 から -2 までのあたりでは「等高線」が密集していることからわかるように，「高さ」の急激な低下がみられる．つまり，このあたりでは切り立った「崖」のようになっているのである．「高さ」が -2 からさらに下が

ると「崖」はやや緩やかになっている。また，この曲面はその定義式が x, y, z に関する対称式になっているので x 軸や y 軸を「高さ」にとってもまったく同じ「等高線」が出現する。

以上のことから，この曲面は，（立方体 $-4 \leq x \leq 4$, $-4 \leq y \leq 4$, $-4 \leq z \leq 4$ の平面 $x+y+z=0$ に点 $(2, 2, 2)$ に向かう「なめらかな膨らみ」（立方体の頂点に似た頂点をもつ三角錐の「カド」をなめらかにしたような膨らみ）をもたせたような形をしていることがわかる。 □

問題9 立方体 $|x| \leq 4$, $|y| \leq 4$, $|z| \leq 4$ の内部で曲面 $x^3+y^3+z^3=21$ の概形を描き，平面 $x+y+z=3$ と球面 $x^2+y^2+z^2=9$ の交線（円周）とこの曲面の交差状態を観察せよ。

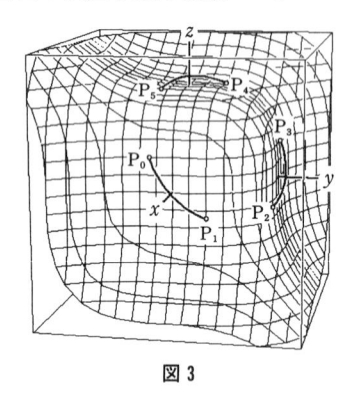

図3

コンピュータを使えば，図3がえられる。これを見れば連立方程式
$$x+y+z=3$$
$$x^2+y^2+z^2=9$$
$$x^3+y^3+z^3=21$$
が6個の解をもっているようすがわかるだろう。ゴチャゴチャするので描かないことにするが，図1と図3を融合したものがこの連立方程式の「図示」にあたっているわけだ。図3を見れば，円周上の正六角形の頂点となる6点 $P_0, P_1, P_2, P_3, P_4, P_5$ の分布状態もよくわかる。 □

6. 曲面 $x^3+y^3+z^3=a^3$ 上の直線

ところで，曲面 $x^3+y^3+z^3=21$ の上には3本の直線がのっている。図2の「高さ」が $\sqrt[3]{21}$ の「等高線」がその直線にほかならない。図2は z 成分を「高さ」と見たわけだが，定義式の対称性から，x 成分や y 成分を「高さ」と見ても

同じように「等高線」が直線となる部分がある。したがって，少なくとも合計3本の直線がこの曲面上に存在している。

問題10 曲面 $x^3+y^3+z^3=21$ の上に存在する3本の直線を問題9でえた概形の上に描け。また，これらの直線が正三角形を形成していることを示せ。

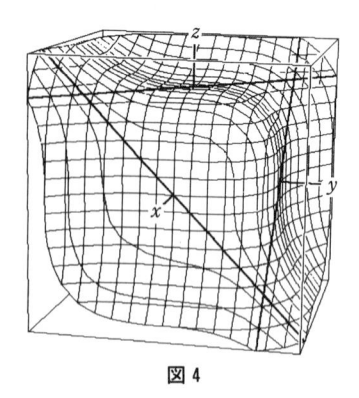

図4

平面 $z=\sqrt[3]{21}$ と曲面 $x^3+y^3+z^3=21$ の交線の方程式を考えると，
$$x^3+y^3=0, \quad z=\sqrt[3]{21}$$
となるが（実数の範囲では），
$$x^3+y^3=0, \; z=\sqrt[3]{21} \iff x+y=0, \; z=\sqrt[3]{21}$$
となり，結局，平面 $z=\sqrt[3]{21}$ とこの曲面の交線は直線 $x+y=0$, $z=\sqrt[3]{21}$ だとわかる。パラメータで表わすと，
$$(x, y, z) = (t, -t, \sqrt[3]{21}), \quad t \text{ は任意の実数}$$
と書ける。同様に，他の2本の直線
$$(x, y, z) = (t, \sqrt[3]{21}, -t), \quad t \text{ は任意の実数}$$
$$(x, y, z) = (\sqrt[3]{21}, t, -t), \quad t \text{ は任意の実数}$$
もすぐにみつかる。これら3本の直線は2本ずつが合計3個の交点
$$(-\sqrt[3]{21}, \sqrt[3]{21}, \sqrt[3]{21})$$
$$(\sqrt[3]{21}, -\sqrt[3]{21}, \sqrt[3]{21})$$
$$(\sqrt[3]{21}, \sqrt[3]{21}, -\sqrt[3]{21})$$
で交わっているが，これは正三角形の3個の頂点となっている。 □

議論をほんの少しだけ一般化しておこう。

―― **命題2** ――――――――――
曲面 $x^3+y^3+z^3=a^3$ の上には

1) $a=0$ のときは原点で交わり
2) $a\ne 0$ のときは正三角形を作る

3本の直線が存在する.

[証明]

たとえば,直線
$$(x,y,z)=(a,t,-t), \quad t \text{ は任意の実数}$$
が曲面 $x^3+y^3+z^3=a^3$ の上にあることは,t によらずに,
$$a^3+t^3+(-t)^3=a^3$$
となっていることから明らか.同じように,直線
$$(x,y,z)=(t,a,-t), \quad t \text{ は任意の実数}$$
$$(x,y,z)=(t,-t,a), \quad t \text{ は任意の実数}$$
も与えられた曲面の上にのっている.

これら3本の直線は,$a\ne 0$ のときは頂点が $(-a,a,a)$,$(a,-a,a)$,$(a,a,-a)$ となる正三角形を作っており,$a=0$ のときは原点で交わっていることは(問題10の解答と同じようにして)すぐにわかる. □

命題2の3直線は平面 $x+y+z=a$ に含まれている.ということは,連立方程式
$$x+y+z=a$$
$$x^3+y^3+z^3=a^3$$
の解がこの3直線となることを暗示している.これを確かめておこう.

問題11 つぎの連立方程式を解け.
$$x+y+z=a$$
$$x^3+y^3+z^3=a^3$$

第1式から z を x と y で表わし,これを第2式に代入して変形すると,
$$x^3+y^3+(a-x-y)^3-a^3$$
$$=-3(x-a)(y-a)(x+y)=0$$
となるから,もとの連立方程式は
$$x+y+z=a$$
$$(x-a)(y-a)(x+y)=0$$
と同値.これはさらに,
「$x=a$,$y+z=0$」または「$y=a$,$z+x=0$」
または「$z=a$,$x+y=0$」
と同値.こうして,求める解は,
$$(x,y,z)=(a,t,-t),\ (t,a,-t),$$
$$(t,-t,a), \quad t \text{ は任意の実数}$$
と書ける. □

問題11の結果を($a=\sqrt[3]{21}$ の場合に)使えば,連立方程式
$$x+y+z=3$$
$$x^2+y^2+z^2=9$$
$$x^3+y^3+z^3=21$$
のもうひとつの「解法」に到達できる.まず平面 $x+y+z=3$ と曲面 $x^3+y^3+z^3=21$ の解(正三角形状態の3直線)を構成し,その後に,球面 $x^2+y^2+z^2=9$ とこの3直線との交点を求めるという方法がそれだ.図5はそれを描いたものである.

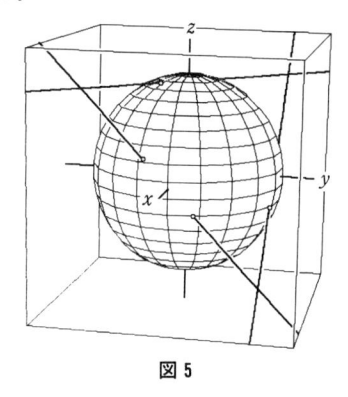

図5

原理的には,球面 $x^2+y^2+z^2=9$ と曲面 $x^3+y^3+z^3=21$ の解(空間6次曲線)を求め,これと平面 $x+y+z=3$ の交点として6個の解を構成する「解法」も考えられるが,これはかなりメンドウそうだ.

ところで,曲面 $x^3+y^3+z^3=a^3$ に命題2の主張する3本の直線がのっているのはいいとして,これら以外にものっている直線はあるのだろうか? この議論は「課題」として残しておこう.

課題1 曲面 $x^3+y^3+z^3=1$ の上に存在する直線をすべて決定せよ.

何でもいいから,この曲面上の「直線」を探せということなら,ただちに
$$x-\omega^k=y+\omega^m z=0$$
$$y-\omega^k=z+\omega^m x=0$$
$$z-\omega^k=x+\omega^m y=0$$
という合計27本の直線が発見できてしまう.(ここで,$\omega=\dfrac{-1+\sqrt{3}i}{2}$,$k,m=0,1,2$ とする.)

ただし,これら27本のうちで「実の世界」で観

察できるものは，$k=m=0$ の場合にあたる 3 本だけにすぎず，これらはすでに発見ずみだ．

2 次 曲 面

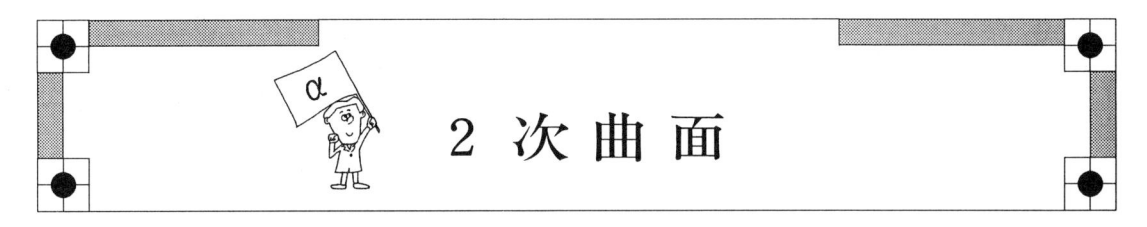

前章では連立方程式の解法とのかかわりで，非常に簡単な3次曲面 $x^3+y^3+z^3=1$ の構造を観察し，その上に3本の直線がのっていることにも触れた．もっと多くの直線がのっているような3次曲面はあるのだろうか？ それを考える前に，ウォーミングアップとして，いくつかの2次曲面の場合について考えておこう．

3次曲面 $x^3+y^3+z^3=1$ の2次曲面の場合の「類似品」となるとやっぱり球面
$$x^2+y^2+z^2=1$$
だろうか．この場合には，係数の符号を変えてえられる2次曲面
$$x^2+y^2-z^2=1 \text{ や } x^2-y^2-z^2=1$$
は，球面とはまったく異なる形状をしている．まず，これをチェックしよう．

1. 曲面 $x^2+y^2-z^2=1$

念のために書いておくと，ここで「n次曲面」というのはn次の多項式 $F(x, y, z)$ について，$F(x, y, z)=0$ となるような点 (x, y, z) の全体のことだ．たとえば，これはあまり使わないが，1次曲面というのは平面のことにほかならない．また，単位球面 $x^2+y^2+z^2=1$ は
$$F(x, y, z)=x^2+y^2+z^2-1$$
と置くと $F(x, y, z)=0$ と書けるので2次曲面の例になっている．形式的に書けば，2次曲面というのは
$$a_{11}x^2+a_{22}y^2+a_{33}z^2+a_{12}xy+a_{23}yz+a_{31}zx$$
$$+a_1x+a_2y+a_3z+a_0=0$$
の形の方程式で定義された曲面にほかならない．曲面と呼んではいるが，実数の世界で考えているかぎりでは，空集合（$x^2+y^2+z^2+1=0$）だったり，点（$x^2+y^2+z^2=0$）だったり，直線（$x^2+y^2=0$，つまりz軸）だったりもするので注意が必要だ．とはいうものの，ここではそのような病理的な例ではなく，もっと「健全な」例だけを議論の対象にするので安心してほしい．

まず2次曲面の形状を探る問題から．

問題1 2次曲面 $x^2+y^2-z^2=1$ の概形を描け．

xy平面に平行な平面 $z=c$ との交線を考え，xy平面に正射影すると，
$$x^2+y^2=1+c^2$$
つまり，原点を中心とする半径 $\sqrt{1+c^2}$ の円周がえられる．また，xz平面との交線は双曲線 $x^2-z^2=1$ になっている．したがって，求める2次曲面は，xz平面上の双曲線 $x^2-z^2=1$ をz軸のまわりに回転してえられる曲面にほかならない． □

これは一葉回転双曲面と呼ばれており，面白い性質がある．z軸とねじれの位置にある直線をz軸のまわりに1回転させてできる曲面にもなっているのだ．これを確かめるために，まず，この曲面上に存在する直線をみつけてみよう．定義式を変形すると，
$$x^2-z^2=1-y^2$$
つまり，
$$(x-z)(x+z)=(1-y)(1+y)$$
となるので，0でない任意の実数sについて2平面
$$x-z=s(1-y)$$
$$x+z=(1/s)(1+y)$$
の交線はもとの曲面上に存在することがわかる．いいかえると，任意の実数 $s(\neq 0)$ について直線
$$x=a+bt$$
$$y=t$$
$$z=b+at$$
ここで，$a=(1/s+s)/2$, $b=(1/s-s)/2$
はもとの2次曲面上に存在している．とくに，$s=1$ の場合を考えると，$a=1, b=0$ となるので，直線
$$x=1$$
$$y=t$$
$$z=t$$
がえられる．

交線
$$x-z=s(1+y)$$
$$x+z=(1/s)(1-y)$$
を考えても同様の議論ができる．つまり，任意の実数 $s(\neq 0)$ について直線
$$x=-a+bt$$
$$y=t$$
$$z=-b+at$$
も，もとの2次曲面上に存在していることになる．

問題 2 直線 $(x, y, z)=(1, t, t)$ を z 軸のまわりに回転すると2次曲面 $x^2+y^2-z^2=1$ がえられることを示せ．ここで t はパラメータとする．

この直線上の点 $(1, t, t)$ を z 軸のまわりに1回転すると，円周
$$x^2+y^2=1+t^2, \quad z=t$$
がえられるが，これは明らかに平面 $z=t$ による2次曲面 $x^2+y^2-z^2=1$ の切口になっている．したがって，t を変化させれば，問題の2次曲面全体がえられる（図1）． □

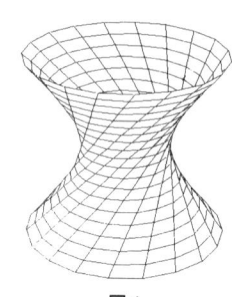

図 1

さらに，直線 $(x, y, z)=(1, t, t)$ を z 軸のまわりに θ ラジアンだけ回転すると，直線
$$x=\cos\theta-(\sin\theta)t$$
$$y=\sin\theta+(\cos\theta)t$$
$$z=t$$
となるが，このとき $\sin\theta+(\cos\theta)t=u$ と書くと（$\cos\theta\neq 0$ のときは），
$$t=-\tan\theta+(\sec\theta)u$$
となるので回転後の直線 $\phi(\theta)$ はパラメータ u をもちいて

$$x=\sec\theta-(\tan\theta)u$$
$$y=u$$
$$z=-\tan\theta+(\sec\theta)u$$
と書ける．このことから，θ を動かしてえられる直線群 $\{\phi(\theta)\}$ が s をパラメータとする直線群 $\{\lambda(s)\}$ に本質的に一致することもすぐにわかる．（注：「誤差」が2本ある！）ここで，$\lambda(s)$ というのは直線
$$x=(1/s+s)/2+((1/s-s)/2)t$$
$$y=t$$
$$z=(1/s-s)/2+((1/s+s)/2)t$$
のことだとする．（証明のためには，直線群 $\{\phi(\theta)\}$ を $\{\phi(\theta-\pi/2)\}$ と書き直したほうがわかりやすいだろう．）

ついでに，一葉回転双曲面のパラメータ表示について命題をひとつ作っておこう．

―― **命題 1** ――
2次曲面 $x^2+y^2-z^2=1$ は
$$x=\cos\theta-(\sin\theta)t$$
$$y=\sin\theta+(\cos\theta)t$$
$$z=t$$
$$0\leq\theta<2\pi, \quad -\infty<t<\infty$$
というパラメータ表示をもっている．

[証明]
直線群 $\{\phi(\theta)\}$ の全体がこの曲面となることをいいかえただけだ（図1はこれを利用して描いた）． □

いうまでもなく，
$$x=\cos\theta+(\sin\theta)t$$
$$y=\sin\theta-(\cos\theta)t$$
$$z=t$$
$$0\leq\theta<2\pi, \quad -\infty<t<\infty$$
というパラメータ表示も存在する．これは直線 $(x, y, z)=(1, -t, t)$ を z 軸のまわりに回転させることに対応している（図2）．

ところで，2次曲面 $x^2+y^2-z^2=1$ 上に存在する直線は，直線 $(x, y, z)=(1, t, t)$ または直線 $(x, y, z)=(1, -t, t)$ を z 軸のまわりに回転させたものに限るといえるだろうか？「いえる」というのが正解だ．説明しておこう．もし直線がのっていたとすると，それは xy 平面上の円周 $x^2+y^2=1$ と1点のみで必ず交わるは

ずである（なぜか考えてほしい）．その点を $(\cos\theta, \sin\theta)$ とすると，問題の直線は
$$x = \cos\theta + \alpha t$$
$$y = \sin\theta + \beta t$$
$$z = \gamma t$$
と書ける．これを曲面の方程式に代入すると，
$$(\cos\theta + \alpha t)^2 + (\sin\theta + \beta t)^2 - (\gamma t)^2 - 1$$
$$= (\alpha^2 + \beta^2 - \gamma^2)t^2 + 2(\alpha\cos\theta + \beta\sin\theta)t$$
これは，（直線が曲面上にあることから）任意の t について 0 となる．いいかえると，
$$\alpha^2 + \beta^2 - \gamma^2 = 0$$
$$\alpha\cos\theta + \beta\sin\theta = 0$$
したがって，
$$\alpha : \beta : \gamma = (-\sin\theta) : \cos\theta : 1$$
または
$$\alpha : \beta : \gamma = \sin\theta : (-\cos\theta) : 1$$
となる．つまり，問題の曲面上の直線の方程式は適当な θ をもちいて
$$x = \cos\theta - (\sin\theta)t$$
$$y = \sin\theta + (\cos\theta)t$$
$$z = t$$
または
$$x = \cos\theta + (\sin\theta)t$$
$$y = \sin\theta - (\cos\theta)t$$
$$z = t$$
と書ける．わかったことを命題2としてまとめておこう．

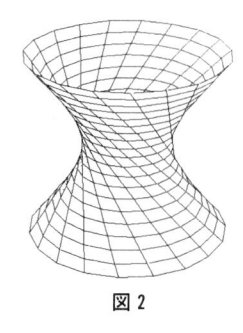

図2

——— 命題2 ———
2次曲面 $x^2 + y^2 - z^2 = 1$ 上に存在する直線は，
$$x = \cos\theta - (\sin\theta)t$$
$$y = \sin\theta + (\cos\theta)t$$
$$z = t$$
または
$$x = \cos\theta + (\sin\theta)t$$
$$y = \sin\theta - (\cos\theta)t$$
$$z = t$$
に限る．

［証明］
すでに終わっている． □

2．曲面 $x^2 - y^2 - z^2 = 1$

問題3 2次曲面 $x^2 - y^2 - z^2 = 1$ の概形を描け．

yz 平面に平行な平面 $x = c$ との交線を考え，yz 平面に正射影すると，
$$y^2 + z^2 = c^2 - 1$$
つまり，$|c| > 1$ のとき，原点を中心とする半径 $\sqrt{c^2 - 1}$ の円周がえられる．（$|c| = 1$ のときは1点がえられる．）また，xy 平面との交線は双曲線 $x^2 - y^2 = 1$ になっている．したがって，求める2次曲面は，xy 平面上の双曲線 $x^2 - y^2 = 1$ を x 軸のまわりに回転してえられる曲面にほかならない．概形は図3のようになる． □

これは二葉回転双曲面と呼ばれている．いうまでもないがこの曲面上には直線は存在しない．
ところで，xy 平面上の双曲線 $x^2 - y^2 = 1$ 上の任意の点は
$$(\sec\theta, \tan\theta, 0)$$
と書けるが，この点を x 軸のまわりに ϕ ラジアンだけ回転すると点
$$(\sec\theta, \cos\phi\tan\theta, \sin\phi\tan\theta)$$
になる．したがって，2次曲面 $x^2 - y^2 - z^2 = 1$ のパラメータ表示

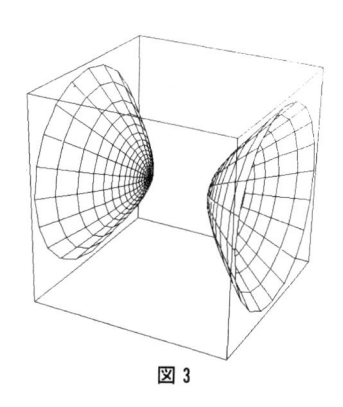

図3

$$x = \sec\theta$$
$$y = \cos\phi\tan\theta$$
$$z = \sin\phi\tan\theta$$

がえられる．図3はこれを使って図を描いたものである．結果をまとめておこう．

----- 命題 3 -----

2次曲面 $x^2 - y^2 - z^2 = 1$ は
$$x = \sec\theta$$
$$y = \cos\phi\tan\theta$$
$$z = \sin\phi\tan\theta$$

というパラメータ表示をもっている．ここで，$0 \leq \theta \leq \pi (\theta \neq \pi/2)$, $0 \leq \phi < 2\pi$ とする．

[証明]

パラメータの変動範囲の確定だけが問題になるが，θ と ϕ の定義にもどればすぐにわかるだろう． □

3．曲面 $x^2 - y^2 - z = 0$

直線が存在する2次曲面としては，一葉回転双曲面のほかに，一葉回転双曲面を x 軸方向および y 軸方向に拡大（または縮小）してえられる一般の一葉双曲面があげられる．これは，直線をのせたまま拡大（または縮小）しても直線は直線にうつるだけなので，明らかだろう．また，自明な例ではあるが，2次曲線錐面や2次曲線柱面も1本の直線の移動によって生成できる．一般に，1本の直線が移動して生成できる曲面は線織面と呼ばれる．2次曲面の場合には，ほかにも，双曲放物面と呼ばれるものが線織面になっている．双曲放物面の典型的な例を見ておこう．

問題 4 2次曲面 $x^2 - y^2 - z = 0$ について，一葉回転双曲面の場合をまねて，パラメータ表示を求めよ．

定義式を $(x-y)(x+y) = z$ と変形すれば，この曲面上に直線
$$x - y = 1/s$$
$$x + y = sz$$

が存在していることがわかる．つまり，$s \neq 0$ のとき，直線 $\mu(s)$

$$x = (s/2)t + 1/(2s)$$
$$y = (s/2)t - 1/(2s)$$
$$z = t$$

が問題の曲面上に存在する．同様に直線 $\nu(s)$
$$x = (s/2)t + 1/(2s)$$
$$y = -(s/2)t + 1/(2s)$$
$$z = t$$

も曲面上に存在する．また，直線群 $\{\mu(s)\}$（そして $\{\nu(s)\}$）が曲面全体を描くことは，曲面上の任意の点が（すでに見たように）適当な実数 $s \neq 0$ と t をもちいて
$$((s/2)t + 1/(2s),\ (s/2)t - 1/(2s),\ t)$$

と書けることからわかる．$\{\nu(s)\}$ についても同様．いいかえると，$\mu(s)$（そして $\nu(s)$）の定義式は $s(\neq 0)$, t をパラメータと見れば問題の曲面のパラメータ表示になっている． □

曲面 $x^2 - y^2 - z = 0$ 上に存在する直線は，直線群 $\{\mu(s)\}$ または $\{\nu(s)\}$ に含まれる直線だけだといえるか？「いえる」が正解だ．もし直線がのっていたとすると，それは yz 平面上の放物線 $y^2 + z = 0$ と1点のみで必ず交わる．その点を $(0, s, -s^2)$ とすると，問題の直線は
$$x = \alpha t$$
$$y = s + \beta t$$
$$z = -s^2 + \gamma t$$

と書ける．これを曲面の方程式に代入すると，
$$(\alpha t)^2 - (s + \beta t)^2 - (-s^2 + \gamma t)$$
$$= (\alpha^2 - \beta^2)t^2 - (2\beta s + \gamma)t$$

これは，任意の t について 0 となる．いいかえると，
$$\alpha^2 - \beta^2 = 0$$
$$2\beta s + \gamma = 0$$

したがって，
$$\alpha : \beta : \gamma = 1 : 1 : (-2s)$$

または
$$\alpha : \beta : \gamma = 1 : (-1) : 2s$$

となる．つまり，問題の曲面上の直線の方程式は適当な s をもちいて
$$x = t$$
$$y = s + t$$
$$z = -s^2 - 2st$$

または

$$x = t$$
$$y = s - t$$
$$z = -s^2 + 2st$$

と書ける．わかったことを命題4としてまとめておこう．

―― 命題4 ――

2次曲面 $x^2 - y^2 - z = 0$ 上に存在する直線は，適当な s をもちいて

$$x = t$$
$$y = s + t$$
$$z = -s^2 - 2st$$

または

$$x = t$$
$$y = s - t$$
$$z = -s^2 + 2st$$

と書ける．ここで，$-\infty < t < \infty$ とする．

[証明]

すでに終わっている． □

問題5 2次曲面 $x^2 - y^2 - z = 0$ の概形を描け．

問題4のパラメータ表示は昔からよく知られたものだが，図を描くためには実用的ではない．命題3からえられるパラメータ表示

$$x = t$$
$$y = s + t$$
$$z = -s^2 - 2st$$

または

$$x = t$$
$$y = s - t$$
$$z = -s^2 + 2st$$

のほうがはるかに有用だ．これを使って図を描

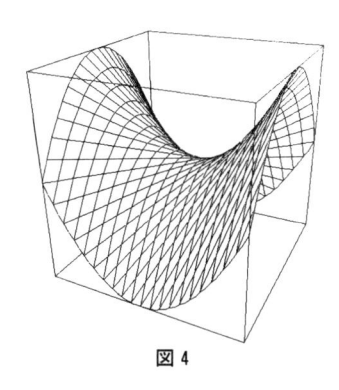

図4

いておこう（図4と図5）．

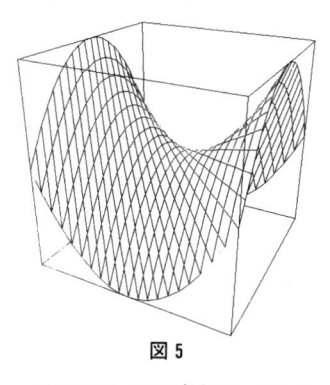

図5

ただし，この場合には自然なパラメータ表示

$$x = s$$
$$y = t$$
$$z = s^2 - t^2$$

が存在するから，その上に存在する直線の状態は無視して，単に曲面の概形がわかればいいということなら，こちらを使う方が気がきいている（図6）． □

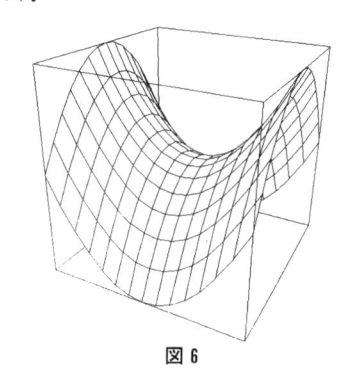

図6

4．課題

ここまで出現した定義多項式は xy, yz, zx の項を含んではいなかった．最後に，これを含む2次多項式で定義される曲面について考えてもらうために，課題を残すことにしよう．

課題 つぎの2次曲面の概形を描け．また，適当なパラメータ表示を考えよ．

1) $xy - z = 0$ 2) $xy - z^2 = 0$
3) $xy - z^2 = 1$ 4) $xy - z^2 = -1$

[ヒント]

1) 2変数関数 $z = xy$ の「グラフ」を描けばいいだけだ．

2) z 軸のまわりに $\pi/4$ ラジアンだけ回転すれば理解しやすくなるかも……

曲面上の直線

もともと，ある入試問題で特殊な3次曲面に遭遇したことがきっかけとなっているわけだが，前章では，2次曲面と3次曲面の違いを感じるための準備として，典型的な2次曲面のおよその形状について調べてみた．ここでは，非常に簡単な方程式で定義される2次曲面や3次曲面について，それがどのような特徴（パラメータ表示や概形）をもっているのかについて具体的に考えてみたい．

普通，2次曲面というのは，その上に無数の直線が存在するものと，直線がまったく存在しないものに分けることができる．ところが，「虚の直線」というものを考えると，直線など含んでいるはずのない普通の球面上に，無数の「虚の直線」が含まれていることが確かめられる．それどころか，じつは，「虚の直線」も考えると，任意の2次曲面上に，つねに無数の直線が存在していることがいえてしまうのだ．ところが，これが，3次曲面となるとまるで話が違ってくる．3次曲面の場合には，「特殊な例外」を除いて，一般の3次曲面については，いくら「虚の直線」まで考えてみても，無数どころかわずかに27本の直線しか存在しないことが知られている．しかも，かならず27本ちょうどの直線が存在しているのである．ついでにいえば，4次以上の次数の一般の曲面については，直線は1本も存在しないことがいえる．

ここでは，3次曲面でありながら，その上に無数の直線を含んでいる例や1本も直線を含まない例について調べてみたい．つまり「特殊な例外」のいくつかを調べようというわけである．

1．まず2次曲面から

非常に単純な方程式で定義された曲面でもその形状の理解となると，やっかいなことがある．まず，前章で課題として残しておいた2次曲面について考えてみよう．

問題1 つぎの2次曲面の概形を調べよ．
1) $xy - z = 0$
2) $xy - z^2 = 0$
3) $xy - z^2 = 1$
4) $xy - z^2 = -1$

点 (x, y, z) を z 軸のまわりに $\pi/4$ ラジアンだけ回転して (x', y', z') がえられるとすると，
$$x' = (\cos(\pi/4))x - (\sin(\pi/4))y$$
$$y' = (\sin(\pi/4))x + (\cos(\pi/4))y$$
$$z' = z$$
いいかえると
$$x' = (x-y)/\sqrt{2}$$
$$y' = (x+y)/\sqrt{2}$$
$$z' = z$$
つまり，
$$x = (x'+y')/\sqrt{2}$$
$$y = (-x'+y')/\sqrt{2}$$
$$z = z'$$
となる．このとき，
$$xy = ((x'+y')/\sqrt{2})((-x'+y'/\sqrt{2})$$
$$= (-x'^2 + y'^2)/2$$
だから，問題の1)〜4)の2次曲面は，いずれも z 軸のまわりに $\pi/4$ ラジアンだけ回転すると，方程式がそれぞれ

1) $(-x^2 + y^2)/2 - z = 0$
2) $(-x^2 + y^2)/2 - z^2 = 0$
3) $(-x^2 + y^2)/2 - z^2 = 1$
4) $(-x^2 + y^2)/2 - z^2 = -1$

に変化する．これらの方程式を整理すると，

1) $x^2/(\sqrt{2})^2 - y^2/(\sqrt{2})^2 + z = 0$
2) $x^2/(\sqrt{2})^2 - y^2/(\sqrt{2})^2 + z^2 = 0$
3) $x^2/(\sqrt{2})^2 - y^2/(\sqrt{2})^2 + z^2 = -1$
4) $x^2/(\sqrt{2})^2 - y^2/(\sqrt{2})^2 + z^2 = 1$

となるが，形から，これらによって定義される2次曲面は，それぞれ，

1) 双曲放物面：$x^2 - y^2 + z = 0$
2) 円錐面：$x^2 - y^2 + z^2 = 0$
3) 二葉回転双曲面：$x^2 - y^2 + z^2 = -1$

4) 一葉回転双曲面：$x^2-y^2+z^2=1$ を x, y 方向に $\sqrt{2}$ 倍した曲面になっていることがわかる．したがって，問題の2次曲面は順に，双曲放物面，楕円錐面，二葉双曲面，一葉双曲面である． □

これらの曲面をコンピュータで描こうとするときには，適当なパラメータ表示を作っておくのがよい．（これも前章の課題に入っていた．）

問題2 つぎの2次曲面について適当なパラメータ表示を求めよ．
1) $xy-z=0$ 2) $xy-z^2=0$
3) $xy-z^2=1$ 4) $xy-z^2=-1$

いうまでもなく，ただひとつのパラメータ表示がきまるわけではないので，ここでは自然なものをひとつだけ考えておく．

1)については方程式を $z=xy$ と変形すればただちに

$(x, y, z) = (s, t, st)$

s, t は任意の実数

という素直なパラメータ表示がえられる．

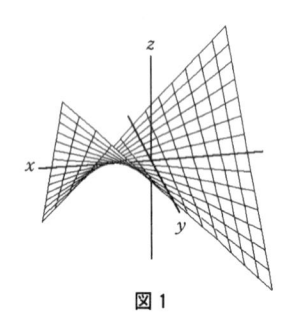

図1

2)については，まず2次曲面：$x^2-y^2+z^2=0$ のパラメータ表示を作っておくのがよい．この場合，方程式を

$x^2+z^2=y^2$

と変形すれば，平面 $y=t$ による切口が y 軸上の点 $(0, t, 0)$ を中心とする（平面 $y=t$ 上の半径 $|t|$ の円周（$t=0$ のときは1点）となっていることがわかる．この円周をパラメータ θ によって表わせば，

$x = (\cos\theta)t$
$y = t$
$z = (\sin\theta)t$

となる．ここで t を変化させれば，曲面 $x^2-y^2+z^2=0$ の全体がえられるが，これは結局，この表示が，曲面 $x^2-y^2+z^2=0$ のパラメータ表示とみなせることが意味している．ところで，たとえば，$\theta=0$ とすると，直線の方程式

$x=t$
$y=t$
$z=0$

がえられる．この直線を y 軸のまわりに θ ラジアンだけ回転すると，直線

$x = (\cos\theta)t$
$y = t$
$z = (\sin\theta)t$

がえられるのだから，曲面 $x^2-y^2+z^2=0$ が y 軸を回転軸とする直円錐面にほかならないこともわかる．上のパラメータ表示で θ を固定するごとにこの円錐面の母線の方程式がえられているというわけだ．

というわけで，問題の2次曲面 $xy-z^2=0$ は y 軸を回転軸とする直円錐面を x 軸と y 軸の方向に $\sqrt{2}$ 倍してから z 軸のまわりに $(-\pi/4)$ ラジアンだけ回転したものだから，

$x = (1+\cos\theta)t$
$y = (1-\cos\theta)t$
$z = (\sin\theta)t$

t は任意の実数，$0 \leq \theta \leq 2\pi$

というパラメータ表示がえられる．

3)についてもまず曲面：$x^2-y^2+z^2=-1$ について考えよう．この方程式を

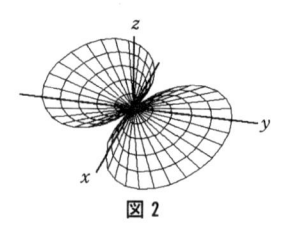

図2

$x^2+z^2=y^2-1$

と変形すると，この曲面と平面 $y=t$ との交線は（$|t| \geq 1$ のときのみに存在して）平面 $y=t$ 上の点 $(0, t, 0)$ を中心とする半径 $\sqrt{t^2-1}$ 上の円周（ただし $|t|=1$ のときは点とみなす）となることがわかり，そのことから，

$x = \sqrt{t^2-1}\cos\theta$
$y = t$

$$z = \sqrt{t^2-1}\sin\theta$$
というパラメータ表示に到達できる．したがって，問題の曲面については，2）と同様にして，
$$x = t + \sqrt{t^2-1}\cos\theta$$
$$y = t - \sqrt{t^2-1}\cos\theta$$
$$z = \sqrt{t^2-1}\sin\theta$$
$$1 \leq |t|, \quad 0 \leq \theta < 2\pi$$
というパラメータ表示がえられる．

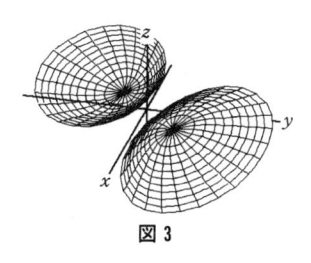

図3

4）についてもまず曲面：$x^2-y^2+z^2=1$についてまず考えればいい．この方程式を
$$x^2+z^2=y^2+1$$
と変形し，3）と同様にして，パラメータ表示
$$x = t + \sqrt{t^2+1}\cos\theta$$
$$y = t - \sqrt{t^2+1}\cos\theta$$
$$z = \sqrt{t^2+1}\sin\theta$$
tは任意の実数，$0 \leq \theta < 2\pi$
がえられる．

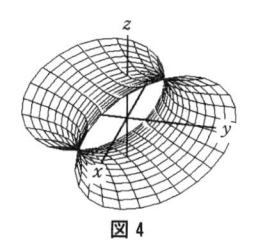

図4

これらのパラメータ表示を利用して2次曲面1）〜4）のようす（図1〜図4）を描いておこう．

2．球面上の直線？

球面上に直線が存在しているはずはないが，それは，「実の直線」だけを考えているからにすぎない．思いきって「虚の直線」を考えることにすれば，球面上には無限に多くの直線が存在していることがいえる．ここで，「虚の直線」というのは，直線の方程式
$$x = a + \alpha t$$
$$y = b + \beta t$$
$$z = c + \gamma t$$
でa, b, c, α, β, γの少なくともどれかひとつが虚数（実数でない複素数）となる場合のことだとする．（ここでtはパラメータとする．）また，係数のすべてを実数化できないような1次方程式で定義される「平面」を「虚の平面」と呼ぶことにする．

問題3 単位球面$x^2+y^2+z^2=1$の上には無数の「虚の直線」がのっていることを示せ．

定義式を変形すると，
$$x^2+y^2 = 1-z^2$$
両辺を因数分解して，
$$(x+iy)(x-iy) = (1+z)(1-z)$$
したがって，0でない実数sについて
$$x+iy = s(1+z)$$
$$s(x-iy) = 1-z$$
とおくと
$$x^2+y^2+z^2 = 1$$
となる．いいかえると，0でない任意の実数sについて，2枚の「虚の平面」
$$x+iy-sz-s=0$$
$$sx-isy+z-1=0$$
の交線，つまり「虚の直線」
$$x = ((1+s^2)/(2s)) - ((1-s^2)/(2s))t$$
$$y = i((1-s^2)/(2s)) - i((1+s^2)/(2s))t$$
$$z = t$$
は単位球面上に存在する．とくに，単位球面上には無数の「虚の直線」が存在する． □

ところで，
$$\sin\theta = 2s/(1+s^2)$$
と書くと，
$$\cos\theta = (1-s^2)/(1+s^2)$$
$$\tan\theta = 2s/(1-s^2)$$
と書けるので，「虚の直線」
$$x = 1/\sin\theta - (1/\tan\theta)t$$
$$y = i/\tan\theta - (i/\sin\theta)t$$
$$z = t$$
が単位球面上にのっているといっても同じことだ．

これとまったく同じようにして，どんな2次曲面上にも無数の（虚または実の）直線がのっ

ていることがいえる。双曲放物面と一葉双曲面の場合は無数の実の直線がのっていること（さらに実の直線をなめらかに動かして曲面全体が描けること）を前章で明らかにしたので，ここでは二葉双曲面の場合について考えておこう。

問題 4 二葉回転双曲面：$x^2-y^2+z^2=-1$ の上には無数の「虚の直線」がのっていることを示せ．

定義方程式を
$$x^2+z^2=y^2-1$$
と書き，
$$(x+iz)(x-iz)=(y+1)(y-1)$$
と見れば，任意の 0 でない実数 s について，2 枚の「虚の平面」
$$x+iz-sy-s=0$$
$$sx-isz-y+1=0$$
の交線，つまり「虚の直線」
$$x=((2s)/(1-s^2))-i((1+s^2)/(1-s^2))t$$
$$y=((1+s^2)/(1-s^2))-i((2s)/(1-s^2))t$$
$$z=t$$
は問題の二葉回転双曲面上に存在する．つまり，問題の二葉回転双曲面上には無数の「虚の直線」がのっている．　　□

この場合には，パラメータを s から θ に変換して，
$$x=\tan\theta-(i/\cos\theta)t$$
$$y=1/\cos\theta-(i\tan\theta)t$$
$$z=t$$
と書くことができる．また，もっと一般の一葉双曲面についても，すぐに無数の「虚の直線」が存在することがいえる（これは読者にまかせよう）．ことのついでに放物面上の「虚の直線」についても考えておこう．

問題 5 回転放物面：$x^2+y^2-z=0$ の上には無数の「虚の直線」がのっていることを示せ．

定義方程式を
$$x^2+y^2=z$$
と書き，
$$(x+iy)(x-iy)=z$$
と見れば，任意の 0 でない実数 s について，2 枚の「虚の平面」
$$x+iy-sz=0$$
$$sx-isy-1=0$$
の交線，つまり「虚の直線」
$$x=(1/(2s))+(s/2)t$$
$$y=(i/(2s))-i(s/2)t$$
$$z=t$$
は問題の回転放物面上に存在する．つまり，問題の回転放物面上には無数の「虚の直線」がのっている．　　□

3．3次曲面

2 次曲面の場合は，「虚の世界」に踏み込むことを認めさえすれば，つねに無数の直線を含んでいることがいえる．「虚の直線」などといういかにも中途半端なものではなく，パラメータ t が任意の複素数を動くものと考えることによって出現する「複素直線」を考え，2 次曲面自身も複素数の世界に広げて考えることにすれば，任意の 2 次曲面（ふたつの平面に分解しないものとする）は適当な直線が動いてえられる（つまり線織面になっている）ことがいえてしまう．

ところが，3 次曲面になると突然事情が変化する．一般の 3 次曲面上には，「虚の直線」を許そうが，複素数の世界で考えても 27 本の直線しか存在しないのである．もちろん，無数の直線を含むような 3 次曲面も存在してはいる．すぐに思いつくのは 3 次曲線柱面だろう．たとえば，3 次曲面 $x^3+y^3=1$ などがそれにあたる．また，$x^3+y^3-z^3=0$ のような 3 次曲線錐面だって無数の直線を含んでいる．とはいえ，それはあくまで「特殊」なケースにすぎず，その「存在確率」は 0 に等しいのだ．

問題 6 つぎの 3 次曲面上には無数の実直線が存在することを示せ．
 1) 3 次曲線柱面：$x^3+y^3=1$
 2) 3 次曲線錐面：$x^3+y^3-z^3=0$

1) xy 平面上の 3 次曲線 $x^3+y^3=1$ 上の無数の点のうちの任意のひとつを $(p, q, 0)$ とすると，直線
$$x=p$$

$$x = q$$
$$z = t$$
は3次曲面 $x^3+y^3=1$ の上にのっている．（ここで，t はパラメータとする．）

2) 上と同じ点 $(p, q, 0)$ をとると，直線
$$x = pt$$
$$y = qt$$
$$z = t$$
は3次曲面 $x^3+y^3-z^3=0$ の上にのっている． □

柱面や錐面では自明すぎてつまらないと思う人のために，もうひとつ別の例をあげておこう．これはケーリーの線織面と呼ばれているものだ．

問題7 3次曲面 $y^3+xyz-z^2=0$ 上には無数の実直線が存在することを示せ．

平面 $x=0$ と問題の3次曲面の交線，つまり，yz 平面上の3次曲線 $y^3-z^2=0$，の上の点 $(0, u^2, u^3)$ をとり，その点を通る直線
$$x = \alpha t$$
$$y = u^2 + \beta t$$
$$z = u^3 + \gamma t$$
が問題の3次曲面上に存在するための条件を求めてみよう．いうまでもなく，任意の t について
$$(u^2+\beta t)^3 + (\alpha t)(u^2+\beta t)(u^3+\gamma t)$$
$$- (u^3+\gamma t)^2 = 0$$
つまり（展開して t の係数を見る），
$$\beta(\beta^2+\alpha\gamma) = 0$$
$$\alpha\beta u^3 + \alpha\gamma u^2 + 3\beta^2 u^2 - \gamma^2 = 0$$
$$\alpha u^5 + 3\beta u^4 - 2\gamma u^3 = 0$$
となることが必要十分．これを α, β, γ に関する連立方程式だと思って解くと
$$\alpha : \beta : \gamma = 1 : (-u) : (-u^2)$$
がえられる．したがって，任意の u について直線
$$x = t$$
$$y = u^2 - ut$$
$$z = u^3 - u^2 t$$
は問題の3次曲面上にのっている（ここでは，t は直線のパラメータとする）．つまり，無数の実直線がのっていることがわかった． □

いうまでもなく，t と u の両方をパラメータと見れば
$$x = t$$
$$y = u^2 - ut$$
$$z = u^3 - u^2 t$$
は，3次曲面 $y^3+xyz-z^2=0$ のパラメータ表示になっている．また，この表示を見ると，u を固定するごとに（t をパラメータとする）直線がえられ，曲面全体がこれらの直線によって描かれることもわかる．つまり「線織面」になっているわけだ．このパラメータ表示は，$u-t$ をあらためて v と書けば，
$$x = u - v$$
$$y = uv$$
$$z = u^2 v$$
と変形できる．このほうがわかりやすいかもしれない．

問題8 3次曲面 $y^3+xyz-z^2=0$ の概形を描け．

平面 $x=t$ での切口を yz 平面に正射影してえられる yz 平面内の3次曲線 $y^3+tyz-z^2=0$ の形状を調べ，t の変化に応じてそれがどう変化するかを見ればよい．3次曲線 $y^3+tyz-z^2=0$ の形状を調べるにはそのパラメータ表示
$$y = u^2 - ut$$
$$z = u^3 - u^2 t$$

図5

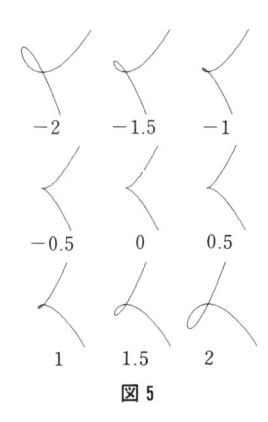

に注目するのがいいだろう．コツコツと計算してもそのおよその形状は理解できる（詳しいことは読者にまかせる）が，ここでは，t が $-2, -1.5, -1, -0.5, 0, 0.5, 1, 1.5, 2$ の場合の切り口の3次曲線を描いておこう（図5）．

それぞれの3次曲線の特異点の位置は空間内の点 $(t, 0, 0)$ である．つまり，切口の曲線の特異点全体が x 軸になっているわけだ．この t ごとの曲線の形状の変化を見れば（つまり x 座標を「高さ」と見た場合の「等高線」のようすを見れば），3次曲面 $y^3+xyz-z^2=0$ の概形が推察できるだろう．ここでは曲面自身のパラメータ表示を使って，概形を描いておく（図6）．□

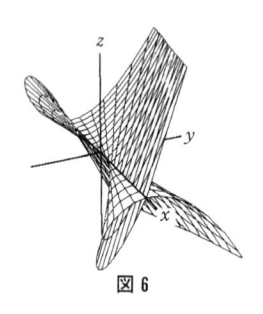

図6

ついでにいえば，直線をまったく含まない3次曲面も存在している．

問題9 3次曲面 $xyz=1$ 上には実の直線も虚の直線も存在しないことを示せ．

もし直線（実でも虚でもいい）
$$x=a+\alpha t$$
$$y=b+\beta t$$
$$z=c+\gamma t$$
が曲面 $xyz=1$ 上にあるとすると，t によらずに
$$(a+\alpha t)(b+\beta t)(c+\gamma t)=1$$
つまり，
$$abc=1$$
$$ab\gamma+a\beta c+\alpha bc=0$$
$$a\beta\gamma+\alpha b\gamma+\alpha\beta c=0$$
$$\alpha\beta\gamma=0$$
となることが必要．これが成立したとすると，α, β, γ のうちのすくなくともひとつは 0 となるはず．いま，$\alpha=0$ だと仮定すると，第1式と第3式から，$\beta\gamma=0$ となることがいえるが，もし $\beta=0$ とすると，第1式と第2式から，$\gamma=0$ となることが必要．（α, β, γ の考察順序を変えても同様の議論ができる．）つまり，$\alpha=\beta=\gamma=0$ でなければならなくなるが，これでは最初に存在すると仮定した直線が直線でなくなり矛盾．以上によって，3次曲面 $xyz=1$ 上には直線は存在しないことがわかった．□

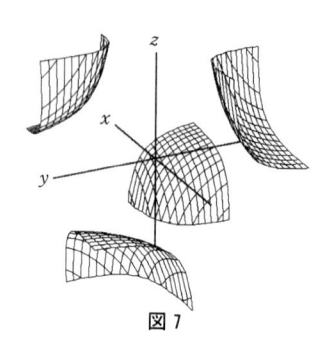

図7

問題10 3次曲面 $xyz=1$ の概形を描け．

たとえば，x 座標を「高さ」とする「等高線」を考えればただちに図7のような曲面が描ける．□

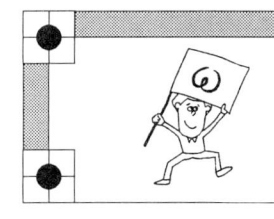

3次曲面と27本の直線

最近ではコンピュータ・グラフィックスのおかげであまり流行らなくなってしまったようだが，かつては，「数学模型」とよばれる一連の「教材」が存在していた．石膏模型もそのひとつで，球，円柱，円錐，トーラス，正多面体などがポピュラーだったようだ．もうすこし「高度」なものとして，楕円面，一葉双曲面，二葉双曲面，双曲放物面などといった2次曲面の模型も見ることができた．

それどころか，もっと不思議な曲面の模型も存在していたのである．ゲッチンゲン大学（数学科）やパリ大学（ポアンカレ研究所図書室）にはこうした「数学模型」を展示するコーナーがあり，いまではすっかり骨董品化してしまってはいるが，そのおかげで歴史の古さを感じさせてくれる．「数学模型」の中で，ぼくがとくに気に入っているのは，「クレプシュの3次曲面」と「ケーリーの3次曲面」と「クンマーの4次曲面」である．

ところで，簡単な3次曲面：$x^3+y^3+z^3=1$ のおよその形状についてはすでに調べた．凸凹を気にしなければ，この曲面は平面と同じようなものにすぎなかったが，平面と決定的に違うのは，この曲面の上には3本の直線が存在し，それ以外には存在しないという事実だろう．そのとき，この曲面上には27本の直線がのっており，そのうち3本だけが「実の直線」で，あとの24本は「虚の直線」にすぎないことについても触れておいた．

また，前章で述べたように，「虚の直線」も考えると，任意の2次曲面上にはつねに無数の直線がのっていることがいえる．また，一般の3次曲面上には，「虚の直線」もいれると，不思議なことに，つねにちょうど27本の直線がのっていることがいえる．一方，4次以上の次数の曲面については，直線が1本ものらないのが普通なのである．直線がのるのらないという話題に関しては，3次曲面の場合が一番面白いわけだ．

ここでは，一般論は（かなりの準備がいるので）まぁいいことにして，ちょうど27本の「実の直線」がのっているような具体的な曲面の例を紹介し，（これは次章になるが，）その位相的な構造についても調べてみたい．

1．謎の3次曲面

古い文献を見ていて奇妙な3次曲面の方程式に出会ったことがある．その方程式は

$$81(x^3+y^3+z^3)-189(x^2y+xy^2+y^2z+yz^2+z^2x+zx^2)+54xyz-9(x^2+y^2+z^2)+126(xy+yz+zx)-9(x+y+z)+1=0$$

という長いものだ．ここではこの方程式の左辺の多項式を $\phi(x,y,z)$ と書くことにしよう．この複雑な多項式で定義された3次曲面（「クレプシュの3次曲面」と呼ばれる）の上には27本の（実の）直線がのっているのだという．本当だろうか？ 調べてみよう．

問題1 3次曲面 $\phi(x,y,z)=0$ の上に存在する直線を1本でもいいから探せ．

この問題を解く前に準備として「素朴」な計算を試みておこう．いうまでもなく，t をパラメータとする直線

$$x=a+\alpha t$$
$$y=b+\beta t$$
$$z=c+\gamma t$$

が3次曲面 $\phi(x,y,z)=0$ の上に存在するための必要十分条件は，任意の t について

$$\phi(a+\alpha t, b+\beta t, c+\gamma t)=0$$

となること．いいかえると，これを展開し t の多項式とみなすときのすべての係数が0となること，つまり（当然ながら計算過程は省かせてもらうが）$a, b, c, \alpha, \beta, \gamma$ に関するつぎの4個の方程式

(1) $1-9a-9a^2+81a^3-9b+126ab-189a^2b$
    $-9b^2-189ab^2+81b^3-9c+126ac-189a^2c$

$+126bc+54abc-189b^2c-9c^2-189ac^2-189bc^2+81c^3=0$

(2) $(-1-2a+27a^2+14b-42ab-21b^2+14c-42ac+6bc-21c^2)\alpha+(-1+14a-21a^2-2b-42ab+27b^2+14c+6ac-42bc-21c^2)\beta+(-1+14a-21a^2+14b+6ab-21b^2-2c-42ac-42bc+27c^2)\gamma=0$

(3) $(-1+27a-21b-21c)\alpha^2+(-1-21a+27b-21c)\beta^2+(-1-21a-21b+27c)\gamma^2+(14-42a-42b+6c)\alpha\beta+(14+6a-42b-42c)\beta\gamma+(14-42a+6b-42c)\gamma\alpha=0$

(4) $3(\alpha^3+\beta^3+\gamma^3)-7(\alpha^2\beta+\alpha\beta^2+\alpha^2\gamma+\beta^2\gamma+\alpha\gamma^2+\beta\gamma^2)-2\alpha\beta\gamma=0$

からなる長い連立方程式が実解をもつことである.とはいっても,このように複雑な連立方程式を解くのは絶望的な感じがする.

そもそも方程式が4個で未知数が6個なんだから無数の解が存在してもいいのではないか？ たしかにそう思えるし,実際にそれはウソでもないのだが,冷静に考えれば,この連立方程式の解が無数にあったとしても,問題となっている直線の本数が無数に存在するかどうかは即断できない.もちろん,解が虚の解になってしまうかもしれないからということもあるが,たとえ,実解だけが無数にあったとしてもダメである.

というのは,1本の直線を決定するには,この直線の上の1点と直線の「方向」を決めればいいわけだが,点の選び方としてはもとの直線上のどの点を選んでもいいので自由度は1減少して2になるし,「方向」についても自由度は3ではなく2になる（比だけが問題となるためだ）.

いいかえると,上の連立方程式の場合,一見,未知数は6個だが,直線を決めるという観点からは「未知数は4個」（2+2=4）と見るのが正しいことになる.というようなわけで,上の連立方程式は4個の方程式からなる「未知数が4個」の連立方程式だということになり,有限個の直線が決まる可能性が出てくるのである.

それはそれとして,ここでは,とりあえず実解を1組求めればいいのだから,計算を簡単にするためにとりあえず $c=\gamma=0$ という解があるかどうか「実験」してみよう.この場合,方程式は,

(1′) $1-9a-9a^2+81a^3-9b+126ab-189a^2b-9b^2-189ab^2+81b^3=0$

(2′) $(-1-2a+27a^2+14b-42ab-21b^2)\alpha+(-1+14a-21a^2-2b-42ab+27b^2)\beta=0$

(3′) $(-1+27a-21b)\alpha^2+(-1-21a+27b)\beta^2+(14-42a-42b)\alpha\beta=0$

(4′) $3(\alpha^3+\beta^3)-7(\alpha^2\beta+\alpha\beta^2)=0$

となる.これならどうにか解けそうだ.(4′)を
$$(\alpha+\beta)(3\alpha-\beta)(\alpha-3\beta)=0$$
と変形してあとは場合に分けてコツコツ解いていけばいいはずだ.やってみると,面白いことに,(2′),(3′),(4′)を連立させるだけで

$\alpha+\beta=0$ の場合は, $1-3a-3b=0$
$3\alpha-\beta=0$ の場合は, $1-9a+3b=0$
$\alpha-3\beta=0$ の場合は, $1+3a-9b=0$

という結果がえられる.それぞれの場合について(1′)と連立させて a, b を決めればいいわけだが,ここで「問題」が発生する.たとえば,(1′)の左辺を $1-3a-3b$ で割り,その余りを0とおいたものと $1-3a-3b=0$ を連立させて解けばいいわけだが,割ってみると割り切れてしまい余りが出てこない.$1-9a+3b$ と $1+3b-9b$ についても同じことがいえる.

いいかえると,(1′)の左辺は
$$(1-3a-3b)(1-9a+3b)(1+3a-9b)$$
と因数分解できてしまうことがわかったことになる.これは大きな収穫だ.というのは,結局,
$$\phi(x, y, 0)$$
$$=(1-3x-3y)(1-9x+3y)(1+3x-9y)$$
となることがいえたからである.こうして問題1の解答のひとつに到達できる.

[問題1の解答]

3次曲面 $\phi(x, y, z)=0$ と xy 平面 ($z=0$) の交わりを考えると,
$$\phi(x, y, 0)$$
$$=(1-3x-3y)(1-9x+3y)(1+3x-9y)$$
から,3本の直線
$$1-3x-3y=z=0$$
$$1-9x+3y=z=0$$
$$1+3x-9y=z=0$$
となっていることがわかる.これは,これら3本の直線が3次曲面 $\phi(x, y, z)=0$ の上にのっていることを意味している.

まったく同様にして（あるいは x, y, z に関する対称性によって），さらに 3 本ずつの直線

$$1-3y-3z=x=0$$
$$1-9y+3z=x=0$$
$$1+3y-9z=x=0$$

および

$$1-3z-3x=y=0$$
$$1-9z+3x=y=0$$
$$1+3z-9x=y=0$$

が 3 次曲面 $\phi(x, y, z)=0$ の上にのっていることもわかる． □

こうして問題の 3 曲面上には合計 9 本の直線がのっていることがわかったわけだが，あと 18 本存在しているはずだ．それらも探してみよう．

2．さらに 6 本

あと 18 本の直線のうち 6 本は比較的簡単にみつけることができる．といっても実際にはいくつかの試行錯誤の後の話ではあろうが，結果だけは簡単に紹介できる．まずつぎのような問題を解いてほしい．

問題 2 3 次多項式 $\phi(x, y, -1/3)$ を因数分解し，その結果から 3 次曲面 $\phi(x, y, z)=0$ の上にのっている新しい直線を求めよ．

$$\begin{aligned}\phi(x, y, -1/3) &= 9(9(x^3+y^3)-21(x^2y+xy^2) \\ &\quad +6(x^2+y^2)+12xy-8(x+y)) \\ &= 9(x+y)(9x^2-30xy+9y^2+6x+6y-8)\end{aligned}$$

から，3 次曲面 $\phi(x, y, z)=0$ と平面 $z=-1/3$ の切り口は 2 次曲線（双曲線）

$$9x^2-30xy+9y^2+6x+6y-8=z+1/3=0$$

と直線

$$x+y=z+1/3=0$$

だとわかる．この直線が求めるものである． □

この因数分解はやさしかったが，つぎのはちょっと難しい．

問題 3 3 次多項式 $\phi(x, y, 1/3)$ を因数分解し，その結果から 3 次曲面 $\phi(x, y, z)=0$ の上にのっている新しい直線を求めよ．

$$\begin{aligned}\phi(x, y, 1/3) &= 3(27(x^3+y^3)-63(x^2y+xy^2) \\ &\quad -24(x^2+y^2)+48xy+4(x+y))\end{aligned}$$

だが，ここで，$X=3x$, $Y=3y$ と置いて書き換えると

$$\begin{aligned}\phi(x, y, 1/3) &= 3(X^3+Y^3)-7(X^2Y+XY^2) \\ &\quad -8(X^2+Y^2)+16XY+4(X+Y) \\ &= 3(X+Y)^3-16(X+Y)XY \\ &\quad -8(X+Y)^2+32XY+4(X+Y)\end{aligned}$$

この式は，$X+Y$ に 2 を代入すると 0 となるので，$(X+Y)-2$ で割り切れるはず．実際に割ってみると，

$$\begin{aligned}\phi(x, y, 1/3) &= (X+Y-2) \\ &\quad (3X^2-10XY+3Y^2-2X-2Y) \\ &= 3(3x+3y-2)(9x^2-30xy+9y^2-2x-2y)\end{aligned}$$

という因数分解がえられ，新しい直線

$$3x+3y-2=z-1/3=0$$

がみつかる． □

問題 2 と問題 3 とはまったく同様にしてほかにも 2 本ずつの直線がみつかり，新しく合計 6 本の直線

$$x+y=z+1/3=0$$
$$y+z=x+1/3=0$$
$$z+x=y+1/3=0$$
$$3x+3y-2=z-1/3=0$$
$$3y+3z-2=x-1/3=0$$
$$3z+3x-2=y-1/3=0$$

が発見できる．

ことのついでに，コンピュータ・グラフィクスを使う問題も考えておこう．いうまでもなく，これは 3 次曲面 $\phi(x, y, z)=0$ のおよその形状を知るための準備にもなっている．

問題 4 3 次曲面 $\phi(x, y, z)=0$ と平面 $z=h$ との交線（つまり「等高線」）をいくつか描け．

ここでは「等高線」一般の概要がわかるようにいくつかの h についてその「等高線」を描いておく（図 1）． □

図 1 を見れば，高さ h が $-1/3$ と $1/3$ のとき等高線が直線と双曲線に分離しているようすが

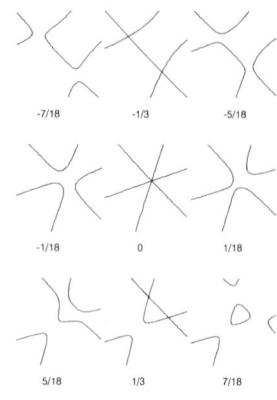

図1　等高線と高さ

わかる．また，高さ h が 0 のとき等高線が 1 点で交わる 3 本の直線になっているようすも読み取れる．直観的な話になるが，z 軸方向を高さとした場合だけで 5 本の直線がみつかったわけだから，高さを x 軸方向や y 軸方向に取っても（$\phi(x, y, z)$ の対称性から）同じように 5 本ずつの直線がみつかるはず．したがって，合計 15 本の直線が発見できたことになる．

3．残り12本

こうして合計15本の直線がみつかったが，残りの12本はなかなか発見しにくい．ここでは「天下り的」な方法でそれらを探してみよう．その前に準備運動から．

問題5　すでに発見ずみの15本の直線をパラメータを使って表示せよ．

たとえば，直線
$$1 - 3x - 3y = z = 0$$
はパラメータ t をもちいて
$$(x, y, z) = (t, 1/3 - t, 0)$$
と書ける．これはすぐわかるように，
$$(x, y, z) = (1/3 - t, t, 0)$$
と書いても同じことだ．また，直線
$$1 - 9x + 3y = z = 0$$
はパラメータ t をもちいて
$$(x, y, z) = (t, -1/3 + 3t, 0)$$
と書けるが，もちろん，これは
$$(x, y, z) = (-1/3 + 3t, t, 0)$$
と同じではない．こちらは，直線
$$1 + 3x - 9y = z = 0$$
にほかならない．さらに，直線
$$x + y = z + 1/3 = 0$$
は
$$(x, y, z) = (t, -t, -1/3)$$
と書け，直線
$$3x + 3y - 2 = z - 1/3 = 0$$
は
$$(x, y, z) = (t, 2/3 - t, 1/3)$$
と書けることなどから，すでに発見ずみの15本の直線のパラメータ表示を求めてみると，それぞれ「$(x, y, z) =$」の部分は省略して，

$(0, t, 1/3 - t)$, $(0, t, -1/3 + 3t)$,
$(0, -1/3 + 3t, t)$, $(t, 0, 1/3 - t)$,
$(t, 0, -1/3 + 3t)$, $(-1/3 + 3t, 0, t)$,
$(t, 1/3 - t, 0)$, $(t, -1/3 + 3t, 0)$,
$(-1/3 + 3t, t, 0)$, $(-1/3, t, -t)$,
$(t, -1/3, -t)$, $(t, -t, -1/3)$,
$(1/3, t, 2/3 - t)$, $(t, 1/3, 2/3 - t)$,
$(t, 2/3 - t, 1/3)$

となることがわかる．　　　　　　　　　　□

これら15本の直線を順に
$$\lambda_{11},\ \lambda_{12},\ \lambda_{13}$$
$$\lambda_{21},\ \lambda_{22},\ \lambda_{23}$$
$$\lambda_{31},\ \lambda_{32},\ \lambda_{33}$$
$$\lambda_{41},\ \lambda_{42},\ \lambda_{43}$$
$$\lambda_{51},\ \lambda_{52},\ \lambda_{53}$$
とよぶことにしよう．このとき

$\lambda_{11}, \lambda_{12}, \lambda_{13}$ は点 $(0, 1/6, 1/6)$ で交わる．
$\lambda_{21}, \lambda_{22}, \lambda_{23}$ は点 $(1/6, 0, 1/6)$ で交わる．
$\lambda_{31}, \lambda_{32}, \lambda_{33}$ は点 $(1/6, 1/6, 0)$ で交わる．
λ_{41} と λ_{42} は点 $(-1/3, -1/3, 1/3)$ で交わる．
λ_{42} と λ_{43} は点 $(1/3, -1/3, -1/3)$ で交わる．
λ_{43} と λ_{41} は点 $(-1/3, 1/3, -1/3)$ で交わる．
$\lambda_{51}, \lambda_{52}, \lambda_{53}$ は点 $(1/3, 1/3, 1/3)$ で交わる．
などがすぐにわかる．ほかにも
$\lambda_{11}, \lambda_{12}, \lambda_{13}$ は $x = 0$ 上にある．
$\lambda_{21}, \lambda_{22}, \lambda_{23}$ は $y = 0$ 上にある．
$\lambda_{31}, \lambda_{32}, \lambda_{33}$ は $z = 0$ 上にある．
$\lambda_{41}, \lambda_{42}, \lambda_{43}$ は $x + y + z = -1/3$ 上にある．
$\lambda_{51}, \lambda_{52}, \lambda_{53}$ は $x + y + z = 1$ 上にある．
こともわかる．

ところで，残りの直線について，つぎのような予想を立てることにしよう．

予想：未発見の直線は λ_{4k} と λ_{5m} $(k \neq m)$ に交わる？

こんな予想がなぜ可能になるのかというと，たよりないことながら，コンピュータ・グラフィックスによって3次曲面 $\phi(x, y, z)=0$ のおよその形状（あとでこれについては簡単に触れる）を調べてみると「そうなるような気がする」からなのだが，詳しくはまた別の機会に説明することにして，ここではとりあえず，この「天下り的な予想」をチェックすることから話をはじめてしまおう．

問題6 λ_{41} と λ_{52} に交わる直線の中で3次曲面 $\phi(x, y, z)=0$ の上にのっているものを求めよ．

λ_{41} 上の点 $(-1/3, t, -t)$ と λ_{52} 上の点 $(s, 1/3, 2/3-s)$ を通る直線の方程式は，パラメータを u とするとき，
$$x = -1/3 + (s+1/3)u$$
$$y = t + (1/3-t)u$$
$$z = -t + (2/3-s+t)u$$
となるが，これが3次曲面 $\phi(x, y, z)=0$ の上にのっているための必要十分条件は任意の u について $\phi(x, y, z)=0$ となること．つまり s と t が（u, u^2, u^3 の係数を0とおいてえられる）s と t に関する連立方程式
$$-2+3s-27st^2+9t^2=0$$
$$4-3t-9s^2+18st-18t^2-27s^2t+54st^2=0$$
$$-2-3s+3t+9s^2-18st+9t^2+27s^2t$$
$$-27st^2=0$$
の実解となっていることである．ところで，この連立方程式を解くと，
$$(s, t) = (2/3, 0),$$
$$((3-\sqrt{5})/6, (1+\sqrt{5})/6),$$
$$((3+\sqrt{5})/6, (1-\sqrt{5})/6)$$
がえられる．（第1式から s を t で表わし，それを第2式に代入して t を求めればよい．また，第3式＝－（第1式＋第2式）となっているので第3式は無視してよい．）したがって，求める直線のひとつは
$$x = -1/3 + (2/3+1/3)u$$
$$y = 0 + (1/3-0)u$$
$$z = -0 + (2/3-2/3+0)u$$
となり，計算すると，
$$(x, y, z) = (-1/3+u, (1/3)u, 0)$$
つまり λ_{33}（$(1/3)u$ を t と思えばよい）と一致する．あと2本の直線のうちのひとつは
$$x = -1/3 + ((3-\sqrt{5})/6+1/3)u$$
$$y = (1-\sqrt{5})/6 + (1/3-(1+\sqrt{5})/6)u$$
$$z = -(1+\sqrt{5})/6 + (2/3-(3-\sqrt{5})/6$$
$$+ (1+\sqrt{5})/6)u$$
となり，計算して，u を t と書き換えれば，
$$x = -1/3 + ((5-\sqrt{5})/6)t$$
$$y = (1-\sqrt{5})/6 + ((1-\sqrt{5})/6)t$$
$$z = -(1+\sqrt{5})/6 + ((1+\sqrt{5})/3)t$$
という直線だとわかる．もう1本の直線は，
$$x = -1/3 + ((3+\sqrt{5})/6+1/3)u$$
$$y = (1-\sqrt{5})/6 + (1/3-(1-\sqrt{5})/6)u$$
$$z = -(1-\sqrt{5})/6 + (2/3-(3+\sqrt{5})/6$$
$$+ (1-\sqrt{5})/6)u$$
となり，計算して u を t と書き換えれば，
$$x = -1/3 + ((5+\sqrt{5})/6)t$$
$$y = (1-\sqrt{5})/6 + ((1+\sqrt{5})/6)t$$
$$z = -(1-\sqrt{5})/6 + ((1-\sqrt{5})/3)t$$
という直線だとわかる． □

これで新しい直線が2本みつかった．これらの直線をここだけの記号で
$$(x, y, z) = (a, b, c)$$
$$(x, y, z) = (p, q, r)$$
と書くことにしよう．ただし
$$a = -1/3 + ((5-\sqrt{5})/6)t$$
$$b = (1+\sqrt{5})/6 + ((1-\sqrt{5})/6)t$$
$$c = -(1+\sqrt{5})/6 + ((1+\sqrt{5})/6)t$$
$$p = -1/3 + ((5+\sqrt{5})/6)t$$
$$q = (1-\sqrt{5})/6 + ((1+\sqrt{5})/6)t$$
$$r = -(1-\sqrt{5})/6 + ((1-\sqrt{5})/3)t$$
とする．

問題6と同じようにして，直線 λ_{4k} と直線 λ_{5m} $(k \neq m)$ に交わる直線の中で3次曲面 $\phi(x, y, z)=0$ の上にのっているものを求めると，「$(x, y, z)=$」は省略して，
$$(a, b, c), (a, c, b), (b, a, c),$$
$$(b, c, a), (c, a, b), (c, b, a)$$
$$(p, q, r), (p, r, q), (q, p, r),$$
$$(q, r, p), (r, p, q), (r, q, p)$$
という合計12本の直線がみつかる．これらの直線を記号で単に

abc, acb, bac, bca, cab, cba
pqr, prq, qpr, qrp, rpq, rqp

と書くことにすると，結局，つぎの命題1が証明できたことになる．

---- 命題1 ----

3次曲面 $\phi(x, y, z) = 0$ の上には27本の直線

λ_{11}, λ_{12}, λ_{13}, λ_{21}, λ_{22}, λ_{23}
λ_{31}, λ_{32}, λ_{33}, λ_{41}, λ_{42}, λ_{43}
λ_{51}, λ_{52}, λ_{53}
abc, acb, bac, bca, cab, cba
pqr, prq, qpr, qrp, rpq, rpq

がのっている．

[証明]

すでに終了している． □

これでたしかに27本の直線がのっていることはわかったが，これら以外の直線はのっていないのかどうかとなると自明ではない．この点が欠点ではあるが，ここではとにかく27本探してみるというだけの話だったと理解してほしい．

4．曲面のイメージ

問題7 3次曲面 $\phi(x, y, z) = 0$ のおよその形状を調べよ．

原理的には，図1の等高線の変化のようすからもとの3次曲面 $\phi(x, y, z) = 0$ の形状がある程度推定できるはずだが，実際には，かなりの想像力を必要とするだろう．これについてもコンピュータの力を借りてしまおう（図2）．□

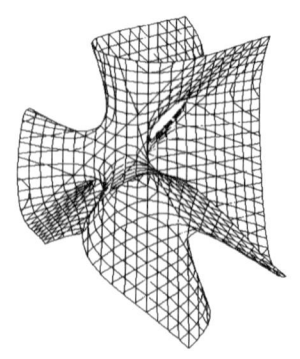

図2 3次曲面 $\phi(x, y, z) = 0$

図2を見ると，この曲面上の直線がいくつか観察できる．もちろん，この図2だけではせいぜい最初の15本が見えるだけで，あとからみつけた12本については，かなり無理な「推定」なしではとても見えてこないだろう．ところで，λ_{41}, λ_{42}, λ_{43} が $x+y+z=-1/3$ 上にあり，λ_{51}, λ_{52}, λ_{53} が $x+y+z=1$ 上にあることはすでに述べておいたが，これらの直線を「気分よく」眺めるためには，これらの平面の法線ベクトルが垂直になるようにもとの曲面を回転するのがよい（これについては次章）．こうすると，「難しい12本の直線」の予想位置についても多少は推定しやすくなるかもしれない．それだけではなく，この曲面の位相的な形状も把握しやすくなるだろう．

課題1 3次曲面 $\phi(x, y, z) = 0$ を原点を固定して適当に回転し，ベクトル $(1, 1, 1)$ が z 軸に平行になるようにせよ．また，新しい曲面について，その等高線（z 軸を高さとする）の状況を調べよ．

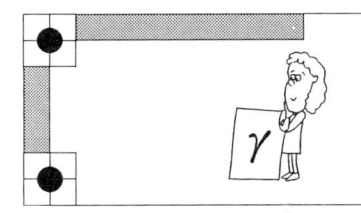

3次曲面の構造

2次の多項式で定義された曲面，つまり2次曲面は，楕円面，一葉双曲面，二葉双曲面，双曲放物面などに分類できることは有名だ．無限の彼方での状況は忘れ，有限の範囲で連続的な変形でうつりあうものは同じだと考えておよその形状（つまり位相的な形状）だけに注目すると，これらは順に，球面，円柱面，2枚の平面，1枚の平面とみなせる．それでは，3次の多項式で定義された曲面，つまり3次曲面の場合はどのような位相的形状になるのだろう？　一般的に論じるのは難しそうなので，ここでは前章で紹介した3次曲面

$$81(x^3+y^3+z^3)-189(x^2y+xy^2+y^2z+yz^2+z^2x+zx^2)+54xyz-9(x^2+y^2+z^2)+126(xy+yz+zx)-9(x+y+z)+1=0$$

の形状について考えてみよう．ここではこの方程式の左辺の多項式を $\phi(x, y, z)$ と書くことにする．

1．回転行列

すでに見たように，この3次曲面 $\phi(x, y, z)=0$ の形状は図1のようであったが，このままでは位相的な状態を観察するのがやっかいなので，適当に回転させて「対称性」がもっと理解しやすいようにしよう．

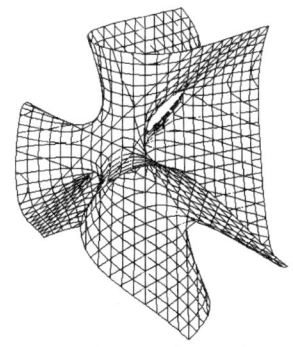

図1　3次曲面 $\phi(x, y, z)=0$

問題1　3次曲面 $\phi(x, y, z)=0$ をどのように回転すると「対称性」が見えやすくなるか？

多項式 $\phi(x, y, z)$ は x, y, z に関して対称になっているので，x 軸，y 軸，z 軸の役割を入れかえても曲面の形状に変化はない．言葉をかえると直線 $x=y=z$ のまわりの「120°の回転対称性」が存在しているはずだ．この「120°の回転対称性」を見るには，直線 $x=y=z$ が「縦軸」になるように曲面を回転させるのがよい．　□

この回転を実行する前に，念のために，z 軸を回転軸とする α ラジアンの回転運動について考えておこう．まず，回転の方向は，z 軸の正方向に向かって右ネジが進むような方向を正の方向だと考えることにする．このとき，点 (x, y, z) を z 軸のまわりに α ラジアンだけ回転させたとすると，z は変化せず，x と y については xy 平面上での（原点を中心とする）α ラジアン回転に対応するだけの変化が起きるはずだから，結局，点 (x, y, z) が点 (X, Y, Z) に移るとすると，

$$X=(\cos\alpha)x-(\sin\alpha)y$$
$$Y=(\sin\alpha)x+(\cos\alpha)y$$
$$Z=z$$

となっているはずだ．ベクトルと行列の言葉で書けば

$$\begin{pmatrix}X\\Y\\Z\end{pmatrix}=\begin{pmatrix}\cos\alpha & -\sin\alpha & 0\\ \sin\alpha & \cos\alpha & 0\\ 0 & 0 & 1\end{pmatrix}\begin{pmatrix}x\\y\\z\end{pmatrix}$$

となる．ここに現われる3×3行列は z 軸のまわりの α ラジアン回転の行列とよばれている．同じように，x 軸のまわりの α ラジアン回転の行列と y 軸のまわりの α ラジアン回転の行列を求めると，それぞれ，

$$\begin{pmatrix}1 & 0 & 0\\ 0 & \cos\alpha & -\sin\alpha\\ 0 & \sin\alpha & \cos\alpha\end{pmatrix}$$

$$\begin{pmatrix} \cos\alpha & 0 & \sin\alpha \\ 0 & 1 & 0 \\ -\sin\alpha & 0 & \cos\alpha \end{pmatrix}$$

となる.

問題 2 点 (x, y, z) を z 軸のまわりに α ラジアン回転し,そのあとで x 軸のまわりに β ラジアン回転すると点 (X, Y, Z) になったとする. X, Y, Z を x, y, z によって表わせ.

点 (x, y, z) を z 軸のまわりに α ラジアン回転して点 (x', y', z') になったとすると,
$$\begin{pmatrix} x' \\ y' \\ z' \end{pmatrix} = \begin{pmatrix} \cos\alpha & -\sin\alpha & 0 \\ \sin\alpha & \cos\alpha & 0 \\ 0 & 0 & 1 \end{pmatrix} \begin{pmatrix} x \\ y \\ z \end{pmatrix}$$
かつ,点 (x', y', z') を x 軸のまわりに β ラジアン回転して点 (X, Y, Z) になったとすると,
$$\begin{pmatrix} X \\ Y \\ Z \end{pmatrix} = \begin{pmatrix} 1 & 0 & 0 \\ 0 & \cos\beta & -\sin\beta \\ 0 & \sin\beta & \cos\beta \end{pmatrix} \begin{pmatrix} x' \\ y' \\ z' \end{pmatrix}$$
したがって,
$$\begin{pmatrix} X \\ Y \\ Z \end{pmatrix} = \begin{pmatrix} 1 & 0 & 0 \\ 0 & \cos\beta & -\sin\beta \\ 0 & \sin\beta & \cos\beta \end{pmatrix}$$
$$\begin{pmatrix} \cos\alpha & -\sin\alpha & 0 \\ \sin\alpha & \cos\alpha & 0 \\ 0 & 0 & 1 \end{pmatrix} \begin{pmatrix} x \\ y \\ z \end{pmatrix}$$
$$= \begin{pmatrix} \cos\alpha & -\sin\alpha & 0 \\ \sin\alpha\cos\beta & \cos\alpha\cos\beta & -\sin\beta \\ \sin\alpha\sin\beta & \cos\alpha\sin\beta & \cos\beta \end{pmatrix} \begin{pmatrix} x \\ y \\ z \end{pmatrix}$$
つまり,
$$X = (\cos\alpha)x - (\sin\alpha)y$$
$$Y = (\sin\alpha\cos\beta)x + (\cos\alpha\cos\beta)y - (\sin\beta)z$$
$$Z = (\sin\alpha\sin\beta)x + (\cos\alpha\sin\beta)y + (\cos\beta)z$$
となる. □

問題 3 問題 2 と同じ記号の下で,x, y, z を X, Y, Z によって表わせ.

$$\begin{pmatrix} \cos\alpha & -\sin\alpha & 0 \\ \sin\alpha & \cos\alpha & 0 \\ 0 & 0 & 1 \end{pmatrix}$$
$$\begin{pmatrix} 1 & 0 & 0 \\ 0 & \cos\beta & -\sin\beta \\ 0 & \sin\beta & \cos\beta \end{pmatrix}$$
の逆行列(つまり逆回転の行列)が,それぞれ,
$$\begin{pmatrix} \cos\alpha & \sin\alpha & 0 \\ -\sin\alpha & \cos\alpha & 0 \\ 0 & 0 & 1 \end{pmatrix}$$
$$\begin{pmatrix} 1 & 0 & 0 \\ 0 & \cos\beta & \sin\beta \\ 0 & -\sin\beta & \cos\beta \end{pmatrix}$$
となることから
$$\begin{pmatrix} x \\ y \\ z \end{pmatrix} = \begin{pmatrix} \cos\alpha & \sin\alpha & 0 \\ -\sin\alpha & \cos\alpha & 0 \\ 0 & 0 & 1 \end{pmatrix}$$
$$\begin{pmatrix} 1 & 0 & 0 \\ 0 & \cos\beta & \sin\beta \\ 0 & -\sin\beta & \cos\beta \end{pmatrix} \begin{pmatrix} X \\ Y \\ Z \end{pmatrix}$$
$$= \begin{pmatrix} \cos\alpha & \sin\alpha\cos\beta & \sin\alpha\sin\beta \\ -\sin\alpha & \cos\alpha\cos\beta & \cos\alpha\sin\beta \\ 0 & -\sin\beta & \cos\beta \end{pmatrix} \begin{pmatrix} X \\ Y \\ Z \end{pmatrix}$$
つまり,
$$x = (\cos\alpha)X + (\sin\alpha\cos\beta)Y + (\sin\alpha\sin\beta)Z$$
$$y = -(\sin\alpha)X + (\cos\alpha\cos\beta)Y + (\cos\alpha\sin\beta)Z$$
$$z = -(\sin\beta)Y + (\cos\beta)Z$$
となる. □

2. 回転させる

われわれの目的に合わせて,直線 $x = y = z$ が z 軸にうつるような(原点を固定した)回転の例を考えてみよう.回転によって,ベクトル $(1/\sqrt{3}, 1/\sqrt{3}, 1/\sqrt{3})$ がベクトル $(0, 0, 1)$ にうつればいいのだが,これが,z 軸のまわりの α ラジアン回転と x 軸のまわりの β ラジアン回転の合成によってえられるとすると,問題 3 の結果から,
$$1/\sqrt{3} = (\cos\alpha)0 + (\sin\alpha\cos\beta)0 + (\sin\alpha\sin\beta)1$$
$$1/\sqrt{3} = -(\sin\alpha)0 + (\cos\alpha\cos\beta)0 + (\cos\alpha\sin\beta)1$$
$$1/\sqrt{3} = -(\sin\beta)0 + (\cos\beta)1$$
したがって,たとえば,

$$\cos\beta = 1/\sqrt{3},\quad \sin\beta = \sqrt{2}/\sqrt{3}$$
$$\cos\alpha = \sin\alpha = 1/\sqrt{2}$$
となるような α, β を選べばよい.

問題 4
$$\cos\beta = 1/\sqrt{3},\quad \sin\beta = \sqrt{2}/\sqrt{3}$$
$$\cos\alpha = \sin\alpha = 1/\sqrt{2}$$
となる α, β について,点 (x, y, z) を,z 軸のまわりに α ラジアン回転し,そのあとで x 軸のまわりに β ラジアン回転すると点 (X, Y, Z) になったとする.このとき,x, y, z を X, Y, Z によって表わせ.

問題 3 の結果から,ただちに,
$$x = (1/\sqrt{2})X + (1/\sqrt{6})Y + (1/\sqrt{3})Z$$
$$y = -(1/\sqrt{2})X + (1/\sqrt{6})Y + (1/\sqrt{3})Z$$
$$z = -(\sqrt{2}/\sqrt{3})Y + (1/\sqrt{3})Z$$
つまり,
$$x = (\sqrt{3}X + Y + \sqrt{2}Z)/\sqrt{6}$$
$$y = (-\sqrt{3}X + Y + \sqrt{2}Z)/\sqrt{6}$$
$$z = (-2Y + \sqrt{2}Z)/\sqrt{6}$$
がえられる. □

問題 5 問題 4 でえられた式を $\phi(x, y, z)$ の x, y, z に代入せよ.

単純だがかなりメンドウな作業になるので計算結果だけを書くと,
$$-48\sqrt{6}\,Y^3 - 93\sqrt{3}\,Z^3 + 144\sqrt{6}\,X^2Y +$$
$$72\sqrt{3}\,Y^2Z + 72\sqrt{3}\,ZX^2 - 72X^2 - 72Y^2 +$$
$$117Z^2 - 9\sqrt{3}\,Z + 1$$
となる. □

問題 5 の結果を書き換えるとつぎの命題 1 がえられる.

──── **命題 1** ────
3 次曲面 $\phi(x, y, z) = 0$ を z 軸のまわりに α ラジアン回転し,そのあとで x 軸のまわりに β ラジアン回転すると 3 次曲面 $\Phi(x, y, z) = 0$ がえられる.ここで,α, β は
$$\cos\alpha = \sin\alpha = 1/\sqrt{2}$$
$$\cos\beta = 1/\sqrt{3},\quad \sin\beta = \sqrt{2}/\sqrt{3}$$
を満たすものとし,$\Phi(x, y, z)$ は 3 次多項式
$$48\sqrt{6}\,y^3 + 93\sqrt{3}\,z^3 - 144\sqrt{6}\,x^2y -$$
$$72\sqrt{3}\,y^2z - 72\sqrt{3}\,zx^2 + 72x^2 + 72y^2 -$$
$$117z^2 + 9\sqrt{3}\,z - 1$$
とする.

[証明]
問題 5 の X, Y, Z を x, y, z と書き換え (-1) 倍すれば $\Phi(x, y, z)$ になっている. □

3.曲面 $\Phi(x, y, z) = 0$ の「等高線」

3 次曲面 $\phi(x, y, z) = 0$ の位相的な形状が知りたければ,それよりも「対称性」を観察しやすい 3 次曲面 $\Phi(x, y, z) = 0$ を調べればよい.そこでまず,z 成分を「高さ」とする「等高線」について見てみよう.

問題 6 3 次曲面 $\Phi(x, y, z) = 0$ と平面 $z = c$ の交線(つまり曲線 $\Phi(x, y, c) = 0$)の変化のようすを観察せよ.

実験的な考察によって,$|c| \leq 0.6$ の範囲で調べれば十分だと推察される.結果は図 2 のようになる. □

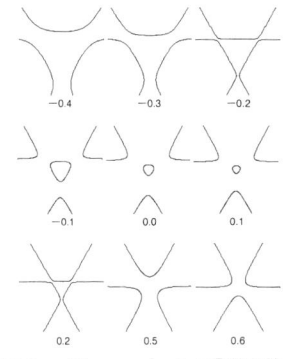

図 2 $\phi(x, y, z) = 0$ の「等高線」

図 2 を見ると,c が特殊な値をとるとき,3 次曲線 $\Phi(x, y, c) = 0$ が 3 本の直線に分解するらしいことが読み取れる.

問題 7 3 次曲線 $\Phi(x, y, c) = 0$ が 3 本の直線に分解すると推察される c の近似値をさらに詳しく調べよ.

コンピュータを使って曲線の状況が決定的に変化する c の値を求めればよい.この分解が起きる c の近似値は -0.192, $+0.192$, $+0.577$

のあたりだとわかる. □

ところで,
$$1/\sqrt{3}=0.577350\ldots$$
$$1/(3\sqrt{3})=0.192450\ldots$$
だから
$$\Phi(x, y, -1/(3\sqrt{3}))=0$$
$$\Phi(x, y, 1/(3\sqrt{3}))=0$$
$$\Phi(x, y, 1/\sqrt{3})=0$$
が3本の直線に分解するのではないかと期待できる. これをたしかめよう.

問題 8 3次多項式 $\Phi(x, y, 1/\sqrt{3})$ を因数分解せよ.

これは簡単. ただ代入するだけだ.
$$\Phi(x, y, 1/\sqrt{3})$$
$$=48\sqrt{6}\,y^3-144\sqrt{6}\,x^2y$$
$$=48\sqrt{6}\,y(y^2-3x^2)$$
$$=48\sqrt{6}\,y(y+\sqrt{3}\,x)(y-\sqrt{3}\,x) \quad \square$$

問題 9 3次多項式 $\Phi(x, y, -1/(3\sqrt{3}))$ および $\Phi(x, y, 1/(3\sqrt{3}))$ を因数分解せよ.

計算すると
$$\Phi(x, y, -1/(3\sqrt{3}))$$
$$=(16/27)(81\sqrt{6}\,y^3+162x^2$$
$$\qquad -243\sqrt{6}\,x^2y+162y^2-16)$$
$$=(8/27)(3\sqrt{6}\,y-2)$$
$$\qquad (54y^2+24\sqrt{6}\,y+16-162x^2)$$
$$=(8/27)(3\sqrt{6}\,y-2)(9\sqrt{2}\,x+3\sqrt{6}\,y+4)$$
$$\qquad (-9\sqrt{2}\,x+3\sqrt{6}\,y+4)$$
$$\Phi(x, y, 1/(3\sqrt{3}))$$
$$=(16/27)(81\sqrt{6}\,y^3+81x^2$$
$$\qquad -243\sqrt{6}\,x^2y+81y^2-2)$$
$$=(8/27)(3\sqrt{6}\,y-1)$$
$$\qquad (54y^2+12\sqrt{6}\,y+4-162x^2)$$
$$=(8/27)(3\sqrt{6}\,y-1)(9\sqrt{2}\,x+3\sqrt{6}\,y+2)$$
$$\qquad (-9\sqrt{2}\,x+3\sqrt{6}\,y+2)$$
となる. □

これらの結果から曲面 $\Phi(x, y, z)=0$ 上の9本の直線があぶり出されたことになる. あらためてそれらの方程式を並べてみると,

$$y=z-1/\sqrt{3}=0$$
$$y+\sqrt{3}\,x=z-1/\sqrt{3}=0$$
$$y-\sqrt{3}\,x=z-1/\sqrt{3}=0$$
$$3\sqrt{6}\,y-2=z+1/(3\sqrt{3})=0$$
$$9\sqrt{2}\,x+3\sqrt{6}\,y+4=z+1/(3\sqrt{3})=0$$
$$9\sqrt{2}\,x-3\sqrt{6}\,y-4=z+1/(3\sqrt{3})=0$$
$$3\sqrt{6}\,y-1=z-1/(3\sqrt{3})=0$$
$$9\sqrt{2}\,x+3\sqrt{6}\,y+2=z-1/(3\sqrt{3})=0$$
$$9\sqrt{2}\,x-3\sqrt{6}\,y-2=z-1/(3\sqrt{3})=0$$

となる. はじめの3本は1点 $(0, 0, 1/\sqrt{3})$ を通り互いに60°で交わり, つぎの3本と最後の3本はそれぞれ「正三角形」を形成していることがわかる. これらのほかにも18本の直線がふくまれているはずだが, それについては「課題」として残しておこう.

4. 曲面のイメージ

問題 10 3次曲面 $\Phi(x, y, z)=0$ のおよその形状を観察せよ.

とりあえずコンピュータで概形を描いてみよう (図3). これが図1を回転させたものになっていることは見ればわかるはずだ. □

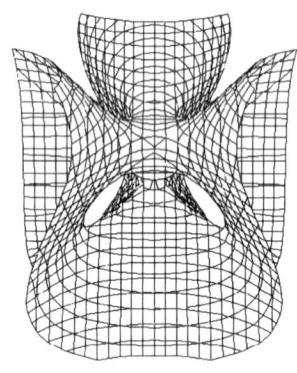

図 3 $\phi(x, y, z)=0$ のイメージ

最後に, 図3と図2 (y 軸の正の方向が図2では上, 図3では手前になっていることに注意) の「等高線」の変化のようすから3次曲面 $\Phi(x, y, z)=0$ の位相的な構造を調べてみよう. 「高さ」を下から順に連続的に変化させるとき, 「等高線」に特異点 (なめらかでない点) が出現しないかぎり「等高線」の形状に変化はなさそうだ. しかも特異点は「等高線」が「3本の直線」に分解するときにしか出現しないように見える.

つまり，「等高線」の形状は「3本の直線」の「上」と「下」でガラッと変化するだけなのだ．変化といっても「高さ」が0.5から0.6になるあたりのようなタイプの変化もあるので注意してほしい．位相的には同じ「等高線」でも配置が違うと，曲面の位相的形状に大きな影響を与えてしまうのである．このような観察を続ければ，3次曲面 $\Phi(x, y, z) = 0$ の（有限部分の）位相的構造が図4の右下の「多面体」と同じであることがわかる．（図4の右下以外の図は右下の「多面体」の構造をわかりやすくするための説明図にすぎない．）

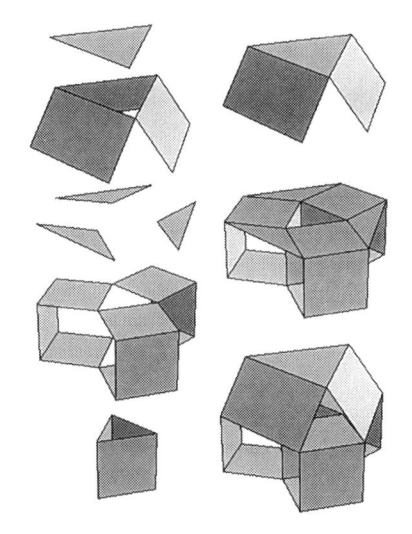

図4　$\phi(x, y, z) = 0$ の位相構造

この「多面体」の境界は1個の円周にほかならないことに注意しよう．また，この「多面体」を連続的に変形すると「3人乗りの浮袋」（=「3個の把手付球面」）に円板状の穴を開けたものになることもわかるだろう．

――― 定理1 ―――
3次曲面 $\Phi(x, y, z) = 0$ の（有限部分の）位相的構造は「3人乗りの浮袋」に円板状の穴を開けたものになる．

[証明]
　図によって直観的に確認できる．　　□

4次曲面と円

　いままで，2次曲面と3次曲面について眺めてきたので，ことのついでに4次曲面についても見ておきたい．といっても，4次曲面一般について考えるのはいかにもキツそうなので，とりあえずここでは，なじみやすい特殊な4次曲面についてちょっと考えてみるだけにしよう．

　ところで，2次曲面の代表となるとやはり球面だろう．では，3次曲面の代表は何なんだろう？　球面の方程式との類推で曲面 $x^3+y^3+z^3=1$ あたりではどうかと思えるが，これはすでに見たように形状からすると，せいぜい「波打つ平面」のような感じにすぎず，「3次曲面の代表」というには無理がある．

　これにくらべると，前章で観察したクレプシュ曲面はある意味で典型的な3次曲面に違いない．その「適度に複雑」な美しい対称性は意外なほどだ．ただ，定義式がややこしいのが欠点といえばいえる．もっとも，この欠点は3次元空間内に実現したためで，クレプシュ曲面に「無限遠点」を追加して4次元射影空間内の3次元超平面に埋め込めばややこしかった定義式がガラッと単純化するし，クレプシュ自身はもともとその操作を逆にたどってクレプシュ曲面に到達したのである．詳しい説明はここでは書けないが，クレプシュにとってクレプシュ曲面の「実体」は4次元射影空間内の簡単な連立方程式

$$x_0^3+x_1^3+x_2^3+x_3^3+x_4^3=0$$
$$x_0+x_1+x_2+x_3+x_4=0$$

の解にほかならないのだ．これならまぁ，「シンプルで美しい3次曲面」という感じがするかもしれないが，不満も残りそうだ．

　というように，3次曲面の場合には，だれにでもすぐに「代表らしい」と思える例がないようなのだが，4次曲面の場合には代表だといいたくなるような例が存在している．まず，だれでも気がつくのはトーラス（ドーナツ面）だろうから，ここでは，このトーラスについて考えてみたい．もうひとつの代表ともいうべきものは，シュタイナー曲面（シュタイナーがローマ滞在中に発見したのでローマ曲面とも呼ばれる）

$$x^2y^2+y^2z^2+z^2x^2+xyz=0$$

だろう．形状から見た球面からの変化の方向ということからすると，トーラスとシュタイナー曲面は，たしかに典型的な4次曲面ということになりそうだ．とにかく，位相的に見ると，トーラスは球面にひとつだけハンドルをつけたものにすぎないし，シュタイナー曲面は（本質的に）球面から「裏表」をなくしたようなものにすぎないのだから．

1．トーラスの方程式

　円周を同一平面上にあってもとの円周とは交わらない直線のまわりに一回転してえられる曲面はトーラスとかドーナツ面と呼ばれる．まず，トーラスの方程式を作ってみよう．

問題1　xz 平面上の円周 $(x-2)^2+z^2=1$ を z 軸のまわりに一回転してえられるトーラスの方程式を求めよ．

　幾何学的に考えると，この曲面の平面 $z=\alpha$ による切り口は

　　$|\alpha|>1$ のとき空集合
　　$|\alpha|=1$ のとき円周 $x^2+y^2=4$, $z=\alpha$
　　$|\alpha|<1$ のとき2つの円周
　　　$x^2+y^2=(2\pm\sqrt{1-\alpha^2})^2$, $z=\alpha$

となり，逆に，これらが成り立つような曲面は「xz 平面上の円周 $(x-2)^2+z^2=1$ を z 軸のまわりに一回転してえられる曲面」となることがわかる．したがって，

$$x^2+y^2=(2\pm\sqrt{1-z^2})^2$$

は求める曲面の方程式だと解釈できる．これを展開して整理すると，

$$x^2+y^2=5\pm 4\sqrt{1-z^2}-z^2$$

つまり，

$$x^2+y^2+z^2-5=\pm 4\sqrt{1-z^2}$$
したがって，求める方程式は
$$(x^2+y^2+z^2-5)^2-16(1-z^2)=0$$
展開すると
$$x^4+y^4+z^4+2(x^2y^2+y^2z^2+z^2x^2)-10(x^2+y^2+z^2)+16z^2+9=0$$
となる． □

もう少し一般的な場合についても考えておく．

問題 2　xz 平面上の円周 $(x-a)^2+z^2=r^2$ を z 軸のまわりに一回転してえられる曲面の方程式を求めよ．ただし，$a>0$, $r>0$ とする．

問題 1 とまったく同様にすればよい．この曲面の平面 $z=\alpha$ による切り口は

$|\alpha|>r$ のとき空集合

$|\alpha|=r$ のとき円周
$$x^2+y^2=a^2,\ z=\alpha$$

$|\alpha|<r$ のとき 2 つの円周
$$x^2+y^2=(a\pm\sqrt{r^2-\alpha^2})^2,\ z=\alpha$$

となり，逆に，これらが成り立つような曲面は「xz 平面上の円周 $(x-a)^2+z^2=r^2$ を z 軸のまわりに一回転してえられる曲面」となる．したがって，求める方程式は
$$x^2+y^2=(a\pm\sqrt{r^2-z^2})^2$$
つまり，
$$(x^2+y^2+z^2-a^2-r^2)^2-4a^2(r^2-z^2)=0$$
展開すると
$$x^4+y^4+z^4+2(x^2y^2+y^2z^2+z^2x^2)-2(a^2+r^2)(x^2+y^2+z^2)+4a^2z^2+(a^2-r^2)^2=0$$
となる． □

えられた結果を命題 1 としてまとめておこう．

―― **命題 1** ――――――――――――――
xz 平面上の円周 $(x-a)^2+z^2=r^2$ を z 軸のまわりに一回転してえられる曲面は 4 次曲面で，その方程式は，
$$(x^2+y^2+z^2-a^2-r^2)^2-4a^2(r^2-z^2)=0$$
となる．ただし，$a>0$, $r>0$ とする．
―――――――――――――――――――

[証明]
　問題 2 とその解答参照． □

とくに $a>r>0$ の場合がトーラスにあたっている．ついでに，方程式で強引に $a=0$ の場合を考えると，(2 重の) 球面
$$(x^2+y^2+z^2-r^2)^2=0$$
となり，また，$a=r$ の場合には
$$x^4+y^4+z^4+2(x^2y^2+y^2z^2+z^2x^2)-4r^2(x^2+y^2)=0$$
とやや簡単になることにも注意しておこう．

つぎに，トーラスのパラメータ表示について考えたい．

問題 3　4 次曲面
$$(x^2+y^2+z^2-a^2-r^2)^2-4a^2(r^2-z^2)=0$$
を適当なパラメータによって表わせ．ただし，$a>0$, $r>0$ とする．

xz 平面上の円周 $(x-a)^2+z^2=r^2$ を z 軸のまわりに一回転すればこの曲面がえられるのだから，この曲面上の任意の点は，はじめの円周 $(x-a)^2+z^2=r^2$ 上での位置とそれが z 軸のまわりにどれだけ回転しているかを与えれば確定する．円周
$$(x-a)^2+z^2=r^2,\ y=0$$
をパラメータ表示によって
$$x=a+r\cos\phi$$
$$y=0$$
$$z=r\sin\phi$$
と書き，z 軸のまわりの回転角を ψ とすれば，
$$x=(a+r\cos\phi)\cos\psi$$
$$y=(a+r\cos\phi)\sin\psi$$
$$z=r\sin\phi$$
というパラメータ表示がえられる．ここで，
$$0\leq\phi<2\pi,\ 0\leq\psi<2\pi$$
とする．ついでながら，このパラメータ表示から
$$(x^2+y^2+z^2-a^2-r^2)^2-4a^2(r^2-z^2)=0$$
を導くこともやさしい． □

結果を整理しておこう．

―― **命題 2** ――――――――――――――
xz 平面上の円周 $(x-a)^2+z^2=r^2$ を z 軸のまわりに一回転してえられる曲面は

$$x = (a + r\cos\phi)\cos\psi$$
$$y = (a + r\cos\phi)\sin\psi$$
$$z = r\sin\phi$$

というパラメータ表示をもつ．ここで，
$$0 \leq \phi < 2\pi, \quad 0 \leq \psi < 2\pi$$
$$a > 0, \quad r > 0$$

とする．

[証明]

問題3とその解答参照． □

とくに，$a=0$ の場合は球面のパラメータ表示
$$x = r\cos\phi\cos\psi$$
$$y = r\cos\phi\sin\psi$$
$$z = r\sin\phi$$

に対応している．ただし，この場合には円周を半回転させればいいので
$$0 \leq \phi < 2\pi, \quad 0 \leq \psi < \pi$$

となる．地球の緯度と経度の表示方式（半円周を一回転させる）をまねれば
$$-\pi/2 \leq \phi \leq \pi/2, \quad -\pi \leq \psi \leq \pi$$

と考えることもできる．（「<」と「≦」の区別の問題が残るがこれはとりあえず気にしないでおこう．）

2．トーラスと円周

トーラスにまつわる面白い定理を紹介しよう．クレプシュの3次曲面の場合には，その上に存在する直線が問題になったが，今度はその類似品として，トーラスの上に存在する円周について考えてみたい．これはトーラスの平面による切り口が2つの円周となるのはいつかという問題にほかならない．

まず，トーラスをその回転軸を含む平面で切るとつねに2つの円周が出現することはいうまでもない．これは，トーラスの定義から明らかだが，トーラスの方程式
$$(x^2+y^2+z^2-a^2-r^2)^2 - 4a^2(r^2-z^2) = 0$$
で，たとえば，$y=0$ とする（つまり平面 $y=0$ との交線を考える）と，
$$(x^2+z^2-a^2-r^2)^2 - 4a^2(r^2-z^2) = 0$$
つまり（左辺を因数分解して）
$$((x+a)^2+z^2-r^2)((x-a)^2+z^2-r^2) = 0$$
になる．これはいうまでもなく2つの円周
$$(x+a)^2+z^2 = r^2$$
$$(x-a)^2+z^2 = r^2$$
を意味している．トーラスの方程式は z 軸のまわりに回転しても変化しないことを考えると，これはトーラスの回転軸を含む任意の平面による切り口が2つの円周であることを意味してもいる．

つぎに，トーラスを回転軸に直交する平面で切っても（空集合でないかぎり）2つあるいは（2重の）1つの円周が出現することもすぐにわかる．方程式の作り方を見てもこれは明らかだが，念のために方程式から直接確認しておこう．平面 $z=\alpha$ による切り口を xy 平面上に正射影すると，$|\alpha|<r$ のとき，
$$(x^2+y^2+\alpha^2-a^2-r^2)^2 - (2a\sqrt{r^2-\alpha^2})^2 = 0$$
となるので，因数分解して，
$$(x^2+y^2+\alpha^2-a^2-r^2+2a\sqrt{r^2-a^2}) \times$$
$$(x^2+y^2+\alpha^2-a^2-r^2-2a\sqrt{r^2-a^2}) = 0$$
つまり，
$$(x^2+y^2-(a-\sqrt{r^2-\alpha^2})^2) \times$$
$$(x^2+y^2-(a+\sqrt{r^2-\alpha^2})^2) = 0$$
したがって，たしかに（当然ながら）2つの円周
$$x^2+y^2 = (a-\sqrt{r^2-\alpha^2})^2$$
$$x^2+y^2 = (a+\sqrt{r^2-\alpha^2})^2$$
が出現する．

まぁ，ここまではトートロジーのような感じでつまらないかもしれない．そこで，「回転軸に垂直平面か回転軸を含む平面以外の平面で切って，切り口に円周が出現することはあるのだろうか？」という問題を考えてみよう．最初の予想としては，「ありえない」ということになりそうだが，「ありえない」ことを証明しようとしてもなかなかうまくいかない．それどころか，いろいろ実験しているうちに「ありうる」のではないかと思えてくるから不思議だ．

この問題について考えるには，トーラスを x 軸のまわりに回転させ，xy 平面に平行な平面 $z=c$ による切り口（を xy 平面上に正射影したもの）を考えればよい．そこでまず，トーラスを回転させることからはじめる．

問題4　トーラス
$$T : (x^2+y^2+z^2-a^2-r^2)^2 - 4a^2(r^2-z^2) = 0$$

を，x 軸のまわりに θ ラジアンだけ回転してえられるトーラス $T[\theta]$ の方程式を求めよ．

点 (x, y, z) を x 軸のまわりに θ ラジアンだけ回転して点 (X, Y, Z) がえられるとすると，
$$X = x$$
$$Y = (\cos\theta)y + (-\sin\theta)z$$
$$Z = (\sin\theta)y + (\cos\theta)z$$
つまり，
$$x = X$$
$$y = (\cos\theta)Y + (\sin\theta)Z$$
$$z = (-\sin\theta)Y + (\cos\theta)Z$$
となる．したがって，x 軸のまわりに θ ラジアンだけ回転したトーラスの方程式は，もとの方程式
$$(x^2+y^2+z^2-a^2-r^2)^2 - 4a^2(r^2-z^2) = 0$$
の x, y, z をそれぞれ
$$x, (\cos\theta)y + (\sin\theta)z, (-\sin\theta)y + (\cos\theta)z$$
に置き換えればえられる．実行すると，
$$(x^2+y^2+z^2-a^2-r^2)^2 -$$
$$4a^2(r^2 - ((-\sin\theta)y + (\cos\theta)z)^2) = 0$$
つまり，
$$(x^2+y^2+z^2-a^2-r^2)^2 -$$
$$4a^2(r^2 - ((\sin\theta)y - (\cos\theta)z)^2) = 0$$
となる． □

こうしてえられたトーラス $T[\theta]$ の方程式の左辺を $\tau[\theta](x, y, z)$ と書くことにしよう．つまり，
$$T[\theta] : \tau[\theta](x, y, z) = 0$$
ということになる．もちろん，最初のトーラス $T = T[0]$ の方程式は
$$\tau[0](x, y, z) = 0$$
となっている．

——— 命題 3 ———————————
トーラス $T[\theta]$ の方程式は
$$(x^2+y^2+z^2-a^2-r^2)^2 -$$
$$4a^2(r^2 - ((\sin\theta)y - (\cos\theta)z)^2) = 0$$
と書ける（$a > r > 0$）．また，
$$x = (a + r\cos\phi)\cos\psi$$
$$y = (a + r\cos\phi)\sin\psi\cos\theta - r\sin\phi\sin\theta$$
$$z = (a + r\cos\phi)\sin\psi\sin\theta + r\sin\phi\cos\theta$$

はトーラス $T[\theta]$ のパラメータ表示を与える．ここで，
$$0 \leq \phi < 2\pi, \quad 0 \leq \psi < 2\pi$$
とする．

[証明]
前半は問題 4 の解答からわかる．また，後半は，命題 2 のトーラス $T[0]$ のパラメータ表示を使い，これを x 軸のまわりに θ ラジアンだけ回転すればよい． □

問題 5 トーラス $T[\theta]$ の平面 $z=0$ による切り口に円周が出現する場合をすべて求めよ．

トーラス $T[\theta]$ の平面 $z=0$ による切り口の曲線の方程式は，
$$\tau[\theta](x, y, 0) = 0$$
つまり，
$$(x^2+y^2-a^2-r^2)^2 - 4a^2(r^2-(\sin\theta)^2 y^2) = 0$$
となる．

いうまでもなく，$\sin\theta = 0$ と $\sin\theta = \pm 1$ の場合，最後の方程式の左辺は，それぞれ，
$$(x^2+y^2-(a-r)^2)(x^2+y^2-(a+r)^2)$$
$$((x+a)^2+y^2-r^2)((x-a)^2+y^2-r^2)$$
と因数分解されるので，切り口は（2 つの）円周となっている．これはまぁ当然で，問題はこれら以外に切り口が（2 つの）円周になりうるかどうかだ．

切り口に円周が出現する場合を調べるために，$\tau[\theta](x, y, 0)$ が円周の定義多項式
$$(x-p)^2 + (y-q)^2 - s^2$$
で割り切れたと仮定しよう．このとき，その商が
$$(x-v)^2 + (y-w)^2 + t$$
の形をしていることはすぐにわかる．そこで，
$$((x-p)^2 + (y-q)^2 - s^2) \times$$
$$((x-v)^2 + (y-w)^2 + t)$$
を展開すると，x^3, y^3 の係数はそれぞれ，
$$-2(p+v), -2(q+w)$$
となるが，$\tau[\theta](x, y, 0)$ には x^3 と y^3 の項は存在しないので，
$$v = -p$$
$$w = -q$$
でなければならない．つまり，
$$\tau[\theta](x, y, 0) = ((x-p)^2 + (y-q)^2 - s^2)$$

$$\times ((x+p)^2+(y+q)^2+t)$$

となるはず．このとき，両辺の x, y の係数を比較すると，

$$2p(s^2+t)=2q(s^2+t)=0$$

でなければならない．つまり，

 i) $p=q=0$

または

 ii) $t=-s^2$

となることが必要．

まず，i) の場合から考えよう．このときは，
$$\tau[\theta](x, y, 0)=(x^2+y^2-s^2)(x^2+y^2+t)$$
となるはずだが，x^2, y^2 の係数を比較すると，

$$2a^2+2r^2-s^2+t=0$$
$$2a^2+2r^2-s^2+t=4a^2(\sin\theta)^2$$

つまり，$\sin\theta=0$ となる必要がある．ここで，定数項と x^2 の係数を見ると，

$$s^2(-t)=(a^2-r^2)^2$$
$$s^2+(-t)=2(a^2+r^2)$$

したがって，

$$s^2=(a+r)^2, \ t=-(a-r)^2$$

または

$$s^2=(a-r)^2, \ t=-(a+r)^2$$

となること，いいかえると，

$$(x^2+y^2-(a-r)^2)(x^2+y^2-(a+r)^2)$$

という分解に到達する．

つぎに，ii) の場合について考えよう．この場合，
$$\tau[\theta](x, y, 0)=((x-p)^2+(y-q)^2-s^2)$$
$$\times ((x+p)^2+(y+q)^2-s^2)$$

となるはずだが，xy, x^2, y^2 の係数を比較すると，

$$pq=0$$
$$a^2-p^2+q^2+r^2-s^2=0$$
$$a^2+p^2-q^2+r^2-s^2=2a^2(\sin\theta)^2$$

となる必要がある．

まず，$p=0$ の場合は，
$$a^2+q^2+r^2-s^2=0$$
$$a^2-q^2+r^2-s^2=2a^2(\sin\theta)^2$$

から，
$$q^2+a^2(\sin\theta)^2=0$$

となって，($a\neq 0$ なので)
$$\sin\theta=q=0$$

となることが必要．しかし，$\sin\theta=0$ とすると切り口の円周の半径が等しくないはずなので，これは起こりえない．(機械的な議論としては，定数項を利用すると，$s^2=a^2-r^2$ がいえるが，ことすでに見た $s^2=a^2+r^2$ から $r=0$ となって矛盾が出るということでもよい．)

また，$q=0$ の場合は，
$$a^2-p^2+r^2-s^2=0$$
$$a^2+p^2+r^2-s^2=2a^2(\sin\theta)^2$$

から
$$p^2=a^2(\sin\theta)^2$$

したがって，
$$(\sin\theta)^2=(p/a)^2$$

となることが必要．このとき定数項の比較によって
$$a^2-r^2-p^2+s^2=0$$

または
$$a^2-r^2+p^2-s^2=0$$

となるべきだが，これらと
$$a^2-p^2+r^2-s^2=0$$

から，
$$s^2=r^2 \quad (このとき p^2=a^2)$$

または
$$p^2=r^2 \quad (このとき s^2=a^2)$$

となることが必要．つまり，
$$((x-a)^2+y^2-r^2)((x+a)^2+y^2-r^2)$$

または
$$((x-r)^2+y^2-a^2)((x+r)^2+y^2-a^2)$$

という分解に到達する．さらに，前者の場合は
$$(\sin\theta)^2=(p/a)^2=(a/a)^2=1$$

つまり，$\sin\theta=\pm 1$ がいえる．後者の場合は
$$(\sin\theta)^2=(p/a)^2=(r/a)^2$$

つまり，$\sin\theta=\pm r/a$ がいえる．

以上の結果をまとめると，円周が出現するのは本質的に3つの場合しかない．
$$(x^2+y^2-(a-r)^2)(x^2+y^2-(a+r)^2),$$
$$((x-a)^2+y^2-r^2)((x+a)^2+y^2-r^2),$$
$$((x-r)^2+y^2-a^2)((x+r)^2+y^2-a^2)$$

と分解する場合がそれだ．それぞれ，
$$\sin\theta=0, \ \pm 1, \ \pm r/a$$

の場合に対応している． □

問題6 とくに，$a=2, r=1$ の場合について，トーラス $T[\theta]$ の平面 $z=0$ による切り口のようすを観察せよ．

ここでは，
$\sin\theta = 0, 0.2, 0.4, 0.49, 0.5, 0.51, 0.6, 0.8, 1$
の場合について切り口の曲線の概形を描いておく（図1）．符号が変わっても形状に変化はないことに注意してほしい．この図を見れば $\sin\theta = \pm r/a = \pm 1/2$ の周辺での変化のようすがわかるだろう． □

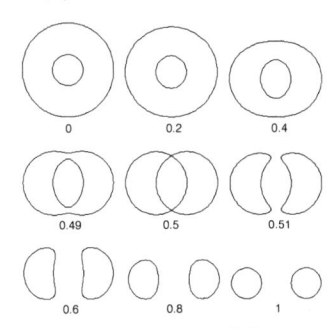

図1 切り口の変化

トーラス $T[\theta]$ のパラメータ表示（命題3）を利用して，問題6の $\sin\theta = 1/2$ の場合の状況を見ておこう．

問題7 トーラス $T[\pi/6]$ を平面 $z=0$ で実際に切断してその切り口に円周が出現するようすを観察せよ．

結果だけを描いておく（図2）． □

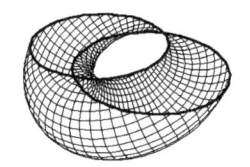

図2 $T[\pi/6]$ とその切り口

これでトーラス $T[\theta]$ の平面 $z=0$ による切り口についてはチェックが一応終わった．トーラスの任意の平面による切り口に円周が出現するかどうかを知りたければ，トーラス $T[\theta]$ の平面 $z=c (c \neq 0)$ による切り口について調べればよい．やってみると，$c \neq 0$ の場合には切り口に円周が出現することなどないことが示せる．

問題8 トーラス $T[\theta]$ の平面 $z=c (c \neq 0)$ による切り口に円周が出現することはないことを示せ．ただし，$0 < \theta < \pi$ とする．

トーラス $T[\theta]$ の平面 $z=c$ による切り口の曲線（を xy 平面に正射影したもの）の方程式は，
$$\tau[\theta](x, y, c) = 0$$
つまり，
$$(x^2+y^2+c^2-a^2-r^2)^2 - 4a^2(r^2-((\sin\theta)y-(\cos\theta)c)^2) = 0$$
となる．

あとは，$\tau[\theta](x, y, c)$ が円周の定義多項式
$$(x-p)^2 + (y-q)^2 - s^2$$
で割り切れたと仮定して矛盾を出せばいいわけだ．ちょっと計算が長くなるだけで $c=0$ の場合とほぼ同じようにすればできる． □

このようにして今回の最終目標にあたるつぎの定理がえられる．

―― 定理1 ――――――――――――
トーラス
$$(x^2+y^2+z^2-a^2-r^2)^2 - 4a^2(r^2-z^2) = 0$$
の上に存在する円周はつぎの3種類のみである．
1) 回転軸（z 軸）を含む平面との交線
2) 回転軸に平行な平面との交線
3) 原点を通り xy 平面と λ ラジアンで交わる平面との交線（ただし，$\sin\lambda = \pm r/a$ とする）

とくに，トーラス上の任意の点についてそれを通る円周がつねに4個だけ存在する．
――――――――――――――――

[証明]
前半部はすでに述べた事実をいいかえただけ．後半について考えてみよう．「原点を通り xy 平面と λ ラジアンで交わる平面との交線」に出現する2個の円周を z 軸のまわりに一回転すれば，

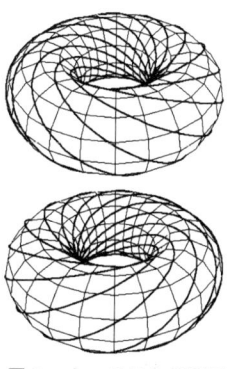

図3 トーラス上の円周

いずれの円周もトーラス全体を描き上げる．($\sin\lambda = r/a$ となる場合と $\sin\lambda = -r/a$ となる場合は π ラジアンの回転によってうつりあうのでどちらか一方のみを考えればよい．）しかも，共通な円周は出現しない．つまり，トーラス上の任意の点を通る円周が2個ずつあることになる．これに，1) と 2) の場合の円周を加えれば，合計4個の円周が存在することがわかる． □

この定理の意味を理解するにはつぎのような問題を解いてみるのがよい．

問題 9 トーラス
$$(x^2+y^2+z^2-a^2-r^2)^2-4a^2(r^2-z^2)=0$$
と原点を通り xy 平面と λ ラジアンで交わる平面との交線（ただし，$\sin\lambda = \pm r/a$ とする）に含まれる円周を z 軸のまわりに一回転するともとのトーラスがえられる．これを利用して，このトーラスをパラメータ表示せよ．

トーラス $T[-\lambda]$ と平面 $z=0$ の交線はすでに求めたように，
$$(x-r)^2+y^2=a^2$$
$$(x+r)^2+y^2=a^2$$
のふたつである．最初の円周について考えれば十分．これを x 軸のまわりに λ ラジアンだけ回転させてえられる円周
$$x=r+a\cos\phi$$
$$y=a\sin\phi\cos\lambda$$
$$z=a\sin\phi\sin\lambda$$
が「原点を通り xy 平面と λ ラジアンで交わる平面との交線」に含まれる円周にほかならない．これを z 軸のまわりに ψ ラジアン回転させてえられる円周は
$$x=(r+a\cos\phi)\cos\psi-a\cos\lambda\sin\phi\sin\psi$$
$$y=(r+a\cos\phi)\sin\psi+a\cos\lambda\sin\phi\cos\psi$$
$$z=a\sin\lambda\sin\phi$$
となる．この表示で ϕ と ψ をパラメータと考えれば，それが求めるパラメータ表示にほかならない．（この表示中の r を $(-r)$ にかえればもうひとつの円周を利用したパラメータ表示がえられる．） □

VIII　オイラーの風景

サインの因数分解

サイン関数やコサイン関数を「∞次多項式」(次数が無限大の「多項式」,つまり,整級数)としてとらえ,「∞次多項式」も普通の多項式の性質の類似が成立するものと仮定して,あれこれ推察してみよう.これはかつてオイラーが採用した戦略だ.「厳密な議論」についてはここではあまり気にしないことにする.というのも,「厳密な議論」にはかなりの準備が必要で,本来の「数学の面白さ」が失われかねないからだ.

1. ある級数の和

まずやさしい問題から.

問題 1 無限級数
$$1+\frac{1}{2^2}+\frac{1}{3^2}+\frac{1}{4^2}+\frac{1}{5^2}+\cdots$$
が収束することを示せ.

それぞれの項がこの級数のそれぞれの項(正数)以上となるような級数で収束するものがあることがわかればよい.たとえば,2以上の任意の正整数 k について
$$k^2 > (k-1)k$$
だから,逆数をとって
$$\frac{1}{k^2} < \frac{1}{(k-1)k}$$
これを使うと,2以上の n について,
$$1+\frac{1}{2^2}+\frac{1}{3^2}+\frac{1}{4^2}+\frac{1}{5^2}+\cdots+\frac{1}{n^2}$$
$$<1+\frac{1}{(2-1)2}+\frac{1}{(3-1)3}+\frac{1}{(4-1)4}$$
$$+\frac{1}{(5-1)5}+\cdots+\frac{1}{(n-1)n}$$
$$=1+\left(\frac{1}{2-1}-\frac{1}{2}\right)+\left(\frac{1}{3-1}-\frac{1}{3}\right)$$
$$+\left(\frac{1}{4-1}-\frac{1}{4}\right)+\left(\frac{1}{5-1}-\frac{1}{5}\right)+\cdots$$
$$+\left(\frac{1}{n-1}-\frac{1}{n}\right)$$
$$=1+\left(1-\frac{1}{2}\right)+\left(\frac{1}{2}-\frac{1}{3}\right)+\left(\frac{1}{3}-\frac{1}{4}\right)$$
$$+\left(\frac{1}{4}-\frac{1}{5}\right)+\cdots+\left(\frac{1}{n-1}-\frac{1}{n}\right)$$
$$=2-\frac{1}{n}$$
となり,
$$1+\frac{1}{2^2}+\frac{1}{3^2}+\frac{1}{4^2}+\frac{1}{5^2}+\cdots+\frac{1}{n^2}$$
で $n\to\infty$ とすると,
$$1+\frac{1}{2^2}+\frac{1}{3^2}+\frac{1}{4^2}+\frac{1}{5^2}+\cdots\leqq 2$$
したがって,
$$1+\frac{1}{2^2}+\frac{1}{3^2}+\frac{1}{4^2}+\frac{1}{5^2}+\cdots$$
は収束する. □

問題 2 コンピュータを利用して,
$$1+\frac{1}{2^2}+\frac{1}{3^2}+\frac{1}{4^2}+\frac{1}{5^2}+\cdots+\frac{1}{1000^2}$$
の近似値を求めよ.また,
$$\frac{1}{1001^2}+\frac{1}{1002^2}+\frac{1}{1003^2}+\cdots$$
が $\frac{1}{1000}$ より小さいことを確かめよ.

小数点以下11ケタ目を四捨五入すると,
$$1.6439345667$$
となる.後半部分については問題1の議論をまねて,
$$\frac{1}{1001^2}+\frac{1}{1002^2}+\frac{1}{1003^2}+\cdots$$
$$<\left(\frac{1}{1000}-\frac{1}{1001}\right)+\left(\frac{1}{1001}-\frac{1}{1002}\right)$$
$$+\left(\frac{1}{1002}-\frac{1}{1003}\right)+\cdots$$
$$=\frac{1}{1000}$$
となることがわかる. □

問題 3 $1+\frac{1}{2^2}+\frac{1}{3^2}+\frac{1}{4^2}+\cdots$
と

$$1+\frac{1}{2^2}+\frac{1}{3^2}+\frac{1}{4^2}+\cdots+\frac{1}{n^2}$$

の差は $\frac{1}{n}$ より小さいことを示せ．

$$\frac{1}{(n+1)^2}+\frac{1}{(n+2)^2}+\frac{1}{(n+3)^2}+\cdots$$
$$<\left(\frac{1}{n}-\frac{1}{n-1}\right)+\left(\frac{1}{n+1}-\frac{1}{n-2}\right)$$
$$+\left(\frac{1}{n+2}-\frac{1}{n+3}\right)+\cdots$$
$$=\frac{1}{n}$$

となることからわかる． □

したがって，
$$\alpha=1+\frac{1}{2^2}+\frac{1}{3^2}+\frac{1}{4^2}+\cdots$$

の値は，たとえば問題2で求めた近似値よりも $\frac{1}{1000}$ より小さな差しかない．いいかえると，少なくとも，

$$1.643<\alpha<1.645$$

がいえるわけだ．（誤差の評価にやや問題があるがまぁいいことにして先に進もう．）

問題4 $1.643<\alpha<1.645$ だとして，$\sqrt{6\alpha}$ のおよその範囲を求めよ．

$\sqrt{6\alpha}$ を計算してみると，
$$3.139<\sqrt{6\alpha}<3.142$$
となることがわかる． □

問題4の結果を見ると，3.139と3.142という数が出現しているが，これだけから，「ひょっとすると $\sqrt{6\alpha}$ は円周率＝3.14159…になるのかもしれない」などと予想する人がいるかどうか自信はないし，そもそも，どうして $\sqrt{6\alpha}$ を計算するのかといわれても困ってしまうのだが，歴史的には，オイラーがこうなるはずだという大胆な議論を展開し，α の近似値から，たしかに，$\sqrt{6\alpha}=\pi$ となるに違いないと確信したことが知られている．オイラーの「証明」のアイデアを紹介する前に α の近似計算法について触れておこう．

2．オイラーの計算法

コンピュータのない時代に，オイラーはどのようにして α の近似値を計算したのか？ α の定義のままでは収束が遅すぎて手計算には向かない．そこで，こういう場合，オイラーは，適当なトリックを使って α の計算をもっと収束の速い級数の計算に置き換えてしまうのだ．といっても思いつくのはかなり大変だ．これを紹介するために，まず自然対数 $\log(1+x)$ の∞次多項式展開（別名，テーラー展開）に注目しよう．

―― 命題1 ――
$|x|<1$ のとき
$$\log(1+x)=x-\frac{x^2}{2}+\frac{x^3}{3}-\frac{x^4}{4}+\frac{x^5}{5}-\cdots$$

[証明のようなもの] 厳密な証明ではないが，たとえば，
$$\int_0^x\left(\frac{1}{1+x}\right)dx$$
$$=\int_0^x(1-x+x^2-x^3+x^4-\cdots)dx$$
$$=x-\frac{x^2}{2}+\frac{x^3}{3}-\frac{x^4}{4}+\frac{x^5}{5}-\cdots$$

ということでガマンしておこう．ここで，$|x|<1$ という条件は，右辺の∞多項式の値が，$|x|<1$ のときは収束するが，$|x|>1$ のときは収束しないことによる． □

ついでながら，$x=1$ の場合にも命題1の展開は成り立ち，
$$\log 2=1-\frac{1}{2}+\frac{1}{3}-\frac{1}{4}+\frac{1}{5}-\cdots$$
と書けることが知られている．

話をもどそう．命題1を利用しつつ，オイラーは次のようなやや粗っぽいが面白い議論を行う．まず，命題1により，$|x|<1$ のとき

$$\log(1-x)=-x-\frac{x^2}{2}-\frac{x^3}{3}-\frac{x^4}{4}-\frac{x^5}{5}-\cdots$$

となるから，この両辺を x ($\not=0$) で割って

$$\frac{\log(1-x)}{x}=-1-\frac{x}{2}-\frac{x^2}{3}-\frac{x^3}{4}-\frac{x^4}{5}-\cdots$$

これを0から1まで積分すると，

$$\int_0^1\left(\frac{\log(1-x)}{x}\right)dx$$

$$= -\int_0^1 \left(1 + \frac{x}{2} + \frac{x^2}{3} + \frac{x^3}{4} + \frac{x^4}{5} + \cdots\right) dx$$

$$= -\left(1 + \frac{1}{2^2} + \frac{1}{3^2} + \frac{1}{4^2} + \frac{1}{5^2} + \cdots\right)$$

$$= -\alpha$$

となる．ところで，

$$\int_0^1 \left(\frac{\log(1-x)}{x}\right) dx$$

$$= \int_0^{\frac{1}{2}} \left(\frac{\log(1-x)}{x}\right) dx + \int_{\frac{1}{2}}^1 \left(\frac{\log(1-x)}{x}\right) dx$$

$$= -\sum_{k=1}^{\infty} \frac{\left(\frac{1}{2}\right)^k}{k^2} + \int_{\frac{1}{2}}^1 \left(\frac{\log(1-x)}{x}\right) dx$$

後の方の定積分についてはつぎのようなことがいえる．

問題 5

$$\int_{\frac{1}{2}}^1 \left(\frac{\log(1-x)}{x}\right) dx = -(\log 2)^2 - \sum_{k=1}^{\infty} \frac{\left(\frac{1}{2}\right)^k}{k^2}$$

となることことを示せ．

$1-x$ を t と書くと，

$$左辺 = -\int_{\frac{1}{2}}^0 \left(\frac{\log t}{1-t}\right) dt$$

$$= \int_0^{\frac{1}{2}} \left(\frac{\log t}{1-t}\right) dt$$

ここで，

$$\frac{1}{1-t} = 1 + t + t^2 + t^3 + t^4 + \cdots$$

を代入して，部分積分（$k \geq 0$ とする）

$$\int_0^{\frac{1}{2}} (\log t) t^k dt$$

$$= \frac{1}{k+1}\left(\left[(\log t) t^{k+1}\right]_0^{\frac{1}{2}} - \int_0^{\frac{1}{2}} t^k dt\right)$$

$$= \frac{1}{k+1}\left(\log\left(\frac{1}{2}\right)\left(\frac{1}{2}\right)^{k+1} - \frac{\left(\frac{1}{2}\right)^{k+1}}{k+1}\right)$$

を利用すると，問題 5 の左辺は

$$\log\left(\frac{1}{2}\right) \sum_{k=0}^{\infty} \frac{1}{k+1}\left(\frac{1}{2}\right)^{k+1}$$

$$- \sum_{k=0}^{\infty} \left(\frac{1}{2}\right)^{k+1}\left(\frac{1}{k+1}\right)^2$$

$$= \log\left(\frac{1}{2}\right) \sum_{k=1}^{\infty} \frac{1}{k}\left(\frac{1}{2}\right)^k - \sum_{k=1}^{\infty} \left(\frac{1}{2}\right)^k \left(\frac{1}{k}\right)^2$$

となるが，

$$\log\left(\frac{1}{2}\right) = -\sum_{k=1}^{\infty} \frac{1}{k}\left(\frac{1}{2}\right)^k$$

に注意すると，結局，

$$\int_{\frac{1}{2}}^1 \left(\frac{\log(1-x)}{x}\right) dx$$

$$= -(\log 2)^2 - \sum_{k=1}^{\infty} \left(\frac{1}{2}\right)^k \left(\frac{1}{k}\right)^2$$

がえられる． □

問題 5 の結果とその上の議論をドッキングさせると，つぎのような公式がえられる．これはオイラーが発見したものだ．

―― **定理 1** ――

$$1 + \frac{1}{2^2} + \frac{1}{3^2} + \frac{1}{4^2} + \frac{1}{5^2} + \cdots$$

$$= (\log 2)^2 + \sum_{k=1}^{\infty} \frac{1}{2^{k-1} k^2}$$

[証明] すでに終わっている． □

問題 6 オイラーの方法（定理 1）によって α の近似値を求めよ．

まず，$\log 2$ の計算がいる．これは

$$\log 2 = 1 - \frac{1}{2} + \frac{1}{3} - \frac{1}{4} + \frac{1}{5} - \cdots$$

を使ってもいいがもっと効率のよい

$$\log 2 = -\log\left(1 - \frac{1}{2}\right)$$

$$= \sum_{k=1}^{\infty} \frac{1}{k 2^k}$$

$$= \frac{1}{2} + \frac{1}{8} + \frac{1}{24} + \frac{1}{64} + \cdots$$

を使おう．たとえば，$k=100$ まで計算したとすると，

0.69314718055994530941723212145
　　　816883269952081990026…

となり，真の値との誤差は

$$\frac{1}{101 \cdot 2^{100}} = \frac{7.81\cdots}{10^{33}} < \frac{1}{10^{32}}$$

よりも小さいことがすぐにわかる．したがって，この近似値は小数点以下31ケタ目まで真の値と一致するはずだ．つまり，

$\log 2 = 0.69314718055994530941$
　　　　　　　　　72321214581…

だとわかる．2乗すると（少なくとも30ケタ目まで正しくなるので）

$(\log 2)^2 = 0.48045301391820142466$
$\qquad\qquad 7102526326\cdots$

とわかる．第2項

$$\sum_{k=1}^{\infty} \frac{1}{2^{k-1}k^2}$$

については，たとえば，$k=100$ まで計算したとすると，

1.16448105293002501180531264
$\qquad$ 03193600657584311376773$\cdots$

となり，真の値との誤差は

$$\frac{1}{101^2 \cdot 2^{99}} = \frac{1.54\cdots}{10^{34}} < \frac{1}{10^{33}}$$

よりも小さいことがすぐにわかる．したがって，この近似値は小数点以下32ケタ目まで真の値と一致するはずだ．つまり，

1.16448105293002501180531264031936$\cdots$

だとわかる．したがって，α の値を小数点以下29ケタ目まで正確に求めることができた．いいかえると，

$\alpha = 1.64493406684822643647241516664\cdots$

だとわかった． □

3．サイン関数の「因数分解」

問題6で求めた α を $\sqrt{6\alpha}$ に代入すると，

$3.14159265358979323846264338327\cdots$

となり，小数点以下29ケタ目まで π 一致していることがわかる！ こうなると，もう，

$$\sqrt{6\alpha} = \pi$$

いいかえると，$\alpha = \dfrac{\pi^2}{6}$，つまり，

$$1 + \frac{1}{2^2} + \frac{1}{3^2} + \frac{1}{4^2} + \cdots = \frac{\pi^2}{6}$$

となるに違いないと思えてくるだろう．オイラーはこれを∞次多項式と見たサイン関数の「因数分解」を利用して「証明」するのに成功した．というか，正確には α を特徴付けようとしてあれこれ調べているうちにうまいアイデアに到達したということだろう．数値を見て $\alpha = \dfrac{\pi^2}{6}$ と予想したということではないと思う．その「証明」を紹介するために，まず，サイン関数（の∞次多項式への展開）

$$\sin x = x - \frac{x^3}{3!} + \frac{x^5}{5!} - \frac{x^7}{7!} + \cdots$$

の「因数分解」の公式について書いておこう．

---- **定理2** --------

$$\sin x = x\left(1 - \frac{x^2}{\pi^2}\right)\left(1 - \frac{x^2}{(2\pi)^2}\right)\left(1 - \frac{x^2}{(3\pi)^2}\right)\cdots$$

[証明のつもり] 方程式 $\sin x = 0$ の解（の全体）が

$0, \pm\pi, \pm 2\pi, \pm 3\pi, \pm 4\pi, \cdots$

であることを認めれば，そして，普通の多項式の因数分解の真似をしてもいいのだと仮定すれば，

$\sin x = ax(x - \pi)(x + \pi)(x - 2\pi)(x + 2\pi)$
$\qquad\qquad (x - 3\pi)(x + 3\pi)\cdots$
$\quad = ax(x^2 - \pi^2)(x^2 - (2\pi)^2)(x^2 - (3\pi)^2)\cdots$

となる定数 a が存在するに違いない．ところで，$\sin x$ の∞次多項式の x の項の係数は1だが，これは，定数 a が

$$\frac{1}{(-\pi^2)(-(2\pi)^2)(-(3\pi)^2)\cdots}$$

だということを意味している．（もちろん，これは0になりそうなので重大問題なのだが，オイラーは気にしない！ どうせ無限個の項の積の話でもあるので「それでいいのだ」と信じてしまおう．）いいかえると，

$$\sin x = x\left(1 - \frac{x^2}{\pi^2}\right)\left(1 - \frac{x^2}{(2\pi)^2}\right)\left(1 - \frac{x^2}{(3\pi)^2}\right)\cdots$$

と書けるに違いない． □

「無限」の処理の問題以外にも，方程式 $\sin x = 0$ が実数以外の複素数の解をもつかもしれないなどの「不安」もあり，いかにも危なっかしい「証明」だが，途中経過を無視すると，定理2の主張だけは厳密に証明されている．この定理2を信じると，

$$1 + \frac{1}{2^2} + \frac{1}{3^2} + \frac{1}{4^2} + \cdots = \frac{\pi^2}{6}$$

が示せる．やってみよう．まず，定理2の関係式，いいかえると，

$$x - \frac{x^3}{3!} + \frac{x^5}{5!} - \frac{x^7}{7!} + \cdots$$
$$= x\left(1 - \frac{x^2}{\pi^2}\right)\left(1 - \frac{x^2}{(2\pi)^2}\right)\left(1 - \frac{x^2}{(3\pi)^2}\right)\cdots$$

における x^3 の係数に注目すると，左辺は $-\dfrac{1}{6}$ で右辺は

$$-\left(\frac{1}{\pi^2}+\frac{1}{(2\pi)^2}+\frac{1}{(3\pi)^2}+\cdots\right)$$

したがって，

$$\frac{1}{6}=\frac{1}{\pi^2}+\frac{1}{(2\pi)^2}+\frac{1}{(3\pi)^2}+\cdots$$

両辺に π^2 をかけると，

$$\frac{\pi^2}{6}=1+\frac{1}{2^2}+\frac{1}{3^2}+\frac{1}{4^2}+\cdots$$

がえられる．こうして次の定理3に到達できた．

—— 定理3 ——

$$1+\frac{1}{2^2}+\frac{1}{3^2}+\frac{1}{4^2}+\cdots=\frac{\pi^2}{6}$$

［証明］　すでに終わっている．　□

　この定理3の証明のアイデアはオイラーが有名なテキスト
　　　　　『無限解析序説』（第1巻）
の中に書いている．この周辺の話題については
　　　　　『ガロアの神話』
の中の「オイラーとゼータ関数」が参考になるだろう．

問題7　上の議論をまねて

$$1+\frac{1}{2^4}+\frac{1}{3^4}+\frac{1}{4^4}+\cdots$$

を求めよ．

$$x\left(1-\frac{x^2}{\pi^2}\right)\left(1-\frac{x^2}{(2\pi)^2}\right)\left(1-\frac{x^2}{(3\pi)^2}\right)\cdots$$

の x^3, x^5 の係数をそれぞれ p, q とすると，

$$p^2-2q=\frac{1}{\pi^4}+\frac{1}{(2\pi)^4}+\frac{1}{(3\pi)^4}+\cdots$$

一方，

$$x-\frac{x^3}{3!}+\frac{x^5}{5!}-\frac{x^7}{7!}+\cdots$$
$$=x\left(1-\frac{x^2}{\pi^2}\right)\left(1-\frac{x^2}{(2\pi)^2}\right)\left(1-\frac{x^2}{(3\pi)^2}\right)\cdots$$

から，

$$p=-\frac{1}{3!}=-\frac{1}{6}$$
$$q=\frac{1}{5!}=\frac{1}{120}$$

したがって，

$$p^2-2q=\left(-\frac{1}{6}\right)^2-\frac{1}{60}=\frac{1}{90}$$

これは，

$$\frac{1}{\pi^4}+\frac{1}{(2\pi)^4}+\frac{1}{(3\pi)^4}+\cdots=\frac{1}{90}$$

いいかえると，

$$1+\frac{1}{2^4}+\frac{1}{3^4}+\frac{1}{4^4}+\cdots=\frac{\pi^4}{90}$$

となる．　□

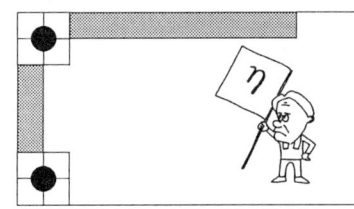

ウォリスの公式

オイラー（Leonhard Euler, 1707-1783）の
『無限解析序説』
Introductio in analysin infinitorum
の高瀬正仁さんによる翻訳書『オイラーの無限解析』（海鳴社）を読んでみて驚いた．無茶苦茶面白いではないか！ いままでにも，英訳本などでチラチラと眺めてはいたものの，全体を通してきっちり読むのは今回が初めての体験だっただけに，「ええっ，ここにはこんなことが書いてあったのか」などと思ったりして，感激も大きかった．ここでは，その中のほんの一部分だけだが，前章の話題に関係深い部分について紹介する．

1. 無限次多項式

オイラーがサイン関数の「因数分解」ともいうべき公式
$$\sin x = x\left(1-\frac{x^2}{\pi^2}\right)\left(1-\frac{x^2}{(2\pi)^2}\right)\left(1-\frac{x^2}{(3\pi)^2}\right)\cdots$$
を発見したことはすでに前章で紹介済みだが，これについてのオイラーの『無限解析序説』に収録されている説明方法はなかなか凄い．サイン関数の無限次多項式展開が有限次多項式の場合と同様の「因数」をもつはずだという信念に基づいて議論が進められるのだが，それに至る無限大や無限小の処理方法がまた面白い．「どうして？ なんで？ こんな議論が通るの？」などと思いつつ読むと面白さが倍増しそうだ．ということで，オイラーの議論を大切にしながら話を進めてみよう．まず最初に，e を自然対数の底，つまり，
$$e = \lim_{n\to\infty}\left(1+\frac{1}{n}\right)^n$$
$n\to\infty$ とするとき，次の命題1が成り立つことに注意しよう．

―― 命題1 ――
$$e^x = \lim_{n\to\infty}\left(1+\frac{x}{n}\right)^n$$

[証明のようなもの]

厳密な証明ではないが，とりあえず，次のような「証明」で納得してほしい．2項定理によって，
$$\left(1+\frac{x}{n}\right)^n$$
$$= {}_nC_0 + {}_nC_1\left(\frac{x}{n}\right) + {}_nC_2\left(\frac{x}{n}\right)^2$$
$$\quad + {}_nC_3\left(\frac{x}{n}\right)^3 + \cdots$$
$$= 1 + x + \frac{n(n-1)}{2!\,n^2}x^2$$
$$\quad + \frac{n(n-1)(n-2)}{3!\,n^3}x^3 + \cdots$$
$$= 1 + x + \frac{1}{2!}\left(1-\frac{1}{n}\right)x^2$$
$$\quad + \frac{1}{3!}\left(1-\frac{1}{n}\right)\left(1-\frac{2}{n}\right)x^3 + \cdots$$

ここで，$n\to\infty$ とすると，
$$\left(1+\frac{x}{n}\right)^n \to 1 + x + \frac{x^2}{2!} + \frac{x^3}{3!} + \cdots$$

つまり，$\left(1+\frac{x}{n}\right)^n \to e^x$ となることがわかる．最後の部分の「アイマイさ」は e^x をどう定義したのかということに潜んでいそうだが，たとえば，
$$e^x = 1 + x + \frac{x^2}{2!} + \frac{x^3}{3!} + \frac{x^4}{4!} + \cdots$$
を定義だと思ってしまう手もある．オイラー自身はもっとテイネイに指数関数や自然対数の定義から説き起こしているが，ここでは先を急ぎたい． □

これをオイラー流で書くと，
$$e^x = \left(1+\frac{x}{\infty}\right)^\infty$$
となる．（オイラー自身は「∞」ではなく「i

という記号を使っている．ここでは虚数単位の「i」と紛らわしいのであえて「∞」としておく．)

e^x-1 の「因数分解」について論じようとして「無限小」の処理に窮したオイラーは，

$$\sinh x = \frac{e^x - e^{-x}}{2}$$
$$= \frac{1}{2}\left(\left(1+x+\frac{x^2}{2!}+\frac{x^3}{3!}+\cdots\right)\right.$$
$$\left. -\left(1-x+\frac{x^2}{2!}-\frac{x^3}{3!}+\cdots\right)\right)$$
$$= x + \frac{x^3}{3!} + \frac{x^5}{5!} + \frac{x^7}{7!} + \cdots$$

の「因数分解」について考えている．上の記号のもとで

$$\sinh x = \frac{1}{2}\left(\left(1+\frac{x}{\infty}\right)^\infty - \left(1-\frac{x}{\infty}\right)^\infty\right)$$

と書けるが，$a = 1 + \frac{x}{\infty}$，$b = 1 - \frac{x}{\infty}$ と書き，右辺を a と b の ∞ 次多項式

$$\frac{1}{2}(a^\infty - b^\infty)$$

だと考え，有限次数の多項式の場合と類似の事実が成立するはずだと信じて，これが「因数」

$$a^2 - 2ab\cos\frac{2k\pi}{\infty} + b^2$$

をもつにちがいないと「推察」する．どうして，このようなことが「推察」できるのかについては次の問題1の結論を参照してほしい．

問題1 n 次多項式

$$a^n - b^n$$

を因数分解すると，その因数（実数係数）は，

(1) n が3以上の奇数のとき，
$$a - b$$
$$a^2 - 2ab\cos\frac{2\pi}{n} + b^2$$
$$a^2 - 2ab\cos\frac{4\pi}{n} + b^2$$
$$a^2 - 2ab\cos\frac{6\pi}{n} + b^2$$
$$\cdots\cdots$$
$$a^2 - 2ab\cos\frac{(n-1)\pi}{n} + b^2$$

(2) n が4以上の偶数のとき，
$$a - b$$
$$a + b$$
$$a^2 - 2ab\cos\frac{2\pi}{m} + b^2$$

$$a^2 - 2ab\cos\frac{4\pi}{n} + b^2$$
$$a^2 - 2ab\cos\frac{6\pi}{n} + b^2$$
$$\cdots\cdots$$
$$a^2 - 2ab\cos\frac{(n-2)\pi}{n} + b^2$$

と書けることを示せ．

これは書き方だけの問題だ．オイラーの時代には複素数の概念が未整備だったこともあって，実数係数の多項式による因数分解にこだわったために表現がちょっと違っているだけなのだ．実際，

$$a^2 - 2ab\cos\frac{2k\pi}{n} + b^2$$

を複素数の範囲で因数分解すると，
$$\left(a - \left(\cos\frac{2k\pi}{n} + i\sin\frac{2k\pi}{n}\right)b\right)$$
$$\left(a - \left(\cos\frac{2k\pi}{n} - i\sin\frac{2k\pi}{n}\right)b\right)$$

となるが，これは，n 次方程式
$$x^n - 1 = 0$$
の解（の全体）が
$$\cos\frac{2k\pi}{n} + i\sin\frac{2k\pi}{n}$$
ここで，$k = 0, 1, 2, \cdots, n-1$

と書けることに対応している．（なぜか考えてほしい．）ここで，n が奇数のときは $k=0$ の場合だけが実数で残りはすべて虚数となり，n が偶数のときは $k=0$ と $k=\frac{n}{2}$ の場合だけ実数で残りはすべて虚数になることに注意すれば，結論がえられる．　□

2．サイン関数の「因数分解」

話をオイラーの議論にもどそう．問題1の結果が∞次の多項式にも適用可能だと信じることにすると，

$$\sinh x = \frac{1}{2}(a^\infty - b^\infty)$$

ここで，$a = 1 + \frac{x}{\infty}$，$b = 1 - \frac{x}{\infty}$

は「因数」

$$a^2 - 2ab\cos\frac{2k\pi}{\infty} + b^2$$

をもつことがわかる．これは，

$$\left(1-\frac{x}{\infty}\right)^2-2\left(1+\frac{x}{\infty}\right)\left(1-\frac{x}{\infty}\right)$$
$$\cos\frac{2k\pi}{\infty}+\left(1-\frac{x}{\infty}\right)^2$$

と書いてもいいわけだが，ここで，$\frac{2k\pi}{\infty}$ が「無限に小さい」ことから，

$$\cos\frac{2k\pi}{\infty}=1-\frac{\left(\frac{2k\pi}{\infty}\right)^2}{2}$$

と考えて，これも代入すると，「因数」は

$$\left(1+\frac{x}{\infty}\right)^2-2\left(1+\frac{x}{\infty}\right)\left(1-\frac{x}{\infty}\right)$$
$$\left(\frac{2-\left(\frac{2k\pi}{\infty}\right)^2}{2}\right)+\left(1-\frac{x}{\infty}\right)^2$$
$$=2+\frac{2x^2}{\infty^2}-2\left(1-\frac{x^2}{\infty^2}\right)\left(1-2\left(\frac{k\pi}{\infty}\right)^2\right)$$
$$=\frac{4x^2}{\infty^2}+\frac{4k^2\pi^2}{\infty^2}-\frac{4k^2\pi^2x^2}{\infty^4}$$

第3項は他の2項にくらべて「無限に小さい」ので無視して，

$$\frac{4x^2}{\infty^2}+\frac{4k^2\pi^2}{\infty^2}$$

と見なそう．いいかえると，

$$\sinh x=\frac{1}{2}(a^\infty-b^\infty)$$

の「因数」は（上の「因数」を $\frac{\infty^2}{4k^2\pi^2}$ 倍して）

$$1+\frac{x^2}{(k\pi)^2}$$

と書くことができる．こうして，

$$\sinh x=x+\frac{x^3}{3!}+\frac{x^5}{5!}+\frac{x^7}{7!}+\cdots$$

の「因数分解」

$$\sinh x=x\left(1+\frac{x^2}{\pi^2}\right)\left(1+\frac{x^2}{(2\pi)^2}\right)$$
$$\left(1+\frac{x^2}{(3\pi)^2}\right)\cdots$$

がえられる．$\sinh x$ の最低次の項は x なのに，出現するはずのすべての2次の「因数」をかけ合わせても最低次の項は1にしかならないので x が足らないので追加したということだろうか．結果的に問題1の(1)の場合を使ったように思えるかもしれないが，この場合には，$a+b=2$（定数）となっているので，(2)の場合を使ったのだともいえるところが面白い．

---定理1---
$$\sinh x=$$
$$x\left(1+\frac{x^2}{\pi^2}\right)\left(1+\frac{x^2}{(2\pi)^2}\right)\left(1+\frac{x^2}{(3\pi)^2}\right)\cdots$$

［オイラーの証明］　すでに終わっている．　□

オイラーの「証明」は「どこかあやふやで危なっかしい」と感じる人も多いはずだが，結果そのものは正しいことがほとんどで，そこがオイラーのエライところなのだ．それどころか，オイラーの思考法をそのままで（ある程度まで）合理化することもできる．実際，「ノン・スタンダード・アナリシス」（直訳すると，「非標準解析」だが，「超準解析」などと訳す人もいる）と呼ばれる立場からすると，オイラーの無限大や無限小の処理方法は合理化可能なのだ．ただし，この場合，実数の概念にちょっとした改造が必要になってくるのはいうまでもない．

ここでは，そうした「オイラー的思考の合理化」についてはとりあえず無視して，先に進んでしまおう．

オイラーはこの定理1で，x を ix に置き換えて

$$\sinh ix=$$
$$ix\left(1-\frac{x^2}{\pi^2}\right)\left(1-\frac{x^2}{(2\pi)^2}\right)\left(1-\frac{x^2}{(3\pi)^2}\right)\cdots$$

とし，さらに，

$$\sinh ix$$
$$=\frac{1}{2}(e^{ix}-e^{-ix})$$
$$=ix-\frac{ix^3}{3!}+\frac{ix^5}{5!}-\frac{ix^7}{7!}+\cdots$$
$$=i\left(x-\frac{x^3}{3!}+\frac{x^5}{5!}-\frac{x^7}{7!}+\cdots\right)$$
$$=i\sin x$$

に注意して，結局，

$$\sin x=$$
$$x\left(1-\frac{x^2}{\pi^2}\right)\left(1-\frac{x^2}{(2\pi)^2}\right)\left(1-\frac{x^2}{(3\pi)^2}\right)\cdots$$

となることを導いている．これは前章にも登場したものだが，あらためて定理2としておこう．

---定理2---
$$\sin x=$$

$$x\left(1-\frac{x^2}{\pi^2}\right)\left(1-\frac{x^2}{(2\pi)^2}\right)\left(1-\frac{x^2}{(3\pi)^2}\right)\cdots$$

[オイラーの証明] すでに終わっている． □

ついでに，
$$\cosh x = \frac{1}{2}(e^x - e^{-x})$$
として，つぎの問題2も（オイラー方式で）考えてほしい．

問題2 オイラーの方法を真似て
$$\cosh x = \left(1+\frac{4x^2}{\pi^2}\right)\left(1+\frac{4x^2}{(3\pi)^2}\right)\left(1+\frac{4x^2}{(5\pi)^2}\right)\cdots$$
$$\cos x = \left(1-\frac{4x^2}{\pi^2}\right)\left(1-\frac{4x^2}{(3\pi)^2}\right)\left(1-\frac{4x^2}{(5\pi)^2}\right)\cdots$$
を示せ．

定理1および定理2の「証明」の議論とほとんど同じでいいが，問題1に対応するものがちょっと変化することに注意してほしい．つまり，n 次多項式
$$a^n + b^n$$
を因数分解すると，その因数（実数係数）は，
(1) n が3以上の奇数のとき，
$$a+b$$
$$a^2 - 2ab\cos\frac{\pi}{n} + b^2$$
$$a^2 - 2ab\cos\frac{3\pi}{n} + b^2$$
$$a^2 - 2ab\cos\frac{5\pi}{n} + b^2$$
$$\cdots\cdots$$
$$a^2 - 2ab\cos\frac{(n-2)\pi}{n} + b^2$$
(2) n が4以上の偶数のとき，
$$a^2 - 2ab\cos\frac{\pi}{n} + b^2$$
$$a^2 - 2ab\cos\frac{3\pi}{n} + b^2$$
$$a^2 - 2ab\cos\frac{5\pi}{n} + b^2$$
$$\cdots\cdots$$
$$a^2 - 2ab\cos\frac{(n-1)\pi}{n} + b^2$$
と書けることを使えばいいわけだ．具体的には

$$\cosh x = 1 + \frac{x^2}{2!} + \frac{x^4}{4!} + \frac{x^6}{6!} + \cdots$$
となるので，$n=\infty$ のときに(1)の場合を適用したとしても，(2)の場合を適用したとしても同じ結果がえられる．また，
$$\cosh ix = \cos x$$
となることを使えば $\cos x$ の「因数分解」はすぐに出る． □

3．ウォリスの公式

オイラーはこうした展開式を利用してさまざまな結論を導いているが，そのうちの一例として「ウォリスの公式」について見てみよう．

まず，
$$\sin x = x\left(1-\frac{x^2}{\pi^2}\right)\left(1-\frac{x^2}{(2\pi)^2}\right)\left(1-\frac{x^2}{(3\pi)^2}\right)\cdots$$
$$\cos x = \left(1-\frac{4x^2}{\pi^2}\right)\left(1-\frac{4x^2}{(3\pi)^2}\right)\left(1-\frac{4x^2}{(5\pi)^2}\right)\cdots$$
において，$x = \frac{p\pi}{2}$ とすると，
$$\sin\frac{p\pi}{2} = \frac{p\pi}{2}\left(1-\frac{p^2}{2^2}\right)\left(1-\frac{p^2}{4^2}\right)\left(1-\frac{p^2}{6^2}\right)\cdots$$
$$\cos\frac{p\pi}{2} = (1-p^2)\left(1-\frac{p^2}{3^2}\right)\left(1-\frac{p^2}{5^2}\right)\left(1-\frac{p^2}{7^2}\right)\cdots$$
書き換えると，
$$\sin\frac{p\pi}{2} = \frac{p\pi}{2}\cdot\frac{2-p}{2}\cdot\frac{2+p}{2}\cdot\frac{4-p}{4}\cdot\frac{4+p}{4}\cdots$$
$$\cos\frac{p\pi}{2} = (1-p)(1+p)\frac{3-p}{3}\cdot\frac{3+p}{3}\cdot\frac{5-p}{5}\cdot\frac{5+p}{5}\cdots$$
さらに，この式で p を $1-p$ に置き換えれば，
$$\sin\frac{(1-p)\pi}{2} = \sin\left(\frac{\pi}{2}-\frac{p\pi}{2}\right) = \cos\frac{p\pi}{2}$$
$$\cos\frac{(1-p)\pi}{2} = \cos\left(\frac{\pi}{2}-\frac{p\pi}{2}\right) = \sin\frac{p\pi}{2}$$
に注意して，
$$\cos\frac{p\pi}{2} = \frac{(1-p)\pi}{2}\cdot\frac{1+p}{2}\cdot\frac{3-p}{2}\cdot\frac{3+p}{2}\cdot\frac{5-p}{4}\cdots$$

$$\sin\frac{p\pi}{2}=$$
$$p(2-p)\frac{2+p}{3}\frac{4-p}{3}\frac{4+p}{5}\frac{6-p}{5}\cdots$$

という関係式がえられる．

オイラーはこれらの応用として次のような事実に到達している．

──── 定理3 ────
$$\frac{\pi}{2}=\frac{2\cdot 2\cdot 4\cdot 4\cdot 6\cdot 6\cdot 8\cdot 8\cdots}{1\cdot 3\cdot 3\cdot 5\cdot 5\cdot 7\cdot 7\cdot 9\cdots}$$

[証明] 上の関係式
$$\sin\frac{p\pi}{2}=$$
$$\frac{p\pi}{2}\frac{2-p}{2}\frac{2+p}{2}\frac{4-p}{4}\frac{4+p}{4}\cdots$$
$$\sin\frac{p\pi}{2}=$$
$$p(2-p)\frac{2+p}{3}\frac{4-p}{3}\frac{4+p}{5}\frac{6-p}{5}\cdots$$

の比をとれば，
$$1=\frac{\pi}{2}\frac{1}{2}\frac{3}{2}\frac{3}{4}\frac{5}{4}\frac{5}{6}\frac{7}{6}\frac{7}{8}\cdots$$

いいかえると，
$$\frac{\pi}{2}=\frac{2}{1}\frac{2}{3}\frac{4}{3}\frac{4}{5}\frac{6}{5}\frac{6}{7}\frac{8}{7}\cdots$$

つまり，
$$\frac{\pi}{2}=\frac{2\cdot 2\cdot 4\cdot 4\cdot 6\cdot 6\cdot 8\cdot 8\cdots}{1\cdot 3\cdot 3\cdot 5\cdot 5\cdot 7\cdot 7\cdot 9\cdots}$$

となる． □

定理3はもともとイギリスの数学者ウォリス (John Wallis, 1616-1703) が別の方法で発見したものだ．いうまでもないが，（かけ算だからあってもなくても同じだということで）分母の1を省略するとあらぬ誤解に陥る可能性があるので注意してほしい．詳しく書けば，数列
$$\frac{2}{1}$$
$$\frac{2\cdot 2}{1\cdot 3}$$
$$\frac{2\cdot 2\cdot 4}{1\cdot 3\cdot 3}$$
$$\frac{2\cdot 2\cdot 4\cdot 4}{1\cdot 3\cdot 3\cdot 5}$$
$$\frac{2\cdot 2\cdot 4\cdot 4\cdot 6}{1\cdot 3\cdot 3\cdot 5\cdot 5}$$
$$\frac{2\cdot 2\cdot 4\cdot 4\cdot 6\cdot 6}{1\cdot 3\cdot 3\cdot 5\cdot 5\cdot 7}$$
$$\frac{2\cdot 2\cdot 4\cdot 4\cdot 6\cdot 6\cdot 8}{1\cdot 3\cdot 3\cdot 5\cdot 5\cdot 7\cdot 7}$$
$$\frac{2\cdot 2\cdot 4\cdot 4\cdot 6\cdot 6\cdot 8\cdot 8}{1\cdot 3\cdot 3\cdot 5\cdot 5\cdot 7\cdot 7\cdot 9}$$
$$\cdots\cdots\cdots\cdots$$

の極限値が $\frac{\pi}{2}$ になるという意味なのだ．

問題3 この数列の各項を2倍した数列を計算し，それが π に収束しそうかどうか観察せよ．

はじめの10項を計算し，小数点以下10桁目までの値を書けば
$$4=4.0000000000\cdots$$
$$\frac{8}{3}=2.6666666666\cdots$$
$$\frac{32}{9}=3.5555555555\cdots$$
$$\frac{128}{45}=2.8444444444\cdots$$
$$\frac{256}{75}=3.4133333333\cdots$$
$$\frac{512}{175}=2.9257142857\cdots$$
$$\frac{4096}{1225}=3.3436734693\cdots$$
$$\frac{32768}{11025}=2.9721541950\cdots$$
$$\frac{65536}{19845}=3.3023935500\cdots$$
$$\frac{131072}{43659}=3.0021759545\cdots$$

となっている．これでは π に収束するのかどうかははっきりしないが，第99項と第100項を求めると，
$$3.1573396892\cdots$$
$$3.1260789002\cdots$$

となってちょっと π が見えてくる．さらに，第999項と第1000項を求めると，
$$3.1431638424\cdots$$
$$3.1400238186\cdots$$

ようやく π らしくなってきた！ 平均値を取ってみると，
$$3.1415938305\cdots$$

だから，小数点以下5桁目まで
$$\pi=3.141592653589793238\cdots$$

と一致することがわかる．それにしても，収束の遅い数列だ．第999999項と第1000000項を求め

ても，
$$3.1415942243865127\cdots$$
$$3.1415910827954299\cdots$$
にしかならないし，平均値をとっても，
$$3.1415926535909713\cdots$$
だから，小数点以下10桁目までがπと一致するだけだ．とはいえ，πに収束しそうだという感触だけはつかめるだろう． □

ゼータ誕生

オイラーは，『無限解析序説』(1748)を出版した直後の1749年にゼータ関数の関数等式の起源となる面白い研究を発表している．1768年にベルリンの科学アカデミーの紀要に出現した論文

「ベキ乗と逆ベキ乗の級数の間の
美しい関係についての注意」
Remarques sur un beau rapport entre
les séries des puissances
tant directes que réciproques

がそれだ．この論文には幸い英訳が

http://www.wcsu.ctstateu.edu/
~sandifer/Beaurapp/Beaurapp.htm

に存在しているので参考にしてほしい．ここでは前章と前々章の続きとして，この論文の内容について簡単に紹介しよう．

1．ベキ乗の級数

オイラーの論文のタイトルにある「ベキ乗の級数」と「逆ベキ乗の級数」というのは，n を正整数として，それぞれ，

$$1^n - 2^n + 3^n - 4^n + 5^n - 6^n + \cdots$$
$$1 - \frac{1}{2^n} + \frac{1}{3^n} - \frac{1}{4^n} + \frac{1}{5^n} - \frac{1}{6^n} + \cdots$$

を意味している．「ベキ乗の交代級数」と「逆ベキ乗の交代級数」というほうがいいのかもしれないが気にしないことにしよう．

オイラーはまず，$n=1$ の場合の「ベキ乗の級数」

$$1 - 2 + 3 - 4 + 5 - 6 + \cdots$$

の和についての話から始めているが，もっとわかりやすく，$n=0$ の場合にあたる級数

$$1 - 1 + 1 - 1 + 1 - 1 + \cdots$$

の和について考えてみよう．これは明らかに発散級数だから，普通の意味では和は存在しないが，つぎのように考えれば和らしきものを求めることができる．まず，

$$1 - x + x^2 - x^3 + x^4 - x^5 + \cdots = \frac{1}{1+x}$$

であることに注目し，この式で $x=1$ とすれば，

$$1 - 1 + 1 - 1 + 1 - 1 + \cdots = \frac{1}{2}$$

が出る．本来，もとの関係式は $|x|<1$ の場合にしか成立しないのだが，強引に $x=1$ としてしまうわけだ．こんな危ない議論は無意味な可能性もあるわけだが，オイラーはこうした発想から面白い関係式に到達したのだ．

問題 1

$$1 - x + x^2 - x^3 + x^4 - x^5 + \cdots = \frac{1}{1+x}$$

の両辺を2乗して

$$1 - 2x + 3x^2 - 4x^3 + 5x^4 - 6x^5 + \cdots = \frac{1}{(1+x)^2}$$

となることを確かめよ．

$$\begin{aligned}
&(1 - x + x^2 - x^3 + \cdots)^2 \\
&= (1 - x + x^2 - x^3 + \cdots) \\
&\quad \times (1 - x + x^2 - x^3 + \cdots) \\
&= (1 - x + x^2 - x^3 + \cdots) \\
&\quad - x(1 - x + x^2 - x^3 + \cdots) \\
&\quad + x^2(1 - x + x^2 - x^3 + \cdots) \\
&\quad - x^3(1 - x + x^2 - x^3 + \cdots) \\
&= 1 - 2x + 3x^2 - 4x^3 + 5x^4 - 6x^5 + \cdots
\end{aligned}$$

から，$|x|<1$ のとき

$$1 - 2x + 3x^2 - 4x^3 + 5x^4 - 6x^5 + \cdots = \frac{1}{(1+x)^2}$$

となることがわかった．（もちろん，数学的帰納法を使えば「厳密化」も可能．）　□

微分を使う方法もある．

問題 2

$$1 - x + x^2 - x^3 + x^4 - x^5 + \cdots = \frac{1}{1+x}$$

を x 倍してから x で微分することによって，

$$1 - 2x + 3x^2 - 4x^3 + 5x^4 - 6x^5 + \cdots$$

$$= \frac{1}{(1+x)^2}$$
となることを確かめよ．

左辺を x 倍すると，
$$x-x^2+x^3-x^4+x^5-x^6+\cdots$$
これを普通の多項式のような顔をして，x で微分すると，
$$1-2x+3x^2-4x^3+5x^4-6x^5+\cdots$$
となる．また，右辺を x 倍すると，
$$\frac{x}{1+x}$$
これを x で微分すると，
$$\frac{(x+1)\cdot 1-1\cdot x}{(1+x)^2}=\frac{1}{(1+x)^2}$$
となる．つまり，$|x|<1$ のとき
$$1-2x+3x^2-4x^3+5x^4-6x^5+\cdots$$
$$=\frac{1}{(1+x)^2}$$
がえられた． □

問題 3 問題 1 または問題 2 の結果から，
$$1-2+3-4+5-6+\cdots$$
の（オイラー流の）和を求めよ．

$|x|<1$ のとき
$$1-2x+3x^2-4x^3+5x^4-6x^5+\cdots$$
$$=\frac{1}{(1+x)^2}$$
となることから，強引に $x=1$ とすると，
$$1-2+3-4+5-6+\cdots=\frac{1}{4}$$
がえられる． □

微分を利用すれば，さらに，類似の議論を展開することができる．

問題 4 問題 2 の真似をして，
$$1-2^2x+3^2x^2-4^2x^3+5^2x^4-6^2x^5+\cdots$$
$$1-2^3x+3^3x^2-4^3x^3+5^3x^4-6^3x^5+\cdots$$
$$1-2^4x+3^4x^2-4^4x^3+5^4x^4-6^4x^5+\cdots$$
$$1-2^5x+3^5x^2-4^5x^3+5^5x^4-6^5x^5+\cdots$$
$$1-2^6x+3^6x^2-4^6x^3+5^6x^4-6^6x^5+\cdots$$
$$1-2^7x+3^7x^2-4^7x^3+5^7x^4-6^7x^5+\cdots$$
$$1-2^8x+3^8x^2-4^8x^3+5^8x^4-6^8x^5+\cdots$$
$$1-2^9x+3^9x^2-4^9x^3+5^9x^4-6^9x^5+\cdots$$

を計算せよ．
$$1-2x+3x^2-4x^3+5x^4-6x^5+\cdots$$
$$=\frac{1}{(1+x)^2}$$
の両辺を x 倍してから x で微分するという操作を繰り返せばよい．この操作を 1 回やると，左辺は
$$1-2^2x+3^2x^2-4^2x^3+5^2x^4-6^2x^5+\cdots$$
となり，右辺は
$$\left(\frac{x}{(1+x)^2}\right)'=(x(1+x)^{-2})'$$
$$=1\cdot(1+x)^{-2}-x\cdot 2(1+x)^{-3}$$
$$=((1+x)-2x)(1+x)^{-3}$$
$$=\frac{1-x}{(1+x)^3}$$
となるので，
$$1-2^2x+3^2x^2-4^2x^3+5^2x^4-6^2x^5+\cdots$$
$$=\frac{1-x}{(1+x)^3}$$
だとわかる．これにもう一回同じ操作を繰り返せば，左辺は
$$1-2^3x+3^3x^2-4^3x^3+5^3x^4-6^3x^5+\cdots$$
となり，右辺は，
$$\left(\frac{x(1-x)}{(1+x)^3}\right)'=((x-x^2)(1+x)^{-3})'$$
$$=(1-2x)(1+x)^{-3}-(x-x^2)3(1+x)^{-4}$$
$$=((1-2x)(1+x)-3(x-x^2))(1+x)^{-4}$$
$$=(1-4x+x^2)(1+x)^{-4}=\frac{1-4x+x^2}{(1+x)^4}$$
となるので，
$$1-2^3x+3^3x^2-4^3x^3+5^3x^4-6^3x^5+\cdots$$
$$=\frac{1-4x+x^2}{(1+x)^4}$$
だとわかる．同じようにして
$$1-2^4x+3^4x^2-4^4x^3+5^4x^4-6^4x^5+\cdots$$
$$=\frac{1-11x+11x^2-x^3}{(1+x)^5}$$
$$1-2^5x+3^5x^2-4^5x^3+5^5x^4-6^5x^5+\cdots$$
$$=\frac{1-26x+66x^2-26x^3+x^4}{(1+x)^6}$$
がいえる．これら以外も同様にして順に
$$\frac{1-57x+302x^2-302x^3+57x^4-x^5}{(1+x)^7}$$
$$\frac{1-120x+1191x^2-2416x^3+1191x^4-120x^5+x^6}{(1+x)^8}$$

$$\frac{1-247x+4293x^2-15619x^3+15619x^4-4293x^5+247x^6-x^7}{(1+x)^9}$$

$$\frac{1-502x+14608x^2-88234x^3+156190x^4-88234x^5+14608x^6-502x^7+x^8}{(1+x)^{10}}$$

となることがわかる. □

——— 命題 1 ———

$$1-2^1+3^1-4^1+5^1-6^1+\cdots = \frac{1}{4}$$

$$1-2^2+3^2-4^2+5^2-6^2+\cdots = 0$$

$$1-2^3+3^3-4^3+5^3-6^3+\cdots = -\frac{1}{8}$$

$$1-2^4+3^4-4^4+5^4-6^4+\cdots = 0$$

$$1-2^5+3^5-4^5+5^5-6^5+\cdots = \frac{1}{4}$$

$$1-2^6+3^6-4^6+5^6-6^6+\cdots = 0$$

$$1-2^7+3^7-4^7+5^7-6^7+\cdots = -\frac{17}{16}$$

$$1-2^8+3^8-4^8+5^8-6^8+\cdots = 0$$

$$1-2^9+3^9-4^9+5^9-6^9+\cdots = \frac{31}{4}$$

[オイラー流の証明] 問題 4 でえられた関係式で $x=1$ とすればよい. □

2. ベルヌイ数

オイラーは,サイン関数の「素因数分解」(つまり無限積展開)

$$\sin x = \left(1-\frac{x^2}{\pi^2}\right)\left(1-\frac{x^2}{(2\pi)^2}\right)\left(1-\frac{x^2}{(3\pi)^2}\right)\cdots$$

を利用して (n が正の偶数のときに)

$$1+\frac{1}{2^n}+\frac{1}{3^n}+\frac{1}{4^n}+\frac{1}{5^n}+\cdots$$

の和を順に求めるアイデアを提出している. 詳しいことは前々章の「サインの因数分解」を見てもらうことにして, 結果だけを書くと,

$$1+\frac{1}{2^2}+\frac{1}{3^2}+\frac{1}{4^2}+\frac{1}{5^2}+\cdots = \frac{\pi^2}{6}$$

$$1+\frac{1}{2^4}+\frac{1}{3^4}+\frac{1}{4^4}+\frac{1}{5^4}+\cdots = \frac{\pi^4}{90}$$

$$1+\frac{1}{2^6}+\frac{1}{3^6}+\frac{1}{4^6}+\frac{1}{5^6}+\cdots = \frac{\pi^6}{945}$$

$$1+\frac{1}{2^8}+\frac{1}{3^8}+\frac{1}{4^8}+\frac{1}{5^8}+\cdots = \frac{\pi^8}{9450}$$

$$1+\frac{1}{2^{10}}+\frac{1}{3^{10}}+\frac{1}{4^{10}}+\frac{1}{5^{10}}+\cdots = \frac{\pi^{10}}{93555}$$

$$1+\frac{1}{2^{12}}+\frac{1}{3^{12}}+\frac{1}{4^{12}}+\frac{1}{5^{12}}+\cdots = \frac{691\pi^{12}}{638512875}$$

となる.一般には,つぎの定理 1 が成立する.その前に,この定理に不可欠となるベルヌイ数とその性質について考えておこう.まず,ベルヌイ数 B_k というのは, $\frac{z}{e^z-1}$ の無限次多項式表示の z^k の係数の $k!$ 倍のことだとする.

ここで,

$$e^z = 1+z+\frac{z^2}{2!}+\frac{z^3}{3!}+\frac{z^4}{4!}+\cdots$$

を使うと,

$$\frac{z}{e^z-1}$$

$$=\frac{z}{z+\frac{z^2}{2!}+\frac{z^3}{3!}+\frac{z^4}{4!}+\cdots}$$

$$=\frac{1}{1+\frac{z}{2!}+\frac{z^2}{3!}+\frac{z^3}{4!}+\cdots}$$

実際に手計算でこの「割り算」をしてみると,

$$=1-\frac{z}{2}+\frac{z^2}{12}-\frac{z^4}{720}+\frac{z^6}{30240}$$

$$-\frac{z^8}{1209600}+\cdots$$

$$=1-\frac{1}{2}\frac{z}{1!}+\frac{1}{6}\frac{z^2}{2!}-\frac{1}{30}\frac{z^4}{4!}$$

$$+\frac{1}{42}\frac{z^6}{6!}-\frac{1}{30}\frac{z^8}{8!}+\cdots$$

となり, 定義によって,

$$B_0=1, \quad B_1=-\frac{1}{2}, \quad B_2=\frac{1}{6}, \quad B_3=0,$$

$$B_4=-\frac{1}{30}, \quad B_5=0, \quad B_6=\frac{1}{42},$$

$$B_7=0, \quad B_8=-\frac{1}{30},\cdots$$

となるが, 一般に k が正整数のとき, $B_{2k+1}=0$ となることもわかる (問題 5).

問題 5 k が正整数のとき, $B_{2k+1}=0$ となることを示せ.

そのためには, $\frac{z}{e^z-1}$ に $\frac{z}{2}$ を加えれば奇数次の項が消えること, つまり,

$$\frac{z}{e^z-1}+\frac{z}{2}$$

が偶関数であることがわかれば十分. ところで,

$$\frac{z}{e^z-1}+\frac{z}{e^{-z}-1}$$

$$= \frac{z(e^{-z}-1+e^z-1)}{(e^z-1)(e^{-z}-1)}$$
$$= \frac{z(e^{-z}+e^z-2)}{2-e^{-z}-e^z}$$
$$= -z$$

これは，
$$\frac{z}{e^z-1} + \frac{z}{2} = \frac{-z}{e^{-z}-1} + \frac{-z}{2}$$
を意味している．いいかえると，
$$\frac{z}{e^z-1} + \frac{z}{2}$$
は偶関数である． □

――― 定理 1 ―――
$$1 + \frac{1}{2^{2n}} + \frac{1}{3^{2n}} + \frac{1}{4^{2n}} + \frac{1}{5^{2n}} + \cdots$$
$$= \frac{2^{2n-1}\pi^{2n}|B_{2n}|}{(2n)!}$$
ここで，n は正整数，B_k はベルヌイ数とする．

[証明]
$$\pi\cot\pi x = \frac{1}{x} + \sum_{k=1}^{\infty} \frac{2x}{x^2-k^2}$$
という展開（問題 6 参照）を利用する．すでに紹介済みの関係式
$$\cos z = \frac{e^{iz}+e^{-iz}}{2}$$
$$\sin z = \frac{e^{iz}-e^{-iz}}{2i}$$
を使って，この展開式の左辺を書き直すと，
$$\pi\cot\pi x$$
$$= \frac{\pi\cos\pi x}{\sin\pi x}$$
$$= \frac{\pi i(e^{2\pi ix}+1)}{e^{2\pi ix}-1}$$
$$= \frac{2\pi i}{e^{2\pi ix}-1} + \pi i$$
ところで，ベルヌイ数の定義から，
$$\frac{2\pi ix}{e^{2\pi ix}-1}$$
$$= \sum_{n=0}^{\infty} \frac{B_n}{n!}(2\pi ix)^n$$
$$= \sum_{n=0}^{\infty} \frac{(2\pi)^n i^n B_n}{n!}x^n$$
ここで，問題 5 の結果を使うと，
$$= 1 - \pi i + \sum_{n=1}^{\infty} \frac{(2\pi)^{2n}(-1)^n B_{2n}}{(2n)!}x^{2n}$$
したがって，
$$\pi x\cot\pi x = 1 + \sum_{n=1}^{\infty} \frac{(2\pi)^{2n}(-1)^n B_{2n}}{(2n)!}x^{2n}$$

一方，
$$\pi x\cot\pi x = 1 + \sum_{k=1}^{\infty} \frac{2x^2}{x^2-k^2}$$
$$= 1 + 2\sum_{k=1}^{\infty} \frac{x^2}{x^2-k^2}$$
ここで，
$$\frac{x^2}{x^2-k^2}$$
$$= -\frac{\frac{x^2}{k^2}}{1-\frac{x^2}{k^2}}$$
$$= -\sum_{n=1}^{\infty} \left(\frac{x^2}{k^2}\right)^n$$
に注意すると，
$$\pi x\cot\pi x$$
$$= 1 - 2\sum_{k=1}^{\infty}\left(\sum_{n=1}^{\infty}\left(\frac{x^2}{k^2}\right)^n\right)$$
となるが，ここで，和をとる順序を交換する（この部分にも「不安」が残るが，ここでは黙認してほしい）と，
$$= 1 - 2\sum_{n=1}^{\infty}\left(\sum_{k=1}^{\infty}\frac{1}{k^{2n}}\right)x^{2n}$$
となる．したがって，
$$\sum_{n=1}^{\infty}\frac{(2\pi)^{2n}(-1)^n B_{2n}}{(2n)!}x^{2n}$$
$$= -2\sum_{n=1}^{\infty}\left(\sum_{k=1}^{\infty}\frac{1}{k^{2n}}\right)x^{2n}$$
この式で x^{2n} の係数を比較すると，
$$2\sum_{k=1}^{\infty}\frac{1}{k^{2n}} = -\frac{(2\pi)^{2n}(-1)^n B_{2n}}{(2n)!}$$
つまり，
$$\sum_{k=1}^{\infty}\frac{1}{k^{2n}} = \frac{2^{2n-1}\pi^{2n}(-1)^{n+1}B_{2n}}{(2n)!}$$
したがって，
$$1 + \frac{1}{2^{2n}} + \frac{1}{3^{2n}} + \frac{1}{4^{2n}} + \frac{1}{5^{2n}} + \cdots$$
$$= \frac{2^{2n-1}\pi^{2n}|B_{2n}|}{(2n)!}$$
となる． □

定理 1 の証明に使った関係式を「証明」しておこう．

問題 6 $\pi\cot\pi x = \dfrac{1}{x} + \sum\limits_{k=1}^{\infty}\dfrac{2x}{x^2-k^2}$
となることを「納得」せよ．

$$\sin x =$$

$$x\left(1-\frac{x^2}{\pi^2}\right)\left(1-\frac{x^2}{(2\pi)^2}\right)\left(1-\frac{x^2}{(3\pi)^2}\right)\cdots$$

から，

$$\sin\pi x = \pi x(1-x^2)\left(1-\frac{x^2}{2^2}\right)\left(1-\frac{x^2}{3^2}\right)\cdots$$

両辺の対数をとると，

$$\log(\sin\pi x)$$
$$= \log\pi x + \log(1-x^2) + \log\left(1-\frac{x^2}{2^2}\right)$$
$$+ \log\left(1-\frac{x^2}{3^2}\right) + \cdots$$

この両辺を x で微分すると，

$$\pi\cot\pi x$$
$$= \frac{1}{x} + \frac{-2x}{1-x^2} + \frac{-2x/2^2}{1-x^2/2^2}$$
$$+ \frac{-2x/3^2}{1-x^2/3^2} + \cdots$$
$$= \frac{1}{x} + \frac{2x}{x^2-1} + \frac{2x}{x^2-2^2} + \frac{2x}{x^2-3^2} + \cdots$$

となって，問題の関係式が「納得」できる．□

ここで，「納得」という表現を使ったのは，無限個の多項式の積の対数をとることの「不安」や無限個の関数の和を項別に微分することへの「不安」が払拭できていないせいだ．われわれの目的はあくまでオイラー流の「大胆な推論」を紹介することにあるので，とりあえずガマンしてもらうしかない．（もちろん，現在ではこれらの「不安」は完全に解消されているので「安心」してほしい．）

3．「逆ベキ乗の級数」の和

つぎに，オイラーのいう「逆ベキ乗の級数」

$$1-\frac{1}{2^n}+\frac{1}{3^n}-\frac{1}{4^n}+\frac{1}{5^n}-\frac{1}{6^n}+\cdots$$

の和について考えよう．そのために，整数 n について，

$$\phi(n)=1-\frac{1}{2^n}+\frac{1}{3^n}-\frac{1}{4^n}+\frac{1}{5^n}-\frac{1}{6^n}+\cdots$$
$$\zeta(n)=1+\frac{1}{2^n}+\frac{1}{3^n}+\frac{1}{4^n}+\frac{1}{5^n}+\frac{1}{6^n}+\cdots$$

書くことにする．このとき，

$$\frac{1}{2^n}\zeta(n)=\frac{1}{2^n}+\frac{1}{4^n}+\frac{1}{6^n}+\frac{1}{8^n}+\cdots$$

だから，

$$\phi(n)=\zeta(n)-2\frac{1}{2^n}\zeta(n)$$

$$=1-\frac{1}{2^{n-1}}\zeta(n)$$
$$=\frac{2^{n-1}-1}{2^{n-1}}\zeta(n)$$

となる．したがって，定理1によると，n が正整数のとき，

$$\zeta(2n)=\frac{2^{2n-1}\pi^{2n}|B_{2n}|}{(2n)!}$$

となるので，

$$\phi(2n)=\frac{(2^{2n-1}-1)\pi^{2n}|B_{2n}|}{(2n)!}$$

だとわかる．

―― 定理2 ――

$$1-\frac{1}{2^{2n}}+\frac{1}{3^{2n}}-\frac{1}{4^{2n}}+\frac{1}{5^{2n}}-\cdots$$
$$=\frac{(2^{2n-1}-1)\pi^{2n}|B_{2n}|}{(2n)!}$$

ここで，n は正整数，B_k はベルヌイ数とする．

[証明] すでに終わっている．□

定理2の結果は，

$$B_2=\frac{1}{6},\ B_4=-\frac{1}{30},\ B_6=\frac{1}{42},$$
$$B_8=-\frac{1}{30},\ B_{10}=\frac{5}{66},$$
$$B_{12}=-\frac{691}{2730},\cdots$$

を使って，具体的に計算してみると，

$$1-\frac{1}{2^2}+\frac{1}{3^2}-\frac{1}{4^2}+\frac{1}{5^2}-\cdots=\frac{\pi^2}{12}$$
$$1-\frac{1}{2^4}+\frac{1}{3^4}-\frac{1}{4^4}+\frac{1}{5^4}-\cdots=\frac{7\pi^4}{720}$$
$$1-\frac{1}{2^6}+\frac{1}{3^6}-\frac{1}{4^6}+\frac{1}{5^6}-\cdots=\frac{31\pi^6}{30240}$$
$$1-\frac{1}{2^8}+\frac{1}{3^8}-\frac{1}{4^8}+\frac{1}{5^8}-\cdots=\frac{127\pi^8}{1209600}$$
$$1-\frac{1}{2^{10}}+\frac{1}{3^{10}}-\frac{1}{4^{10}}+\frac{1}{5^{10}}-\cdots=\frac{73\pi^{10}}{6842880}$$
$$1-\frac{1}{2^{12}}+\frac{1}{3^{12}}-\frac{1}{4^{12}}+\frac{1}{5^{12}}-\cdots=\frac{1414477\pi^{12}}{1307674368000}$$
$$\cdots\cdots\cdots\cdots$$

となっている．（もちろん，すでに，$\zeta(2n)$ の計算結果があるのでこれを使って計算してもよい．）この後，オイラーはもっと要領良く処理しているが，ここではかなり強引に事を進めよう．

問題7

$$\frac{1-2^1+3^1-4^1+5^1-\cdots}{1-\frac{1}{2^2}+\frac{1}{3^2}-\frac{1}{4^2}+\frac{1}{5^2}-\cdots},$$

$$\frac{1-2^3+3^3-4^3+5^3-\cdots}{1-\frac{1}{2^4}+\frac{1}{3^4}-\frac{1}{4^4}+\frac{1}{5^4}-\cdots},$$

$$\frac{1-2^5+3^5-4^5+5^5-\cdots}{1-\frac{1}{2^6}+\frac{1}{3^6}-\frac{1}{4^6}+\frac{1}{5^6}-\cdots},$$

$$\frac{1-2^7+3^7-4^7+5^7-\cdots}{1-\frac{1}{2^8}+\frac{1}{3^8}-\frac{1}{4^8}+\frac{1}{5^8}-\cdots},$$

$$\frac{1-2^9+3^9-4^9+5^9-\cdots}{1-\frac{1}{2^{10}}+\frac{1}{3^{10}}-\frac{1}{4^{10}}+\frac{1}{5^{10}}-\cdots}$$

を計算し，その値の「法則性」を探れ．

計算してみると，順に，

$$\frac{3}{\pi^2},\ -\frac{90}{7\pi^4},\ \frac{7560}{31\pi^6},$$

$$-\frac{1285200}{127\pi^8},\ \frac{53032320}{73\pi^{10}}$$

となっており，それぞれ

$$\frac{1!(2^2-1)}{(2-1)\pi^2},\ \frac{-3!(2^4-1)}{(2^3-1)\pi^4},$$

$$\frac{5!(2^6-1)}{(2^5-1)\pi^6},\ \frac{-7!(2^8-1)}{(2^7-1)\pi^8},$$

$$\frac{9!(2^{10}-1)}{(2^9-1)\pi^{10}}$$

と書ける．明白な「法則性」がみつかった！

□

問題7の結果からつぎのような予想が生まれる．

予想1
$$\frac{1-2^{2n-1}+3^{2n-1}-4^{2n-1}+5^{2n-1}}{1-\frac{1}{2^{2n}}+\frac{1}{3^{2n}}-\frac{1}{4^{2n}}+\frac{1}{5^{2n}}+\cdots}$$
$$=\frac{(-1)^{n+1}(2n-1)!(2^{2n}-1)}{(2^{2n-1}-1)\pi^{2n}}$$

となるだろう．ここで，nは正整数とする．

この予想1が成立したとすると，つぎの定理3（オイラーの予想）がえられる．

---**定理3**---

$$\frac{\phi(1-n)}{\phi(n)}=-\frac{(n-1)!(2^n-1)}{(2^{n-1}-1)\pi^n}\cos\frac{\pi n}{2}$$

となる．ここで，nは2以上の正整数とする．

[証明] nが2以上の偶数のときは予想1から

$$\frac{\phi(1-n)}{\phi(n)}=\frac{(-1)^{\frac{n}{2}+1}(n-1)!(2^n-1)}{(2^{n-1}-1)\pi^n}$$

となるので，

$$(-1)^{\frac{n}{2}+1}=-\cos\frac{\pi n}{2}$$

となることがわかればよいがこれは明らか．また，nが2以上の奇数のときは，命題1から，

$$\phi(1-n)=0$$

と「期待」されるが，これを信じると，

$$\frac{\phi(1-n)}{\phi(n)}=0$$

となる．$\cos\frac{\pi n}{2}=0$なので，たしかに，問題の関係式が成立している． □

オイラーはさらに，定理3の関係式は，nが1や0の場合にも成り立ち，さらにnが負の整数の場合にも成り立つだろうと書いている．それどころか，nが有理数の場合にも，階乗の概念をガンマ関数へと一般化することによって，定理3と同じ形の関係式が成り立つことも予想している．例として，nを$\frac{1}{2}$や$\frac{3}{2}$としたときに成り立つことを調べている部分も面白い．定理3のϕをζに変えても同様の関係式が成り立つことがわかるが，それはリーマンによるゼータ関数とその関数等式の複素解析的な研究への端緒となった．ゼータ関数は，これもまたオイラーが発見した無限積表示（オイラー積）をもっていることから，素数分布を調べるためにパワーを発揮することになる．有名なリーマン予想が出現するのもこのときだった．

ガンマ関数

前章では，オイラーによるゼータ関数の起源となる仕事について紹介したが，ここでは，オイラーによるガンマ関数（階乗という概念の拡張）の発見について触れたい．この方向にはゼータ関数の関数等式が眠っている！

1．対数関数のベキの積分

オイラーはさまざまな形の具体的な積分について調べているが，ここではその真似をして対数関数のベキの積分について考えてみよう．まず，やさしい問題から．

問題 1　不定積分
$$\int (\log x)^5 \, dx$$
を計算せよ．

［類題：大分大学など］

非負整数 n について，
$$F_n(x) = \int (\log x)^n \, dx$$
と書くと，部分積分によって，正整数 n について，
$$\begin{aligned}
F_n(x) &= \int x' (\log x)^n \, dx \\
&= x(\log x)^n - n \int x (\log x)^{n-1} \frac{1}{x} \, dx \\
&= x(\log x)^n - n \int (\log x)^{n-1} \, dx \\
&= x(\log x)^n - n F_{n-1}(x)
\end{aligned}$$
となる．（定数の差は無視した上での「等号」であることに注意．）つまり，正整数 n について，
$$F_n(x) = x(\log x)^n - n F_{n-1}(x)$$
が成立する．積分定数を無視すると，
$$F_0(x) = x$$
となるから，上の漸化式を使って，順に，

$F_1(x) = x(\log x) - x$
$F_2(x) = x(\log x)^2 - 2x(\log x) + 2x$
$F_3(x) = x(\log x)^3 - 3x(\log x)^2$
　　　　$+ 6x(\log x) - 6x$
$F_4(x) = x(\log x)^4 - 4x(\log x)^3$
　　　　$+ 12x(\log x)^2 - 24x(\log x) + 24x$
$F_5(x) = x(\log x)^5 - 5x(\log x)^4$
　　　　$+ 20x(\log x)^3 - 60x(\log x)^2$
　　　　$+ 120x(\log x) - 120x$

がえられる．　　　　□

問題 2
$$\int (\log x)^n \, dx$$
を求めよ．ここで，n は非負整数とする．

問題 1 の結果から
$$\begin{aligned}
\int (\log x)^n \, dx &= x(\log x)^n - nx(\log x)^{n-1} \\
&\quad + n(n-1)x(\log x)^{n-2} \\
&\quad - n(n-1)(n-2)x(\log x)^{n-3} + \cdots \\
&\quad + (-1)^{n-1} n! \, x(\log x) + (-1)^n n! \, x
\end{aligned}$$
と推定される．（もちろん，ここでも，積分定数は無視している．）これが正しいことは，問題 1 の漸化式と n に関する数学的帰納法で簡単にチェックできる．　　　　□

2．定積分にすると…

問題 2 の結果から，$(\log x)^n$ をうまい区間で積分すると $n!$ を求める公式がえられそうな気がするだろう．原始関数で $\log x$ を含む項の効果が 0 になり，$(-1)^n n! \, x$ の効果だけが出るようにできればいいわけだ．すぐに思いつくのは，$x=1$ とすると $\log x = 0$ だから，積分区間の端点のひとつは 1 としようというアイデアだろう．残りの端点は（原始関数の $x(\log x)^k$ の形の部分の効果が 0 にできるので）0 とするのがよさそうだが，それでは $\log x$ が定義不能になってしまう．そこで，「残りの端点 $=0$」というのを「残りの端点 $\to +0$」の意味に拡大解釈してみよう．まず，大切な準備から．

問題 3 $$\lim_{x\to+0} x(\log x)^k = 0$$
となることを示せ．ここで，k は非負整数とする．

議論を容易にするために，$t=-\log x$ と変換する．このとき，$x=e^{-t}$ となるので，
$$\lim_{x\to+0} x(\log x)^k = 0$$
を示すには
$$\lim_{t\to+\infty}(-t)^k e^{-t}=0$$
を示せばよい．したがって，
$$\lim_{t\to+\infty}\frac{t^k}{e^t}=0$$
つまり
$$\lim_{t\to+\infty}\frac{e^t}{t^k}=+\infty$$
を示せば十分である．

正整数 k を任意にひとつ固定したうえで，$f(t)=\dfrac{e^t}{t^k}$ を t で微分すると，
$$f'(t)=\frac{e^t}{t^k}-\frac{ke^t}{t^{k+1}}=\left(1-\frac{k}{t}\right)\frac{e^t}{t^k}$$
となるので，$t>k$ のとき $f'(t)>0$ となる．つまり，$t>k$ のとき，$f(t)$ は単調増加で
$$f(t)>f(k)$$
すなわち
$$\frac{e^t}{t^k}>\frac{e^k}{k^k}$$
でもある．両辺を t 倍して，
$$\frac{e^t}{t^{k-1}}>t\left(\frac{e^k}{k^k}\right)$$
ここで，$t\to+\infty$ とすると，$t\left(\dfrac{e^k}{k^k}\right)\to+\infty$ なので，
$$\frac{e^t}{t^{k-1}}\to+\infty$$
となることがわかった．k はどのような正整数でもいいわけだから，結局，任意の非負整数 k について，
$$\lim_{t\to+\infty}\frac{e^t}{k^k}=+\infty$$
がいえたことになる． □

問題 2 と問題 3 の結果を合体するとつぎの命題 1 がえられる．

---**命題 1**---
$$\int_0^1 (\log x)^n dx = (-1)^n n!$$
となる．ここで，n は非負整数とする．

[証明] 問題 2 の結果に問題 3 の結果にあたる，
$$\lim_{\varepsilon\to+0}\varepsilon(\log\varepsilon)^k=0$$
を適用すると，
$$\int_0^1 (\log x)^n dx$$
$$=\lim_{\varepsilon\to+0}\int_\varepsilon^1 (\log x)^n dx$$
$$=(-1)^n n!$$
となることが直ちにわかる． □

もちろん，命題 1 の関係式の左辺を部分積分して，問題 3 の結果を使って，証明することもできる．これについては読者にまかせよう．オイラーはおそらく，かなり早い時期（1730年代初頭？）からこの命題 1 に気づいていたらしい．これはつぎの形にしておくほうがいいかもしれない．

---**命題 2**---
$$n!=\int_0^1 (-\log x)^n dx$$
となる．ここで，n は非負整数とする．

[証明] 命題 1 の関係式の両辺を $(-1)^n$ 倍すればよい． □

3．$\dfrac{1}{2}!=\dfrac{\sqrt{\pi}}{2}$

すでに，われわれは問題 3 の解答で活用しているが，命題 2 の公式も $t=-\log x$ と置いて変形することができる．

---**定理 1**---
$$n!=\int_0^\infty e^{-x}x^n dx$$
となる．ここで，n は非負整数とする．

[証明] 命題 2 で $t=-\log x$ と置けば，$x=e^{-t}$ なので，
$$\frac{dx}{dt}=-e^{-t}$$
となり，結局，

$$\int_0^1 (-\log x)^n dx$$
$$= -\int_\infty^0 e^{-t} t^n dt$$
$$= \int_0^\infty e^{-t} t^n dt$$
$$= \int_0^\infty e^{-x} x^n dx$$

がえられる. □

これは, オイラーの死後に, ルジャンドルが採用した $n!$ の積分表示でもある. ルジャンドルが, これを n の関数と考えたものをギリシア文字 Γ で表したもので, やがてガンマ関数と呼ばれるようになったらしい. いずれにせよ, 現在では

$$\Gamma(s) = \int_0^\infty e^{-x} x^{s-1} dx$$

がガンマ関数と呼ばれている. それはともかく, 定理1の右辺に注目すると, これは n が整数でなくても意味を持ちうることに気づくだろう. たとえば, $n = \frac{1}{2}$ としてみよう. つまり, $\Gamma\left(\frac{3}{2}\right)$ を求めようというわけだ.

問題 4 $\displaystyle\int_0^\infty e^{-x} x^{\frac{1}{2}} dx$ を計算せよ.

$t = x^{\frac{1}{2}}$ とおくと, $x = t^2$ から $\dfrac{dx}{dt} = 2t$ となるので,

$$\int_0^\infty e^{-x} x^{\frac{1}{2}} dx$$
$$= 2\int_0^\infty e^{-t^2} t^2 dt$$
$$= -\int_0^\infty (e^{-t^2})' t dt$$
$$= \left[e^{-t^2} t\right]_0^\infty + \int_0^\infty e^{-t^2} dt$$
$$= \int_0^\infty e^{-t^2} dt = \frac{\sqrt{\pi}}{2}$$

となる. 最後の部分については後の定理2を参照してほしい. □

---- **定理 2** ----
$$\int_0^\infty e^{-x^2} dx = \frac{\sqrt{\pi}}{2}$$

[証明] ここでは, 2重積分を使うトリッキーな方法を紹介しておこう.

$$\left(\int_0^\infty e^{-x^2} dx\right)^2$$
$$= \int_0^\infty e^{-x^2} dx \int_0^\infty e^{-y^2} dy$$
$$= \iint_D e^{-x^2} e^{-y^2} dx dy$$
$$= \iint_D e^{-(x^2+y^2)} dx dy$$

と書ける. ここで, $D = \{(x,y) \mid x \geq 0, y \geq 0\}$ とする. 最後の2重積分を計算するには, 直交座標 (x, y) のかわりに極座標 (r, t) を使うのがよい. つまり,

$$x = r\cos t, \quad y = r\sin t$$

と変換し, まず, $0 \leq t \leq \dfrac{\pi}{2}$, $0 \leq r \leq R$ の範囲で積分してから $R \to \infty$ として計算するのである. そうすると,

$$\iint_D e^{-(x^2+y^2)} dx dy$$
$$= \lim_{R \to \infty} \int_0^{\frac{\pi}{2}} dt \int_0^R e^{-r^2} r dr$$
$$= \lim_{R \to \infty} \frac{\pi}{2} \left[-\frac{1}{2} e^{-r^2}\right]_0^R$$
$$= \lim_{R \to \infty} \frac{\pi}{4} (1 - e^{-R^2})$$
$$= \frac{\pi}{4}$$

となる. つまり,

$$\left(\int_0^\infty e^{-x^2} dx\right)^2 = \frac{\pi}{4}$$

とわかる. したがって,

$$\int_0^\infty e^{-x^2} dx = \frac{\sqrt{\pi}}{2}$$

がえられる. □

念のために近似計算も試みておこう.

問題 5 台形公式を使って
$$\int_0^\infty e^{-x^2} dx$$
の近似値を求めよ.

e^{-x^2} は，たとえば，x が5よりも大きい部分は無視できそうなので，
$$\int_0^5 e^{-x^2}dx$$
の近似値を求めることで満足しておこう．実際，
$$\int_5^\infty e^{-x^2}dx < 10^{-11}$$
となることが証明できる．0から5までを500等分し，台形公式を使ってコンピュータで計算すると，$0.8862269254\cdots$ となる．これを2乗して4倍すると，$3.1415926532\cdots$ となり，$\pi = 3.141592653589\cdots$ と10ケタ一致することから，定理2の「もっともらしさ」が確かめられるだろう．□

定理1の関係式の右辺は n が非負整数でなくても意味を持ちうるので，これを利用して n が必ずしも非負整数でない場合にも「n の階乗」$n!$ を定義することができるわけだが，この意味で，つぎの命題3が成立することがわかったことになる．

―― 命題3 ――
$$\frac{1}{2}! = \frac{\sqrt{\pi}}{2}$$

［証明］ 階乗の定義から
$$\frac{1}{2}! = \int_0^\infty e^{-x}x^{\frac{1}{2}}dx$$
となるが，右辺は，問題4の結果から $\frac{\sqrt{\pi}}{2}$ に等しい．□

4．ゼータ関数とガンマ関数

前章の定理3を思い出しておこう．
$$\phi(n) = 1 - \frac{1}{2^n} + \frac{1}{3^n} - \frac{1}{4^n} + \frac{1}{5^n} - \frac{1}{6^n} + \cdots$$
とするとき，n が2以上の正整数なら，
$$\frac{\phi(1-n)}{\phi(n)} = -\frac{(n-1)!(2^n-1)}{(2^{n-1}-1)\pi^n}\cos\frac{\pi n}{2}$$
となるという主張のことだ．

オイラーはここで，強引に $n = \frac{1}{2}$ と置いてみる．そうすると，

$$1 = \frac{\phi\left(\frac{1}{2}\right)}{\phi\left(\frac{1}{2}\right)}$$
$$= -\frac{\left(-\frac{1}{2}\right)!(\sqrt{2}-1)}{\left(\frac{1}{\sqrt{2}}-1\right)\sqrt{\pi}}\cos\frac{\pi}{4}$$
$$= \left(-\frac{1}{2}\right)!\frac{\sqrt{2}}{\sqrt{\pi}}\frac{1}{\sqrt{2}}$$
$$= \frac{\left(-\frac{1}{2}\right)!}{\sqrt{\pi}}$$

のはずだから，
$$\left(-\frac{1}{2}\right)! = \sqrt{\pi}$$
となってほしい．これがもっともらしいことを確かめておこう．

問題6 $\displaystyle\int_0^\infty e^{-x}x^{-\frac{1}{2}}dx$ を計算せよ．

部分積分法によって計算すればよい．
$$\int_0^\infty e^{-x}x^{-\frac{1}{2}}dx$$
$$= 2\int_0^\infty e^{-x}(x^{\frac{1}{2}})'dx$$
$$= 2\left[e^{-x}x^{\frac{1}{2}}\right]_0^\infty + 2\int_0^\infty e^{-x}x^{\frac{1}{2}}dx$$
$$= \sqrt{\pi}$$
□

問題6の定積分は，定理1の右辺で n を強引に $-\frac{1}{2}$ としたものだから，
$$\left(-\frac{1}{2}\right)! = \sqrt{\pi}$$
ということが「納得」できるだろう．オイラーは，こうした「実験的な成果」も踏まえつつ，階乗の概念を拡張するのに成功したのである．ところで，前章の定理3の関係式は，ガンマ関数を使えば，
$$\frac{\phi(1-n)}{\phi(n)} = -\frac{\Gamma(n)(2^n-1)}{(2^{n-1}-1)\pi^n}\cos\frac{\pi n}{2}$$
となる．これが非負整数以外の n についても成立するだろうというのがオイラーが予想したことだった．後にリーマンがしたように，

$$\zeta(n) = 1 + \frac{1}{2^n} + \frac{1}{3^n} + \frac{1}{4^n} + \frac{1}{5^n} + \frac{1}{6^n} + \cdots$$

と置くと，前章でも見たように，

$$\phi(n) = (1 - 2^{1-n})\zeta(n)$$

なので，

$$\frac{\zeta(1-n)}{\zeta(n)} = \pi^{-n} 2^{1-n} \Gamma(n) \cos\frac{\pi n}{2}$$

と書くことができる．これは有名なゼータ関数の関数等式にほかならない！

数 の 分 割

オイラーを起源とする数学的な話題の例として、すでに、ガンマ関数やゼータ関数について紹介したが、ほかにも「数の分割」にまつわる面白い話題がある。

1. 算数オリンピックの問題

数学オリンピックの小学生・中学生版として算数オリンピックというものがある。ここではその中の1題から話をはじめよう。

問題1
(1) 50を3個以下の正整数の和に分割する方法の数を求めよ。
(2) 50を3以下の正整数の和に分割する方法の数を求めよ。 [算数オリンピック1996年]

言葉を換えれば、(1)は
$$x_1 + x_2 + x_3 = 50$$
$$50 \geq x_1 \geq x_2 \geq x_3 \geq 0$$
をみたす整数解 (x_1, x_2, x_3) の個数を求める問題であり、(2)は
$$y_1 + y_2 + y_3 + \cdots + y_{50} = 50$$
$$3 \geq y_1 \geq y_2 \geq y_3 \geq \cdots \geq y_{50} \geq 0$$
をみたす整数解 $(y_1, y_2, y_3, \cdots, y_{50})$ の個数を求める問題だ。

まず、(1)を解こう。x_1 の値に応じて (x_2, x_3) のすべてを列挙すると、
- $x_1 = 50$ なら $(0, 0)$
- $x_1 = 49$ なら $(1, 0)$
- $x_1 = 48$ なら $(2, 0), (1, 1)$
- $x_1 = 47$ なら $(3, 0), (2, 1)$
- $x_1 = 46$ なら $(4, 0), (3, 1), (2, 2)$
- $x_1 = 45$ なら $(5, 0), (4, 1), (3, 2)$
- $x_1 = 44$ なら $(6, 0), (5, 1), (4, 2), (3, 3)$
- $x_1 = 43$ なら $(7, 0), (6, 1), (5, 2), (4, 3)$

という事実から、一般に、$x_1 = 50 - 2k$ ($0 \leq k \leq 12$) の場合は、
$$(x_2, x_3) = (2k, 0), (2k-1, 1),$$
$$(2k-2, 2), \cdots, (k, k)$$
なので合計 $(k+1)$ 通り。$x_1 = 50 - (2k+1)$ ($0 \leq k \leq 12$) の場合は、
$$(x_2, x_3) = (2k+1, 0), (2k, 1),$$
$$(2k-1, 2), \cdots, (k+1, k)$$
なので合計 $(k+1)$ 通りだとわかる。また、
- $x_1 = 24$ なら $(24, 2), (23, 3), \cdots, (13, 13)$
- $x_1 = 23$ なら $(23, 4), (22, 5), \cdots, (14, 13)$
- $x_1 = 22$ なら $(22, 6), (21, 7), \cdots, (14, 14)$
- $x_1 = 21$ なら $(21, 8), (20, 9), \cdots, (15, 14)$
- $x_1 = 20$ なら $(20, 10), (19, 11), \cdots, (15, 15)$
- $x_1 = 19$ なら $(19, 12), (18, 13), (17, 14), (16, 15)$
- $x_1 = 18$ なら $(18, 14), (17, 15), (16, 16)$
- $x_1 = 17$ なら $(17, 16)$

となり、これら以外には解はありえない。したがって、求める解の総数は
$$(1 + 2 + 3 + \cdots + 13) \times 2 + 12 + 10$$
$$+ 9 + 7 + 6 + 4 + 3 + 1 = 234$$
となる。

(2)についても同じように強引な方法で解の個数を調べることができるが、ここでは別の方法を使ってみよう。それは、
$$x_1 + x_2 + x_3 = 50$$
$$50 \geq x_1 \geq x_2 \geq x_3 \geq 0$$
をみたす整数解 (x_1, x_2, x_3) の全体と
$$y_1 + y_2 + y_3 + \cdots + y_{50} = 50$$
$$3 \geq y_1 \geq y_2 \geq y_3 \geq \cdots \geq y_{50} \geq 0$$
をみたす整数解 $(y_1, y_2, y_3, \cdots, y_{50})$ の全体の間に1対1の対応が存在することを利用する方法である。そうすれば、(2)の答は(1)の答と同じ234だとすぐにわかる。

解全体の間のこの1対1の対応の作り方を説明しておこう。
$$x_1 + x_2 + x_3 = 50$$
は変形すると、
$$3 \cdot x_3 + 2 \cdot (x_2 - x_3) + 1 \cdot (x_1 - x_2) = 50$$
となるが、これは「3が x_3 個と2が $(x_2 - x_3)$

個と1が(x_1-x_2)個で50になる」ことを意味している．つまり，解$(y_1, y_2, y_3, \cdots, y_{50})$が決まったことになる．逆に，$(y_1, y_2, y_3, \cdots, y_{50})$が1組与えられるとき，その中に3が$a$個，2が$b$個，1が$c$個，0が$(50-(a+b+c))$あるとすると，
$$3a+2b+c=50$$
となっているわけだが，ここで，
$$x_1=a+b+c, \quad x_2=a+b, \quad x_3=a$$
とすれば，解(x_1, x_2, x_3)が決まる． □

問題1の後半部分の議論は容易に一般化できる．ことのついでに，命題1としてまとめておこう．

―― 命題1 ――

nをm個以下の正整数の和に分割する方法の数は，nをm以下の正整数の和に分割する方法の数に等しい．ここで，nとmは整数で$n \geqq m > 0$とする．

[証明] 問題1の解答と同様の議論を行えばよい．まず，証明の直観的なイメージを述べよう．たとえば，$n=20$, $m=7$の場合を例にとって，
$$20=6+5+4+2+1+1+1$$
という分割があったとすると，この分割は，□を横に6個並べたもの，5個並べたもの，…，1個並べたもの（つまり1個だけのもの）を縦に並べてできる配置

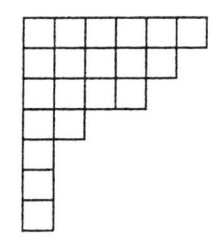

と自然に同一視できる．この配置は，全体を$-90°$回転させて

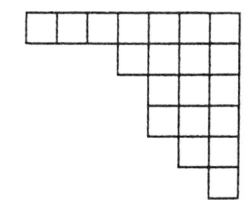

とし，さらに，左右をいれかえれば，配列

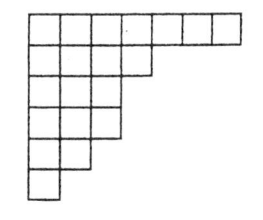

に変化する．ところで，この新しい配置は自然に
$$20=7+4+3+3+2+1$$
と同一視できる．同じようにして，20を7個以下の正整数に分割する方法が1つあれば，かならず，20を7以下の正整数に分割する方法が1つみつかる．逆も同様である．

この議論は，一般のnとmについても可能だ．n個の□を「逆階段状」に並べた配置の縦と横の役割をいれかえて眺めれば，「nをm個以下の正整数の和に分割する方法」と「nをm以下の正整数の和に分割する方法」とがいれかわるというだけの話である． □

2．オイラーの議論

オイラーは1740年に，一般のnとmについて問題1と同様の問題を解くことに挑戦している．ある数学者からこのタイプの問題を含む質問状を受け取ったのがきっかけだった．オイラーは，自分の成果をすぐに論文にして発表したが，後に『無限解析序説』の第1巻でも詳しく解説している．オイラーはこうした考察の到達点のひとつとして，「数の分割理論」と呼ばれる興味深い分野を創始することになったのである．ここでは，『無限解析序説』にある解説のほんの一部分を紹介してみよう．その前に記号の定義をひとつ．

―― 定義 ――

正整数nを正整数の和に分割する方法の数を$p(n)$と書く．

つまり，$p(n)$というのは，nをn個以下の正整数の和に分割する方法の数，いいかえると，
$$n=x_1+x_2+x_3+\cdots+x_n$$
$$x_1 \geqq x_2 \geqq x_3 \geqq \cdots \geqq x_n \geqq 0$$
となる整数解$(x_1, x_2, x_3, \cdots, x_n)$の個数のことだ．解を表示する場合には0の部分は省略することにする．

問題2 $p(1), p(2), p(3), \cdots, p(8)$ を計算せよ．

- 1の分割は，$1=1$ の1個だけなので，$p(1)=1$．
- 2の分割は，$2=2$，$2=1+1$ の2個なので，$p(2)=2$．
- 3の分割は，$3=3$，$3=2+1$，$3=1+1+1$ の3個なので，$p(3)=3$．
- 4の分割は，$4=4$，$4=3+1$，$4=2+2$，$4=2+1+1$，$4=1+1+1+1$ の5個なので，$p(4)=5$．
- 5の分割は，$5=5$，$5=4+1$，$5=3+2$，$5=3+1+1$，$5=2+2+1$，$5=2+1+1+1$，$5=1+1+1+1+1$ の7個なので，$p(5)=7$．
- 6の分割は，$6=6$，$6=5+1$，$6=4+2$，$6=4+1+1$，$6=3+3$，$6=3+2+1$，$6=3+1+1+1$，$6=2+2+2$，$6=2+2+1+1$，$6=2+1+1+1+1$，$6=1+1+1+1+1+1$ の11個なので，$p(6)=11$．
- 7の分割は，$7=7$，$7=6+1$，$7=5+2$，$7=5+1+1$，，$7=4+3$，$7=4+2+1$，$7=4+1+1+1$，$7=3+3+1$，$7=3+2+2$，$7=3+2+1+1$，$7=3+1+1+1+1$，$7=2+2+2+1$，$7=2+2+1+1+1$，$7=2+1+1+1+1+1$，$7=1+1+1+1+1+1+1$ の15個なので，$p(7)=15$．
- 8の分割は，$8=8$，$8=7+1$，$8=6+2$，$8=6+1+1$，$8=5+3$，$8=5+2+1$，$8=5+1+1+1$，$8=4+4$，$8=4+3+1$，$8=4+2+2$，$8=4+2+1+1$，$8=4+1+1+1+1$，$8=3+3+2$，$8=3+3+1+1$，$8=3+2+2+1$，$8=3+2+1+1+1$，$8=3+1+1+1+1+1$，$8=2+2+2+2$，$8=2+2+2+1+1$，$8=2+2+1+1+1+1$，$8=2+1+1+1+1+1+1$，$8=1+1+1+1+1+1+1+1$ の22個なので，$p(8)=22$．

以上をまとめて，
$p(1)=1$，$p(2)=2$，$p(3)=3$，$p(4)=5$，$p(5)=7$，$p(6)=11$，$p(7)=15$，$p(8)=22$
となることがわかった． □

オイラーはこの $p(n)$ を計算するためのうまい方法を考察している．『無限解析序説』には，これにいたるまでの経緯が興味深くかつ非常にテイネイに説明されているが，ここでは，われわれにとって必要な部分だけを抜きだしておこう．その前に実験をひとつ．

問題3 $\prod_{k=1}^{\infty}(1+x^k+x^{2k}+x^{3k}+x^{4k}+\cdots)$
を展開し8次以下の項を求めよ．また，この展開式で x^n ($n=1, 2, 3, \cdots, 8$) の係数が $p(n)$ に等しいことを確かめよ．

無限級数の無限積なんていうといかにも難しそうだが，じつはそれほど難しくはない．8次以下の項だけを求めればいいのだから，
$(1+x+x^2+x^3+x^4+x^5+x^6+x^7+x^8)\times$
$(1+x^2+x^4+x^6+x^8)(1+x^3+x^6)\times$
$(1+x^4+x^8)(1+x^5)(1+x^6)(1+x^7)(1+x^8)$
を計算し，8次以下の項だけを抽出すれば十分だ．やってみると，
$1+x+2x^2+3x^3+5x^4+7x^5$
$\qquad+11x^6+15x^7+22x^8+\cdots$
となることがわかる．x^n ($n=1, 2, 3, \cdots, 8$) の係数が $p(n)$ に等しいことは問題2の計算結果を見れば明らか． □

問題3の結果は「偶然の一致」などではなく，k がどのような正整数の場合にも成立することがわかる．その理由を説明しよう．
ところで，すでに，問題1の解答の中でも類似の議論をしているが，
$n = x_1 + x_2 + x_3 + \cdots + x_n$
$n \geq x_1 \geq x_2 \geq x_3 \geq \cdots \geq x_n \geq 0$
のひとつの整数解 $(x_1, x_2, x_3, \cdots, x_n)$ について，$x_i = k$ となる x_i の個数を z_k と書くことにすると，上の方程式は
$n = z_1 + 2z_2 + 3z_3 + \cdots + nz_n$
$n \geq z_j \geq 0, \ j=1, 2, 3, \cdots, n$
と書ける．したがって，$p(n)$ はこの方程式の整数解 $(z_1, z_2, z_3, \cdots, z_n)$ の個数とみなすこともできる．
$$f(x) = \prod_{k=1}^{\infty}(1+x^k+x^{2k}+x^{3k}+x^{4k}+\cdots)$$
と置き，この右辺を
$$\prod_{k=1}^{\infty}(1+x^k+(x^k)^2+(x^k)^3+(x^k)^4+\cdots)$$
と考えて，いまこれを展開したとき，x^n の項が

出現するとすると，それは，
$$\prod_{k=1}^{\infty}(x^k)^{z_k}$$
の形（z_k は非負整数）をしており，しかも，
$$n=\sum_{k=1}^{\infty}kz_k=z_1+2z_2+3z_3+\cdots+nz_n$$
となっている．（ここで，x^n の項が出現する場合だけが問題なのだから，x の n 次よりも大きな項が含まれることはない．つまり，$k>n$ のとき $z_k=0$ と考えてよいことに注意．）逆に，
$$n=z_1+2z_2+3z_3+\cdots+nz_n$$
となるような非負整数 z_k（$k>n$ のときは $z_k=0$ とする）があれば，
$$\prod_{k=1}^{\infty}(x^k)^{z_k}$$
の形の項が x_n の項となって出現する．したがって，$f(x)$ の x^n の係数は
$$n=z_1+2z_2+3z_3+\cdots+nz_n$$
をみたす非負整数の組 $(z_1,z_2,z_3,\cdots,z_n)$ の個数に一致することになる．言葉を換えれば，$f(x)$ の x^n の係数は $p(n)$ に等しい．

定理1としてまとめておこう．

―― **定理1（オイラー）** ――――――――
$$1+p(1)x+p(2)x^2+p(3)x^3+\cdots$$
$$=\frac{1}{(1-x)(1-x^2)(1-x^3)\cdots}$$
―――――――――――――――――

[証明]
$$\frac{1}{1-x^k}=1+x^k+(x^k)^2+(x^k)^3+\cdots$$
と書けることに注意すれば，証明はすでに終わっている． □

3．オイラーの5角数定理

定理1を利用すれば，n が与えられれば $p(n)$ の計算が多項式の計算に還元できる．（問題3の解答のようにすればよい．）とはいっても，n が大きくなるとその計算はかなりやっかいだ．そこで，オイラーは定理1の関係式の右辺の分母
$$\phi(x)=(1-x)(1-x^2)(1-x^3)(1-x^4)\cdots$$
がどうなるかを考えはじめたようだ．オイラーの計算を追体験してみよう．

問題4 $(1-x)(1-x^2)(1-x^3)\cdots(1-x^8)$ を計算し，$\phi(x)$ を展開した場合の低次の項を確定せよ．

計算は易しいが，メンドウだ．念のために途中経過も書いておく．

$(1-x)(1-x^2)$
$=1-x-x^2+x^3$
$(1-x)(1-x^2)(1-x^3)$
$=1-x-x^2+x^4+x^5-x^6$
$(1-x)(1-x^2)(1-x^3)(1-x^4)$
$=1-x-x^2+2x^5+x^8-x^9+x^{10}$
$(1-x)(1-x^2)(1-x^3)(1-x^4)(1-x^5)$
$=1-x-x^2+x^5+x^6+x^7-x^8$
$\qquad -x^9-x^{10}+x^{13}+x^{14}-x^{15}$
$(1-x)(1-x^2)(1-x^3)$
$\qquad (1-x^4)(1-x^5)(1-x^6)$
$=1-x-x^2+x^5+2x^7-x^9$
$\qquad -x^{10}-x^{11}-x^{12}+2x^{14}+x^{16}$
$\qquad -x^{19}-x^{20}+x^{21}$
$(1-x)(1-x^2)(1-x^3)$
$\qquad (1-x^4)(1-x^5)(1-x^6)(1-x^7)$
$=1-x-x^2+x^5+x^7+x^8$
$\qquad -x^{10}-x^{11}-2x^{12}+2x^{16}+x^{17}+x^{18}$
$\qquad -x^{20}-x^{21}-x^{23}+x^{26}+x^{27}-x^{28}$
$(1-x)(1-x^2)(1-x^3)(1-x^4)$
$\qquad (1-x^5)(1-x^6)(1-x^7)(1-x^8)$
$=1-x-x^2+x^5+x^7+x^9-x^{11}$
$\qquad -2x^{12}-x^{13}-x^{15}+x^{16}+x^{17}+2x^{18}$
$\qquad +x^{19}+x^{20}-x^{21}-x^{23}-2x^{24}-x^{25}$
$\qquad +x^{27}+x^{29}+x^{31}-x^{34}-x^{35}+x^{36}$

$\phi(x)$ の低次の項を確定するには，最後の結果にさらに $(1-x^9)$，$(1-x^{10})$，$\cdots$ をかけていっても，8次以下の項は変化しないことに注意すればよい．つまり，
$$\phi(x)=1-x-x^2+x^5+x^7+（9次以上の項）$$
となることがわかった． □

問題5 「多項式の割り算」によって，
$$\frac{1}{1-x-x^2+x^5+x^7}$$
を8次の項まで計算しその結果を観察せよ．

機械的に計算してみる（係数だけを抽出する方式で「割り算」を実行してみる）と，

$$1+x+2x^2+3x^3+5x^4+7x^5$$
$$+11x^6+15x^7+22x^8+\cdots$$

がえられる．そして，この範囲内ではたしかに x^k の係数が $p(k)$ に一致していることが確認できる． □

「計算人間」ともいわれただけあって，オイラーは，問題4と同じようにして，
$$(1-x)(1-x^2)(1-x^3)\cdots(1-x^{51})$$
を計算し，
$$\phi(x)=1-x-x^2+x^5+x^7$$
$$-x^{12}-x^{15}+x^{22}+x^{26}-x^{35}$$
$$-x^{40}+x^{51}+(52次以上の項)$$

となることを確かめている．オイラーは，さらに，この級数の一般項がどうなるかを予想している．真似てみよう．

まず，$\phi(x)$ の展開結果の3項目以降の奇数番目の項の次数に注目し，それが $2,7,15,26,40,\cdots$ となるらしいと予想して，この数列の第 n 項 a_n がどう書けるかを考えてみよう．階差をとると，

$$\begin{array}{ccccc} 2 & 7 & 15 & 26 & 40 \cdots \\ & 5 & 8 & 11 & 14 \cdots \\ & & 3 & 3 & 3 \cdots \end{array}$$

となるので，容易に $a_n=\dfrac{3n^2+n}{2}$ と推察できる（なぜか考えてほしい）．同様に，$\phi(x)$ の展開結果の偶数番目の項の次数に注目すると，$1,5,12,22,35,51,\cdots$ となるらしいと予想して，この数列の第 n 項 b_n とおく．階差をとると，

$$\begin{array}{cccccc} 1 & 5 & 12 & 22 & 35 & 51 \cdots \\ & 4 & 7 & 10 & 13 & 16 \cdots \\ & & 3 & 3 & 3 & 3 \cdots \end{array}$$

となることから，$b_n=\dfrac{3n^2-n}{2}$ と推察できる．

かなり強引だが，$\phi(x)$ の奇数番目（3番目以降）の項も偶数番目の項もそれだけに注目すると，符号は $+$ と $-$ が交互に現われそうだ．また次数はそれぞれ a_n 次と b_n 次になるわけだから，

$$\phi(x)=1+\sum_{n=1}^{\infty}(-1)^n x^{a_n}+\sum_{n=1}^{\infty}(-1)^n x^{b_n}$$
$$=1+\sum_{n=1}^{\infty}(-1)^n x^{(3n^2+n)/2}$$
$$+\sum_{n=1}^{\infty}(-1)^n x^{(3n^2-n)/2}$$

$$=1+\sum_{n=1}^{\infty}((-1)^n x^{(3n^2+n)/2}$$
$$+(-1)^{-n} x^{(3(-n)^2+(-n))/2})$$
$$=\sum_{n=-\infty}^{\infty}(-1)^n x^{(3n^2+n)/2}$$

と予想される．このオイラーの予想はやがて厳密に証明され「オイラーの5角数定理」と呼ばれることになる．

——— **オイラーの5角数定理** ———
$$\prod_{n=1}^{\infty}(1-x^n)=\sum_{n=-\infty}^{\infty}(-1)^n x^{(3n^2+n)/2}$$

この定理の証明と「5角数」という単語の意味については次の章にまわそう．

5角数定理

前章では，与えられた正整数を正整数の和に分割する方法の数とのかかわりから，オイラーの5角数定理とよばれる不思議な定理を紹介したが，ここではその定理のオイラー自身による証明とそれに関連する話題について述べよう．

1．オイラーの5角数定理

まず，オイラーの5角数定理そのものを思い出しておこう．

---- **オイラーの5角数定理** ----

$$\prod_{n=1}^{\infty}(1-x) = \sum_{n=-\infty}^{\infty}(-1)^n x^{\frac{3n^2+n}{2}}$$

いうまでもなく，右辺は，n を $-n$ に変えて，

$$\sum_{n=-\infty}^{\infty}(-1)^n x^{\frac{3n^2-n}{2}}$$

と書くこともできる．さらに，たとえば，

$$1+\sum_{n=1}^{\infty}(-1)^n(x^{\frac{3n^2-n}{2}}+x^{\frac{3n^2+n}{2}})$$

と書くこともできる．
具体的に書くと

$$(1-x)(1-x^2)(1-x^3)\cdots$$
$$=1-x-x^2+x^5+x^7-x^{12}-x^{15}$$
$$+x^{22}+x^{26}-x^{35}-x^{40}+\cdots$$

ということだ．もう少しテイネイに，右辺を奇数項目と偶数項目に分けて

$$(1-x^2+x^7-x^{15}+x^{26}-x^{40}+\cdots)$$
$$+(-x+x^5-x^{12}+x^{22}-x^{35}+\cdots)$$

と書くと，$\sum$ の $n=0,-1,-2,-3,-4,-5,\cdots$ に対応する項がはじめのカッコ内にある

$$1, -x^2, x^7, -x^{15}, x^{26}, -x^{40}, \cdots$$

で，$n=1,2,3,4,5,\cdots$ に対応する項があとのカッコ内にある

$$-x, x^5, -x^{12}, x^{22}, -x^{35}, \cdots$$

になっているわけだ．
定理の名前に「5角数」とついているのは，$n=1,2,3,4,5,\cdots$ に対応する項の次数だけに注目すると，いわゆる5角数（$1,5,22,35,\cdots$）となっているためである．これを確かめておこう．その前にまず5角数の定義から．

---- **定義** ----

図1のように重ねた正5角形に点を配置したとき，n 番目の配置の点の総数のことを n 番目の5角数（pentagonal number）という．

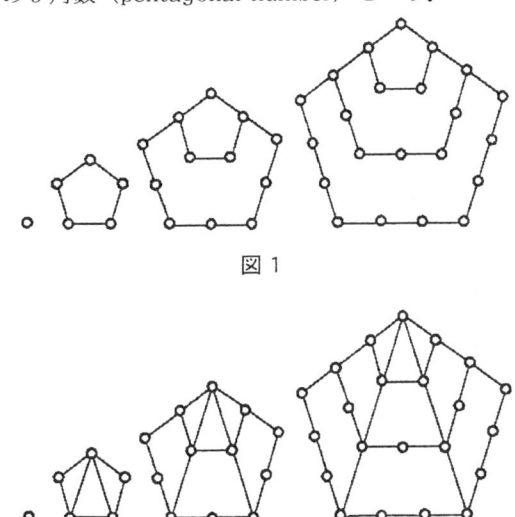

図 1

図 2

問題1 n 番目の5角数は $\dfrac{3n^2-n}{2}$ となることを示せ．

n を正整数とするとき，n 番目の5角数を決める点の配置から $(n-1)$ 番目の5角数を決める点の配置をひとつ取り去ると，ちょうど3個の連続する辺上にある「コの字」形の点の配置が残る（図1参照）が，それぞれの辺上にはちょうど n 個の点があり2個の点がダブっているので，合計 $(3n-2)$ 個の点が残っていることになる．いいかえると，n 番目の5角数を $g(n)$ と書くとき，

$$g(n)-g(n-1)=3n-2$$

となる．テイネイに書くと，

$$g(1)=1$$
$$g(2)-g(1)=4$$
$$g(3)-g(2)=7$$
$$g(4)-g(3)=10$$
$$\cdots\cdots$$
$$g(n)-g(n+1)=3n-2$$

というわけだ．したがって，これらを加えて，

$$g(n)=1+4+7+\cdots+(3n-2)$$
$$=\frac{3n^2-n}{2}$$

がえられる． □

ことのついでに，n を負の整数とするとき n 番目の 5 角数を $\frac{3n^2+n}{2}$ で定義しておけば，「5 角数定理」という名前がさらにピッタリになるが，まぁ，それはどちらでもよい．今回のテーマとは直接関係はないが，5 角数が登場したついでに，一般的な多角数 (polygonal number) についても考えておこう．

問題 2 m を 3 以上の整数とするとき，5 角数のマネをして n 番目の m 角数にあたるものを定義し，それを m と n で表せ．

きっちり書くのはメンドウなので，意味がわかる程度に簡略化して 5 角数の概念を一般化してみよう．1 辺の長さが $(n-1)$ の正 m 角形の各頂点に 1 点ずつ配置し，各辺の $(n-1)$ 等分点に $(n-2)$ 個の点を配置したもの（配置した点の総数は $m(n-1)$ 個になる）を $[m,n]$ と書くことにする．$n=1$ のときは 1 点のみからなるものと考えておく．そして，

$$[m,1],[m,2],[m,3],\cdots,[m,n]$$

を 1 つの「頂点」とそれをはさむ 2 つの「辺」を重ねたときに重なる点は同一視して合併する．こうしてえられた点の配置に含まれる点の総数を n 番目の m 角数と呼び，$\gamma_m(n)$ と書くことにする．($[m,1]$ は 1 辺の長さが 0 の正 m 角形の「頂点」でも「辺上の点」でもあると考えておく．) このとき，

$$\gamma_m(n)-\gamma_m(n-1)=(m-2)n-(m-3)$$

となることも図 2 と同様の図からわかり，

$$\gamma_m(n)=\frac{(m-2)n^2-(m-4)n}{2}$$

がえられる． □

問題 2 の結果を命題 1 としてまとめておく．

―― **命題 1** ――

n 番目の m 角数は $\dfrac{(m-2)n^2-(m-4)n}{2}$ となる．

[証明] すでに終わっている． □

2．オイラーの証明

オイラー自身は「オイラーの 5 角数定理」をどのようにして証明していたのだろう？ 1751 年の論文「Découverte d'une loi tout extraordinaire des nombres par rapport à la somme de leurs diviseurs」（約数の和についての数のまったく特異なある法則の発見）には「特異なある法則」を証明するために必要となる「5 角数定理」について述べ，それがまだ証明できてはいないが疑う余地のないものだと書いているだけだが，その後も証明を考えていたらしく，1754 年前後に執筆され 1760 年に出版された論文「Demonstratio theorematis circa ordinem in summis divisorum observatum」（約数の和について観察される法則についての定理の証明）を見ると，ほとんど文句のない証明に到達している．この証明が気に入ったらしくて，オイラーは，亡くなる年の 1783 年にも「5 角数定理」とその証明だけを抽出した論文「Evolutio producti infiniti $(1-x)(1-xx)(1-x^3)(1-x^4)(1-x^5)(1-x^6)$ etc. in seriem simplicem」（無限積 $(1-x)(1-x^2)(1-x^3)(1-x^4)(1-x^5)(1-x^6)\cdots$ の単純な級数への展開）を出版している．

論文「Demonstratio…」を見ると，オイラーは，証明の準備として，まず，$1+k$ の形の多項式の無限個の積について，つぎのような事実に注目することからはじめている．

問題 3

$$(1+a)(1+b)(1+c)(1+d)(1+e)\cdots$$
$$=(1+a)+b(1+a)+c(1+a)(1+b)$$
$$+d(1+a)(1+b)(1+c)$$

$$+e(1+a)(1+b)(1+c)(1+d)+\cdots$$

となることを「納得」せよ．

右辺から出発して共通因子を順に括りだしていけば，

$$\begin{aligned}右辺 &= (1+a)(1+b+c(1+b)+d(1+b)\\ &\qquad (1+c)+e(1+b)(1+c)(1+d)+\cdots)\\ &= (1+a)(1+b)(1+c+d(1+c)\\ &\qquad +e(1+c)(1+d)+\cdots)\\ &= (1+a)(1+b)(1+c)\\ &\qquad (1+d+e(1+d)+\cdots)\\ &= (1+a)(1+b)(1+c)(1+d)(1+e+\cdots)\\ &\qquad \cdots\cdots\cdots\\ &= 左辺\end{aligned}$$

となる． □

無限個の積についての議論なので「わかったようなわからないような」部分が残るだろうが，オイラーを信じて，これで「納得」しておこう．オイラーは，この問題3の結果を使う非常に巧妙な変形によって「オイラーの5角数定理」に到達しているのである．つぎに，オイラー自身の証明法を詳しく紹介しよう．

まず，
$$\alpha = (1-x)(1-x^2)(1-x^3)(1-x^4)(1-x^5)\cdots$$
を展開するために，問題3の結果で，
$$a=-x,\ b=-x^2,\ c=-x^3,\cdots$$
と考えて，
$$\begin{aligned}\alpha &= 1-x-x^2(1-x)-x^3(1-x)(1-x^2)\\ &\quad -x^4(1-x)(1-x^2)(1-x^3)\\ &\quad -x^5(1-x)(1-x^2)(1-x^3)(1-x^4)-\cdots\end{aligned}$$
がえられる．

つぎに，
$$\alpha = 1-x-x^2\alpha_1$$
と書くと，
$$\begin{aligned}\alpha_1 &= (1-x)+x(1-x)(1-x^2)\\ &\quad +x^2(1-x)(1-x^2)(1-x^3)+\cdots\\ &= (1-x)(1+x(1-x^2)\\ &\quad +x^2(1-x^2)(1-x^3)+\cdots)\end{aligned}$$
となる．右辺の $(1-x)$ をかける部分を実行すると，
$$\begin{aligned}\alpha_1 &= 1+x(1-x^2)+x^2(1-x^2)(1-x^3)+\cdots\\ &\quad -x-x^2(1-x^2)-x^3(1-x^2)(1-x^3)-\cdots\end{aligned}$$

これを整理すると，
$$\begin{aligned}\alpha_1 &= 1-x^3-x^5(1-x^2)-x^7(1-x^2)(1-x^3)\\ &\quad -x^9(1-x^2)(1-x^3)(1-x^4)-\cdots\end{aligned}$$
となる．

さらに，
$$\alpha_1 = 1-x^3-x^5\alpha_2$$
と書くと，
$$\begin{aligned}\alpha_2 &= (1-x^2)+x^2(1-x^2)(1-x^3)\\ &\quad +x^4(1-x^2)(1-x^3)(1-x^4)+\cdots\\ &= (1-x^2)(1-x^2(1-x^3)\\ &\quad +x^4(1-x^3)(1-x^4)+\cdots)\end{aligned}$$
右辺の $(1-x^2)$ をかける部分を実行すると，
$$\begin{aligned}\alpha_2 &= \\ &1+x^2(1-x^3)+x^4(1-x^3)(1-x^4)+\cdots\\ &-x^2-x^4(1-x^3)-x^6(1-x^3)(1-x^4)-\cdots\end{aligned}$$
これを整理すると，
$$\begin{aligned}\alpha_2 &= 1-x^5-x^8(1-x^3)\\ &\quad -x^{11}(1-x^3)(1-x^4)\\ &\quad -x^{14}(1-x^3)(1-x^4)(1-x^5)-\cdots\end{aligned}$$
となる．

オイラーはこの操作を繰り返しているのだ．つまり，
$$\alpha_2 = 1-x^5-x^8\alpha_3$$
と書くと，上と同様にして，
$$\begin{aligned}\alpha_3 &= 1-x^7-x^{11}(1-x^4)\\ &\quad -x^{15}(1-x^4)(1-x^5)\\ &\quad -x^{19}(1-x^4)(1-x^5)(1-x^6)-\cdots\end{aligned}$$
となり，さらに，
$$\alpha_3 = 1-x^7-x^{11}\alpha_4$$
と書くと，
$$\begin{aligned}\alpha_4 &= 1-x^9-x^{14}(1-x^5)\\ &\quad -x^{19}(1-x^5)(1-x^6)\\ &\quad -x^{24}(1-x^5)(1-x^6)(1-x^7)-\cdots\end{aligned}$$
となり，なおさらに，
$$\alpha_4 = 1-x^9-x^{14}\alpha_5$$
と書くと，
$$\begin{aligned}\alpha_5 &= 1-x^{11}-x^{17}(1-x^6)\\ &\quad -x^{23}(1-x^6)(1-x^7)\\ &\quad -x^{29}(1-x^6)(1-x^7)(1-x^8)-\cdots\end{aligned}$$
となり，……これをまとめると，
$$\begin{aligned}\alpha &= 1-x-x^2\alpha_1\\ x^2\alpha_1 &= x^2(1-x^3)-x^7\alpha_2\\ x^7\alpha_2 &= x^7(1-x^5)-x^{15}\alpha_3\\ x^{15}\alpha_3 &= x^{15}(1-x^7)-x^{26}\alpha_4\end{aligned}$$

$$x^{26}\alpha_4 = x^{26}(1-x^9) - x^{40}\alpha_5$$
$$x^{40}\alpha_5 = x^{40}(1-x^{11}) - x^{57}\alpha_6$$
....

がえられる．規則性に注目すると，
$$x^{f(n)}\alpha_n = x^{f(n)}(1-x^{2n+1}) - x^{f(n+1)}\alpha_{n+1}$$
ここで，$f(n) = \dfrac{3n^2+n}{2}$

となっていることがわかる．（厳密には，数学的帰納法によって確かめればよい．）したがって，
$$\alpha = 1-x-x^2(1-x^3)+x^7(1-x^5)$$
$$\quad -x^{15}(1-x^7)+x^{26}(1-x^9)-x^{40}(1-x^{11})+\cdots$$
$$= 1-x+\sum_{n=1}^{\infty}(-1)^n x^{f(n)}(1-x^{2n+1})$$

と書ける．ここで，
$$f(n)+(2n+1) = \dfrac{3n^2+5n+2}{2}$$
$$= \dfrac{3(n+1)^2-(n+1)}{2}$$

に注意すると，
$$g(n) = \dfrac{3n^2-n}{2}$$

と書くとき，
$$\alpha = 1-x+\sum_{n=1}^{\infty}((-1)^n x^{f(n)}+(-1)^{n+1}x^{g(n+1)})$$

さらに，$g(0)=0$, $g(1)=1$ から
$$\alpha = \sum_{n=1}^{\infty}(-1)^n x^{f(n)}+\sum_{n=0}^{\infty}(-1)^n x^{g(n)}$$

また，
$$f(n) = g(-n) \quad \text{かつ} \quad (-1)^{-n} = (-1)^n$$

から
$$\alpha = \sum_{n=1}^{\infty}(-1)^{-n} x^{g(-n)}+\sum_{n=0}^{\infty}(-1)^n x^{g(n)}$$

書き換えると
$$\alpha = \sum_{n=-\infty}^{\infty}(-1)^n x^{g(n)}$$

となる．これでオイラーの5角数定理が証明できた！

3．オイラーの関係式

もともと，オイラーが5角数定理の証明にこだわったのは，すでに触れたように，5角数定理が約数の和に関する面白い「法則」を証明するキーとなる定理だったからだ．ついでに，この「法則」とオイラーによるその証明法についても紹介しておこう．まず，記号の定義から．

---- 定義 ----
正整数 n の正の約数全体の和を $S(n)$ と書く．

たとえば，
$$S(1)=1$$
$$S(2)=1+2=3$$
$$S(3)=1+3=4$$
$$S(4)=1+2+4=7$$
$$S(5)=1+5=6$$
$$S(6)=1+2+3+6=12$$
$$S(7)=1+7=8$$
$$S(8)=1+2+4+8=15$$

になっている．明白な規則性などなさそうな数列 $S(1), S(2), S(3), S(4), \cdots$ について，オイラーは，1751年の論文「Découverte」で，不思議な関係式
$$S(n) = S(n-1)+S(n-2)+S(n-5)$$
$$\quad -S(n-7)+S(n-12)+S(n-15)$$
$$\quad -S(n-22)+S(n-26)+S(n-35)$$
$$\quad +S(n-40)-S(n-51)-S(n-57)$$
$$\quad +S(n-70)+S(n-77)-S(n-92)$$
$$\quad -S(n-100)+\cdots$$

が成立することを予想し，その証明のアイデアについて述べている．ただし，$n<0$ のときは $S(n)=0$ と解釈し，また，$S(0)$ という記号については，$S(n)$ を表す関係式に出てくる場合には $S(0)=n$ と解釈する．たとえば，
$$S(1)=S(0)=1$$
$$S(2)=S(1)+S(0)=1+2=3$$
$$S(3)=S(2)+S(1)=3+1=4$$
$$S(4)=S(3)+S(2)=4+3=7$$
$$S(5)=S(4)+S(3)-S(0)=7+4-5=6$$
$$S(6)=S(5)+S(4)-S(1)=6+7-1=12$$
$$S(7)=S(6)+S(5)-S(2)-S(0)$$
$$\quad =12+6-3-7=8$$
$$S(8)=S(7)+S(6)-S(3)-S(1)$$
$$\quad =8+12-4-1=15$$
$$S(9)=S(8)+S(7)-S(4)-S(2)$$
$$\quad =15+8-7-3=13$$
$$S(10)=S(9)+S(8)-S(5)-S(3)$$
$$\quad =13+15-6-4=18$$
$$S(11)=S(10)+S(9)-S(6)-S(4)$$
$$\quad =18+13-12-7=12$$
$$S(12)=S(11)+S(10)-S(7)-S(5)+S(0)$$

$$= 12+18-8-6+12 = 28$$
$$S(13) = S(12)+S(11)-S(8)-S(6)+S(1)$$
$$= 28+12-15-12+1 = 14$$
....

というわけだ．たしかに，少なくともここまでについては，定義に従って求めた $S(n)$ の値と一致することがわかる．

ところで，オイラーの関係式の右辺に出現する $1, 2, 5, 7, 12, 15, 22, 26, 35, 40, 51, 57, 70, 77, 92, 100, \cdots$ はどういう数列なのか？ オイラーが指摘したように，これは，

$$(1-x)(1-x^2)(1-x^3)\cdots$$
$$= 1-x-x^2+x^5+x^7-x^{12}-x^{15}$$
$$+x^{22}+x^{26}-x^{35}-x^{40}+\cdots$$

の x の次数（0次の項は除く）の数列に一致してる！ つまり，厳密に書くと，

オイラーの関係式

$$S(n) = \sum_{k=1}^{\infty}(-1)^{k+1}\left(S\left(n-\frac{3k^2-k}{2}\right)+S\left(n-\frac{3k^2+k}{2}\right)\right)$$

というわけだ．オイラーによる証明のアイデアはなかなか面白い．簡単に紹介しよう．まず，

$$\alpha = (1-x)(1-x^2)(1-x^3)\cdots$$

と書くとき，

$$\beta = -\frac{x}{\alpha}\frac{d\alpha}{dx}$$

とすると，

$$\beta = \frac{x}{1-x}+\frac{2x^2}{1-x^2}+\frac{3x^3}{1-x^3}+\frac{4x^4}{1-x^4}+\cdots$$

となる．この β を書換えると，

$$1x+1x^2+1x^3+1x^4+1x^5+1x^6+1x^7+1x^8+1x^9+1x^{10}+\cdots$$
$$+2x \quad +2x^4 \quad +2x^6 \quad +2x^8 \quad +2x^{10}+\cdots$$
$$+3x^3 \quad\quad +3x^6 \quad\quad +3x^9 \quad\quad \cdots$$
$$+4x^4 \quad\quad\quad +4x^8 \quad\quad\quad \cdots$$
$$+5x^5 \quad\quad\quad\quad +5x^{10} \quad \cdots$$
$$+6x^6 \quad\quad\quad\quad\quad \cdots$$
$$+7x^7 \quad\quad\quad\quad\quad \cdots$$
$$+8x^8 \quad\quad\quad\quad\quad \cdots$$
....

となるが，これを見れば，β の x^k の係数が k の正の約数の和，つまり $S(k)$ となることが直観的に了解できるだろう．いいかえると，

$$\beta = S(1)x+S(2)x^2+S(3)x^3+S(4)x^4+\cdots$$

となるわけだ．ところで，オイラーの5角数定理によると，

$$\alpha = 1-x-x^2+x^5+x^7-x^{12}-x^{15}+\cdots$$

でもあるので，

$$\beta = -\frac{x}{\alpha}\frac{d\alpha}{dx}$$
$$= \frac{x+2x^2-5x^5-7x^7+12x^{12}+15x^{15}-\cdots}{1-x-x^2+x^5+x^7-x^{12}-x^{15}+\cdots}$$

とも書ける．つまり，

$$\beta(1-x-x^2+x^5+x^7-x^{12}-x^{15}+\cdots)$$
$$= x+2x^2-5x^5-7x^7$$
$$+12x^{12}+15x^{15}-\cdots$$

したがって，

$$(S(1)x+S(2)x^2+S(3)x^3+S(4)x^4+\cdots)$$
$$\times(1-x-x^2+x^5+x^7-x^{12}-x^{15}+\cdots)$$
$$-(x+2x^2-5x^5-7x^7+12x^{12}$$
$$+15x^{15}-\cdots) = 0$$

となることがわかった．

問題 4 最後の関係式からオイラーの関係式を導け．

たとえば，左辺を展開したときの x^7 の係数が 0 になることから，

$$S(7)-S(6)-S(5)+S(2)+7 = 0$$

つまり，

$$S(7) = S(6)+S(5)-S(2)-7$$

となる．オイラーの記号を使えば，

$$S(7) = S(6)+S(5)-S(2)-S(0)$$

と書ける．同様に，正整数 n について，左辺を展開したときの x^n の係数が 0 になることから，

$$S(n)-S(n-1)-S(n-2)$$
$$+S(n-5)+S(n-7)-\cdots = 0$$

つまり，

$$S(n) = S(n-1)+S(n-2)$$
$$-S(n-5)-S(n-7)+\cdots$$

がえられる．（厳密化は読者にまかせたい．） □

タウ関数

ここでは、「オイラーの5角数定理」が進化したものとされるヤコビの公式とラマヌジャンのタウ関数について紹介しよう。この方向の地平線上には、有名な「ラマヌジャン予想」が出現することになる。

1. ヤコビの公式

「オイラーの5角数定理」というのは、
$$(1-x)(1-x^2)(1-x^3)(1-x^4)\cdots$$
$$=1-x-x^2+x^5+x^7-x^{12}-x^{15}$$
$$+x^{22}+x^{26}-x^{35}-x^{40}+\cdots$$
$$=1+\sum_{n=1}^{\infty}(-1)^n\left(x^{\frac{3n^2-n}{2}}+x^{\frac{3n^2+n}{2}}\right)$$

という展開公式のことであった。いかにも「わざとらしい」感じがするが、ここでは、
$$(1-x)(1-x^2)(1-x^3)(1-x^4)\cdots$$
の類似品ということで、これを m 乗した
$$((1-x)(1-x^2)(1-x^3)(1-x^4)\cdots)^m$$
の展開について、実験的な考察からはじめよう。

問題1 つぎの無限積を（形式的に）展開し、x^{20} 以下の項を求めよ。

1) $((1-x)(1-x^2)(1-x^3)(1-x^4)\cdots)^2$
2) $((1-x)(1-x^2)(1-x^3)(1-x^4)\cdots)^3$
3) $((1-x)(1-x^2)(1-x^3)(1-x^4)\cdots)^4$
4) $((1-x)(1-x^2)(1-x^3)(1-x^4)\cdots)^5$

「オイラーの5角数定理」によって、一般に、
$$((1-x)(1-x^2)(1-x^3)(1-x^4)\cdots)^m$$
の x^{20} 以下の項を求めるには、
$$(1-x-x^2+x^5+x^7-x^{12}-x^{15})^m$$
の x^{20} 以下の項を求めれば十分。

1) $m=2$ の場合について計算すると、
$$(1-x-x^2+x^5+x^7-x^{12}-x^{15})^2$$
$$=1-2x-x^2+2x^3+x^4+2x^5$$
$$\quad-2x^6-2x^8-2x^9+x^{10}+2x^{13}+3x^{14}$$
$$\quad-2x^{15}+2x^{16}-2x^{19}-2x^{20}+\cdots$$
がえられる。

2) $m=3$ の場合、つまり、
$$(1-x-x^2+x^5+x^7-x^{12}-x^{15})^3$$
の x^{20} 以下の項を求めるには、
$$(1-x-x^2+x^5+x^7-x^{12}-x^{15})$$
$$\times(1-2x-x^2+2x^3+x^4-2x^5-2x^6$$
$$\quad-2x^8-2x^9+x^{10}+2x^{13}+3x^{14}$$
$$\quad-2x^{15}+2x^{16}-2x^{19}-2x^{20})$$
を計算すればよい。やってみると、驚くべきことに、
$$1-3x+5x^3-7x^6+9x^{10}-11x^{15}+$$
とかなり簡単になってしまう！

3) $m=4$ の場合、つまり、
$$(1-x-x^2+x^5+x^7-x^{12}-x^{15})^4$$
$$=(1-x-x^2+x^5+x^7-x^{12}-x^{15})$$
$$\times(1-x-x^2+x^5+x^7-x^{12}-x^{15})^3$$
の x^{20} 以下の項を求めたければ、
$$(1-x-x^2+x^5+x^7-x^{12}-x^{15})$$
$$\times(1-3x+5x^3-7x^6+9x^{10}-11x^{15})$$
の x^{20} 以下の項を求めれば十分。計算すると、
$$1-4x+2x^2+8x^3-5x^4-4x^5-10x^6$$
$$+8x^7+9x^8+14x^{10}-16x^{11}-10x^{12}$$
$$-4x^{13}-8x^{15}+14x^{16}+20x^{17}+2x^{18}$$
$$-11x^{20}+\cdots$$
がえられる。

4) $m=5$ の場合、つまり、
$$(1-x-x^2+x^5+x^7-x^{12}-x^{15})^5$$
$$=(1-x-x^2+x^5+x^7-x^{12}-x^{15})$$
$$\times(1-x-x^2+x^5+x^7-x^{12}-x^{15})^4$$
の x^{20} 以下の項を求めたければ、
$$(1-x-x^2+x^5+x^7-x^{12}-x^{15})$$
$$\times(1-4x+2x^2+8x^3-5x^4-4x^5$$
$$\quad-10x^6+8x^7+9x^8+14x^{10}-16x^{11}$$
$$\quad-10x^{12}-4x^{13}-8x^{15}+14x^{16}+20x^{17}$$
$$\quad+2x^{18}-11x^{20})$$
の x^{20} 以下の項を求めれば十分。計算すると、
$$1-5x+5x^2+10x^3-15x^4-6x^5-5x^6$$
$$+25x^7+15x^8-20x^9+9x^{10}-45x^{11}$$
$$-5x^{12}+25x^{13}+20x^{14}+10x^{15}+15x^{16}$$

$$+20x^{17}-50x^{18}-35x^{19}-30x^{20}+\cdots$$
がえられる。 □

　問題1の計算結果を見て一般的な展開結果を「予想」できるだろうか？ $m=3$ 以外については簡単ではなさそうだ。しかし，$m=3$ の場合，つまり，
$$((1-x)(1-x^2)(1-x^3)(1-x^4)\cdots)^3$$
だけは，その展開結果が異常なまでに単純で，
$$1-3x+5x^3-7x^6+9x^{10}-11x^{15}+\cdots$$
であった。係数に注目すると，
$$1,-3,5,-7,9,-11,\cdots$$
となり，第 n 項は $(-1)^{n+1}(2n-1)$ と書けそうだ。また，次数に注目すると，
$$0,1,3,6,10,15,\cdots$$
となり，階差をとると，
$$1,2,3,4,5,\cdots$$
となっていることから，これを初項1，公差1の等差数列だと推察すると，もとの数列
$$0,1,3,6,10,15,\cdots$$
の第 n 項（$n\geq 2$ のとき）は
$$1+2+3+\cdots+(n-1)=\frac{n^2-n}{2}$$
と書けることになる。（注意：右辺は $n=1$ の場合にも有効）

　したがって，つぎのような予想に到達できる。
$$((1-x)(1-x^2)(1-x^3)(1-x^4)\cdots)^3$$
$$=1-3x+5x^3-7x^6+9x^{10}-10x^{15}+\cdots$$
$$=\sum_{n=1}^{\infty}(-1)^{n+1}(2n-1)x^{\frac{n^2-n}{2}}$$
これは
$$1+\sum_{n=1}^{\infty}(-1)^n(2n+1)x^{\frac{n^2+n}{2}}$$
と書いても同じことだ。この「予想」は，19世紀ドイツの数学者ヤコビ（Carl Gustav Jacob Jacobi，1804-1851）によって正しいことが証明されており，現在では「ヤコビの公式」と呼ばれている。定理1としてまとめておこう。

―― 定理1（ヤコビの公式）――――
$$\prod_{n=1}^{\infty}(1-x^n)^3=1+\sum_{n=1}^{\infty}(-1)^n(2n+1)x^{\frac{n^2+n}{2}}$$
―――――――――――――――――

2．ラマヌジャンの τ 関数

　オイラーの5角数定理やヤコビの公式は意外な単純さをもっているが，これらの他は正整数 m について，
$$((1-x)(1-x^2)(1-x^3)(1-x^4)\cdots)^m$$
が単純な形になることはなさそうだ。ところが，$m=24$ の場合については画期的なことが知られている。まず，計算から。

問題2
$$((1-x)(1-x^2)(1-x^3)(1-x^4)\cdots)^{24}$$
を展開し，x^{20} 以下の項を求めよ。

　問題1の結果を利用し，コンピュータを使って計算すれば，
$$(1-x-x^2+x^5+x^7-x^{12}-x^{15})^{24}$$
$$=(1-3x+5x^3-7x^6+9x^{10}-11x^{15}+\cdots)^8$$
$$=1-24x+252x^2-1472x^3+4830x^4$$
$$-6048x^5-16744x^6+84480x^7$$
$$-113643x^8-115920x^9+534612x^{10}$$
$$-370944x^{11}-577738x^{12}+401856x^{13}$$
$$+1217160x^{14}+987136x^{15}-6905934x^{16}$$
$$+2727432x^{17}+10661420x^{18}$$
$$-7109760x^{19}-4219488x^{20}-\cdots$$
となる。 □

　これに関連して，インド生まれの神秘的数学者ラマヌジャン（Srinivasa Ramanujan，1887-1920）が画期的な予想を発表した。その話の前に，記号の定義をしておく。
　関係式
$$x\prod_{n=1}^{\infty}(1-x^n)^{24}=\sum_{n=1}^{\infty}\tau(n)x^n$$
によって定義される $\tau(n)$ をラマヌジャンのタウ関数と呼ぼう。問題2の結果からわかるように，
$$x((1-x)(1-x^2)(1-x^3)(1-x^4)\cdots)^{24}$$
$$=x-24x^2+252x^3-1472x^4+4830x^5$$
$$-6048x^6-16744x^7+84480x^8$$
$$-113643x^9-115920x^{10}+534612x^{11}$$
$$-370944x^{12}-577738x^{13}+401856x^{14}$$
$$+1217160x^{15}+987136x^{16}-6905934x^{17}$$
$$+2727432x^{18}+10661420x^{19}$$

$$-7109760x^{20}-4219488x^{21}-\cdots$$

となるので，

$\tau(1)=1$, $\tau(2)=-24$, $\tau(3)=252$,
$\tau(4)=-1472$, $\tau(5)=4830$,
$\tau(6)=-6048$, $\tau(7)=-16744$,
$\tau(8)=84480$, $\tau(9)=-113643$,
$\tau(10)=-115920$, $\tau(11)=534612$,
$\tau(12)=-370944$, $\tau(13)=-577738$,
$\tau(14)=401856$, $\tau(15)=1217160$,
$\tau(16)=987136$, $\tau(17)=-6905934$,
$\tau(18)=2727432$, $\tau(19)=10661420$,
$\tau(20)=-7109760$, $\tau(21)=-4219488$, $\cdots$

である．これについてラマヌジャンは，

$\tau(2)\tau(3)=-24\cdot 252=-6048=\tau(6)$
$\tau(2)\tau(5)=-24\cdot 4830=-115920=\tau(10)$
$\tau(3)\tau(4)=252\cdot(-1472)$
$\qquad\qquad =-370944=\tau(12)$
$\tau(2)\tau(9)=-24\cdot(-113643)$
$\qquad\qquad =2727432=\tau(18)$
$\tau(4)\tau(5)=-1472\cdot 4830$
$\qquad\qquad =-7109760=\tau(20)$
$\tau(3)\tau(7)=252\cdot(-16744)$
$\qquad\qquad =-4219488=\tau(21)$

などに気づき，正整数 m, n について，

m, n が互いに素 $\Longrightarrow \tau(mn)=\tau(m)\tau(n)$

となることを予想した．これはまぁ，何とか予想できるだろうが，互いに素でない場合がちょっと難しい！これを考えるために，素数 p について

$$\tau(p^{n+1})-\tau(p^n)\tau(p)$$

がどうなるかを実験してみよう．

問題 3

$\tau(2^2)-\tau(2)\tau(2)$
$\tau(2^3)-\tau(2^2)\tau(2)$
$\tau(2^4)-\tau(2^3)\tau(2)$
$\tau(3^2)-\tau(3)\tau(3)$

を計算し，その結果から，素数 p について

$$\tau(p^{n+1})-\tau(p^n)\tau(p)$$

がどうなるかを予想せよ．

$\tau(2^2)-\tau(2)\tau(2)=\tau(4)-\tau(2^2)$
$\qquad\qquad =-1472-(-24)^2=-2048$
$\qquad\qquad =-2^{11}=-2^{11}\tau(1)$

$\tau(2^3)-\tau(2^2)\tau(2)=\tau(8)-\tau(4)\tau(2)$
$\qquad\qquad =84480-(-1472)(-24)=49152$
$\qquad\qquad =2^{14}\cdot 3=2^{11}\cdot 24=-2^{11}\tau(2)$

$\tau(2^4)-\tau(2^3)\tau(2)=\tau(16)-\tau(8)\tau(2)$
$\qquad\qquad =987136-84480(-24)=3014656$
$\qquad\qquad =2^{17}\cdot 23=2^{11}\cdot 1472=-2^{11}\tau(4)$

$\tau(3^2)-\tau(3)\tau(3)=\tau(9)-\tau(3)^2$
$\qquad\qquad =(-113643)-252^2=-177147$
$\qquad\qquad =-3^{11}=-3^{11}\tau(1)$

整理して，

$\tau(2^2)-\tau(2)\tau(2)=-2^{11}\tau((2^0)$
$\tau(2^3)-\tau(2^3)\tau(2)=-2^{11}\tau(2^1)$
$\tau(2^4)-\tau(2^3)\tau(2)=-2^{11}\tau(2^2)$
$\tau(3^2)-\tau(3)\tau(3)=-3^{11}\tau(3^0)$

となっていることに気がつけば，ごく自然に，

$$\tau(p^{n+1})-\tau(p^n)\tau(p)=-p^{11}\tau(p^{n-1})$$

となると予想したくなるだろう． □

というようなわけで，ラマヌジャンのタウ関数について，つぎのような予想に到達できたことになる．この予想は，すでに，モーデルによって証明されているので，定理 2 としてまとめておこう．

—— 定理 2 ——

m, n を正整数，p を素数とするとき，

m, n が互いに素 $\Longrightarrow \tau(mn)=\tau(m)\tau(n)$
$\tau(p^{n+1})=\tau(p^n)\tau(p)-p^{11}\tau(p^{n-1})$

この定理 2 を使うと任意の正整数 n について $\tau(n)$ が機械的に計算できる．やってみよう．

問題 4 定理 2 を利用して $\tau(10000)$ を計算せよ．

まず，素因数分解すると，$10000=2^4\cdot 5^4$ で，2^4 と 5^4 は互いに素だから

$$\tau(10000)=\tau(2^4\cdot 5^4)=\tau(2^4)\tau(5^4)$$

また，

$\tau(2^4)=\tau(16)=987136$
$\tau(5^4)=\tau(5^3)\tau(5)-5^{11}\tau(5^2)$
$\qquad =(\tau(5^2)\tau(5)-5^{11}\tau(5))\tau(5)-5^{11}\tau(5^2)$
$\qquad =\tau(5^2)(\tau(5)^2-5^{11})-5^{11}\tau(5)^2$
$\qquad =(\tau(5)\tau(5)-5^{11}\tau(5^0))$

$$(\tau(5)^2-5^{11})-5^{11}\tau(5)^2$$
$$=(4830^2-5^{11})(4830^2-5^{11})$$
$$\qquad\qquad -5^{11}\cdot 4830^2$$
$$=-488895969711875$$

なので，
$$\tau(10000)=987136(-488895969711875)$$
$$=-482606811957501440000$$
となる． □

これだけでは，まだ「ラマヌジャンの神秘」に触れたことにはならない．ラマヌジャンはさらに，タウ関数の絶対値の増加の「速さ」についての興味深い予想（ラマヌジャン予想）に到達しているのだ．ここでは，そのための準備として，つぎのような課題だけを書いておこう．

課題 1 実験によると，$\tau(n)$ は，n が増加するとき急激に増加する傾向をもつ（単調増加関数だとはいえないが）ようだが，その増加の「速さ」は n の何乗程度だろうか？

実験的に，$\dfrac{\tau(n)}{n^r}$ があまり大きく変化しないような r を探せばいいわけだ．

ラマヌジャン予想

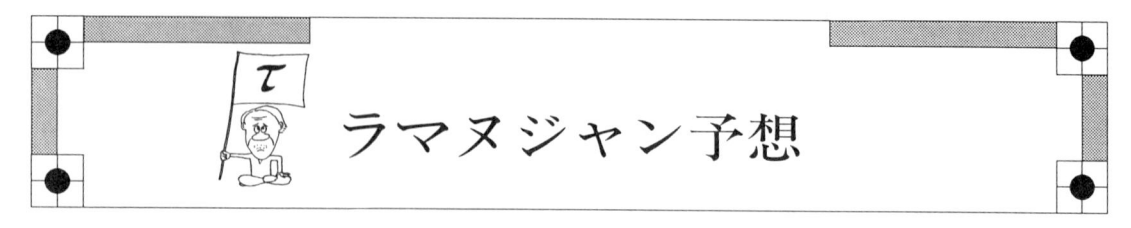

すでに，「オイラーの5角数定理」から話を進めて，ヤコビの公式とラマヌジャンのタウ関数について書いた．ここでは，それに関連して，有名なラマヌジャン予想とその周辺の話題について簡単に触れておくことにしよう．ラマヌジャン予想というのは，

$$x((1-x)(1-x^2)(1-x^3)(1-x^4)\cdots)^{24}$$

を「無限次多項式」（べき級数）に展開し，その x^n の係数を $\tau(n)$ と書くとき，素数 p について

$$|\tau(p)|<2p^{11/2}$$

となるという予想のことだ．この予想は，グロタンディーク（Alexander Grothendieck, 1928- ）が1960年代に開発した新兵器で武装したドリーニュ（Pierre Deligne, 1944- ）によって1973年に解決された．同じグロタンディークによる新兵器を使ってワイルズ（Andrew Wiles, 1953- ）がフェルマ予想を解決した瞬間に抜かれたともいわれるが，ラマヌジャン予想はかつて，「証明の長さ」/「主張の長さ」の最大記録を保持していたことでも知られている．

1. ラマヌジャンのタウ関数

インド生まれの神秘的数学者ラマヌジャンはいくつもの不思議な関係式を発見しているが，その中で，もっとも興味深いもののひとつはいわゆる「ラマヌジャンのタウ関数」に関するものだろう．ラマヌジャンのタウ関数というのは，関係式

$$x\prod_{n=1}^{\infty}(1-x^n)^{24}=\sum_{n=1}^{\infty}\tau(n)x^n$$

によって定義される関数 $\tau(n)$ のことだ．すでに計算したように

$$\begin{aligned}&x((1-x)(1-x^2)(1-x^3)(1-x^4)\cdots)^{24}\\&=x-24x^2+252x^3-1472x^4+4830x^5\\&\quad -6048x^6-16744x^7+84480x^8\\&\quad -113643x^9-115920x^{10}\\&\quad +534612x^{11}-\cdots\end{aligned}$$

となることから，

$$\begin{aligned}&\tau(1)=1,\ \tau(2)=-24,\ \tau(3)=252,\\&\tau(4)=-1472,\ \tau(5)=4830,\\&\tau(6)=-6048,\ \tau(7)=-16744,\\&\tau(8)=84480,\ \tau(9)=-113643,\\&\tau(10)=-115920,\ \tau(11)=543612,\cdots\end{aligned}$$

がわかるが，ラマヌジャンは，この $\tau(n)$ についてさまざまなことに気づいている．その一例として，ラマヌジャンが残した手稿のひとつ（図1）を読んでみよう．

図1　ラマヌジャンの手稿

私は，別のところで，非常に簡単な議論によって，

$$p(5n-1)\equiv 0(\bmod 5)$$
$$p(7n-2)\equiv 0(\bmod 7)$$

となることを示した．$\tau(n)$ の場合には，同じような簡単な議論によって，つぎのような結果がえられる．

まず，

$$x((1-x)(1-x^2)(1-x^3)\cdots)^{24}$$

および

$$x((1-x^8)(1-x^{16})(1-x^{24})\cdots)^3$$

を（ベキ級数に）展開したものの x^n の係数は，ともに奇数かともに偶数かのいずれかであるこ

とはすぐにわかる．ところが，
$$x((1-x^8)(1-x^{16})(1-x^{24})\cdots)^3$$
$$=x-3x^9+5x^{25}-\cdots$$
だから，n が奇数の平方数であるかそうでないかに応じて $\tau(n)$ は奇数か偶数かになることがいえる．こうして，$\tau(n)$ が奇数となる N 以下の n の値の個数は
$$\left[\frac{1+\sqrt{N}}{2}\right]$$
にすぎないことがわかる．

ラマヌジャンの原文では最後の部分の N も n となっているがわかりにくいので記号をかえておいた．ここで $p(n)$ というのは，正整数 n を正整数の和に書く方法の数，つまり，
$$1/((1-x)(1-x^2)(1-x^3)\cdots)$$
$$=1+p(1)x+p(2)x^2+p(3)x^3+\cdots$$
で定まる $p(n)$ のことだ．（これについては前々章の「数の分割」を参照してほしい．）この手稿でラマヌジャンの主張の中心となっているのは，
$$x\prod_{n=1}^{\infty}(1-x^n)^{24} \quad \text{と} \quad x\prod_{n=1}^{\infty}(1-x^{8n})^3$$
を展開すると，それぞれの項の係数の偶奇が一致すること，つまり，記号化すると，
$$x\prod_{n=1}^{\infty}(1-x^n)^{24} \equiv \prod_{n=1}^{\infty}(1-x^{8n})^3 \pmod{2}$$
ということ．そして，
$$x\prod_{n=1}^{\infty}(1-x^{8n})^3 = \sum_{n=0}^{\infty}(-1)^n(2n+1)x^{(2n+1)^2}$$
ということだ．前半部は，任意の正整数 n について，
$$(1-x^n)^8 \equiv 1-x^{8n} \pmod{2}$$
となることを示せば十分だが，これは二項定理からすぐにわかるのでやさしい．問題となるのは後半部だけだが，これは，前章で紹介した「ヤコビの公式」
$$\prod_{n=1}^{\infty}(1-x^n)^3 = \sum_{n=0}^{\infty}(-1)^n(2n+1)x^{(n^2+n)/2}$$
を使えばすぐに示せる．この公式の x を x^8 に置き換えればいいだけだ．

2．ラマヌジャン予想

とまぁ，ラマヌジャンはオイラーの手法をまねて，無限級数を巧みに利用して $\tau(n)$ の性質をあれこれと証明しているのだが，ここでは，$\tau(n)$ の絶対値の大きさの評価についてのラマヌジャンの成果を実験的に観察しよう．まず，前章の最後にあげた課題1を思い出そう．

課題1 実験によると，$|\tau(n)|$ は，n が増加するとき急激に増加する傾向をもつ（単調増加関数だとはいえないが）ようだが，その増加の「速さ」は n の何乗程度だろうか？

これはコンピュータによる実験結果を紹介するだけにしておくが，やってみるとけっこう面白い．まぁ，われわれはどうなるかを知っていて実験するだけだから，どうということもないが，こうしたことを最初に予想したラマヌジャンはスゴイ！

$|\tau(n)|/n^r$ があまり大きく変化しないような r を探したいわけだから，とりあえず，
$$2^4 = 16 < |\tau(2)| = 24 < 32 = 2^5$$
$$3^5 = 243 < |\tau(3)| = 252 < 729 = 3^6$$
$$4^5 = 1024 < |\tau(4)| = 1472 < 4046 = 4^6$$
$$5^5 = 3125 < |\tau(5)| = 4830 < 15625 = 5^6$$
から，強引に $r=5$ と予想して $1 \leq n \leq 100$ の範囲で $|\tau(n)|/n^5$ を計算すると，図2がえられる．

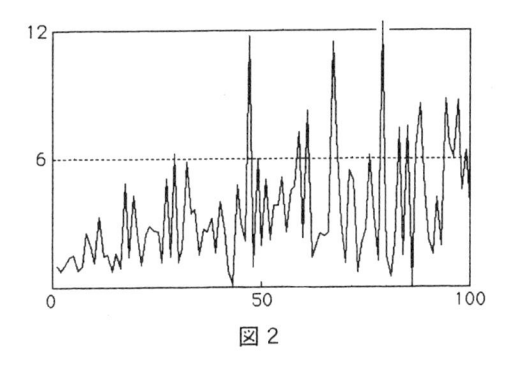

図2

この図2からすると，n が大きくなると $|\tau(n)|/n^5$ は大きくなる傾向が見られる．つぎに，$r=6$ と予想して $1 \leq n \leq 100$ の範囲で $|\tau(n)|/n^6$ を計算すると，図3がえられる．

この図3からすると，今度は n が大きくなると $|\tau(n)|/n^6$ は小さくなる傾向が見られる．したがって，求める r は5と6の間にあると思われる．そこで，とりあえず，$r=5.5$ と予想して $1 < n \leq 100$ の範囲で $|\tau(n)|/n^{5.5}$ を計算すると，図4がえられる．

図3

図4

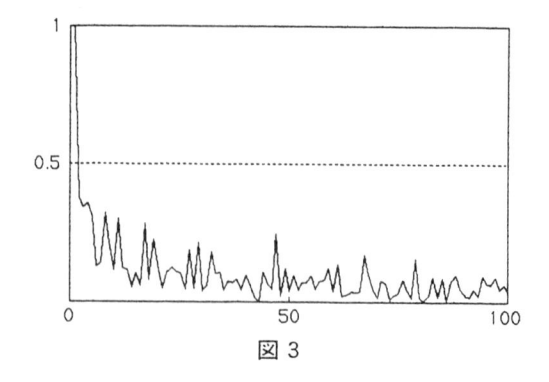

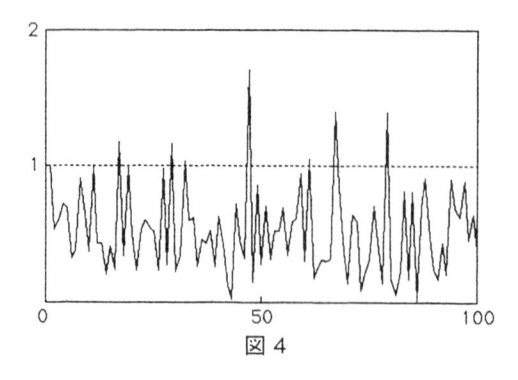

この図4からすると,「振動」は見られるものの,全体としては0と2の間あたりにおさまりそうだ.ということで,(もちろん,これだけの情報ではなかりムリヤリな話なのだが)$|\tau(n)|$の増加の「速さ」は$n^{5.5}$,つまり,$n^{11/2}$程度だと考えることにしよう.

図4を見ると,$|\tau(n)|/n^{5.5}<2$となっているが,これはnをもっと大きくしても成立しているのだろうか？

実験1 $|\tau(n)|/n^{5.5}<2$とならない10000以下の正整数nをすべて求めよ.また,これらのnの中に素数は存在するか？

計算してみると,
799, 1751, 2987, 3149, 3713, 4841,
5321, 6157, 6283, 6901, 7003, 7849,
8137, 8143, 8777, 8789, 9071, 9077
の合計18個がえられる.ちなみに,この中で「最大」となるのは$n=4841$の場合で,
$$\tau(4841)/4841^{5.5} \fallingdotseq 3.27958$$
となっている.これらのnを素因数分解すると,
799 = 17・47,   1751 = 17・103,
2987 = 29・103,   3149 = 47・67,
3713 = 47・79,   4841 = 47・103,
5321 = 17・313,   6157 = 47・131,
6283 = 61・103,   6901 = 67・103,
7003 = 47・149,   7849 = 47・167,
8137 = 79・103,   8143 = 17・479,
8777 = 67・131,   8789 = 11・17・47
9071 = 47・193,   9077 = 29・313
となり,すべて合成数（しかも異なる素数の積になっていて出現する素数にも特徴があるが,その理由も考えてほしい）.つまり,素数は存在しない. □

実験1によると,$|\tau(n)|/n^{5.5} \geq 2$となる10000以下の正整数nは合成数に限る.いいかえると,10000以下の素数pについては,$|\tau(p)|/p^{5.5}<2$となっている.ことのついでに,100000以下の素数pについても実験的に確かめておこう.

実験2 100000以下の素数pで,$|\tau(p)|/p^{5.5}$が最大となるものを求めよ.

100000以下の素数pについて小さいものから順に$|\tau(p)|/p^{5.5}$を計算し,それがそれまでの計算値をこえるごとに記録していくことにすると,

3	0.5987336124…
5	0.6912133332…
11	1.0008729094…
17	1.1796504994…
47	1.7091720053…
103	1.9188140482…
3371	1.9497821915…
3967	1.9514396698…
7451	1.9550220658…
7589	1.9605332515…
16033	1.9696324533…
18047	1.9736958734…
32233	1.9776445733…
39089	1.9808589644…
53593	1.9845606903…
58189	1.9906369200…
64849	1.9921113038…
74471	1.9961671331…

という結果がえられる.つまり,100000以下の

素数 p のうちで，$|\tau(p)|/p^{5.5}$ が最大となるのは $p=74471$ のときで，その値は $1.9961671331\cdots$ である． □

実験2によると，100000以下の素数 p については，$|\tau(p)|/p^{5.5}<2$，いいかえると，$|\tau(p)|<2p^{11/2}$ となることがわかった．そこで，つぎのように予想したくなってくる．

――― マラヌジャン予想 ―――

p が素数 $\Longrightarrow |\tau(p)|<2p^{11/2}$

いうまでもないが，素数 p については $p^{11/2}$ が整数になることはないので，ラマヌジャン予想は

p が素数 $\Longrightarrow |\tau(p)|\leqq 2p^{11/2}$

といっても同じことだ．

実験3 マラヌジャン予想がもっともらしいことをグラフを描いて確かめよ．

たとえば，素数 p とそこでの値 $|\tau(p)|$ からなる点 $(p,|\tau(p)|)$ を作り，
$$(2,|\tau(2)|),\ (3,|\tau(3)|),$$
$$(5,|\tau(5)|),\ (7,|\tau(7)|),\cdots$$
を順に結んでできる折れ線が，関数 $y=2x^{11/2}$ のグラフよりも「下側」にあることを観察すればよい．$0\leqq x\leqq 1000$ の範囲でこれを実行すると，図5がえられる．ただし，ここでは $|\tau(p)|$ が急激に増加することを考慮して，y 座標は対数目盛にしておいた．（注意：下に凸であるはずの $y=2x^{11/2}$ のグラフが上に凸になっているのは対数目盛のせいである．） □

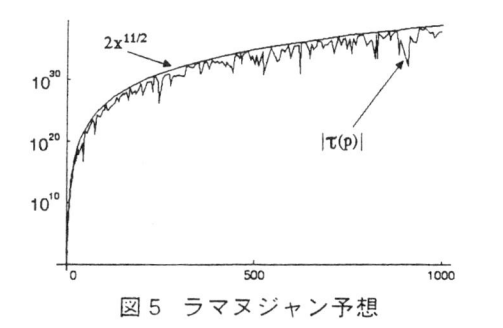

図5 ラマヌジャン予想

ついでに，実験によって，ラマヌジャン予想が「ギリギリの予想」であることを「実感」してみよう．そのために，たとえば，$|\tau(p)|<2p^{11/2}$ の p の指数を $11/2=5.5$ からちょっと小さくして5.499としたとすると，$|\tau(p)|<2p^{5.499}$ とはならない素数 p が存在することを見てみよう．

実験4 100000以下の素数 p のうちに，$|\tau(p)|<2p^{5.499}$ とはならないものがあることを確かめよ．

これをあらためてタウ関数の定義にもどって計算しなおすのは時間的に大変すぎる．実験2の結果を利用するのがよい．そうすると，すぐに，

p	$|\tau(p)|/p^{5.499}$
39089	$2.0019148898\cdots$
53593	$2.0062890034\cdots$
74471	$2.0186865425\cdots$

となることがわかる． □

マラヌジャンはさらに，さまざまな考察や実験結果から，正整数 m,n,p について，

m,n が互いに素 $\Longrightarrow \tau(mn)=\tau(m)\tau(n)$
p が素数 $\Longrightarrow \tau(p^{n+1})=\tau(p^n)\tau(p)-p^{11}\tau(p^{n-1})$

となると考えた．これが正しいことはすでに証明されている．

ラマヌジャンは，このタウ関数の性質を利用して，リーマンのゼータ関数 $\zeta(s)$ の類似品（ラマヌジャンのタウ・ディリクレ級数）

$$1+\frac{\tau(2)}{2^s}+\frac{\tau(3)}{3^s}+\frac{\tau(4)}{4^s}+\frac{\tau(5)}{5^s}+\cdots$$

を作り，これが「オイラー積」と類似の無限積展開

$$\prod_{p:\text{素数}}\frac{1}{1-\tau(p)p^{-s}+p^{11-2s}}$$

をもつこと，および，リーマン予想の類似が成立することを予想している．

（著者紹介）

山下 純一（やました じゅんいち）

1948年大阪生まれ．
数学ライター．
数学史や科学史ゆかりの地を歩きまわることが大好き．
　著書「数学発見ものがたり―ギリシア数学の形成から消滅」東京図書1980
　　　「数学ものがたり―中国，インド，アラビアの数学」東京図書1981
　　　「ガロアへのレクイエム」現代数学社1986
　　　「数学史物語」東京図書1988
　　　「あぶない数学」朝日新聞社1995
　　　「アーベルとガロアの森」日本評論社1996
　　　「数学への旅」現代数学社1996
　　　「グロタンディーク」日本評論社2003
　訳書「やさしい線型代数」現代数学社1979
　　　「マイコンによる BASIC 入門(1), (2)」現代数学社1979
　　　「やさしい線型代数の応用」現代数学社1980
　　　「やさしい微分方程式」現代数学社1981
　　　「デュドネ：数学史1700-1900 (1), (2), (3)」岩波書店1985
　　　「マイペース線形代数」現代数学社1988
　　　「メビウスの遺産」現代数学社1995
　　　「数学：パターンの科学」日経サイエンス社1995
　　　「めざせ数学オリンピック」現代数学社1995
　訳編「数学のアイデア―甦るガウスの発想」東京図書1978，1989
　　　「ガロアの神話」現代数学社1990

数学の微笑み　　　　　2003年10月1日　初版1刷発行

検印省略
© Jun-Ichi Yamashita

著者　山下　純一
発行所　株式会社　現代数学社
〒606-8425 京都市左京区鹿ヶ谷西寺ノ前町1
TEL & FAX 075(751)0727
振替01010-8-11144
http://www.gensu.co.jp/

印刷・製本　株式会社合同印刷
落丁・乱丁はお取かえします．

ISBN4-7687-0288-0 C3041